全国本科院校机械类创新型应用人才培养规划教材

# 机械制造基础实习教程

主　编　邱　兵　杨明金
副主编　杨　玲　郑应彬
参　编　强　华　苏秀芝
主　审　王立平

# 内 容 简 介

本教材根据教育部关于《高等教育面向 21 世纪教学内容和课程体系改革计划》和《普通高等学校机械制造工程训练教学基本要求》，在西南大学和各兄弟院校课程建设和教学改革成果的基础上，结合机械工程学科领域新材料、新技术和新工艺在生产中的应用，组织富有多年教学经验的骨干教师编写而成。

本教材内容共 11 章，包括实习基础知识、铸造、锻压、焊接、切削加工基础知识、钳工、车削加工、铣削加工、刨削加工、其他切削加工方法和现代制造技术基础。

本教材可作为高等学校本科机械类、近机类及非机类各专业的机械制造基础实习（金工实习）的教材和参考书，也可供高职高专、成人教育、函授大学、电视大学和职工大学等同类专业选用，还可供有关专业的工程技术人员和技术工人参考。

### 图书在版编目（CIP）数据

机械制造基础实习教程/邱兵，杨明金主编．—北京：北京大学出版社，2010.1
（全国本科院校机械类创新型应用人才培养规划教材）
ISBN 978-7-301-15848-7

Ⅰ．机… Ⅱ．①邱…②杨… Ⅲ．机械制造工艺—实习—高等学校—教材 Ⅳ．TH16

中国版本图书馆 CIP 数据核字（2009）第 167703 号

| | |
|---|---|
| 书　　名： | 机械制造基础实习教程 |
| 著作责任者： | 邱　兵　杨明金　主编 |
| 责 任 编 辑： | 童君鑫 |
| 标 准 书 号： | ISBN 978-7-301-15848-7/TH·0164 |
| 出 版 者： | 北京大学出版社 |
| 地　　址： | 北京市海淀区成府路 205 号　100871 |
| 网　　址： | http://www.pup.cn　http://www.pup6.cn |
| 电　　话： | 邮购部 62752015　发行部 62750672　编辑部 62750667　出版部 62754962 |
| 电 子 邮 箱： | pup_6@163.com |
| 印 刷 者： | 三河市北燕印装有限公司 |
| 发 行 者： | 北京大学出版社 |
| 经 销 者： | 新华书店 |
| | 787 毫米×1092 毫米　16 开本　21.25 印张　495 千字 |
| | 2010 年 1 月第 1 版　2011 年 11 月第 2 次印刷 |
| 定　　价： | 34.00 元 |

未经许可，不得以任何方式复制或抄袭本书之部分或全部内容。
版权所有，侵权必究　　举报电话：010-62752024
　　　　　　　　　　　　　电子邮箱：fd@pup.pku.edu.cn

# 前　　言

机械制造基础实习(金工实习或工程训练)是一门实践性很强的技术基础课,是机械类各专业学生学习机械制造基本工艺方法、完成工程基本训练和培养工程素质的重要必修课。

本教材根据教育部关于《高等教育面向 21 世纪教学内容和课程体系改革计划》和《普通高等学校机械制造工程训练教学基本要求》,在西南大学和各兄弟院校课程建设与教学改革成果的基础上,结合机械工程学科领域新材料、新技术和新工艺在生产中的应用,组织富有多年教学和实践经验的骨干教师编写而成。教材内容的选择和编写具有如下特点:

(1) 将材料成形和零件成形工艺过程加以类化,注重把握机械制造基础实习与机械制造基础两门课程的分工与配合,注意单工种的工艺分析和实践。

(2) 各章节内容安排合理,层次分明,重点突出。

(3) 力求处理好常规工艺与新技术、新工艺之间的关系,体现机械制造技术的历史传承与发展。

(4) 技术术语、材料牌号、量名称和符号符合我国现行国家标准和法定计量单位。

(5) 文字通顺,深入浅出,图文并茂,表格清晰,便于学生自学。

通过本课程的实践和学习,应使学生了解机械制造的一般过程,熟悉机械零件的常用加工方法、所用主要设备的工作原理和典型机构、工夹量具及安全操作技术,了解机械制造的基本工艺知识和一些新材料、新技术和新工艺在机械制造中的应用。对简单零件初步具有进行工艺分析和选择加工方法的能力,在主要工种上应具有独立完成简单零件加工制造的实践能力。结合实习培养学生的劳动观点、创新精神和理论联系实际的科学作风,为培养创新型应用人才打下一定的理论与实践基础,并使学生在提高工程师素质方面得到培养和锻炼。

本教材的第 1、2 章由西南大学邱兵编写,第 3 章由西南大学育才学院强华编写,第 4、6 章由西南大学郑应彬编写,第 5、7 章由西南大学杨明金编写,第 8 章由西南大学育才学院苏秀芝和强华编写,第 9、10 章由西南大学杨玲编写,第 11 章由西南大学育才学院强华编写。西南大学詹小斌、汪周和徐冲等参与了本教材各章资料收集和 AutoCAD 图的绘制。邱兵、杨明金任主编,杨玲、郑应彬任副主编,全书由邱兵负责统稿和定稿。

本教材由清华大学精密仪器与机械学系制造工程研究所王立平教授主审。

由于编者的学识水平和经验有限,教材中难免有欠妥与不足之处,敬请广大读者批评指正,以便再版时修正和完善。

编　者

2009 年 10 月

# 目 录

**第1章 实习基础知识** ...... 1
 1.1 机械产品的设计与制造 ...... 2
  1.1.1 机械产品的设计 ...... 2
  1.1.2 机械产品的制造过程 ...... 2
  1.1.3 机械产品的制造方法 ...... 3
 1.2 机械产品的质量与检测 ...... 3
  1.2.1 零件的加工质量 ...... 3
  1.2.2 产品的装配质量 ...... 4
  1.2.3 质量检验的方法 ...... 4
 1.3 工程材料基础知识 ...... 6
  1.3.1 常用工程材料的分类 ...... 6
  1.3.2 金属材料的性能 ...... 7
  1.3.3 常用钢铁材料的分类、编号、管理和鉴别 ...... 8
 1.4 钢的热处理基础知识 ...... 14
  1.4.1 概述 ...... 14
  1.4.2 普通热处理 ...... 15
  1.4.3 表面热处理 ...... 18
  1.4.4 化学热处理 ...... 19
  1.4.5 常用的热处理设备 ...... 20
 小结 ...... 22
 复习思考题 ...... 22

**第2章 铸造** ...... 24
 2.1 概述 ...... 25
  2.1.1 铸造的定义、特点及应用 ...... 25
  2.1.2 砂型铸造的生产过程 ...... 25
  2.1.3 铸型的组成 ...... 25
 2.2 砂型的制造 ...... 27
  2.2.1 造型材料 ...... 27
  2.2.2 造型的工艺装备 ...... 29
  2.2.3 造型 ...... 30
  2.2.4 造芯 ...... 37
  2.2.5 浇注系统、冒口和冷铁 ...... 40
  2.2.6 零件的铸造工艺 ...... 43
 2.3 铸造合金的熔炼与浇注、落砂与清理 ...... 45
  2.3.1 铸造合金的熔炼 ...... 45
  2.3.2 合型与浇注 ...... 48
  2.3.3 铸件的落砂与清理 ...... 50
 2.4 铸件的质量检验与缺陷分析 ...... 51
  2.4.1 铸件的质量检验 ...... 51
  2.4.2 铸件的缺陷分析 ...... 51
 2.5 特种铸造 ...... 53
  2.5.1 熔模铸造 ...... 54
  2.5.2 金属型铸造 ...... 54
  2.5.3 压力铸造 ...... 55
  2.5.4 低压铸造 ...... 56
  2.5.5 离心铸造 ...... 57
 小结 ...... 57
 复习思考题 ...... 58

**第3章 锻压** ...... 59
 3.1 概述 ...... 60
  3.1.1 锻压的定义及特点 ...... 60
  3.1.2 锻压加工方法 ...... 60
 3.2 锻压生产的工艺过程 ...... 62
  3.2.1 下料 ...... 62
  3.2.2 坯料加热的目的及锻造温度范围 ...... 62
  3.2.3 加热缺陷及防止措施 ...... 63
  3.2.4 加热设备 ...... 64
  3.2.5 锻后冷却与热处理 ...... 66
 3.3 自由锻 ...... 67
  3.3.1 自由锻的定义、特点及应用 ...... 67
  3.3.2 自由锻设备及工具 ...... 67
  3.3.3 自由锻的生产工序 ...... 73

3.3.4 自由锻工艺过程示例 …… 78
3.4 模锻 …… 82
　3.4.1 模锻的定义、特点及应用 …… 82
　3.4.2 模锻设备及锻模 …… 82
　3.4.3 模锻工艺过程示例 …… 84
3.5 胎模锻 …… 85
　3.5.1 胎模锻的定义、特点及应用 …… 85
　3.5.2 胎模的种类 …… 85
　3.5.3 胎模锻工艺过程示例 …… 86
3.6 锻件的质量检验与缺陷分析 …… 87
　3.6.1 锻件的质量检验 …… 87
　3.6.2 锻件的缺陷分析 …… 87
3.7 板料冲压 …… 89
　3.7.1 冲压的定义、特点及应用 …… 89
　3.7.2 冲压设备 …… 90
　3.7.3 冲压基本工序 …… 91
　3.7.4 冲压模具 …… 94
　3.7.5 冲压件常见的缺陷分析 …… 96
小结 …… 96
复习思考题 …… 97

## 第4章 焊接 …… 99

4.1 概述 …… 100
　4.1.1 焊接的定义 …… 100
　4.1.2 焊接方法的分类 …… 100
　4.1.3 焊接的特点及应用 …… 101
4.2 手工电弧焊 …… 101
　4.2.1 电弧焊基础 …… 101
　4.2.2 手弧焊的定义、特点及焊接过程 …… 103
　4.2.3 手弧焊设备 …… 103
　4.2.4 手弧焊工具 …… 104
　4.2.5 电焊条 …… 105
　4.2.6 手弧焊工艺 …… 109
　4.2.7 手弧焊基本操作 …… 112
4.3 埋弧自动焊和气体保护焊 …… 116
　4.3.1 埋弧自动焊 …… 116
　4.3.2 气体保护焊 …… 117
4.4 气焊与气割 …… 120
　4.4.1 气焊 …… 120
　4.4.2 气割 …… 127
4.5 焊接的质量检验与缺陷分析 …… 130
　4.5.1 焊接的质量检验 …… 130
　4.5.2 常见的焊接缺陷分析 …… 131
4.6 其他焊接方法 …… 133
　4.6.1 压力焊 …… 133
　4.6.2 钎焊 …… 135
小结 …… 136
复习思考题 …… 137

## 第5章 切削加工基础知识 …… 139

5.1 概述 …… 140
　5.1.1 切削加工的分类及特点 …… 140
　5.1.2 切削运动 …… 141
　5.1.3 切削用量 …… 141
5.2 刀具材料 …… 142
　5.2.1 刀具材料应具备的性能 …… 142
　5.2.2 常用的刀具材料 …… 143
　5.2.3 其他新型刀具材料 …… 145
5.3 金属切削机床的基础知识 …… 146
　5.3.1 机床的分类和型号编制 …… 146
　5.3.2 机床的传动 …… 149
5.4 常用量具 …… 153
　5.4.1 游标卡尺 …… 153
　5.4.2 千分尺 …… 155
　5.4.3 百分表 …… 157
　5.4.4 量规 …… 157
5.5 工艺和夹具的基础知识 …… 158
　5.5.1 工艺 …… 158
　5.5.2 夹具 …… 159
5.6 切削加工后零件的质量 …… 160
　5.6.1 加工精度 …… 160
　5.6.2 表面质量 …… 162
小结 …… 163
复习思考题 …… 163

# 第6章 钳工 ... 165

## 6.1 概述 ... 166
### 6.1.1 钳工的常用设备 ... 166
### 6.1.2 钳工的工艺特点 ... 167
### 6.1.3 钳工的应用范围 ... 167

## 6.2 钳工的基本操作 ... 167
### 6.2.1 划线 ... 167
### 6.2.2 锯削 ... 172
### 6.2.3 锉削 ... 174
### 6.2.4 孔及螺纹加工 ... 178
### 6.2.5 刮削 ... 181
### 6.2.6 钳工加工工艺示例 ... 182

## 6.3 装配 ... 184
### 6.3.1 装配基础知识 ... 184
### 6.3.2 装配工艺过程 ... 185
### 6.3.3 典型连接件的装配方法 ... 187
### 6.3.4 机器的拆卸与修理 ... 189
### 6.3.5 装配新工艺 ... 189

小结 ... 189
复习思考题 ... 190

# 第7章 车削加工 ... 192

## 7.1 概述 ... 193
### 7.1.1 车削运动与车削用量 ... 193
### 7.1.2 车削加工的工艺特点 ... 193

## 7.2 卧式车床 ... 194
### 7.2.1 C6132卧式车床的组成 ... 194
### 7.2.2 C6132卧式车床的传动 ... 196
### 7.2.3 C6132卧式车床的调整及手柄的使用 ... 198

## 7.3 车刀 ... 199
### 7.3.1 车刀的种类及结构 ... 199
### 7.3.2 车刀的刀具要素与刀具角度 ... 200
### 7.3.3 车刀的刃磨 ... 204
### 7.3.4 车刀的装夹 ... 205

## 7.4 工件装夹及所用附件 ... 205
### 7.4.1 三爪卡盘装夹 ... 205
### 7.4.2 四爪卡盘装夹 ... 206
### 7.4.3 顶尖装夹 ... 207
### 7.4.4 心轴装夹 ... 208
### 7.4.5 花盘装夹 ... 209
### 7.4.6 跟刀架和中心架的使用 ... 209

## 7.5 车削加工的操作方法及基本操作 ... 210
### 7.5.1 车削加工的操作方法 ... 210
### 7.5.2 车削加工的基本操作 ... 212

## 7.6 典型零件的车削工艺 ... 221
### 7.6.1 制定零件加工工艺的内容和步骤 ... 222
### 7.6.2 车削加工的工艺过程示例 ... 222

## 7.7 其他车床 ... 224
### 7.7.1 立式车床 ... 224
### 7.7.2 落地车床 ... 225

小结 ... 226
复习思考题 ... 226

# 第8章 铣削加工 ... 229

## 8.1 概述 ... 230
### 8.1.1 铣削运动与铣削用量 ... 231
### 8.1.2 铣削方式 ... 231
### 8.1.3 铣削加工的工艺特点 ... 232

## 8.2 铣床 ... 232
### 8.2.1 万能升降台铣床 ... 232
### 8.2.2 立式升降台铣床 ... 233
### 8.2.3 龙门铣床 ... 234

## 8.3 铣刀及其装夹 ... 235
### 8.3.1 铣刀种类 ... 235
### 8.3.2 铣刀的装夹 ... 235

## 8.4 铣床附件及工件装夹 ... 237
### 8.4.1 铣床附件及其应用 ... 237
### 8.4.2 工件装夹 ... 240

## 8.5 铣削加工的基本操作及工艺过程示例 ... 242
### 8.5.1 铣削加工的基本操作 ... 242
### 8.5.2 铣削加工的工艺过程示例 ... 247

小结 ... 249
复习思考题 ... 249

## 第 9 章　刨削加工 ………………… 251

### 9.1　概述 ……………………………… 252
#### 9.1.1　刨削运动与刨削用量 …… 252
#### 9.1.2　刨削加工的工艺特点 …… 253
### 9.2　牛头刨床 …………………………… 253
#### 9.2.1　牛头刨床的组成 ………… 253
#### 9.2.2　牛头刨床的传动 ………… 254
#### 9.2.3　牛头刨床的调整 ………… 256
### 9.3　刨刀及其装夹 ……………………… 256
#### 9.3.1　刨刀的结构特点 ………… 256
#### 9.3.2　刨刀的种类及其应用 …… 257
#### 9.3.3　刨刀的装夹 ……………… 257
### 9.4　工件装夹 …………………………… 258
#### 9.4.1　机用虎钳装夹 …………… 258
#### 9.4.2　工作台装夹 ……………… 258
#### 9.4.3　专用夹具装夹 …………… 258
### 9.5　刨削加工的基本操作及工艺过程示例 …………………………… 259
#### 9.5.1　刨削加工的基本操作 …… 259
#### 9.5.2　刨削加工的工艺过程示例 …………………………… 261
### 9.6　其他刨床 …………………………… 262
#### 9.6.1　龙门刨床 ………………… 263
#### 9.6.2　插床 ……………………… 263
### 小结 ……………………………………… 264
### 复习思考题 ……………………………… 264

## 第 10 章　其他切削加工方法 ………… 266

### 10.1　钻削加工 …………………………… 267
#### 10.1.1　钻床 ……………………… 267
#### 10.1.2　钻削加工刀具及钻床上所用的附件 ………………… 269
#### 10.1.3　钻削加工刀具及工件的装夹 ………………… 271
#### 10.1.4　钻削加工的操作方法 …… 272
#### 10.1.5　镗削加工 ………………… 274
### 10.2　磨削加工 …………………………… 277
#### 10.2.1　磨床 ……………………… 278
#### 10.2.2　砂轮 ……………………… 280
#### 10.2.3　砂轮和工件的装夹 ……… 283
#### 10.2.4　磨削方式 ………………… 285
#### 10.2.5　其他磨削加工方法 ……… 286
### 10.3　齿形加工 …………………………… 288
#### 10.3.1　概述 ……………………… 288
#### 10.3.2　滚齿与插齿 ……………… 288
#### 10.3.3　剃齿、珩齿、磨齿 ……… 289
### 10.4　拉削加工 …………………………… 290
#### 10.4.1　拉削加工的工艺特点 …… 290
#### 10.4.2　拉削方式 ………………… 291
#### 10.4.3　拉削的典型加工范围 …… 292
### 小结 ……………………………………… 292
### 复习思考题 ……………………………… 293

## 第 11 章　现代制造技术基础 ………… 295

### 11.1　概述 ………………………………… 296
### 11.2　数控加工 …………………………… 296
#### 11.2.1　数控加工基础知识 ……… 297
#### 11.2.2　数控车床加工 …………… 301
#### 11.2.3　数控铣床加工 …………… 309
### 11.3　CAD/CAM ………………………… 317
#### 11.3.1　CAD/CAM 的定义 ……… 317
#### 11.3.2　CAD/CAM 系统的组成 ……………………… 318
#### 11.3.3　CAD/CAM 的主要任务 ……………………… 319
#### 11.3.4　CAD/CAM 的软件 ……… 319
#### 11.3.5　CAD/CAM 的应用 ……… 320
### 11.4　CIMS ……………………………… 321
#### 11.4.1　CIMS 的特征 …………… 321
#### 11.4.2　CIMS 的组成 …………… 321
#### 11.4.3　CIMS 的应用 …………… 322
### 11.5　特种加工 …………………………… 323
#### 11.5.1　概述 ……………………… 323
#### 11.5.2　数控电火花线切割 ……… 324
#### 11.5.3　电火花成形加工 ………… 327
#### 11.5.4　激光加工 ………………… 327
#### 11.5.5　超声加工 ………………… 328
### 小结 ……………………………………… 329
### 复习思考题 ……………………………… 329

## 参考文献 ………………………………… 331

# 第 1 章
# 实习基础知识

 本章教学要点

| 知识要点 | 掌握程度 | 相关知识 |
| --- | --- | --- |
| 机械产品的设计与制造 | 了解机械产品的制造过程和制造方法 | 机械产品的设计和制造过程；<br>机械零件的加工；<br>机械产品的装配与调试 |
| 机械产品的质量与检测 | 了解产品加工质量（加工精度、表面质量）和装配质量（装配精度）的相关知识；<br>了解常用的产品质量检测方法 | 加工精度与表面质量；<br>金属材料的检测方法，尺寸的检测方法 |
| 工程材料基础知识 | 掌握常用工程材料的分类和金属材料的性能；<br>了解常用钢铁材料的分类、编号、管理和鉴别 | 常用工程材料的分类；<br>金属材料的性能；<br>钢铁材料的分类及编号、管理及鉴别 |
| 钢的热处理基础知识 | 了解热处理的定义、目的、作用及分类；<br>了解普通热处理、表面热处理和化学热处理的工艺过程；<br>了解常用的热处理设备的原理、结构及特点 | 普通热处理；<br>表面热处理；<br>化学热处理；<br>热处理设备 |

## 1.1　机械产品的设计与制造

产品是指提供给市场、满足人们某些欲望或需求的一切东西,产品是制造的结果。制造是一种将物料、能源、资金、人力、信息等资源按照社会需求转变为有形的物质产品和无形的软件、服务等具有更高应用价值的产品的行为和过程。

### 1.1.1　机械产品的设计

现代工业产品设计是根据市场的需求,运用工程技术方法,在社会、经济和时间等因素的约束范围内所进行的设计工作。产品设计是一种有特定目的的创造性行为,它应该基于现代技术因素,不但注重外观,更要注重产品的结构和功能,必须以满足市场需要为目标,讲求经济效益,使消费者与制造者双方都满意。

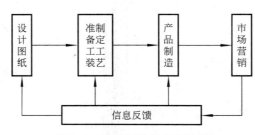

图 1.1　机械制造的宏观过程

任何机器产品的制造首先是设计图纸,再根据图纸制定工艺文件和进行工艺准备,然后才是产品制造,最后是市场营销。将各个阶段的信息反馈回来,从而使产品不断完善。机械制造的宏观过程如图1.1所示。产品设计是一个作出决策的过程,也是机械制造全过程的核心,直接决定了产品的技术水平、质量水平、生产效率水平及成本水平等。

### 1.1.2　机械产品的制造过程

任何机器或设备,如汽车、机床等,都是经过产品设计、零件制造及相应的零件装配而制成的。只有制造出合乎要求的零件,才能装配出合格的机器产品。

机械产品的制造过程是产品从原材料转变为成品的全过程。在机械制造过程中,一般是将原材料先用铸造、锻压或焊接等方法制成毛坯(也可直接生产零部件),再进行切削加工或特种加工,并经过热处理或其他处理(改善零件的某些性能),最后将制成的零件加以装配、调试,合格后成为机器。原材料包括生铁、钢锭、各种金属型材及非金属材料等。

因此,一般机械产品的主要制造过程如图1.2所示。

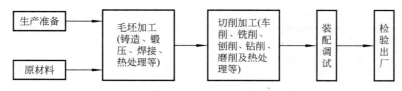

图 1.2　机械产品的主要制造过程

由于企业专业协作的不断加强,机械产品的各零部件的生产不一定完全由一个企业完成,可以分散在多个企业,进行生产协作。而螺钉、轴承等标准件的加工,往往由专业生产厂家完成。

### 1.1.3 机械产品的制造方法

1. 机械零件的加工

机械零件的制造方法分为加工和处理。其中将原料或毛坯制成所需形状和尺寸的工件的方法称为加工，而把改变金属的组织和性能的方法称为处理。

机械零件的加工根据各阶段所达到的质量要求不同，可分为毛坯加工和切削加工两个主要阶段。热处理工艺穿插在其间进行。

1) 毛坯加工

毛坯加工的主要方法有铸造（液态成形）、锻压（塑性成形）和焊接（连接成形）等。这些加工方法可以比较经济、高效地加工各种形状和尺寸的毛坯（或工件）。

由于毛坯加工时一般需要对原材料进行加热，因此，习惯上又被称为热加工。

2) 切削加工

切削是利用切削工具将坯料或工件上多余材料切除，以获得所要求的几何形状、尺寸精度和表面质量的加工方法。切削加工分为钳工和机械加工两大类，其中，机械加工占有主要地位。钳工一般是指由操作者手持各种工具在钳台上对工件进行切削加工的方法，基本操作包括划线、錾削、锯削、锉削、钻孔、扩孔、铰孔、攻螺纹、套螺纹、刮削、研磨、装配和修理等。机械加工是指将工件装夹于机床上，由操作者通过操纵机床对工件进行切削加工的方法。根据所用机床的不同，机械加工又可分为车削加工、铣削加工、刨削加工、钻削加工、磨削加工和齿形加工等。

由于切削加工一般不需要对原材料或零件进行加热，因此，习惯上又被称为冷加工。

2. 机械产品的装配与调试

任何机械产品都是由若干零件组成的。加工完毕并经检验合格的零件，根据机械产品的技术要求，用钳工或钳工与机械相结合的方法，按照组件装配→部件装配→总装配的顺序组合、连接、固定起来，成为一台完整的机器，并经过调整、试验使之成为产品的过程称为装配。装配是机械产品制造过程的最后一道工序，也是保证机器产品达到各项技术要求的关键工序之一。机器产品质量的优劣，不仅取决于零件的加工质量，而且取决于装配质量，即使零件的加工质量很好，如果装配工艺不正确，也不能获得高质量的产品。

有关装配的基本知识、工艺过程、典型连接件的装配方法等内容见本书6.3节。

## 1.2 机械产品的质量与检测

机械产品是由若干机械零件装配而成的，产品的使用性能和寿命取决于零件的质量和装配质量。零件的质量主要是指零件的材质、力学性能和加工质量等。其中，有关零件的材质和力学性能等内容见本书1.3节。

### 1.2.1 零件的加工质量

零件的加工质量一般是指其加工精度和表面质量。

1. 加工精度

加工精度是指经加工后零件的尺寸、形状和表面之间相互位置等实际几何参数与理想几何参数之间相符合的程度，相符合的程度越高，零件的加工精度越高。而实际生产中常常用实际几何参数相对于理想几何参数的偏离，即加工误差的大小来表示加工精度。很显然，加工误差越小，加工精度越高。

零件的几何参数加工得绝对准确是不可能的，也是没有必要的。在保证零件使用性能的前提下，应对加工误差规定一个范围（称为公差）。零件的公差越小，对加工精度的要求就越高，零件的加工就越困难。

零件的加工精度包括尺寸精度、形状精度和位置精度。相应地存在尺寸误差、形状误差、位置误差以及尺寸公差、形状公差、位置公差。

有关加工精度的内容见本书 5.6.1 节。

2. 表面质量

零件的表面质量是指零件的表面粗糙度、波度、表面层冷变形强化程度、表面残余应力的性质和大小、表面层金相组织等，一般主要考虑的是表面粗糙度。

有关表面质量的内容见本书 5.6.2 节。

### 1.2.2 产品的装配质量

装配质量的好坏直接决定了产品的质量，产品设计时的各项技术指标，必须由合格的零件和正确的装配工艺保证。

装配精度是衡量装配质量的指标，主要有以下几项：

（1）零部件之间的尺寸精度。其中包括配合精度和距离精度。配合精度是指配合面之间达到规定间隙或过盈的要求；距离精度是指零部件之间的轴向距离、轴线之间的距离等。

（2）零部件之间的位置精度。其中包括零部件的平行度、垂直度、同轴度和各种跳动。

（3）零部件之间的相对运动精度。是指有相对运动的零部件之间，在运动方向和运动位置上的精度。如在车床上车螺纹时，刀架与主轴之间的相对移动精度等。

（4）接触精度。是指两个配合表面、接触表面和连接表面之间达到规定的接触面积大小与接触点分布情况。如相互配合的轴与孔、相互啮合的齿轮、相互接触的导轨面等都有接触精度要求。

### 1.2.3 质量检验的方法

机械加工不仅要利用各种加工方法，使零件达到一定的质量要求，而且还要通过相应的手段来进行检验。检验应自始至终伴随着整个机械制造过程的每一道加工工序。同一种要求可以通过一种或几种方法来进行检验。质量检验的方法、涉及的范围和内容很多，主要有金属材料检测、尺寸检测、表面粗糙度检测、形状和位置误差检测等。

1. 金属材料的检测方法

金属材料应对其外观、尺寸、物理化学等三个方面进行检测。外观检测一般采用目测法。尺寸检测一般使用样板、钢直尺、钢卷尺、游标卡尺、千分尺等量具进行检测。而物理化学检测项目较多，主要包括化学成分分析、金相组成分析、力学性能试验、工艺性能试验、物理性能试验、化学性能试验、无损探伤等。

1) 化学成分分析

化学成分分析是根据来料保证单中指定的标准化学成分，由专职检验人员对材料的化学成分进行定性或定量分析的检测方法，主要有化学分析法、光谱分析法、火花鉴别法等。

（1）化学分析法。是一种能够测定金属材料各种元素含量的定量分析方法，也是工厂中必备的常规检测手段。

（2）光谱分析法。是根据物质的光谱测定物质组成的定量分析方法，其测量工具为台式和便携式光谱分析仪器。

（3）火花鉴别法。是用砂轮对钢铁材料进行磨削，由产生的火花特征来判断其成分的定性分析方法。

2) 金相组织分析

金相组织分析是鉴别金属及合金的组织结构的检测方法，一般有宏观检验和微观检验两种。

（1）宏观检验（即低倍检验）。是用目测或在低倍（不大于10倍）放大镜下检测金属材料表面或断面，以确定其宏观组织的金相检测方法，主要有硫印试验、断口检验、酸蚀试验、发纹试验等。

（2）显微检验（即高倍检验）。是在光学显微镜下观察、辨认和分析金属的微观组织的金相检验方法。

3) 力学性能试验

力学性能试验有硬度试验、拉伸试验、冲击试验、疲劳试验、高温蠕变及其他试验等。力学性能试验应在专用的试验设备上进行。

4) 工艺性能试验

工艺性能试验有弯曲、反复弯曲、扭转、缠绕、顶锻、扩口、卷边以及淬透性试验和焊接试验等。工艺性能试验也应在专用的试验设备上进行。

5) 物理性能试验

物理性能试验有电阻系数测定、磁学性能测定等。

6) 化学性能试验

化学性能试验有晶间腐蚀倾向试验等。

7) 无损探伤

无损探伤是在不损坏原有材料的情况下，检测其表面和内部缺陷的检测方法，主要有磁粉探伤、超声探伤、射线探伤、渗透探伤、涡流探伤等。

（1）磁粉探伤。利用铁磁性材料在磁场中会被磁化，而夹杂物等缺陷是非磁性物质及裂缝处磁力线均不易通过的原理，来检测工件表层存在的缺陷。检测时，在工件表面铺洒上导磁性良好的磁粉（氧化铁粉），磁粉就会被缺陷处形成的局部磁极所吸引，堆积于其上，即可显现出缺陷的形状、尺寸和位置。磁粉探伤主要适用于检测铁磁性金属及合金表面的微小缺陷，如裂纹、折叠、夹杂等。

（2）超声探伤。利用超声波传播时有明显指向性的原理，来检测工件内部存在的缺陷。当超声波遇到缺陷时，缺陷处的声阻抗与工件的声阻抗相差很大，因此，大部分超声能量被反射回来。通过对超声波的接收，即可根据超声波返回时间和强度来判断缺陷的形状、尺寸和位置。超声探伤主要适用于检测大型铸件、锻件、焊件或棒料的内部缺陷，如裂纹、气孔、夹渣等。

（3）射线探伤。利用各种射线(如 X 射线和 γ 射线等)透过不同物质时，衰减程度不同可以使照像底片感光不同的原理，来检测工作内部存在的缺陷。射线通过工件内部缺陷处的衰减程度小，因此，置于另一侧相应部位的底片感光就强，从而通过底片显现出工件内部气孔、未焊透等缺陷的形状、尺寸和位置。射线探伤主要适用于检测金属的内部缺陷，如裂纹、气孔、夹渣等。

（4）渗透探伤。在清洗过的工件表面涂上渗透剂(即着色剂，如苏丹红染料或荧光染料等)，待其渗入表面缺陷内，然后将表面多余的渗透剂擦拭干净，再涂上一薄层显像剂，显像剂利用毛细管作用将缺陷内的残留渗透剂吸出，从而显现出缺陷的形状、尺寸和位置。渗透探伤主要适用于检测金属表面的微小缺陷，如裂纹等。

（5）涡流探伤。将一个通有交流电的线圈，放置于一根金属管内，管内将感应出周向的电流(即涡流)。涡流的变化会使得线圈的阻抗、通过电流的大小和相位发生变化。管(即工件)的直径、厚度、电导率和磁导率的变化以及缺陷会影响涡流，进而影响线圈(检测探头)的阻抗，并通过检测阻抗的变化达到探伤的目的。涡流探伤主要适用于检测材料的电导率、磁导率、薄壁管壁厚和材料缺陷。

2. 尺寸的检测方法

尺寸在 1000mm 以下、公差值大于 $0.008 \sim 3.2 \mu m$、有配合要求的工件(原则上也适用于无配合要求的工件)，一般使用普通量具(如游标卡尺、千分尺、百分表等)进行检测(有关常用量具的内容见本书 5.4 节)。特殊情况下，还可使用测距仪、激光干涉仪、经纬仪、钢卷尺等进行检测。

3. 表面粗糙度的检测方法

表面粗糙度的检测方法有样板比较法、显微镜比较法、电动轮廓仪测量法、光切显微镜测量法、干涉显微镜测量法等。生产实践中，一般使用样板比较法，即以表面粗糙度比较样块工作面上的粗糙度为标准，用视觉法和触摸法与被检测表面进行比较，以判定被检测表面是否符合要求。

4. 形状和位置误差的检测方法

形位误差的检测方法很多，应根据形面及公差要求的不同，选择适当的方法进行检测。

## 1.3 工程材料基础知识

机械制造过程的主要对象是零件或产品。与零件或产品一样，机械制造过程所用到的刀具、量具、夹具、模具等工装，以及机床设备等都是由各种各样的工程材料制造出来的。

### 1.3.1 常用工程材料的分类

工程材料是指各种工程领域中所应用的材料。按照化学成分的不同，工程材料可分为金属材料、非金属材料和复合材料三大类，如图 1.3 所示。

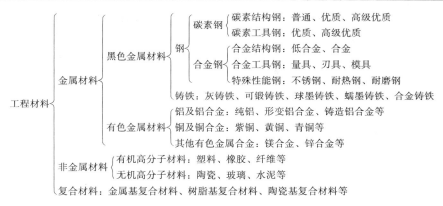

图 1.3 工程材料的分类

长期以来，金属材料由于具有优异的力学性能，是应用最为广泛的工程材料，但随着科技与生产的不断发展，非金属材料和复合材料的应用也越来越广泛，二者不但能够替代部分金属材料，且因其具有某些金属材料所不具有的特殊性能而在工程上占有越来越重要的独特地位。

### 1.3.2 金属材料的性能

金属材料的性能一般分为使用性能、工艺性能和经济性能。

**1. 使用性能**

使用性能是指金属材料为满足零件或产品的使用要求而必须具备的性能，包括物理性能、化学性能和力学性能，是选材的主要依据，其中，力学性能是最主要的。金属材料使用性能的优劣决定了机械零件或产品的使用范围和寿命。

1) 物理性能和化学性能

金属材料的物理性能和化学性能是指金属材料本身具有的属性。物理性能包括密度、比重、熔点、热膨胀性、导热性、导电性、磁性和耐磨性等；化学性能包括耐热性（抗氧化性）和耐腐蚀性等。

2) 力学性能

金属材料的力学性能（又称为机械性能）是指金属材料在外力作用时所表现出来的各种性能，主要包括强度、塑性、硬度、冲击韧性等，是选材和机械零件设计的重要依据。

（1）强度是指金属材料在外力作用下抵抗永久变形（即塑性变形）或断裂的能力，主要指标为屈服点（即屈服强度）和抗拉强度，其值可由拉伸试验测定。屈服点反映金属材料在拉伸中对明显塑性变形的抵抗能力，用符号 $\sigma_s$ 表示，单位为 MPa；抗拉强度反映金属材料在拉伸中对断裂的抵抗能力，用符号 $\sigma_b$ 表示，单位为 MPa。

（2）塑性是指金属材料在外力作用下发生不可逆永久变形（即塑性变形）而不破坏的能力，主要指标为伸长率（延伸率）和断面收缩率，其值可由拉伸试验同时测定。伸长率和断面收缩率分别反映金属材料在拉伸中长度和横截面方向上的最大变形量，分别用符号 $\delta$ 和 $\psi$ 表示。

（3）硬度是指金属材料抵抗另外物体压入其表面的能力，主要指标为布氏硬度、洛氏硬度，其值可由硬度计测定。布氏硬度值反映用一定直径的淬火钢球或硬质合金球，在试样表面的压痕单位面积上所承受的平均压力大小,用符号 HBS(用淬火钢压头时)或 HBW(用硬质合金压头时)表示,其中 HBS 应用最为广泛。洛氏硬度值反映用金刚石圆锥或一定直径的淬火钢球压入被测材料表面的压痕深度的大小,用符号 HR 表示,并根据压头和试验力的不同,有 HRA、HRB、HRC 等几种标尺,其中 HRC 应用最为广泛。硬度值一般应写在表示符号前面。

(4) 冲击韧性是指金属材料抵抗冲击载荷而不断裂的能力,主要指标为冲击韧度,其值可由冲击试验测定。冲击韧度反映试样单位横截面上冲击吸收功 $A_k$ 的大小,用符号 $α_k$ 表示,单位为 $kJ/m^2$。

2. 工艺性能

工艺性能是指金属材料适应加工方法的能力,包括铸造工艺性能、锻压工艺性能、焊接工艺性能、切削加工工艺性能和热处理工艺性能等,是选材时也必须同时考虑的依据。金属材料工艺性能的优劣,决定了机械零件或产品加工的难易程度、质量、效率、成本等。

(1) 铸造工艺性能。包括铸造合金的流动性、收缩性、偏析性、吸气性、热裂倾向性等,主要用金属液的流动性和冷却凝固过程中的收缩性来衡量。流动性好,收缩性小,则铸造工艺性能好。

(2) 锻压工艺性能。包括可锻性、冷镦性、冲压性、锻后冷却要求等,主要用金属的塑性和变形抗力来衡量。塑性高,变形抗力小,则锻压工艺性能好。

(3) 焊接工艺性能。即焊接接头产生裂纹、气孔等缺陷的敏感性及其使用性能,主要用可焊性来衡量。对缺陷不敏感,连接强度高,则焊接工艺性能好。

(4) 切削加工工艺性能。即材料接受切削加工的能力,主要用切削抗力的大小、工件加工后的表面质量、刀具耐用度、断屑能力等来衡量。一般钢材硬度为 200HBS 时,具有较好的切削加工工艺性能。

(5) 热处理工艺性能。包括淬透性、耐回火性及变形开裂倾向、过热敏感性及回火脆性、氧化脱碳倾向等。

3. 经济性能

经济性能是指金属材料选用时,在满足机械零件或产品使用性能的前提下,使其生产和使用的总成本最低、经济效益最高的性能。总成本包括材料价格、材料的利用率和回收率、零件成品率、加工费用、零件寿命以及材料的货源、供应、储运等综合因素。

### 1.3.3 常用钢铁材料的分类、编号、管理和鉴别

虽然非金属材料和复合材料的应用越来越广泛,但在机械制造领域中仍然是以金属材料为主,尤其是以钢、铁等黑色金属材料为主。

1. 钢铁材料的分类

钢铁材料是以铁和碳为主要成分的碳钢和铸铁的总称。一般将碳的质量分数 $w_C$(即含碳量)小于 2.11% 的铁碳合金称为碳钢,碳的质量分数 $w_C$ 大于 2.11% 的铁碳合金称为铸铁。$w_C$ 大于 6.69% 的铁碳合金脆性极大,没有使用价值。常用钢铁材料的分类见表 1-1。

表 1-1 常用钢铁材料的分类

| 类别 | 分类原则 | 名称 | 特点及应用 |
|---|---|---|---|
| 碳素钢 | 按化学成分（碳质量分数 C%） | 低碳钢（$w_C \leq 0.25\%$） | 强度低，塑、韧性好，锻压和焊接性能好 |
| | | 中碳钢（$w_C = 0.25\% \sim 0.60\%$） | 强度较高，兼有一定塑性、韧性 |
| | | 高碳钢（$w_C > 0.6\%$） | 强、硬度高，塑性、韧性较差 |
| | 按主要用途 | 碳素结构钢 | 用于制造各种工程结构零件（如桥梁、船舶、建筑构件等）和机器零件（如齿轮、轴、连杆等） |
| | | 碳素工具钢 | 用于制造各种工具（如刀具、量具、模具等） |
| | 按冶金质量等级（硫、磷质量分数 S%、P%） | 普通碳素钢（$w_S \leq 0.055\%$，$w_P \leq 0.045\%$） | 主要用于制造各种型材，用于桥梁、船舶、建筑构件等，也用于制造螺钉、螺母、铆钉等标准件 |
| | | 优质碳素钢（$w_S \leq 0.040\%$，$w_P \leq 0.040\%$） | 主要用于制造各种机器零件 |
| | | 高级优质碳素钢（$w_S \leq 0.030\%$，$w_P \leq 0.035\%$） | 主要用于制造各种重要的机器零件 |
| 合金钢 | 按化学成分（合金元素质量分数 Me%） | 低合金钢（$w_{Me} \leq 5\%$）<br>中合金钢（$w_{Me} = 5\% \sim 10\%$）<br>高合金钢（$w_{Me} > 10\%$） | 主要用于制造各种重要的机器零件及工具 |
| | 按主要用途 | 合金结构钢（低合金高强度钢、合金渗碳钢、合金调质钢、合金弹簧钢等） | 用于制造重要工程结构和机器零件 |
| | | 合金工具钢（合金刃具钢、合金模具钢、合金量具钢等） | 用于制造重要的、形状复杂的工具 |
| | | 特殊性能钢（不锈钢、耐热钢、耐磨钢） | 用于制造有耐腐蚀、耐高温、耐磨损等特殊性能要求的零件 |
| 铸铁 | 按石墨形态 | 灰（口）铸铁（石墨呈粗片状） | 价格便宜，铸造和切削加工工艺性能好，应用最广泛 |
| | | 孕育铸铁（石墨呈细片状） | 力学性能优于灰铸铁，用于制造力学性能要求较高的机械零件 |
| | | 可锻铸铁（石墨呈团絮状） | 并不可锻，强度、塑性、韧性优于灰铸铁 |
| | | 球墨铸铁（石墨呈球状） | 具有良好的综合机械性能，用于制造力学性能要求高的机械零件 |
| | 按碳的存在形式 | 灰口铸铁（以石墨形式存在） | 用于制造一般铸件 |
| | | 麻口铸铁（以石墨+渗碳体存在） | 很少使用 |
| | | 白口铸铁（以渗碳体形式存在） | 主要用于炼钢原料或可锻铸铁零件毛坯，很少直接制造机械零件 |
| | 按合金元素质量分数 | 普通铸铁 | 用于制造一般铸件 |
| | | 合金铸铁（耐磨铸铁、耐热铸铁、耐蚀铸铁等） | 用于制造有耐腐蚀、耐高温、耐磨损等特殊性能要求的铸件，但不如特殊性能钢 |

2. 钢铁材料的编号

为了生产、加工处理和使用时，不至于造成混乱，应对各种钢铁材料进行编号，常用钢铁材料牌号的表示方法、典型钢号及主要用途见表 1-2。

表 1-2 常用钢铁材料牌号的表示方法、典型钢号及主要用途

| 类别 | | 表示方法 | 示例 | 典型钢号及主要用途 |
|---|---|---|---|---|
| 碳素钢 | 普通碳素结构钢 | 用代表"屈服点"的拼音字母 Q+屈服点数值+质量等级（A、B、C、D、E）+脱氧方法（F、b、Z、TZ)表示 | 如 Q235AF 表示屈服点 $\sigma_s$=235MPa、质量等级为 A 级的沸腾钢 | Q195、Q235 等。一般在热轧状态使用，无需热处理。Q195 用于制造各种型材、建筑构件及螺钉、螺母、垫圈、铆钉等标准件，Q235 用于制造重要焊接件、不太重要的机械零件、建筑构件 |
| | 优质碳素结构钢 | 用代表钢中平均碳质量分数的万分数的两位数字表示，若为沸腾钢、半镇静钢，则在钢号后加 F、b。若锰质量分数较高，则在钢号后加 Mn，如 15Mn | 如 20 钢表示碳质量分数为 0.2%（即万分之二十）的优质碳素结构钢。若锰质量分数较高，则在钢号后加 Mn，如 15Mn | 08 钢、20 钢、45 钢、65 钢等，都需要热处理。08 钢用于制造冲压件，20 钢用于制造冲压件和焊接件，经渗碳处理也可制造轴、销等，45 钢用于制造齿轮、轴、连杆、套筒等，65 钢用于制造各种弹簧及弹性元件 |
| | 碳素工具钢 | 用代表"碳"的拼音字母 T+平均碳质量分数的千分数的数字表示，都是优质钢，若为高级优质钢，则在钢号后加 A | 如 T12A 表示平均碳质量分数为 1.2%（即千分之十二）的高级优质碳素工具钢 | T8、T10、T12 等，都需要热处理。T8 用于制造样冲、凿子、手锤等，T10 用于制造钻头、丝锥、刨刀、手锯锯条等及冷作模具，T12 用于制造锉刀、刮刀等及量规、样板等量具 |
| 合金钢 | 合金结构钢 | 用代表钢中平均碳质量分数的万分数的两位数字+合金元素符号+该元素质量分数的百分数表示（$w_{Me}$<1.5%不标出） | 如 40Cr 表示平均碳质量分数为 0.4%（即万分之四十）的合金结构钢，主要合金元素 Cr 的质量分数<1.5% | 16Mn、20CrMnTi、40Cr、65Mn 等。16Mn 用于制造桥梁、建筑、车辆等重要构件，20CrMnTi 用于制造变速齿轮、凸轮轴等，40Cr 用于制造齿轮、连杆、曲轴等，65Mn 用于制造各种弹簧及弹性元件 |
| | 合金工具钢 | 用代表钢中平均碳质量分数的千分数的两位数字+合金元素符号+该元素质量分数的百分数表示（$w_C$>1.0%不标出） | 如 9SiCr 表示平均碳质量分数为 0.9%（即千分之九）的合金工具钢，主要合金元素 Si、Cr 的质量分数<1.5% | 9SiCr、CrWMn、W18Cr4V、W6Mo5Cr4V2 等。9SiCr 用于制造板牙、丝锥等低切削速度刀具及冷冲模，CrWMn 用于制造模具、量具，W18Cr4V、W6Mo5Cr4V2 用于制造车刀、铣刀、滚刀等高速切削刀具 |
| | 特殊性能钢 | 用代表平均碳质量分数的千分数的一位或两位数字+合金元素符号+该元素质量分数的百分数表示。当 $w_C$≥1.00%用两位数字表示；当 $w_C$<0.10%以"0"表示；当 0.01%<$w_C$≤0.03%以"03"表示；当 $w_C$≤0.01%以"01"表示 | 如 0Cr18Ni9 表示平均碳质量分数为<0.10%的奥氏体不锈钢，主要合金元素 $w_{Cr}$=18%、$w_{Ni}$=9%；又如 1Cr13 表示平均碳质量分数为≤0.15%的马氏体不锈钢，主要合金元素 $w_{Cr}$=13% | Cr13 型、1Cr17 型、Cr18Ni9 型等不锈钢。Cr13 型用于制造耐蚀构件、医疗器械等，1Cr17 型用于制造化工、食品行业的管道、容器设备，Cr18Ni9 型用于制造化工耐蚀设备 |

(续)

| 类别 | | 表示方法 | 示例 | 典型钢号及主要用途 |
|---|---|---|---|---|
| 铸铁 | 灰口铸铁 | 用代表"灰铁"的拼音字母HT+最低抗拉强度值表示 | 如HT150表示最低抗拉强度值$\sigma_b \geq 150$MPa的灰口铸铁 | HT150、HT200等。用于制造机床床身、底座、变速箱箱体、带轮等 |
| | 可锻铸铁 | 用代表"可铁"的拼音字母KT+显微组织代号+最低抗拉强度值与最小伸长率的两组数字表示 | 如KTZ450-6表示基体为珠光体(P),最低抗拉强度值$\sigma_b \geq 450$MPa,最小伸长率$\delta = 6\%$的可锻铸铁 | KTZ450-6、KT300-6等。KTZ450-6用于制造曲轴、连杆、凸轮轴、活塞环等,KT300-6用于制造弯头、三通等管件 |
| | 球墨铸铁 | 用代表"球铁"的拼音字母QT+最低抗拉强度值与最小伸长率的两组数字表示 | 如QT400-15表示最低抗拉强度值$\sigma_b \geq 400$MPa,最小伸长率$\delta = 15\%$的球墨铸铁 | QT400-15、QT500-7等。QT400-15用于制造阀门体、汽车零件,QT500-7用于制造机油泵齿轮空压机缸体、发动机曲轴、连杆等 |

3. 常用钢材的管理和鉴别

1) 常用钢材的类别与规格

常用钢材的类别很多,主要有型钢、钢板、钢管和钢丝等几种,其主要类别、规格及表示方法见表1-3。

表1-3 常用钢材的类别与规格

| 类别 | 名称 | | 规格表示方法及示例 |
|---|---|---|---|
| 型钢 | 圆钢 | | 以直径表示,如圆钢$\phi$20mm |
| | 方钢 | | 以边长×边长表示,如方钢30mm×30mm |
| | 扁钢 | | 以边宽×边厚表示,如扁钢20mm×10mm |
| | 工字钢 | | 以高×腿宽×腰厚表示,如工字钢100mm×50mm×4.5mm |
| | 槽钢 | | 以高×腿宽×腰厚表示,如槽钢200mm×75mm×9mm |
| | 角钢 | 等边 | 以边宽×边宽×边厚表示,如等边角钢50mm×50mm×5mm |
| | | 不等边 | 以长边宽×短边宽×边厚表示,如不等边角钢80mm×50mm×6mm |
| 钢板 | 薄板 | | 以厚度×宽度表示,厚度≤4mm,宽度为500mm~1400mm |
| | 厚板 | | 以厚度×宽度表示,厚度>4mm,宽度为600mm~3000mm |
| | 带钢 | | 以厚度×宽度表示,如带钢2.0mm×315mm,长度一般很长 |
| 钢管 | 无缝 | | 以外径×壁厚×长度表示,如钢管$\phi$133mm×6.5mm×12000mm |
| | 焊接 | | 以外径×壁厚表示,如焊管$\phi$108mm×3.8mm |
| 钢丝 | 一般用途钢丝 | | 以直径表示,如钢丝$\phi$8mm |
| | 弹簧钢丝 | | 以直径表示,如弹簧钢丝$\phi$12mm |
| | 钢绳 | | 以直径表示,如钢绳$\phi$16mm |

2) 钢材的管理与鉴别

钢材购入后，一般应复验其化学成分，并核对交货状态。交货状态是指交货时，钢材的最终塑性变形加工或热处理状态，主要分为不经过热处理状态交货和热处理状态交货两大类。经热轧（锻）和冷轧（拉）的称为不经过热处理状态交货，经正火、退火、高温回火、调质和固溶处理等的称为热处理状态交货。应将钢材按照种类和规格的不同分类入库存放，并由专人负责管理。

钢材种类很多，性能各异，因此，对钢材的鉴别是非常必要的，主要的鉴别方法有标记法、火花鉴别法、断口鉴别法等。如果要对钢材的化学成分或内部组织有比较仔细的了解，则需进行化学分析、光谱分析或金相分析等。

（1）标记法。在管理和使用钢材时，为了区别钢材的牌号、规格和质量等级等，需要在钢材上作一定的标记，如涂色、打（盖）印、挂牌等。使用时，可依据这些标记对钢材进行鉴别。

涂色标记法是指在钢材的一个端面或端部涂上不同颜色的油漆（盘条则涂在卷的外侧），以便于鉴别钢材的标记方法，所涂油漆的颜色和要求应严格按照国家或行业、企业标准执行。常用钢材色标记如下：

碳素结构钢 Q235——红色。

优质碳素结构钢 45——白色＋棕色。

优质碳素结构钢 65Mn——绿色三条。

合金结构钢 20CrMnTi——黄色＋黑色。

合金结构钢 42CrMo——绿色＋紫色。

铬轴承钢 GCr15——蓝色一条。

高速钢 W18Cr4V——棕色一条＋蓝色一条。

不锈钢 1Cr18Ni9Ti——铝色＋蓝色。

（2）火花鉴别法。火花鉴别法是指将待鉴别的钢材在高速旋转的砂轮上磨削，根据所产生火花的形状、亮度、色泽等的不同特征，大致鉴别钢材化学成分的鉴别方法。

① 火花的组成。被鉴别钢材试样在砂轮上磨削时所产生的全部火花称为火花束，一般由根部、中部、尾部等三个部分组成，如图 1.4(a)所示。

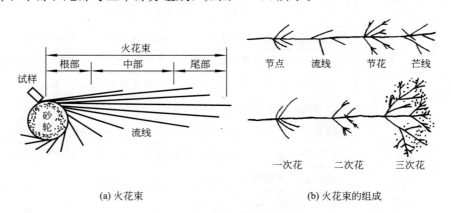

(a) 火花束      (b) 火花束的组成

图 1.4　火花束及其组成

火花束中，由灼热发光的粉末形成的线条状火花称为流线。流线在中途爆裂，爆裂处称为节点。节点处射出的线称为芒线。流线或芒线上由节点、芒线组成的火花称为节花。节花按照爆裂的先后顺序可分为一次花、二次花、三次花等，如图1.4(b)所示。分散于节花之间的许多明亮小点称为花粉。合金钢由于含有较多的合金元素，会使流线尾部出现各种不同形状的尾花，如图1.5所示。

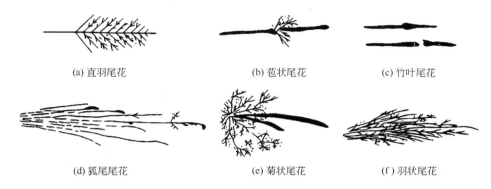

图1.5 各种形状的尾花

② 常用钢材的火花特征。碳是钢材火花的基本形成元素，也是火花鉴别法测定的主要成分。对于碳素钢，随着碳质量分数的增大，火花束中的流线增多、缩短并变细，其形状也由挺直转向抛物线；芒线也变细、变短；节花由一次花转向二次花、三次花，花数逐渐增多；色泽由草黄色带暗红逐渐转为亮黄色，再转为暗红色，亮度增加。

合金钢中的各种合金元素同样会影响火花的特征，如可助长(Cr、Si、Al、W等)或抑制(Mn、V等)火花爆裂等。常用钢材的火花特征及图例见表1-4。

表1-4 常用钢材的火花特征及图例

| 类别 | 钢种 | 图　例 | 特　征 |
|---|---|---|---|
| 碳素钢 | 20 | | 火花束流线多，略呈弧形；火花束长，呈草黄色带暗红；芒线稍粗。节花呈多分叉，一次花 |
| | 40 | | 火花束呈黄略明亮；流线较细，多分叉而长。节花接近流线尾部，呈多分叉，二次花。磨削时手感反抗力较弱 |
| | 80 | | 火花束呈橙红带暗色；流线多而细密，形状直而短，射力强；节花呈多分叉，三次花；芒线细密，花粉较多。磨削时手感稍硬 |
| | T12 | | 火花束短而粗，呈暗红色；流线多、细而密；节花为多次花，量多并重叠，碎花、花粉量多。磨削时手感较硬 |

| 类别 | 钢种 | 图 例 | 特 征 |
|---|---|---|---|
| 合金钢 | 40Cr | | 火花束白亮；流线较粗，量多；节花附近有明亮节点，二次花；芒线较长，清晰可辨；花形较大 |
| 合金钢 | 60Si2Mn | | 火花束呈微暗橙红色，根部为暗红色；流线粗而短，量多；节花形小而稀疏，二次花；芒线短而少 |
| 合金钢 | W18Cr4V | | 火花束细长，呈赤橙色，发光暗；流线较长，呈断续状，量稀少，色较暗，尾部呈短的狐尾尾花。磨削时手感硬 |

（3）断口鉴别法。断口鉴别法是指通过观察敲断的钢材断口特征来大致判断钢材种类的鉴别方法。断口鉴别法借助肉眼、放大镜、低倍光学显微镜等进行分析，简便易行，还可检测钢材在冶炼或加工过程中产生的气孔、缩孔、晶粒粗大等缺陷。

常用钢材的断口特征大体如下：

① 低碳钢不易敲断，断口周围有明显的塑性变形，断口颗粒均匀，清晰可辨。
② 中碳钢断口周围的塑性变形不如低碳钢明显，断口颗粒较细密。
③ 高碳钢断口周围无明显塑性变形，断口颗粒很细密。

# 1.4 钢的热处理基础知识

## 1.4.1 概述

热处理是机械零件或产品制造过程中的重要工艺。要使机械零件具有良好的力学性能，除了正确选材，保证其化学成分以外，还需进行适当的热处理。

**1. 热处理的定义、目的及作用**

钢的热处理是指将钢件在固态下、采用适当的方式，进行加热、保温和冷却，以使其获得所需组织和性能的工艺过程。除了钢材以及铸铁外，不少金属材料也能通过热处理改变性能，可见热处理与铸造、锻压、焊接和切削加工不同，其目的是在不改变工件形状和尺寸的前提下，通过改变其整体或表面的组织和成分，来实现改变性能和用途的。

热处理可以提高金属材料的力学性能，改善其工艺性能，充分发挥材料的性能潜力，节省材料，延长使用寿命，因此，绝大多数机械零件，尤其是重要零件都需进行热处理，对于刀具、量具、模具、轴承等则必须进行热处理。

**2. 热处理的类型及工艺曲线**

安排在工件机械制造过程中各工序之间进行的热处理工艺，称为预备热处理，目的是消除上道工序所产生的缺陷，为下道工序的进行创造良好条件。安排在工件的加工成形基本完成之后进行的热处理工艺，称为最终热处理，目的是满足工件的使用性能要求。

热处理的工艺方法很多,一般分为普通热处理、表面热处理和化学热处理等三大类。热处理工艺可用"温度 $T$—时间 $t$"为坐标的曲线图表示,如图1.6所示。

### 1.4.2 普通热处理

钢的普通热处理(即整体热处理)是指通过加热使工件达到加热温度时,内外温度一致,经适当冷却方式冷却后,实现改善工件整体组织和性能的目的的热处理工艺。常用的主要有退火、正火、淬火和回火等几种。

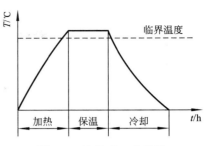

图1.6 热处理工艺曲线

1. 退火

退火是指将工件加热至适当温度(碳素钢为740~880℃),保温一定时间,然后缓慢冷却至室温(一般为随炉冷却,约100℃/h)的热处理工艺,如图1.7、图1.8所示。

退火的主要目的是降低工件硬度,消除内应力,改善其组织和性能,为后续的切削加工和热处理工序做好准备。常用的退火工艺主要有完全退火、球化退火、等温退火、扩散退火和去应力退火等几种,见表1-5。

表1-5 常用的退火工艺

| 名称 | 工艺过程 | 目的及应用 |
| --- | --- | --- |
| 完全退火 | 将工件加热至 $A_{c3}$ 以上20~30℃,保温一定时间后缓慢冷却(随炉冷却或埋入石灰、砂中冷却),也可随炉缓冷至500℃以下,再出炉空冷,又称为重结晶退火 | 目的是通过完全结晶,改善热加工造成的粗大、不均匀组织,提高力学性能,消除内应力,主要适用于处理低碳钢和中碳钢工件 |
| 等温退火 | 将工件加热至 $A_{c3}$ 或 ($A_{c1}$)以上,保温一定时间后较快冷却至珠光体区某一温度,等温保持,使奥氏体转变为珠光体,然后随炉缓慢冷却 | 目的与完全退火一样,但转变易于控制,组织更加均匀,还可大大缩短退火时间,提高生产效率 |
| 球化退火 | 将工件加热至 $A_{c1}$ 以上20~30℃,保温一定时间,然后随炉缓慢冷却,又称为软化退火 | 目的是使二次渗碳体及珠光体中的渗碳体球状化,以利于降低硬度,改善切削加工性能,为后续的淬火等做准备,主要适用于处理高碳钢工件 |
| 扩散退火 | 将工件加热至固相线以下100~200℃,保温10~15h,然后随炉缓慢冷却,又称为均匀化退火 | 目的是使化学元素充分扩散,成分和组织均匀,主要适用于处理钢锭,尤其是合金钢钢锭 |
| 去应力退火 | 将工件加热至 $A_{c1}$ 以下某一温度(一般为500~650℃),保温一定时间,然后随炉缓慢冷却,又称为低温退火 | 目的是消除工件中的内应力,主要适用于处理铸件、锻件、焊接件及切削加工零件 |

退火一般作为预备热处理,适用于铸件、锻件、焊接件等毛坯或半成品零件。

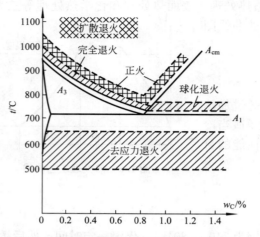

图 1.7 碳钢退火和正火的加热温度范围　　图 1.8 退火和正火的工艺曲线

#### 2. 正火

正火是指将工件加热至适当温度（碳素钢为760～920℃），保温一定时间，然后由炉内取出，在空气中冷却至室温的热处理工艺，如图1.7、图1.8所示。

正火的目的是细化组织，消除缺陷和内应力，其作用与退火相似，但由于是在空气中冷却，冷却速度较快，因此，组织更细，力学性能更优。此外，与退火相比，正火操作简便，生产周期短，设备利用率高，能耗小，成本低。在满足工件性能和加工要求的前提下，应尽量以正火代替退火，提高经济效益。

正火一般作为预备热处理，但对于性能要求不高的工件，也可用正火作为最终热处理。

#### 3. 淬火

淬火是指将工件加热至适当温度（碳素钢为770～870℃），保温一定时间，然后在一定冷却介质中快速冷却的热处理工艺。

淬火的目的是显著提高强度和硬度，增加耐磨性，并在回火后获得高强度和一定韧性的配合性能。

1）淬火温度

淬火加热温度直接影响工件淬火后的组织和性能，主要取决于工件的化学成分（碳质量分数）。如图1.9所示为钢的淬火温度范围，一般亚共析钢为$A_{c3}$以上30～50℃，共析钢和过共析钢为$A_{c1}$以上30～50℃。

2）淬火介质

淬火介质又称为淬火剂，常用的有油、水、盐（或碱）水，冷却能力依次增强。形状简单、截面较大的碳素钢工件一般用水或盐水作为淬火剂，合金钢工件用油作为淬火剂。对于形状复杂、尺寸较小、变形要求严格的工具等工件，还可用盐浴作为淬火剂。

3）淬火方法

常用的淬火方法有单介质淬火、双介质淬火、分级淬火和等温淬火等几种，其工艺曲线如图1.10所示。

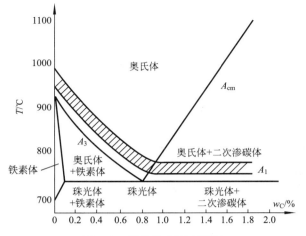
图1.9 钢的淬火温度范围

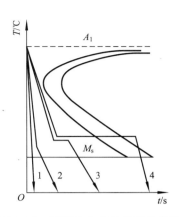
图1.10 不同淬火方法的工艺曲线
1—单介质淬火；2—双介质淬火；
3—分级淬火；4—等温淬火

4) 淬火操作

淬火操作时，由于冷却速度极快，为了减少工件变形和开裂倾向，应注意工件浸入淬火剂的方式，其根本原则是要保证工件得到最均匀的冷却。正确的淬火操作方式（见图1.11）如下：

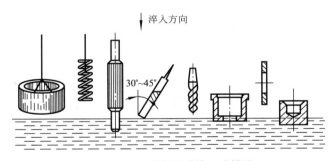
图1.11 工件淬火时的正确操作

① 细长状工件，如钻头、丝锥、轴等应垂直浸入。
② 薄壁环状工件，如轴套、圆筒等应沿其轴线垂直浸入。
③ 薄片状工件，如圆盘铣刀等应竖立浸入。
④ 厚薄不均匀的工件应使厚的部分先浸入。
⑤ 截面不均匀的工件应斜着浸入，以保证各部分冷却速度一致。
⑥ 带有型腔或盲孔的工件应朝上浸入，以保证其内部气体排出。

淬火是工件最经济有效的、也是最重要的一种强化方法，几乎所有的工具、模具和重要零件都必须进行淬火，但还不是决定工件性能的最终热处理，工件淬火后一般还必须立即进行回火。

4. 回火

回火是指将淬火以后的工件，重新加热至适当温度（$A_{c1}$以下），保温一定时间，然后冷却至室温的热处理工艺。回火后的冷却通常采用空冷，少数情况需用油冷或水冷。

回火的目的是减少或消除淬火产生的内应力，防止变形和开裂，调整工件的力学性能，满足使用要求，稳定工件的尺寸。

工件回火以后的性能主要取决于回火温度的高低。按照回火温度的不同，回火可分为低温回火、中温回火和高温回火等三类，见表1-6。

表 1-6　常用的回火工艺

| 名称 | 温度范围/℃ | 工件硬度/HRC | 目的及应用 |
|---|---|---|---|
| 低温回火 | 150～250 | 58～64 | 目的是减小工件淬火后的内应力和脆性，提高韧性，但仍然保持较高硬度，主要适用于处理各种高碳的工具、模具、量具、滚动轴承及渗碳、表面淬火件 |
| 中温回火 | 350～500 | 35～45 | 目的是进一步减小工件淬火后的内应力，使其具有高的弹性和强度、韧性，主要适用于处理弹簧等各种弹性元件、热锻模 |
| 高温回火 | 500～650 | 25～35 | 目的是消除绝大部分工件淬火后的内应力，使其在保持一定强度和硬度的同时，又具有较好的塑性和韧性，主要适用于处理齿轮、连杆、轴等要求具有较高综合力学性能的重要零件。生产中常把淬火后再高温回火的工艺称为调质处理 |

回火作为最终热处理，决定了工件最终的使用性能，直接影响工件的质量和寿命。

### 1.4.3　表面热处理

表面热处理是指仅对工件表面进行热处理，以改变其组织和性能的热处理工艺，目前应用较多的主要是表面淬火。

表面淬火工艺是指通过快速加热，使工件表面迅速升温至临界温度以上，然后进行快速冷却的热处理工艺。表面淬火只改变工件表层一定深度的组织和性能，而心部几乎未发生变化，并且未改变表层及心部的化学成分，因此，能够兼顾工件表面和心部不同的性能需要，制造表面要求具有较高硬度和耐磨性、心部要求具有足够塑性和韧性的机械零件，如齿轮、曲轴、凸轮轴、床身导轨等。表面淬火以提高工件表面硬度和耐磨性为目的。

按照加热方式的不同，表面淬火主要有感应加热表面淬火（见图1.12）、火焰加热表面淬火（见图1.13）、激光加热表面淬火等几种。常用表面淬火工艺见表1-7。

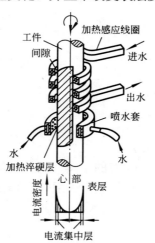

图 1.12　感应加热表面淬火

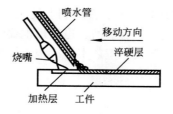

图 1.13　火焰加热表面淬火

表 1-7 常用表面淬火工艺

| 名称 | 原理及工艺过程 | 特点及应用范围 |
| --- | --- | --- |
| 感应加热表面淬火 | 利用感应电流通过工件所产生的集肤效应,使工件表面快速加热至淬火温度(心部仍接近室温),并喷水快速冷却,使其表面淬火硬化。根据感应电流频率可分为高频、中频、工频等几种 | 生产效率极高,淬火层深度容易控制,工件表面氧化、脱碳极少,变形也小,可实现局部加热、连续加热,有利于实现机械化、自动化生产,但设备复杂,价格较贵,维修和控制要求较高,适用于大批大量生产或形状简单零件的处理。适用钢种为 45、40Cr、40MnB 等中碳钢、中碳合金钢 |
| 火焰加热表面淬火 | 利用氧—乙炔(或其他可燃气体)燃烧的火焰进行加热,使工件表面快速加热至淬火温度,并喷水快速冷却,使其表面淬火硬化 | 设备简单,操作方便,成本低,但生产效率低,加热不均匀,表面易过热,淬火层质量控制较难,适用于单件小批量生产或大型零件的处理 |
| 激光加热表面淬火 | 利用高能量密度的激光束扫描工件表面,使其快速加热至淬火温度。当结束扫描时,工件表面因内部金属大量吸热而快速冷却淬火硬化 | 适用于零件的拐角、沟槽、盲孔底部、深孔内壁等部位的处理,解决了一般表面淬火工艺难以解决的问题 |

### 1.4.4 化学热处理

化学热处理是指将工件置于一定化学介质中加热和保温,使一种或几种元素渗入其表面,改变其表面的化学成分和组织,以获得所需性能的热处理工艺。化学热处理不仅改变了工件表层一定深度的组织和性能,而且也改变了表层的化学成分。同时,不仅可以提高工件表面硬度和耐磨性,而且还可以改善其耐蚀性、耐热性等。

按照渗入元素的不同,化学热处理主要有渗碳、渗氮、碳氮共渗、渗硼、渗金属等几种,常用化学热处理工艺见表 1-8。

表 1-8 常用化学热处理工艺

| 名称 | 原理及工艺过程 | 特点及应用范围 |
| --- | --- | --- |
| 渗碳(碳化) | 常用的是气体渗碳,将工件装入密封的渗碳炉内,加热至 $A_{c3}$ 以上一定温度(一般为 900~950℃),向炉内滴入煤油、苯、甲醇等有机液体,或直接通入煤气、石油液化气等渗碳气体,保温一定时间,以使碳原子渗入工件表层,渗碳后需进行淬火和低温回火 | 渗层厚度为 0.5~2mm。特点是生产效率高,劳动条件好,过程易于控制,渗层质量和力学性能较好,主要适用于处理汽车齿轮、活塞销、轴套等磨损严重和受较大冲击载荷作用的工件,适用钢种为 20、20Cr、20CrMnTi 等低碳钢、低碳合金钢 |
| 渗氮(氮化) | 常用的是气体渗氮,将工件装入密封的渗氮炉内,加热至适当温度(一般为 500~600℃),向炉内直接通入氨气等渗氮气体,保温一定时间,以使氮原子渗入工件表层,渗氮后无需进行淬火,但渗氮前要进行调质处理 | 渗层厚度为 0.1~0.6mm。特点是提高工件的疲劳强度和耐蚀性,变形小,但渗层薄而脆性大,生产效率低,成本较高,主要适用于精密机床丝杠、高精度机床主轴、汽车发动机进排气阀门和阀杆等精度和耐磨性要求高的工件,适用钢种为 38CrMoAlA 等专用渗氮用钢 |
| 碳氮共渗 | 同时向工件表面渗入碳原子和氮原子,分为中温碳氮共渗和低温碳氮共渗。中温碳氮共渗以渗碳为主(氰化),共渗温度为 830~850℃;低温碳氮共渗以渗氮为主(软氮化),共渗温度为 570℃ | 渗层厚度为 0.1~0.6mm。特点是温度比渗碳低,工件变形小,生产周期短,效率高,耐磨性和疲劳强度优于渗碳件,可用来代替渗碳处理,主要适用于处理形状复杂、要求变形小的小型耐磨工件 |

(续)

| 名称 | 原理及工艺过程 | 特点及应用范围 |
|---|---|---|
| 渗其他元素 | 包括渗硼、渗铝、渗铬等,即是在一定条件下,将硼原子、铝原子、铬原子等渗入工件表面 | 渗硼可使工件具有好的红硬性、耐磨性、耐蚀性,延长使用寿命,适用于处理冷冲模、泥浆泵衬套等;渗铝可使工件具有好的耐热性,适用于处理石油化工用容器和管道;渗铬可使工件具有较高的耐蚀性、耐磨性、耐热性和较高的疲劳强度 |

### 1.4.5 常用的热处理设备

常用的热处理设备主要包括热处理加热设备、冷却设备、辅助设备和质量检验设备等。

1. 加热设备

热处理的加热是在专门的加热炉内进行的,一般有电阻炉、盐浴炉、燃料炉等。

1) 电阻炉

电阻炉是利用被电热元件加热的炉气作为加热介质的热处理设备,其结构一般由炉壳、炉衬、炉门、电热元件、温控部分等组成。设置于炉膛内的电热元件通电后发热,以对流和辐射的方式对工件进行加热。

电阻炉按照工作温度的不同,可分为高温炉(1000℃以上)、中温炉(650~1000℃)和低温炉(650℃以下)等几类;按照炉型结构不同,可分为箱式炉、井式炉和台车式炉等。

中温箱式电阻炉的应用最为广泛,适用于碳素钢、合金钢工件的退火、正火和淬火加热等;高温箱式电阻炉适用于高合金钢中、小型工件的淬火加热等;低温井式电阻炉一般适用于工件的回火、气体渗氮、气体碳氮共渗等;中温井式电阻炉适用于气体渗碳等。

(1) 箱式电阻炉。

箱式电阻炉的炉体呈长方形箱体状,炉膛(加热室)由耐火砖砌成,侧面和底面设置有电热元件(常用的为铁铬铝或镍铬电阻丝)。热电偶由炉顶或后壁插入炉膛,通过炉温控制仪表显示和控制炉温。中温箱式电阻炉的结构如图1.14所示,其最高使用温度一般为950℃,功率有30kW、45kW、60kW等几种规格,可根据工件大小和装炉量的多少来选用。

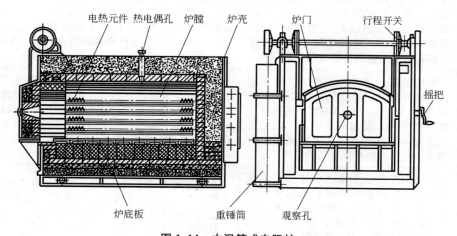

图1.14 中温箱式电阻炉

(2) 井式电阻炉。

井式电阻炉的炉体呈圆筒状,炉口向上并设置有炉盖。一般将炉体部分或大部分设置于地坑内,仅露出地面 600～700mm,以便于工件的装炉和出炉。炉顶设置有风扇,以利于炉内气体的热循环,保持炉膛内各部分温度均匀。井式电阻炉的结构如图 1.15 所示。处理时,工件可装入装料筐或用专用夹具装夹,再置于炉内进行加热。因工件加热时是垂直吊挂的,可防止其弯曲变形,保证其满足直线度要求。因炉口向上,可以利用吊车进行工件的装炉和出炉,以减轻操作者的劳动强度。

用于气体渗碳或渗氮等的井式电阻炉,炉内有专门用于放置工件的炉罐,炉盖上还设置有滴入渗剂的装置,炉罐与炉盖之间等处都要求严格密封,以免气体泄漏。

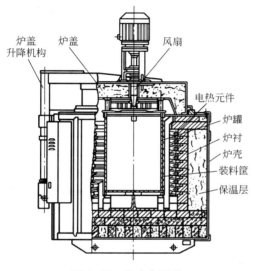
图 1.15 井式电阻炉

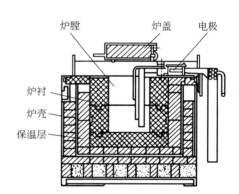
图 1.16 插入式电极盐浴炉

2) 盐浴炉

盐浴炉是利用熔融的盐作为加热介质的热处理加热设备。最常用的插入式电极盐浴炉的结构如图 1.16 所示,其加热原理是在呈长方形的池状炉膛内插入或在炉壁中埋入电极,通电后,通过炉内成熔融态的盐形成回路,借助熔盐的电阻发热,使熔盐达到加热要求的温度,从而以对流和传导方式,对浸入熔盐中的工件进行加热。使用电极盐浴炉时,必须先用辅助电极将盐熔化,再用主电极进行通电加热。

盐浴炉结构简单,制造方便,加热迅速均匀,工件不易氧化、脱碳,便于局部加热,因此,主要适用于中、小型工件,尤其是合金钢的工具、模具等的淬火、正火等的加热,还可进行多种化学热处理。

3) 其他热处理加热设备

除了电阻炉、盐浴炉之外,热处理加热设备还有燃料炉(燃煤炉、燃油炉、燃气炉等)、流动粒子炉、可控气氛加热炉、真空热处理炉、高频感应加热设备等很多类型。

2. 冷却设备及其他设备

1) 冷却设备

由于退火、正火、回火的工件一般是在炉内或空气中冷却,因此,热处理冷却设备主要是指用于淬火的水槽和油槽等。其结构一般为上口敞开的箱形或圆筒形槽体，内盛水或油等淬火介质，并一般有循环冷却系统或搅拌装置，以利于槽内淬火介质的温度保持稳定和均匀。

2) 辅助设备

热处理辅助设备主要包括清理滚筒、喷砂机、酸洗槽等用于清洗工件表面氧化皮的清理设备；清洗槽、清洗机等用于清洗工件表面粘附的盐、油等污物的清洗设备；手动压力机、液压校正机等用于校正热处理变形的校正设备；吊车、行车等用于搬运工件的起重运输设备；等等。

3) 质量检验设备

热处理质量检验设备主要包括洛氏硬度试验机等用于检测工件硬度的硬度试验机；游标卡尺、千分尺等用于检测工件尺寸的量具；磁粉探伤机等用于检测工件内部裂纹等缺陷的无损检测或探伤设备；金相显微镜等用于检测工件内部组织的金相检验设备；等等。

# 小　　结

任何机械产品，如汽车、机床等，都是经过产品设计、零件制造及相应的零部件装配而成的。机械产品的制造过程即是产品由原材料转变为成品的全过程。机械零件的制造方法分为加工和处理。其中，将原料或毛坯制成所需形状和尺寸的工件的方法称为加工(如毛坯加工、切削加工等)，而将改变金属的组织和性能的方法称为处理(如热处理、表面强硬化处理等)。

机械产品的使用性能和寿命取决于零件的加工质量(一般是指加工精度和表面质量)以及产品的装配质量。机械制造不仅要利用各种加工方法，确保零件达到一定的质量要求，而且还要通过相应的方法来进行检测。

机械零件或产品以及机械制造过程所用到的各种工装和机床设备等都是由工程材料制成的。工程材料可分为金属材料、非金属材料和复合材料等三大类，其中，金属材料(尤其是黑色金属材料)在机械制造领域应用最为广泛。

钢的热处理是指将钢件在固态下，采用适当的方式，进行加热、保温和冷却，以使其获得所需组织和性能的工艺过程。绝大部分机械零件(尤其是重要零件)都需要，甚至必须进行热处理。热处理的工艺方法一般分为普通热处理、表面热处理和化学热处理等三大类。

# 复习思考题

**1. 判断题**

1-1　机械产品的制造过程即是产品由原材料转变为成品的全过程。

1-2　金属材料的力学性能、物理和化学性能、工艺性能都属于金属材料的使用性能。

1-3　钢铁材料是以铁和碳为主要成分的碳钢和铸铁的总称。

1-4　Q195 表示屈服点 $\sigma_s=195\mathrm{MPa}$ 的优质碳素结构钢。

1-5　机械产品的质量检测应自始至终地伴随着整个机械制造过程的每一道加工工序。

1-6 无损探伤是不损坏原有材料,检测工件表面和内部缺陷的质量检测方法。

1-7 热处理的目的是在不改变工件形状和尺寸的前提下,通过改变其整体或表面的组织和成分,来实现改变性能和用途的。

1-8 热处理一般安排在切削加工完成后进行。

1-9 生产中习惯将淬火加上低温回火的工艺称为调质处理。

1-10 化学热处理不仅改变了工件表层一定深度的组织和性能,而且也改变了表层的化学成分。

**2. 填空题**

1-11 金属材料可分为＿＿＿＿金属和＿＿＿＿金属两大类。

1-12 金属材料的性能一般分为＿＿＿＿性能、＿＿＿＿性能和＿＿＿＿性能。

1-13 常用的金属材料检测方法有＿＿＿＿、＿＿＿＿、＿＿＿＿、＿＿＿＿、＿＿＿＿、＿＿＿＿和＿＿＿＿等。

1-14 合金钢按照用途可分为＿＿＿＿、＿＿＿＿和＿＿＿＿三大类。

1-15 一般来说,热处理是不改变零件的＿＿＿＿和＿＿＿＿,但却能改变其＿＿＿＿,从而获得所需性能的工艺方法。

1-16 按照安排阶段的不同,钢的热处理工艺分为＿＿＿＿热处理和＿＿＿＿热处理。

1-17 按照加热温度的不同,回火可分为＿＿＿＿回火、＿＿＿＿回火和＿＿＿＿回火等三种。

1-18 常用的化学热处理工艺有＿＿＿＿、＿＿＿＿、＿＿＿＿和＿＿＿＿等多种。

**3. 简答题**

1-19 工程材料分为哪三大类?

1-20 金属材料的性能包括哪三类性能?

1-21 金属材料的力学性能指标主要有哪些?

1-22 什么是热处理?常用的热处理工艺有哪些?

1-23 常用的热处理加热设备主要有哪些?

# 第 2 章
# 铸　　造

 本章教学要点

| 知识要点 | 掌握程度 | 相关知识 |
| --- | --- | --- |
| 砂型铸造概述 | 了解型砂、型芯砂等造型材料的性能要求、组成及配制设备；<br>了解砂型的组成以及模样（芯盒）等工装 | 砂型铸造的工艺过程；铸型的组成；造型材料与工装 |
| 手工造型（芯）与机器造型（芯） | 掌握手工两箱造型（整模、分模、挖砂、活块造型等）的特点及操作方法；<br>了解机器造型的特点及造型机的工作原理；<br>了解型芯的组成和造芯的方法 | 手工造型的工具；手工造型的方法；型芯的结构和造芯工艺特点；型芯的组成和定位；型芯组成和造芯方法 |
| 铸造合金的熔炼与浇注、落砂与清理铸件的质量检验与缺陷分析 | 了解铸铁、铸钢以及铸造有色金属合金的熔炼方法、设备和浇注工艺；<br>了解铸件的落砂和清理；<br>了解常见的铸件缺陷及产生原因 | 浇注系统的组成和类型；冒口、冷铁的作用和类型；铸造合金熔炼的设备及操作；合型、浇注、落砂、清理及铸件缺陷分析 |

## 2.1 概 述

### 2.1.1 铸造的定义、特点及应用

铸造是指将经过熔炼的金属液,浇注入预先准备好的铸型型腔内,冷却凝固后获得一定形状、尺寸和性能的铸件的成形加工方法。某些特种铸造铸件也可直接作为零件使用。

与其他成形加工方法相比,铸造具有以下特点:

(1) 适应性很广,几乎不受材料种类的限制,也几乎不受工件形状、尺寸和生产批量的限制,适合生产形状复杂(尤其是具有复杂型腔)的铸件。

(2) 铸件的形状、尺寸与零件相近,节省了大量的金属材料和切削加工工时。

(3) 原材料来源广泛,价格低廉,还可回收利用废旧材料,节约了成本和资源。

(4) 铸件的使用性能和工艺性能良好,尤其是减震性能、耐磨性能、切削加工性能等。

(5) 铸造生产工艺复杂,生产周期长,劳动条件差,铸件质量不稳定且力学性能较差。

常用的铸造方法有砂型铸造和特种铸造两大类,其中,砂型铸造是应用最为广泛的一种铸造方法,而与砂型铸造不同的其他铸造方法都称为特种铸造。

### 2.1.2 砂型铸造的生产过程

砂型铸造是应用最为广泛的一种铸造方法,铸件总量的80%以上都是由砂型铸造生产,其一般生产流程如图2.1所示,主要包括制造模样和芯盒、配制型砂及芯砂、造型和造芯、合型、熔炼金属、浇注、落砂、清理及检验等,对于型芯及大铸型,在合型、浇注前还需要烘干。如图2.2所示为飞轮铸件的生产过程。

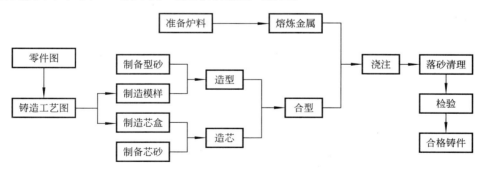

图 2.1 砂型铸造的一般生产流程

### 2.1.3 铸型的组成

铸型是用来容纳金属液,使其按照型腔形状凝固成形,由型砂、金属材料或其他耐火材料制成,包括型腔、型芯和浇注系统等几部分。由型砂制成的铸型称为砂型,砂型的组成如图2.3所示。砂型用砂箱支承时,砂箱也是砂型的组成部分。砂型铸造即是由型砂制成铸型并进行浇注而生产出铸件的铸造方法。

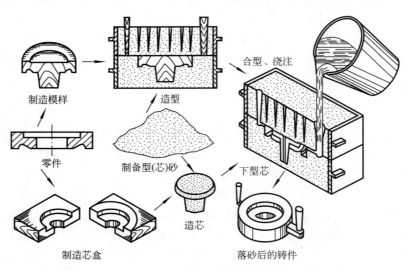

图 2.2 飞轮铸件的生产过程

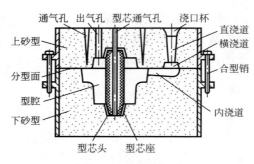

图 2.3 砂型的组成

砂型各组成部分的名称与作用见表 2-1。

表 2-1 砂型各组成部分的名称与作用

| 名称 | 作用与说明 |
| --- | --- |
| 上砂型 | 上面砂箱内的砂型 |
| 下砂型 | 下面砂箱内的砂型 |
| 分型面 | 上砂型与下砂型的分界面 |
| 型砂 | 按照一定比例混制的、符合造型要求的造型材料 |
| 型腔 | 模样取出砂型后留下的、造型材料包围的空腔 |
| 型芯 | 为了获得铸件内孔或局部外形,放置于型腔内部的造型材料 |
| 浇注系统 | 为了将金属液引导入型腔而在砂型上开设的通道,由浇口杯(外浇口)、直浇道、横浇道和内浇道组成 |
| 通气孔 | 为了排除气体,在砂型内开设的沟槽或孔洞 |
| 型芯通气孔 | 为了排除气体,在型芯内开设的沟槽或孔洞 |

## 2.2 砂型的制造

### 2.2.1 造型材料

砂型铸造用的造型材料主要是型砂和芯砂,其中,型砂用于造型,芯砂用于造芯。型(芯)砂一般由原砂、粘结剂、附加物和水等混制而成(见图2.4),具有一定物理性能,能够满足造型(芯)的需要。型(芯)砂的质量直接关系到铸件质量。

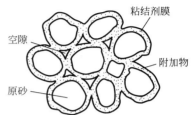

图 2.4 型(芯)砂的组成

1. 型(芯)砂的性能要求

1) 一定的强度

强度是指紧实后的型(芯)砂抵抗外力破坏的能力。足够的强度可保证砂型在制造、搬运以及金属液冲刷下不会被破坏。强度过低,易造成塌箱、冲砂,铸件易产生砂眼、夹砂等铸造缺陷。但强度过高,则使得型(芯)砂的透气性和退让性降低,铸件易产生气孔、变形、裂纹等铸造缺陷。

型(芯)砂的强度跟粘结剂含量、原砂粒度、砂型紧实度等有关。砂中粘结剂含量越高,砂型紧实度越高,原砂粒度越细,则强度越高。

2) 较高的耐火性

耐火性是指型(芯)砂抵抗高温热作用的能力。耐火性差,铸件易产生粘砂等铸造缺陷,严重的还会造成废品。型(芯)砂的耐火性跟原砂的 $SO_2$ 含量、粒度等有关。原砂 $SO_2$ 含量越高,粒度越粗,则耐火性越好。

3) 较好的透气性

透气性是指紧实后的型(芯)砂透过气体的能力。透气性差,铸件易产生气孔、浇不足等铸造缺陷。型(芯)砂的透气性跟粘结剂含量、原砂粒度、砂型紧实度等有关。砂中粘结剂含量越低,砂型紧实度越低,原砂粒度越粗,透气性越好。

4) 较好的退让性

退让性是指型(芯)砂在铸件冷却收缩过程中,体积可被压缩的能力。退让性差,铸件收缩受到的阻碍增大,使得内应力增加,易产生变形、裂纹等铸造缺陷。型(芯)砂的退让性跟砂型紧实度、原砂成分、粘结剂类型等有关。砂型紧实度越高,透气性越差。可在型砂中加入锯末、纸屑等以提高其退让性。

此外,型(芯)砂还应具有好的可塑性、溃散性、耐用性、流动性,以及低的吸气性、发气性等。选择型(芯)砂时,还必须考虑其资源、价格等问题。

2. 型(芯)砂的组成和种类

1) 原砂

原砂即硅砂,是型(芯)砂的主要成分,但只有符合一定技术要求的天然矿砂才能作为铸造用砂。原砂的主要成分为石英($SiO_2$),熔点高达 1700℃。高质量的原砂要求 $SiO_2$ 含量较高(85%以上),杂质少,粒度较粗但均匀,而且呈圆形。

2）粘结剂

粘结剂也是型(芯)砂的主要成分之一，其作用是将原砂砂粒粘结在一起，以便于制造出具有一定塑性及强度的砂型，主要有无机粘结剂（粘土、水玻璃、水泥等）和有机粘结剂（合成树脂、合脂、油类等）两大类。按照粘结剂的不同，型砂可分为粘土砂、水玻璃砂、树脂砂、合脂砂、油砂等。

（1）粘土。价格低廉，资源丰富，应用最广，分为普通粘土和膨润土，前者多用于干型(芯)砂，后者多用于湿型(芯)砂，主要适用于制作砂型或要求不高的型芯。

（2）水玻璃。硅酸钠（$NaO·mSiO_2$）的水溶液，在加热或吹入 $CO_2$ 时，能生成硅酸凝胶，迅速硬化，无需烘干，强度比粘土砂更高，铸件精度高，劳动条件好，易于实现机械化生产，但易产生化学粘砂，退让性、溃散性较差，耐用性更差，落砂清理困难，主要适用于制作砂型或要求较高的型芯。

（3）有机粘结剂。常用的有合成树脂（呋喃和酚醛树脂）、合脂（合成脂肪酸残渣）及油类（桐油、亚麻仁油等）粘结剂，其作为粘结剂的型(芯)砂硬化快，强度高，砂型(芯)尺寸精度高、表面质量好，退让性、溃散性好，但成本较高，应用受到一定限制，主要适用于制作尺寸较小、形状复杂或较重要的型芯。

3）附加物

附加物是为了改善型(芯)砂的某些性能而加入的辅助材料。如加入煤粉、重油等以利于提高铸件表面和内腔表面的质量；加入锯末、纸屑等以利于提高型(芯)砂的退让性和透气性。

4）涂料和扑料

为了提高铸件表面质量，可在砂型和型芯表面涂覆涂料或扑料。干砂型或型芯用石墨粉等制成悬浊液，刷涂在砂型或型芯表面；湿砂型则直接将石墨粉等喷洒在砂型或型芯表面。

3. 型(芯)砂的配制和检验

型(芯)砂的质量好坏，除了与原材料的质量和组成有关之外，也与其处理和配制有关。为了降低生产成本，同时保证铸件质量，铸造生产所用的型(芯)砂往往以使用过的旧砂为主，加入一定量的新砂，按照一定比例重新配制才能使用。生产小型铸件的型砂配比一般为旧砂 90% 左右，新砂 10% 左右，粘土、水、煤粉等附加物分别占新旧砂总和的 5%～10%、3%～8%、2%～3%。

按照一定配比选择和处理好的原材料应混合均匀，以保证一定性能要求。目前生产中一般采用碾轮式混砂机(见图 2.5)进行型(芯)砂配制。混砂工艺是将新砂、旧砂、粘结剂和附加物等按照配比依次加入混砂机，先干混 2～3min，再加水湿混 10min，性能达到要求后出砂。

型(芯)砂配制好后，应放置一段时间，使用前还要过筛使其松散。其性能一般需用锤击式制样机、透气性测定仪、SQY 液压万能强度试验仪等专门试验仪检测。单件小批生产时，可用手捏法检测型砂性能，如图 2.6 所示。

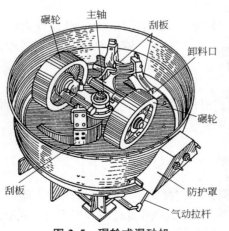

图 2.5 碾轮式混砂机

(a) 手捏可成砂团，表明型砂湿度适当　　(b) 松开后砂团上手印清晰，表明型砂成型性好　　(c) 掰断砂团无碎裂，表明型砂有足够强度

图 2.6　手捏法检测型砂性能

## 2.2.2　造型的工艺装备

模样、芯盒和砂箱是砂型铸造主要的工艺装备。

### 1. 模样

砂型铸造生产中，一般要用与铸件形状、尺寸相似的模样来形成铸型型腔的外形。常用的模样多为木模，具有质轻、价廉和易于加工成形等特点，适合单件小批量生产，也有适合大批大量生产的金属模，以及塑料模、石膏模等。设计和制造模样时必须考虑适当的铸造收缩率、加工余量、起模斜度、铸造圆角等工艺参数。

### 2. 芯盒

砂型铸造生产中，一般要用与铸件内腔相似的型芯来形成铸型的孔及内腔。除了大型型芯可用刮板(或车板)造芯之外，一般用芯盒制造型芯。型芯盒的内腔应与铸件内腔相适应。此外，型芯盒内还应有型芯头空腔，以使得制出的型芯带有能够在砂型型芯座中定位和固定的型芯头。

芯盒可由木材、金属和塑料等多种材料制成，单件小批量生产时用木制芯盒，成批大量生产时用金属芯盒。按照芯盒构造不同，又分为整体式、对开式、组合式等多种类型，如图 2.7 所示。其中，整体式芯盒适用于制作形状简单、尺寸不大和易于脱模的中、小型砂芯，不能拆开，型芯由芯盒出口倒出；对开式芯盒适用于制作较复杂的圆截面砂芯；组合式芯盒适用于制作形状复杂的中、大型砂芯。

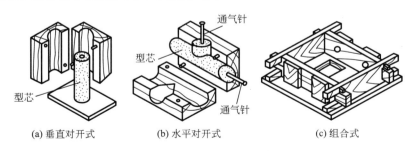

(a) 垂直对开式　　(b) 水平对开式　　(c) 组合式

图 2.7　手工造芯用芯盒

### 3. 砂箱

除了地坑造型之外，其他砂型铸造一般应用砂箱进行生产，其作用是在造型、搬运和浇注过程中容纳、支撑和固定砂型，防止砂型变形或损坏。砂箱一般由铸铁等金属制成，也有木制砂箱。如图 2.8 所示为常用的几种砂箱，其中，木制或铸铁小型砂箱主要用于形

状简单的小型铸件的生产,大型砂箱因顶部或底部有横档,可增加砂箱强度,防止垮箱,主要用于较大铸件的生产。

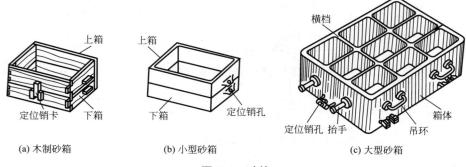

图 2.8 砂箱

### 2.2.3 造型

砂型铸造的造型方法分为手工造型和机器造型两大类。

1. 手工造型

1) 手工造型常用的工具

如图 2.9 所示为手工造型常用的工具,各种工具的名称及作用见表 2-2。

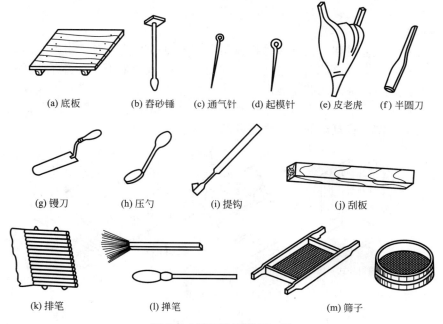

图 2.9 手工造型常用工具

2) 手工造型方法

(1) 整模造型。当铸件尺寸不大,其最大截面为平面且位于零件一端时,可用整模造型,其造型过程如图 2.10 所示。

表 2-2 手工造型常用工具的名称与作用

| 名称 | 作用与说明 |
|---|---|
| 底板 | 用于造型时放置模样和砂箱,多由木材制成,尺寸大小依模样和砂箱而定 |
| 春砂锤 | 两端形状不同,尖头用于砂箱内及模样周围型砂紧实,平头用于砂箱顶部型砂紧实 |
| 通气针 | 用于在砂型上适当位置扎出通气孔,以利于排出型腔中的气体 |
| 起模针 | 用于由砂型中取出模样 |
| 皮老虎 | 又称为手风箱,用于吹去模样上的分型砂及砂型上的散砂 |
| 半圆刀 | 又称为半圆,用于修整砂型型腔的圆弧形内壁和型腔内圆角 |
| 镘刀 | 又称为砂刀,有平头、圆头、尖头等,用于修整砂型表面或在砂型表面开挖沟槽 |
| 压勺 | 又称为秋叶,用于修整砂型型腔的曲面 |
| 提钩 | 又称为砂钩,用于修整砂型型腔的底面和侧面,也用于清理散砂 |
| 刮板 | 用于型砂紧实后刮平砂箱顶面的型砂和修整大平面 |
| 排笔 | 用于较大砂型(芯)表面刷涂料,或清扫砂型上的灰砂 |
| 掸笔 | 用于蘸水润湿模样边缘的型砂,以利于起模,或对小砂型(芯)表面刷涂料 |
| 筛子 | 大筛子用于型砂的筛分和松散,小筛子用于筛撒面砂 |
| 铁铲 | 用于拌匀、松散型砂和往砂箱内填砂 |

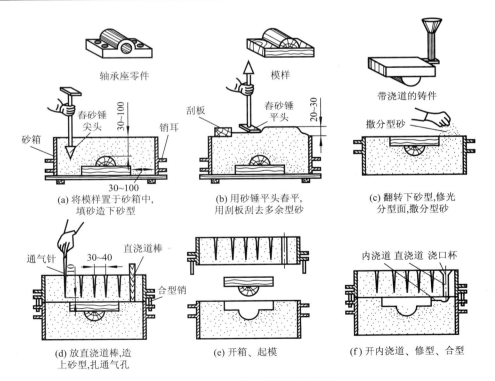

图 2.10 轴承座的整模造型过程

整模造型是最简单的造型方法之一，所用的模样是一个整体，型腔全部位于一个砂箱内。由于只有一个模样和一个型腔，因此，操作简单方便，不会产生错箱缺陷，型腔形状和尺寸精度高，适用于形状简单、最大截面位于一端且为平面的铸件，如齿轮坯、轴承座、端盖等。

（2）分模造型。当铸件的最大截面不位于零件一端时，为了取出模样，一般需用可分开式模样进行分模造型，其造型过程如图 2.11 所示，操作方法和技术与整模造型基本相同。

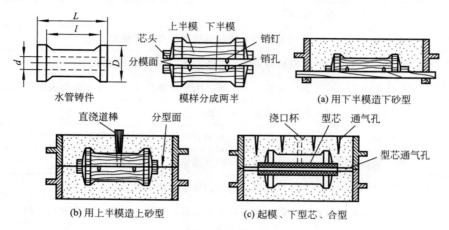

图 2.11　水管铸件的分模造型过程

分模造型也是一种常用的造型方法，所用的模样沿最大截面分成两部分或几部分，分别在上、下箱或上、中、下箱内造型，各部分之间用销钉定位。由于分模面与分型面重合，起模、修型操作方便，便于设置浇注系统，适用于形状较复杂、带有孔或空腔的铸件，如水管、曲轴、阀体、箱体等。但上、下型合型不准确时，将产生错箱缺陷。

当铸件受形状限制或为了满足一定的技术要求，不宜用分模两箱造型时，可选用分模多箱造型。如图 2.12(a)所示的槽轮铸件，截面中间小、两端大，可以在铸件上选取 1、2

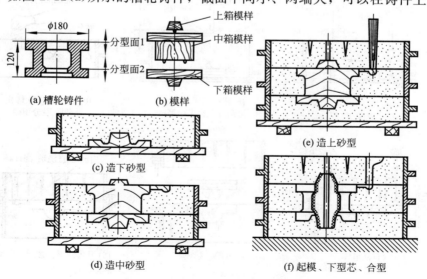

图 2.12　槽轮铸件的分模三箱造型过程

两个分型面，进行三箱造型，其造型过程如图 2.12 所示。三箱造型要求中箱高度与模样的相应尺寸一致，造型过程比较繁琐，生产效率低，易产生错箱，只适用于单件小批量生产。在成批大量生产时，可采用带外型芯的分模两箱造型，如图 2.13(c)所示；如果零件尺寸较小，质量要求较高，也可采用带外型芯的整模两箱造型，如图 2.13(d)所示。

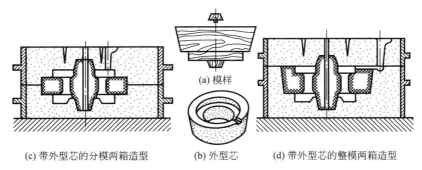

图 2.13　采用外型芯的分模两箱造型和整模两箱造型

（3）挖砂造型与假箱造型。当铸件的最大截面不位于零件一端，而模样又不便于分模时，一般将模样制成整体，为了取出模样，可进行挖砂造型，其造型过程如图 2.14 所示。

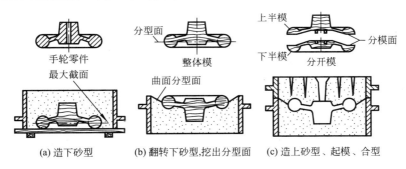

图 2.14　手轮的挖砂造型过程

挖砂造型时，需要挖掉妨碍起模的型砂，以便于形成较复杂的曲面分型面，如果不能准确挖至模样的最大截面，铸件分型面处会产生毛刺，影响外观和尺寸精度。由于只能手工操作，生产效率较低，且对操作者技术水平要求较高，因此，仅适用于单件小批量生产。

成批生产手轮等最大截面为曲面的铸件时，可在造型前，预先制备一个如图 2.15(a)所示的成形底板来代替平面底板，并将模样放置于成形底板上进行造型，以省去挖砂操作步骤，提高生产效率。根据铸件的生产批量不同，成形底板可用金属、木材制成。如果铸件数量少，可用含粘结剂较多的型砂制成高紧实度的砂质成形底板，进行假箱造型。习惯上将起成形底板作用的砂型称为假箱，如图 2.15(b)所示。假箱不是铸型的组成部分，仅用来提高造型效率，并不参与合型、浇注。

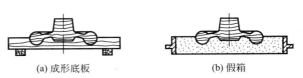

图 2.15　手轮的假箱造型

（4）活块造型。当铸件上带有妨碍起模的凸台、肋、耳等突出部分时，可进行活块造型，其造型过程如图 2.16 所示。

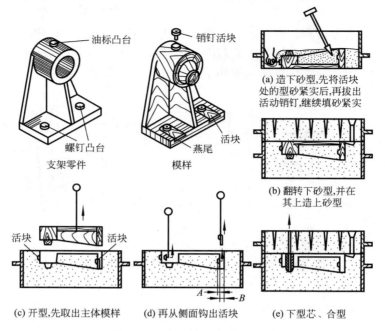

图 2.16　支架的活块造型过程

活块造型时，需要将整体模样上妨碍起模的突出部分做成可分离的活块，用销钉或燕尾榫与主体模样连接。造型起模时，先取出主体模样，然后再从侧面取出活块。由于操作难度较大，生产效率较低，且对操作者技术水平要求较高，加之活块位置容易移动，影响铸件精度，因此，仅适用于单件小批量生产。

成批生产支架等需要使用活块，或虽为单件小批量生产，但却无法取出活块的铸件时，可采用型芯代替活块（见图 2.17）以形成凸台等突出部分，提高生产效率。

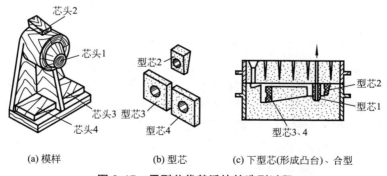

图 2.17　用型芯代替活块的造型过程

（5）刮板造型。当铸件尺寸较大，生产批量较小，且为回转体或等截面形状时，为节省制作模样的时间和费用，可进行刮板造型。刮板造型可分为绕轴线旋转（称为车板）和沿导轨往复移动两种，其刮板形状及造型过程如图 2.18、图 2.19 所示。

刮板造型时，需要根据铸件截面形状，制成相应的刮板，并引导刮板旋转或移动，在砂型上刮制出所需型腔。由于只能手工操作，生产效率较低，铸件精度较低，且对操作者技术水平要求较高，因此，仅适用于单件小批量生产。

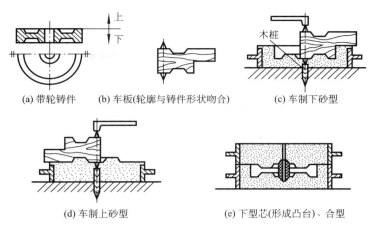

图 2.18　带轮铸件的车板造型过程

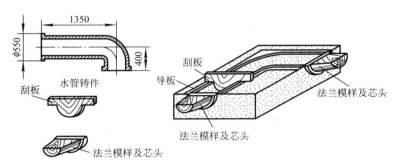

图 2.19　水管铸件的刮板造型

手工造型方法还有地坑造型(见图 2.20)、组芯造型(见图 2.21)等多种。

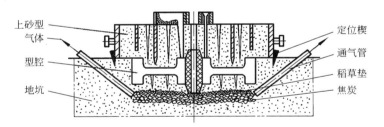

图 2.20　大带轮铸件的地坑造型

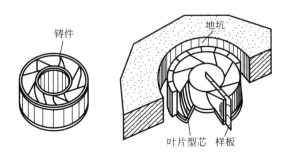

图 2.21　水轮机转子铸件的组芯造型

## 2. 机器造型

机器造型是在手工造型基础上发展起来的现代化铸造生产方法，其实质是用机器代替手工全部完成或至少完成紧砂和起模操作。与手工造型相比，机器造型显著提高了铸件质量和生产效率，改善了劳动条件，降低了劳动强度，但所用设备和工装投资较大，生产准备周期较长，对产品变化的适应性比手工造型差，因此，主要适用于成批大量生产。机器造型通常只允许两箱造型，采用经过加工的模板和砂箱在专门的造型机上进行，将带浇注系统的模样与底板装配在模板上，并附设有砂箱定位装置。大批大量生产时，还可与浇注、冷却、落砂、清理等工序组成流水线生产。

造型机按照紧砂方式不同可分为压实式、震实式、震压式、微震压实式、高压式、抛砂式、射砂式等多种类型，见表2-3。

表2-3 机器造型常用造型机的紧砂方式

| 名称 | 作用与说明 |
| --- | --- |
| 压实式 | 直接使用压头施加压力来紧实型砂 |
| 震实式 | 使砂箱连同型砂升到一定高度后落下，与机座发生撞击震动来紧实型砂 |
| 震压式 | 先震实后再进行压实，综合了震实法与压实法的优点 |
| 微震压实式 | 在高频、低振幅震动下，利用惯性紧实砂型，再加压紧实 |
| 高压式 | 采用较高的压实比压，以利于获得紧实度高而均匀的砂型 |
| 抛砂式 | 利用高速旋转的机头叶片，将型砂抛入砂箱，同时完成填砂和紧实型砂 |
| 射砂式 | 利用压缩空气将型砂高速射入砂箱，同时完成填砂和紧实型砂 |
| 射压式 | 在射砂紧实后再进行压实，综合了射砂式与压实式的优点 |

其中，震压式兼有震实式和压实式紧砂的优点，是目前生产中应用较多的一种紧砂方式，其紧砂过程如图2.22所示。

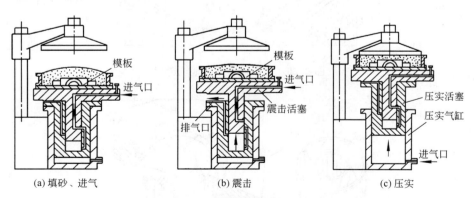

图2.22 震压造型机的紧砂过程

机器造型的起模方式有顶箱式起模、翻转式起模、落模式起模、漏模式起模等几种，如图2.23所示。

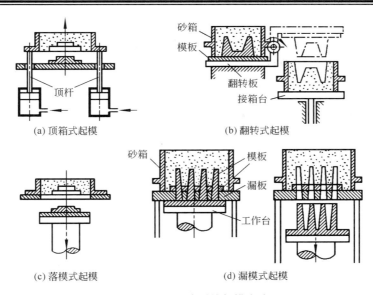

图 2.23 机器造型的起模方式

## 2.2.4 造芯

砂型是由模样制成的,用于形成铸件的外形,而型芯是由型芯盒制成的,用于形成铸件的内孔和内腔。型芯又称为芯子、芯,除了用于形成铸件的内孔和内腔之外,有时也用于形成铸件外形上妨碍起模的凸台、凹槽等,甚至有些复杂零件,如水轮机转子等,其铸型完全由型芯拼装组合而成,即组芯造型(见图 2.21)。

**1. 型芯的性能要求和造芯的工艺措施**

浇注时,由于型芯被高温金属液冲刷和包围,因此,应具有比砂型更好的强度、耐火性、透气性、退让性,并易于从型腔内清理干净。除了使用性能更好的芯砂之外,一般还应采取以下工艺措施:

1) 在型芯中放置芯骨

芯骨又称为型芯骨,其作用是提高型芯的强度,防止在制造、搬运、使用过程中被损坏。小型芯可用铁丝或铁钉作芯骨,较大和复杂的型芯则需用铸铁或钢管芯骨,如图 2.24 所示。芯骨应伸入型芯头,但不能露出型芯表面。大型芯骨还需做出吊环,以便于搬运。

2) 在型芯中开设通气孔

为了提高型芯透气能力,以便于浇注时顺利而迅速地排出气体,应在其内部开设通气孔。通气孔的几种开设方法如图 2.25 所示,形状简单的小型芯可用通气孔针等工具形成通气孔,复杂型芯可在型芯中埋设蜡线形成通气孔,大型芯可用焦炭或炉

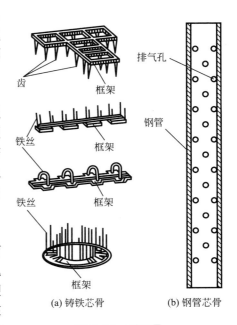

图 2.24 型芯骨

渣填充内部帮助通气。

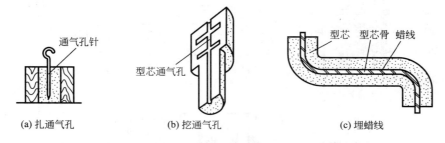

图 2.25 型芯通气孔的开设

3）在型芯表面涂刷涂料

为了提高铸件内腔等表面的质量，并防止粘砂，应在型芯表面涂刷涂料。一般铸铁件型芯用石墨涂料，铸钢件型芯用石英粉涂料，有色金属合金件型芯用滑石粉涂料。

4）烘干型芯

为了提高强度和透气性，并减少浇注时的发气量，型芯一般还需要进行烘干。

2. 型芯的组成和定位

型芯必须要有足够的尺寸和合适的形状，以保证其在安放时定位准确并可靠。型芯在砂型中的定位和支承主要依靠型芯头（又称为芯头）。砂型中用于放置型芯头的空腔则是型芯座（又称为芯座）。芯座由模样上凸出部分形成，便于型芯的定位和支承，以免浇注时金属液移动型芯位置。

一般通孔铸件多采用垂直型芯或水平型芯，盲孔铸件多采用悬臂型芯，而重要铸件则应采用吊芯，型芯的定位方式如图 2.26 所示。为了便于安放型芯，芯头和芯座之间应留出一定间隙，但这样会导致铸件内腔精度的降低。当铸件形状特殊，单靠芯头无法实现牢固定位时，还需要使用与型芯形状吻合的型芯撑（见图 2.27）加以固定。型芯撑材料应与铸件相同，浇注时将与铸件熔合在一起，但这样会导致铸件致密性变差。

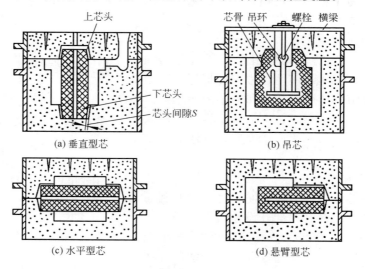

图 2.26 型芯的定位方式

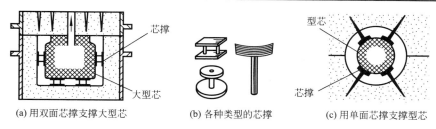

图 2.27 型芯撑及其应用

3. 造芯的方法

造芯的方法主要有手工造芯和机器造芯两大类。

1) 手工造芯

手工造芯一般采用芯盒进行。如图 2.28 所示为对开式芯盒制造圆柱形砂芯的过程。

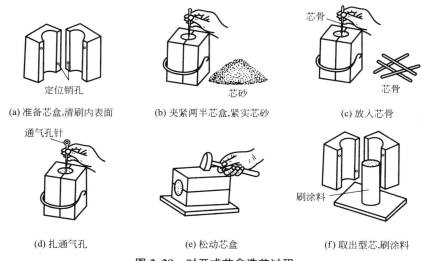

图 2.28 对开式芯盒造芯过程

对于尺寸较大且截面为圆形或回转体等无法用芯盒造芯的型芯,可采用刮板造芯(见图 2.29)或车板造芯(见图 2.30)。

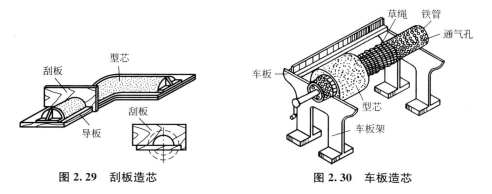

图 2.29 刮板造芯　　图 2.30 车板造芯

2) 机器造芯

大批大量生产型芯时,一般采用机器造芯。机器造芯可提高生产效率,降低劳动强度，保证型芯质量，但成本高。粘土砂、合脂砂多用震实式造型机，水玻璃砂用射芯机（见图 2.31），树脂砂用射芯机和壳芯机。

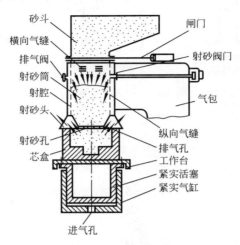

图 2.31　射芯机射砂示意图

## 2.2.5　浇注系统、冒口和冷铁

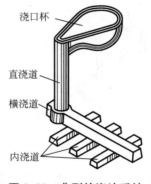

图 2.32　典型的浇注系统

### 1. 浇注系统

浇注系统是指为了将金属液准确引导入型腔而在铸型内开设的一系列通道。合理选择浇注系统各部分的形状、尺寸和位置，对于获得合格铸件、减少金属消耗量具有重大意义。合理的浇注系统能够保证金属液充型连续而平稳，阻止熔渣等进入型腔，并对铸件凝固顺序起调节作用，但如果设置不合理，会导致铸件产生冲砂、砂眼、渣眼、浇不足、气孔、缩孔等缺陷。

1) 浇注系统的组成

典型的浇注系统一般由外浇口、直浇道、横浇道、内浇道等部分组成，如图 2.32 所示，各部分的名称及作用见表 2-4。

表 2-4　浇注系统的组成及作用

| 名称 | 作用与说明 |
| --- | --- |
| 外浇口 | 又称为浇口杯、浇口盆，作用是接受由浇包浇注入的金属液，减缓金属液对铸型的冲刷，使之平稳地流入直浇道，并分离熔渣。小铸件的外浇口为漏斗形，较大铸件的外浇口为盆形并带有挡渣结构 |
| 直浇道 | 是浇注系统中的垂直通道，截面多为圆形，带有一定锥度，作用是将金属液从外浇口引入横浇道，并以其高度对型腔内的金属液产生一定静压力，有利于使金属液充满型腔 |
| 横浇道 | 是浇注系统中的水平通道，截面多为梯形，作用是挡渣和减缓金属液流速，并将金属液平稳地从直浇道引入和分配给内浇道 |
| 内浇道 | 是引导金属液进入型腔的通道，截面多为扁梯形、三角形、半圆形等，作用是控制金属液流入型腔的方向和速度，调节铸件各部分的冷却速度 |

由于内浇道对铸件质量影响很大，因此，开设时应注意以下事项：

(1) 不应开设于铸件的重要加工面、定位基准面等重要部位上，以免造成这些部位晶粒粗大、组织疏松。

(2) 不应开设于正对砂型和型芯的方向上（见图 2.33），以免金属液直接冲刷砂型和型芯，产生冲砂、粘砂、砂眼等缺陷。

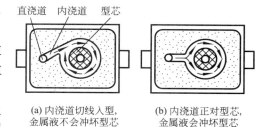

图 2.33 内浇道的开设方向

(3) 因金属液流动性较差，凝固时间短，大型薄壁铸件应开设多条内浇道，以保证金属液能够迅速、平稳地流入型腔。

(4) 内浇道与铸件连接部位应有缩颈，以免清理浇口时损坏铸件。

2) 浇注系统的类型

按照内浇道与铸件相对位置的不同，浇注系统主要有顶注式、底注式、中注式、阶梯式等类型（见图 2.34），其特点及应用见表 2-5。

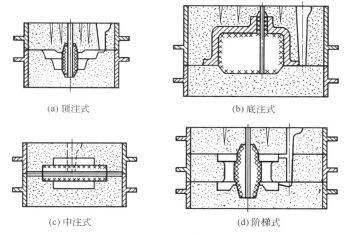

图 2.34 浇注系统主要类型

表 2-5 浇注系统主要类型的特点及应用

| 名称 | 特点及应用 |
| --- | --- |
| 顶注式 | 内浇道开设于型腔顶部，金属液自上而下流入型腔，有利于充填型腔和设置冒口补缩，但容易对型腔壁直接冲刷，引起金属液飞溅，产生冲砂、砂眼、气孔等缺陷，适用于高度较小、形状简单的中、小型铸件的生产 |
| 底注式 | 内浇道开设于型腔底部，金属液自下而上流入型腔，有利于排出气体，平稳充型，不会造成铸型损坏，但补缩效果差，薄壁型腔充型困难，产生浇不足等缺陷，适用于高度和壁厚较大、形状较复杂的大、中型铸件，以及易氧化的合金铸件的生产 |
| 中注式 | 内浇道开设于型腔中部，金属液从中间流入型腔，兼有顶注式与底注式的优点，有利于内浇道的开设，适用于中型铸件的生产 |
| 阶梯式 | 内浇道开设于型腔的不同高度，金属液自下而上、逐层依次流入型腔，兼有以上各种类型的优点，有利于减轻铸型的局部过热，但操作比较复杂，适用于高度较大、形状复杂的大型铸件的生产 |

生产实践中,根据铸件的形状、尺寸、壁厚及对铸件的质量要求,还可选择其他一些形式的浇注系统,如图 2.35 所示。

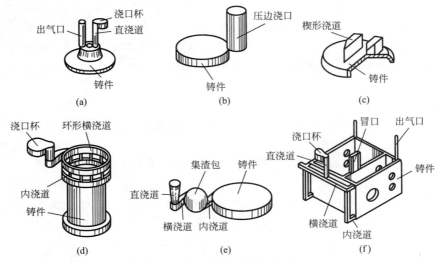

图 2.35 其他形式的浇注系统

**2. 冒口和冷铁**

**1) 冒口**

铸件生产过程中,流入型腔的金属液在冷却凝固时会产生体积收缩,如果不及时补充金属液,则在最后凝固的部位将会形成缩孔,如图 2.36(a)所示。冒口即是在铸型中设置的、用来储存供补缩用金属液的空腔,与型腔相通,其作用是将缩孔由铸件内转移至冒口内,如图 2.36(b)所示。冒口形状一般为圆柱形或球形。

冒口应设置于铸件厚壁处,即最后凝固的部位,且应比铸件凝固更晚。铸件形成后,冒口变成与铸件相连的无用部分,落砂清理时,与浇注系统一起被清除掉。冒口除了补缩作用外,还具有排气和集渣的作用。

冒口按照在铸件上设置位置的不同分为明冒口和暗冒口,如图 2.37 所示。

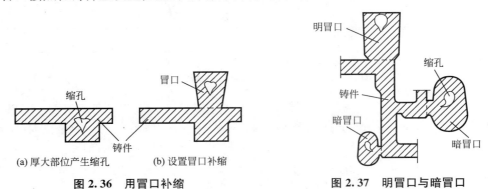

图 2.36 用冒口补缩　　　　图 2.37 明冒口与暗冒口

(1) 明冒口。上口露在铸型外面的冒口称为明冒口,一般设置于铸件顶部,便于观察型腔是否被充满。采用明冒口有利于型腔中气体的排出,及时补充金属液,也容易清理,但消耗的金属液较多,外界杂质易进入型腔。

(2)暗冒口。设置于铸型内部的冒口称为暗冒口。采用暗冒口时,散热面较小,补缩效果好,金属液的消耗较少,但无法观察型腔是否被充满,不便于及时补充金属液。

2)冷铁

冷铁是为了增加铸件局部的冷却速度,而在型腔的相应部位或型芯内设置的激冷金属,如图 2.38 所示,由铸铁、铸钢、有色金属合金等制成。冷铁的作用是加快铸件厚大部位冷却速度,调节铸件凝固顺序,消除铸件的缩孔,与冒口配合使用,可扩大冒口的有效补缩距离,减少冒口数量和尺寸,此外,使用冷铁还可以提高铸件局部硬度和耐磨性。

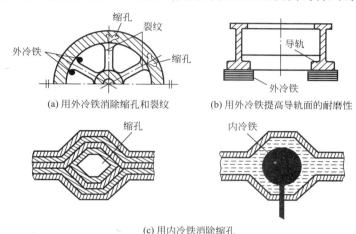

图 2.38 冷铁的类型及应用

冷铁按照在铸型内设置位置的不同分为外冷铁和内冷铁。

(1)外冷铁。设置于铸型内的冷铁称为外冷铁,其形状与该处铸型相同。浇注时,只与铸件表面接触,外表面涂有涂料,因此,不会与铸件熔合在一起,落砂清理时与型砂一起清除,可重复使用。

(2)内冷铁。设置于型腔内的冷铁称为内冷铁。浇注时,被金属液包围并熔合在一起,其激冷作用大于外冷铁,但要求材质与铸件相近,而且尺寸大小要严格控制,表面不能有水分、锈迹、油污等杂质,仅适用于生产哑铃、铁砧等不重要的厚壁实心铸件。

### 2.2.6 零件的铸造工艺

铸造工艺概括说明了铸件生产的基本过程和方法,包括的内容和范围很广,其中重点是浇注位置、分型面和工艺参数的选择。

1. 确定浇注位置

铸件的浇注位置是指浇注时铸件在铸型内所处的空间位置。在铸造工艺图上一般用汉字和箭头表示。由于浇注位置确定的正确与否,对铸件质量的影响很大,因此,应尽量将铸件的重要加工面、大平面等置于型腔的底部或侧面,避免使其处于容易产生缺陷的顶面,以保证铸件质量。如图 2.39 所示

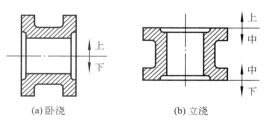

图 2.39 双联齿轮坯铸件浇注位置的选择方案

的双联齿轮坯铸件浇注位置的选择方案有卧浇和立浇两种。由于双联齿轮坯外圆需要加工齿形，属于重要加工面，如果采用图 2.39(a)所示的卧浇方案，则处于顶面的齿形部分容易产生各种缺陷，质量较差；而采用图 2.39(b)所示的立浇方案，则能够保证铸件质量。

2. 确定分型面

铸件的分型面是指铸型上、下型之间的接触面。在铸造工艺图上一般用符号"——"表示。通常情况下，铸件的造型位置和浇注位置是一致的。确定分型面的基本要求是有利于起模。由于分型面确定的正确与否，对铸件的质量影响也很大，因此，应将分型面选择于铸件的最大截面处，且尽量为平面，同时，尽量减少分型面的数目，使型芯位于下箱，使铸件的加工面位于同一砂箱，以保证铸件质量，简化造型工艺，降低生产成本。如图 2.40 所示的双联齿轮坯铸件分型面的选择方案有三种。由于双联齿轮坯的截面中间小、两端大，如果采用图 2.40(a)所示方案，分型面未处于铸件最大截面处，无法起模；如果采用图 2.40(b)所示方案，虽然分型面处于铸件最大截面处，可以起模，但分别位于上、中两箱内，容易产生错箱；而采用图 2.40(c)所示方案，使铸件全部位于中箱内，不会产生错箱。

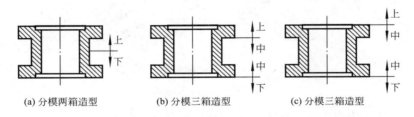

(a) 分模两箱造型　　(b) 分模三箱造型　　(c) 分模三箱造型

图 2.40　双联齿轮坯铸件分型面的选择方案

3. 确定分模面

为了便于起模，除了应使分型面与铸件最大截面重合之外，有时还必须将模样分成几块。如图 2.40(b)、(c)中的模样，如果为一个整体，也无法由砂型内取出。

4. 确定工艺参数

(1) 铸造收缩率。金属液在铸型内冷却凝固过程中会产生收缩，铸件冷却后的尺寸略小于型腔尺寸，因此，模样尺寸应比铸件尺寸放大一定的收缩量，其大小主要取决于所用铸造合金的种类、铸件的形状和尺寸等。

(2) 加工余量。为了使经切削加工的零件达到图纸上要求的尺寸、形状和表面质量，铸件表面应留出一定加工余量，其大小主要取决于铸造合金种类、铸件生产批量、形状和尺寸等。

(3) 起模斜度。为了使模样(型芯)由砂型(芯盒)内顺利取出，应在平行于分型面的模样立壁上留出一定的倾斜度，其大小主要取决于立壁的高度、造型方法、模样材料等。

(4) 铸造圆角。为了使金属液容易充满型腔，防止铸件转角处砂型不易紧实而产生裂纹，应将模样相交壁的连接处做成圆弧过渡。

(5) 型芯头和型芯座。为了使型芯头便于安放，以使型芯定位、固定和排气，应在模样(或型芯)设计时考虑做出型芯头，造型时，以便于在铸型内形成凹坑(即型芯座)。

## 2.3 铸造合金的熔炼与浇注、落砂与清理

### 2.3.1 铸造合金的熔炼

铸造合金的熔炼是一个非常重要的环节，同时，也是一个比较复杂的物理化学过程。铸造合金的熔炼质量直接影响到铸件的质量。熔炼时，既要控制金属液的化学成分，又要控制其温度；同时，在保证质量的前提下，尽量减少能源和原材料的消耗，减轻劳动强度，减少环境污染。如果金属液的化学成分不合格，会降低铸件的力学性能和物理性能；如果金属液温度过低，会导致铸件产生浇不足、冷隔、气孔、夹渣等缺陷。因此，合金熔炼的任务就是最经济地获得温度和化学成分合格的金属液。

常用的铸造合金有铸铁、铸钢、铸造铝合金和铜合金，其中，应用最多的是铸铁。

1. 铸铁的熔炼

铸铁的熔炼设备有冲天炉、反射炉、电炉等，其中，冲天炉因结构简单、操作方便、生产效率高、成本低、能够连续进行生产而应用最为广泛，但也存在着铁水质量不稳定，操作环境较差等缺点。

1) 冲天炉的构造

冲天炉是圆柱形井式炉，主要由炉身、烟囱、炉缸、前炉等几部分组成，如图 2.41 所示。

(1) 炉身。冲天炉的主体部分，安装于炉底板上，外部为钢板制成的壳体，壳体内为耐火砖等耐火材料砌成的炉衬，上部有加料口，下部有风带，风带内侧有风口与炉身相通。鼓风机鼓出的风经风管、风带、风口进入炉内，供焦炭燃烧用。冲天炉的加料、加热、熔化、送风等都在炉身内进行。

(2) 烟囱。位于炉身之上，用于排烟和除尘，其上有能熄灭火花的火花罩。

(3) 炉缸。指主风口至炉底部分，用以储存熔融的铁水和高温燃料。

(4) 前炉。位于炉缸一侧，通过过桥与炉缸相通，略低于过桥，用以储存由炉缸流出的铁水，下部有出铁口，侧上方有出渣口。

冲天炉上还有称料、运料、加料、送风等辅助设备。

冲天炉的规格是以每小时熔化的铁水量来表示的，单位为 t/h，常用规格为 (1.5～10)t/h。

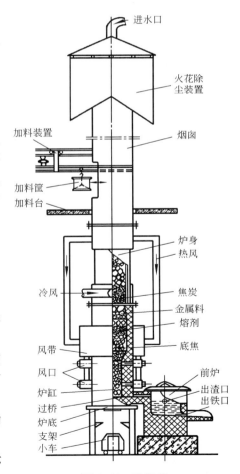

**图 2.41 冲天炉**

2) 冲天炉的炉料

冲天炉的炉料是装入冲天炉内所有材料的总称,包括金属料、燃料和熔剂。

(1) 金属料。冲天炉的金属料包括新生铁、回炉铁、废钢、铁合金等。

① 新生铁。又称为高炉生铁,是金属料的主要成分。

② 回炉铁。包括浇冒口、废铸件等,其作用是减少新生铁消耗,降低生产成本,但过多会降低铸件的力学性能。

③ 废钢。包括废钢材、钢材切屑等,其作用是降低铁水的碳质量分数,提高铸件的力学性能。

④ 铁合金。包括硅铁、锰铁、铬铁和稀土合金等,其作用是调整铁水的化学成分和配制合金铸铁。

各种金属料的加入量应根据铸件成分及性能要求,并同时考虑熔炼时元素的烧损进行配料计算。

(2) 燃料。冲天炉常用的燃料是焦炭,其作用是在熔炼过程中为熔化铁水提供所需的热量,要求是发热量高,挥发物、灰分及硫、磷等有害杂质含量少,并有一定块度要求。炉内底层最先加入的焦炭称为底焦,要求块度大,以后随每一批炉料加入的焦炭称为层焦。

(3) 熔剂。冲天炉常用的熔剂是石灰石($CaCO_3$)或萤石($CaF_2$)等,其作用是熔炼过程中降低熔渣熔点,提高熔渣流动性,使其不与底焦粘连,并易于与铁水分离、上浮,能够顺利地由出渣口排出。熔剂的块度比焦炭略小,加入量为焦炭的25%~30%。

3) 冲天炉的熔炼原理及基本操作

(1) 熔炼的原理。

冲天炉熔炼铸铁是利用热量的对流传导原理进行的。在冲天炉熔炼过程中,形成了两类物质的流动,即自上而下的炉料流和自下而上的热气流。一方面,鼓风机不断向炉内送入大量空气,使底焦燃烧,产生大量高温炉气;另一方面,炉料由加料口装入,在下降过程中被上升的高温炉气预热,并在底焦顶部的熔化区开始熔化(温度约为1200℃)。熔炼后形成的铁水由底焦缝隙渗透入炉缸,在此下滴的过程中,又被高温炉气和炽热的焦炭进一步加热(称为过热,温度可达到1500~1600℃),经过过桥进入前炉,最后出炉温度约为1360~1420℃。

在冲天炉熔炼过程中,炉内铁水、焦炭、炉气之间要发生一系列物理、化学变化,从而使铁水成分与原来配料成分不同,碳、硫含量增加,硅、锰含量降低,磷含量基本不变。

(2) 熔炼的基本操作。

① 准备炉料。按照计算配比,对各类炉料进行处理。

② 修炉。每次装料熔炼之前,需用耐火材料将冲天炉内各处损坏部位修补好,关闭炉底门,用型砂捣实炉底。

③ 点火烘炉。由炉后工作门将刨花、木屑加入炉缸并点燃,再由加料口加入木柴烘炉。

④ 加底焦。木柴燃旺后,分2~3次加入底焦至略高于主风口的位置,待底焦燃旺后继续鼓风几分钟,将灰分吹掉,才停止鼓风。

⑤ 加炉料。每一批炉料按照熔剂、金属料、燃料(层焦)的顺序依次加入,直至与加料口平齐为止。

⑥ 鼓风、熔炼。通过鼓风机向炉内送风,先进行预热,再关闭风口加热熔炼,保证燃料充分燃烧,使金属料熔化,铁水和熔渣经过炉缸和过桥流入前炉。

⑦ 出渣、出铁。当前炉内的铁水积聚至出渣口高度时，即可进行出渣，出渣后打开出铁口，放出铁水。

⑧ 停风、打炉。当炉内铁水够浇注完剩余铸型时，停止加料和鼓风。出完铁水和熔渣，打开炉底门，放出炉内剩余炉料，用水熄灭后清理场地。

**2. 铸钢的熔炼**

机械零件的强度、韧性要求较高时，可采用铸钢件。与铸铁相比，铸钢的铸造性能较差，并且对化学成分、熔炼工艺要求更严格。铸钢的熔炼设备有平炉、转炉、电弧炉及感应电炉等，其中，目前常用的主要是三相电弧炉和工频感应炉。

1) 三相电弧炉

典型的三相电弧炉的结构如图 2.42 所示。金属炉料装入炉内，由熔炉上方垂直装入三根石墨电极，接通三相电流后，电极与炉料之间将产生高温电弧，用以进行熔化、精炼。电弧炉的规格是以一次熔化的金属量来表示的，单位为 t，常用规格为 2~10t。

电弧炉熔炼时，温度易于控制，熔炼质量好，速度快，开炉、停炉方便。

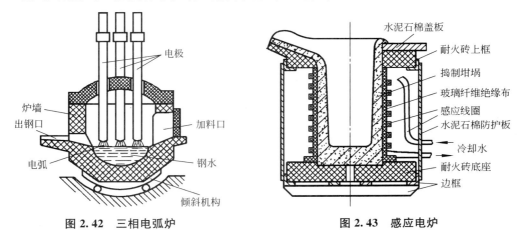

图 2.42 三相电弧炉　　　　图 2.43 感应电炉

2) 感应电炉

典型的感应电炉的结构如图 2.43 所示。金属炉料装入炉内，炉衬由耐火材料制成，外面缠绕着感应线圈，当一定频率的电流通过感应线圈时，炉内的金属炉料将产生感应电流，并因自身电阻形成涡流，从而产生电阻热，使金属炉料被熔化和过热。

感应电炉熔炼时，热效率高，金属液损耗小，质量稳定，操作环境好。

感应电炉按照电源工作频率不同可分为以下三种类型：

（1）高频感应电炉。工作频率为 10000Hz 以上，最大容量在 100kg 以下，主要适用于实验室和少量高合金钢的熔炼。

（2）中频感应电炉。工作频率在 250~10000Hz，容量从几千克到几十吨，主要适用于优质钢和优质铸铁的熔炼，也可用于有色金属合金的熔炼。

（3）工频感应电炉。工作频率为 50Hz，容量在 500kg 以上，最大可达 90t，主要适用于铸铁的熔炼，也可用于铸钢、有色金属合金的熔炼。

**3. 铸造有色金属合金的熔炼**

常用的铸造有色金属合金主要是铜合金和铝合金。

铜合金和铝合金熔点低,容易吸气和氧化,因此,其熔炼特点是金属液不直接与燃料接触,以减少金属的损耗,保持金属的纯净。有色金属合金一般采用坩埚炉进行熔炼,铜合金熔点高,多用石墨坩埚熔炼;铝合金熔点低,多用耐热铸铁或铸钢坩埚熔炼。坩埚炉常用电阻、焦炭或煤气等进行加热。熔炼时,金属炉料置于坩埚内,并用熔剂覆盖,待金属熔炼好后,加入去气剂或惰性气体进行去气精炼。

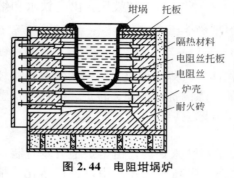

图 2.44 电阻坩埚炉

常用的电阻坩埚炉的结构如图 2.44 所示,其特点是结构简单,操作方便,但熔炼时间长,生产效率低,耗电量大,一般适用于中、小型有色金属合金铸件生产。

### 2.3.2 合型与浇注

**1. 合型**

将上型、下型、型芯、浇注系统等部分组成一个完整铸型的操作过程称为合型。合型是浇注前的最后一道工序,也是决定铸型型腔形状及尺寸精度的关键工序,如果合型操作不当,会导致铸件产生错箱、塌箱、偏芯、跑火及夹砂等缺陷。

合型操作包括以下步骤:

(1)铸型、型芯的检验。主要检验型腔、浇注系统及表面有无浮砂,排气通道是否通畅,型芯表面是否有缺陷,型芯头是否符合要求等。

(2)下芯。将型芯的型芯头准确放置于铸型的型芯座内。芯头和芯座应配合好,间隙大小应合理,并用泥条或干砂密封,防止金属液进入,导致铸件产生飞边缺陷或堵塞型芯通气孔。型芯通气孔应与铸型通气孔相通,以利于气体排出。

(3)合上、下型。合型时,应注意使上型保持水平下降,并应对准合型(箱)线。上、下型的定位,成批量生产是靠砂箱上的定位销定位,单件小批量生产常采用划泥号定位。

(4)铸型的紧固。浇注时,金属液充满整个型腔,上型受到金属液的浮力,并通过芯头作用于上型,抬起上型,并由分型面溢出,导致铸件产生跑火、飞边等缺陷。因此,合型应将铸型紧固,常用的铸型紧固方法有压铁紧固、卡子紧固及螺栓紧固等,如图 2.45 所示。

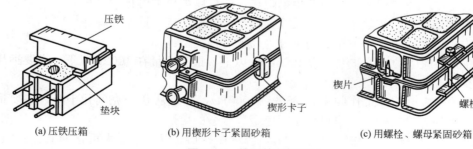

(a) 压铁压箱　　(b) 用楔形卡子紧固砂箱　　(c) 用螺栓、螺母紧固砂箱

图 2.45 铸型的紧固方法

**2. 浇注**

将金属液由浇包浇注入铸型的操作过程称为浇注。浇注也是铸造生产中的一个重要环

节，不仅与铸件质量直接相关，还涉及操作者的人身安全。

1) 浇注工具

浇注的主要工具是浇包，即用来盛放、运输和浇注金属液的容器。浇包按照容量大小分为端包、抬包、吊包等多种类型，如图 2.46 所示。端包容量小于 20kg，适用于浇注小型铸件，一人操作，使用灵活方便；抬包容量为 50～100kg，适用于浇注中、小型铸件，两人操作，也较方便，但劳动强度较大；吊包容量大于 200kg，适用于浇注大型铸件，用吊车装运进行浇注，减轻了劳动强度，提高了生产效率，改善了劳动条件。

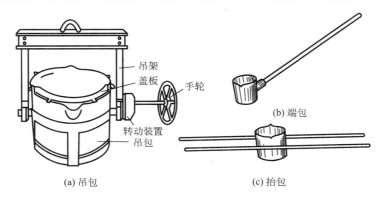

图 2.46　浇包的类型

浇包的外壳由钢板制成，内衬为耐火材料。浇包使用前应将内衬修补平整，并烘干预热以去除水分，保证铸件质量，防止金属液飞溅伤人。

浇注时，常用的工具还有扒渣和挡渣工具。

2) 浇注操作

(1) 做好准备工作。铸型应进行紧固并整齐排放，尽量靠近熔炼炉，应保持铸型之间的人行和运输线路畅通，应有足够的操作空间；操作者应穿戴好劳保用品；准备好浇注工具，并保持干燥，以免引起金属液飞溅。

(2) 浇注前。金属液由前炉出铁口放出后用浇包盛放，并覆盖稻草灰等保温剂进行保温，待静置并扒渣、重撒保温剂后再浇注。

(3) 浇注时。金属液流应对准浇口杯，并用挡渣工具进行挡渣，防止熔渣随金属液流下。浇注开始时，应以细流浇注，防止金属液飞溅并减少对砂型的冲刷，有利于铸型内气体排出，防止铸件产生气孔，同时不可断流，防止铸件产生冷隔；浇注过程中，应保持浇口杯充满金属液，防止熔渣进入型腔；浇注快结束时，也应以细流浇注，防止金属液溢出，减少上砂型抬型力；型腔充满金属液后，应稍等片刻，再补浇适量金属液，并覆盖稻草灰等保温剂，防止铸件产生缩孔、缩松。

(4) 浇注后。铸件冷却凝固后，应及时卸除压铁或松开夹紧装置，以利于减少铸件收缩阻力，防止裂纹的产生。

3) 浇注温度、浇注速度和浇注位置

金属液浇注温度的高低对铸件质量影响较大，应根据合金种类、生产条件、铸造工艺、铸造技术等要求确定，一般中、小型铸件的浇注温度为 1250～1350℃，薄壁复杂的铸件应略高一些。浇注温度过高，铸件收缩量大，晶粒变粗，易产生缩孔、缩松、粘砂等缺陷；浇注温度过低，金属液流动性变差，杂质不易清除，易产生浇不足、冷隔、渣眼等缺陷。

金属液浇注速度的快慢对铸件质量影响也较大，应根据具体情况确定。浇注速度过快，金属液易冲坏砂型，型腔中气体不易及时排出，导致铸件产生砂眼、气孔等缺陷，甚至产生假充满现象；浇注速度过慢，铸件各部分温差加大，易产生变形、裂纹、浇不足、冷隔、夹砂、砂眼等缺陷，并降低生产效率。

金属液浇注位置应适当。浇注位置过高，金属液流不易对准浇口杯，引起金属液飞溅，同时，冲刷力过大，易冲坏砂型；浇注位置过低，浇包可能损坏浇口杯，还会妨碍挡渣操作。

### 2.3.3 铸件的落砂与清理

铸件浇注完毕并冷却凝固后，还必须进行落砂和清理，经检验合格后才能进行机械加工和使用。

1. 落砂

用人工或机械使铸件与砂型、砂箱分离，以便于取出铸件的操作过程称为落砂。铸件应在砂型内冷却至一定温度后才能落砂。落砂过早，铸件温度过高，容易因表面急冷而产生白口组织，形成难以切削加工的硬皮，并且会导致铸件产生较大的内应力，引起变形和裂纹；落砂过迟，铸件固态收缩受阻，收缩应力增大，铸件晶粒粗大，还会影响生产效率和砂箱周转。一般形状简单的小型铸件在浇注 0.5～1h 后，温度为 400～500℃ 即可进行落砂。

落砂方法有手工落砂和机械落砂两种。

(1) 手工落砂。单件小批量生产时，一般采用手工落砂，即由人工用各种工具敲击砂箱和捅散型砂，但不能直接敲击铸件，以免损坏。手工落砂不需要特殊的工具和设备，操作简便灵活，但生产效率低，劳动强度大，劳动条件差。

(2) 机械落砂。大批大量生产时，采用机械落砂，即用落砂机代替人工进行落砂操作，一般多采用各种振动落砂机。机械落砂落砂效果好，降低了劳动强度，提高了生产效率，铸件不易损坏，但生产成本高，噪声也比较大。

2. 清理

为了提高铸件表面质量，对落砂后铸件进行进一步清理的操作过程称为清理，包括清理浇冒口、清理型芯及芯骨、清理表面粘砂及飞边、毛刺等。报废的铸件不需要清理。

(1) 清理浇冒口。浇冒口与铸件连在一起，落砂后成为需要清除的多余部分。小型铸铁件的浇冒口一般用锤敲击去除，但应注意敲击方向(见图 2.47)，以免损坏铸件；大型铸铁件的浇冒口应先在根部锯槽，再敲击去除；铸钢件的浇冒口一般用氧气切割去除；有色金属合金铸件的浇冒口一般用钢锯去除；不锈钢及合金钢铸件的浇冒口用等离子弧切割去除。

(2) 清理型芯及芯骨。落砂后还应去除铸件内的型芯和芯骨，也有手工和机械两种方法。

(3) 清理铸件表面。浇冒口、型芯及芯骨去除后，铸件表面还有粘砂、飞边、毛刺等需要清理，也有手工和机

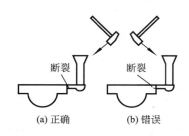

图 2.47 锤击清理浇冒口

械两种方法。手工清理一般是用钢丝刷、錾子、风铲、手提式砂轮等进行清理,劳动强度大,生产效率低,但适用于复杂铸件和铸件内部清理。机械清理一般是用滚筒、喷砂或喷丸、抛丸等设备进行,其中,最常用、最简单的是清理滚筒(见图2.48),主要适用于小型铸件的清理。清理时,滚筒缓慢转动,利用铸件之间或铸件与内装的白口星铁之间相互碰撞、摩擦,达到清理铸件内外表面的目的。

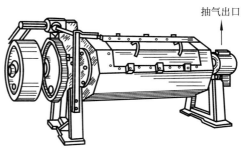

图 2.48 清理滚筒

## 2.4 铸件的质量检验与缺陷分析

### 2.4.1 铸件的质量检验

所有铸件都要经过质量检验,检验的方法取决于对铸件的质量要求。铸件质量的常用检验方法主要有外观检测、无损探伤检测、理化性能试验等多种。

1) 外观检测

外观检测是指由具有一定经验的人员,通过目测或使用简单的工具、量具来检测铸造缺陷的检测方法。如气孔、砂眼、夹砂、粘砂、浇不足、冷隔、错箱、偏芯等铸造缺陷大多位于铸件外表面,可以直接目测观察到;内部裂纹等表皮下缺陷,可以用小锤敲击,听声音是否清脆进行检测;铸件尺寸是否符合图纸要求,可以用量具进行检测。外观检测法简单方便、灵活快速,不需要很高的技术水平,一般适用于普通铸件的检测。

2) 无损探伤

无损探伤是指利用声、光、电、磁等物理方法和相关仪器来检测铸件质量的检测方法,常用方法有磁力探伤、超声波探伤、射线探伤等。无损探伤不会损坏铸件,也不影响其使用性能,但设备投入大,检测费用高,一般适用于重要铸件的检测。

3) 理化性能检测

理化性能检测即是利用各种技术和仪器对铸件化学成分、力学性能、金相组织等进行检测的检验方法。如利用化学分析和光谱分析法检验铸件材质是否符合要求;制取试样,利用专用设备检测铸件强度、硬度、塑性等力学性能是否符合要求;制取试样,利用金相显微镜检测金相组织,判断其力学性能是否符合要求。

### 2.4.2 铸件的缺陷分析

铸造生产工艺过程比较复杂,影响铸件质量的因素很多,容易产生各种缺陷,从而降低铸件的质量和成品率。为了防止和减少缺陷的产生,应先确定其种类,分析其产生原因,以便采取有效措施加以防止。常见的铸造缺陷有气孔、砂眼、渣眼、缩孔、错箱、偏芯、浇不足、冷隔、粘砂、夹砂、裂纹以及化学成分不合格、力学性能不合格等。常见铸造缺陷的种类、特征及产生原因见表2-6。

表 2-6 常见铸造缺陷的种类、特征及产生原因

| 类别 | 名称和特征 | 图例 | 产生的主要原因 |
|---|---|---|---|
| 孔眼 | 气孔：圆形或梨形的光滑孔洞，位于铸件内部或表面 | | (1) 型砂舂得过紧或透气性差；<br>(2) 型砂过湿或起模、修型刷水过多；<br>(3) 型芯未烘干或通气孔被堵塞；<br>(4) 浇注系统设置不合理，无法排气；<br>(5) 金属液吸气过多，浇注温度较低 |
| 孔眼 | 砂眼：形状不规则且内部充满砂粒的孔洞，位于铸件内部或表面 | | (1) 砂型或型芯强度不够，被冲坏；<br>(2) 合型前，型腔内散砂未清除干净；<br>(3) 合型时，砂型局部损坏，掉砂；<br>(4) 浇注系统设置不合理，砂型或型芯被冲坏 |
| 孔眼 | 渣眼：形状不规则且内部充满熔渣的孔洞，一般位于铸件上表面 | | (1) 浇注系统设置不合理，挡渣作用较差；<br>(2) 浇注时，未挡住熔渣；<br>(3) 浇注温度过低，熔渣来不及上浮 |
| 孔眼 | 缩孔：形状不规则、内表面粗糙不平的孔洞，一般位于铸件厚大部位或最后凝固处 | | (1) 铸件结构设计不合理，壁厚相差过大；<br>(2) 浇注系统、冒口设置不合理，无法进行补缩；<br>(3) 金属液浇注温度过高；<br>(4) 金属液成分不正确，收缩过大 |
| 表面缺陷 | 粘砂：铸件表面粗糙，粘附有烧结的砂粒 | | (1) 金属液浇注温度过高；<br>(2) 型砂杂质多，耐火性过差；<br>(3) 型腔或型芯表面未刷涂料，或涂料过薄；<br>(4) 砂型舂得过松 |
| 表面缺陷 | 夹砂：铸件表面有一层片状金属突起，在金属片与铸件之间有一层型砂 | | (1) 型砂受热膨胀，表面鼓起或开裂；<br>(2) 型砂受热时的强度较低；<br>(3) 金属液浇注温度过高，浇注速度过慢；<br>(4) 砂型局部舂得过紧，水分过多；<br>(5) 修型时，砂型表面修光过度 |
| 形状尺寸不合格 | 偏芯：铸件内腔形状或孔的位置发生变化 | | (1) 型芯变形；<br>(2) 型芯座尺寸不正确；<br>(3) 下型芯时放偏；<br>(4) 浇道位置不合理，型芯被冲偏 |

(续)

| 类别 | 名称和特征 | 图 例 | 产生的主要原因 |
|---|---|---|---|
| 形状尺寸不合格 | 浇不足：金属液未充满型腔而造成铸件形状不完整 |  | (1) 金属液浇注温度过低；<br>(2) 浇注时，金属液流速过慢或金属液不够用；<br>(3) 结构设计不合理，壁厚过小；<br>(4) 浇口过小或未开出气孔 |
| | 冷隔：铸件上有未完全融合的缝隙或洼坑，交接处圆滑 |  | (1) 金属液浇注温度过低；<br>(2) 金属液流速过慢或浇注中断；<br>(3) 铸件结构设计不合理，壁厚过小；<br>(4) 浇道位置开设不当或浇道过小；<br>(5) 合金流动性过差 |
| | 错箱：铸件在分型面上有相对位置错移 |  | (1) 分模造型时，上、下模样未对准；<br>(2) 合型时，上、下铸型未对准；<br>(3) 砂箱合型泥号或定位销不准确 |
| 裂纹 | 热裂：铸件开裂，裂纹表面呈氧化色；<br>冷裂：铸件开裂，裂纹表面发亮 |  | (1) 铸件结构设计不合理，壁厚相差过大；<br>(2) 铸型或型芯退让性差；<br>(3) 金属液成分不正确，收缩过大；<br>(4) 浇注系统设置不合理，铸件各部分收缩不均匀；<br>(5) 铸件清理时操作不当 |
| 其他 | 铸件化学成分、组织和性能不合格 |  | (1) 金属液化学成分不正确；<br>(2) 铸件结构设计不合理，壁厚过小；<br>(3) 落砂过早，铸件冷却过快 |

产生了缺陷的铸件是否确定为废品，必须根据其用途和要求以及缺陷产生的部位和严重程度来决定。一般情况下，有轻微缺陷的铸件可以直接使用，有中等缺陷的铸件经过修补后可以使用，有严重缺陷的铸件则只能报废。

## 2.5 特种铸造

砂型铸造虽然具有适应性强、灵活性大、经济性好等优点，在铸造生产中得到广泛的应用，但铸件质量不高、力学性能较差、工艺过程复杂、劳动强度大、生产条件差等缺点制约了其发展。为了弥补砂型铸造的不足，人们采取了改变造型材料和造型方法，改变浇注方法和凝固条件等措施，发展出了一些新的铸造方法。这些与普通砂型铸造不同的其他铸造方法称为特种铸造，主要有熔模铸造、金属型铸造、压力铸造、低压铸造、离心铸造等。

## 2.5.1 熔模铸造

熔模铸造是指用易熔材料(如蜡料等)制成精确的模样,在其表面包覆若干层耐火涂料,待其硬化干燥后,将模样熔去,制成无分型面的薄壳铸型,经浇注而获得铸件的一种特种铸造方法,其工艺过程如图 2.49 所示。由于常用的易熔材料由 50% 石蜡和 50% 硬脂酸混合而成,因此又称为失蜡铸造。

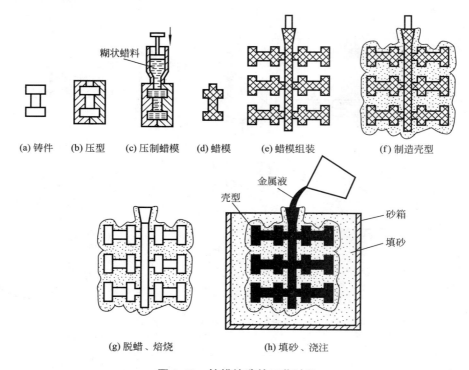

图 2.49 熔模铸造的工艺过程

熔模铸造生产的铸件精度高,表面质量好,可以少切削或不切削加工,生产批量不受限制,适合各种铸造合金,尤其适用于耐热钢等高熔点及难切削加工合金的复杂铸件生产。但工艺过程复杂,生产周期长,生产效率低,原材料成本高,且因蜡模强度低、易变形,不宜生产大型铸件。

因此,熔模铸造主要适用于各种铸造合金、各种生产批量的中、小型精密铸件的生产,如汽轮机、涡轮发动机的叶片、水泵叶轮、齿轮加工刀具等。

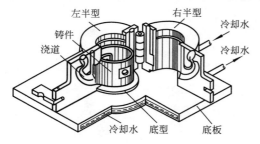

图 2.50 金属型铸造

## 2.5.2 金属型铸造

金属型铸造是指将金属液在重力作用下,浇注入由金属制成的铸型型腔内而获得铸件的一种特种铸造方法,如图 2.50 所示。由于金属型铸造所用的铸型是由钢铁等金属材料制成的,在取出铸件后,还能继续使用,有相当长的寿命,因此,又称为永久型铸造。

金属铸型的结构主要取决于铸件形状、尺寸、合金种类及生产批量等，主要有整体式、垂直分型式、水平分型式和复合分型式等四种类型，如图 2.51 所示。

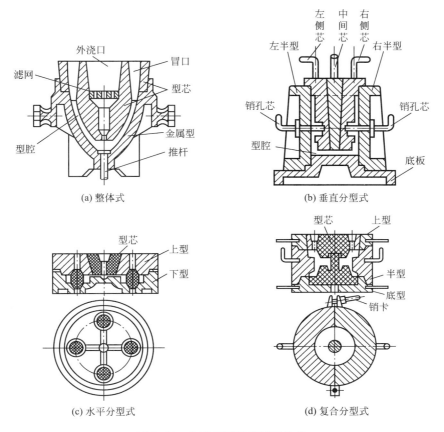

**图 2.51 金属铸型的类型及结构**

金属型铸造生产的铸件精度高，表面质量好，可以少切削或不切削加工，同时，由于冷却速度加快，铸件组织细密，力学性能优良，并且，金属型可实现"一型多铸"，节约了大量工时和型砂，提高了生产效率，改善了劳动条件。但金属铸型的制造成本高、准备周期长，工艺过程要求严格，铸件形状越复杂，则金属铸型的设计和制造越困难，一般不用于大型、薄壁、复杂铸件的生产。

因此，金属型铸造主要适用于大批大量生产有色金属合金精密铸件，如发动机铝合金活塞、气缸体、缸盖、油泵壳体、铜合金轴承及轴套等，有时也用于铸铁件和铸钢件生产。

### 2.5.3 压力铸造

压力铸造(简称为压铸)是指将金属液在高压、高速下注入铸型型腔内，并在压力下冷却凝固而获得铸件的一种特种铸造方法。由于高压(5~150MPa)和高速(0.5~50m/s)是压铸的两大特点，因此，压铸铸型必须用耐热合金钢制造。

压铸机是压力铸造所用的设备，为金属液充型提供高的压力，其主要结构包括合型压紧机构、注射金属液的活塞机构、控制时间的开型机构以及顶出铸件机构。压铸机种类较多,按照压射部分特征可分为热压室式和冷压室式两大类,其工作原理如图2.52所示。

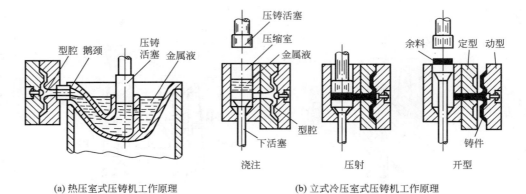

(a) 热压室式压铸机工作原理　　(b) 立式冷压室式压铸机工作原理

图 2.52　压铸机的类型及工作原理

压力铸造生产的铸件精度高,表面质量好,一般不需要进行切削加工就可直接装配使用,在高压下成形,晶粒细小,组织致密,力学性能好,可以铸出形状复杂的薄壁铸件,生产效率高,易于实现自动化生产。但压铸件内部质量较差,允许工作温度不宜过高,也不宜进行切削加工和热处理,并且,压铸设备投资大,制造压铸铸型费用高、周期长,只适用于大批大量生产类型,铸造合金种类和铸件大小受限制。

因此,压力铸造主要适用于大批大量生产有色金属合金精密铸件,如气缸体、气缸盖、化油器、喇叭外壳以及仪器仪表的壳体、接头、齿轮等,广泛应用于汽车、拖拉机、仪器仪表、计算机、通信、医疗器械、日用五金等行业中。

## 2.5.4　低压铸造

低压铸造是指将液态金属在低压力(0.02~0.06MPa)作用下,由下而上注入铸型型腔内,并在一定压力下冷却凝固而获得铸件的一种特种铸造方法,如图2.53所示。低压铸造是介于重力铸造(如砂型、熔模、金属型铸造)和压力铸造之间的一种铸造方法。低压铸造一般也采用金属铸型。

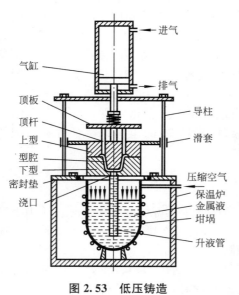

图 2.53　低压铸造

低压铸造的充型过程平稳且容易控制,不易产生各种铸造缺陷,生产的铸件组织致密,力学性能较高,金属利用率高,此外,设备投资较少,工艺过程较简单,易于实现机械化和自动化生产,铸造合金种类和铸件大小等不受限制。但生产效率较低,成本高于金属型铸造。

因此,低压铸造主要适用于生产质量要求较高的中、小型有色金属合金铸件,也可生产球墨铸铁等铸件,如发动机气缸盖、气缸体、曲轴箱、电器零件、箱体、球墨铸铁曲轴等。

## 2.5.5 离心铸造

离心铸造是指将金属液浇注入高速旋转(250～1500r/min)的铸型型腔内,使其在离心力的作用下充填铸型并冷却凝固,而获得铸件的一种特种铸造方法。

离心铸造机是离心铸造的设备,铸型的高速旋转即由其带动。按照铸型旋转轴空间位置的不同,离心铸造机可分为立式和卧式两大类。离心铸造可以用砂型,也可以用金属型,既能生产中空回转体铸件,也能生产成形铸件,如图2.54所示。

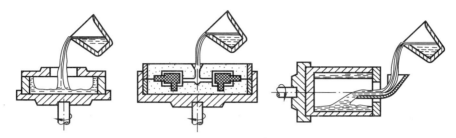

(a) 立式离心铸造圆环类铸件　　(b) 立式离心铸造成形铸件　　(c) 卧式离心铸造轴套类铸件

图 2.54　离心铸造机的类型及应用

离心铸造生产的铸件晶粒细小,组织致密,力学性能好,省去了型芯和浇注系统,金属利用率高,可生产流动性较差的合金铸件、双金属层铸件、薄壁铸件等。但内孔表面粗糙,尺寸不准确,加工余量较大,且不宜生产易偏析的合金铸件。

因此,离心铸造主要适用于生产各种铸造合金的管类、套类、圆环类等中空、回转体铸件,如铸铁管、气缸套、铜套、双金属轴瓦等。

## 小　　结

铸造是指将经过熔炼的金属液,浇注入预先准备好的铸型型腔内,冷却凝固后获得一定形状、尺寸和性能的铸件的成形加工方法。常用的铸造方法有砂型铸造和特种铸造两大类。

砂型铸造是最基本且应用最广泛的铸造方法,造型材料主要为型砂和芯砂,型(芯)砂一般由原砂、粘结剂、附加物和水等混制而成,要求具有一定的物理性能,能够满足造型(芯)的需要。造型工装主要有模样、砂箱和芯盒。

砂型铸造的造型方法分为手工造型和机器造型两大类,一般用手工进行两箱造型(芯),方法主要有整模造型、分模造型、挖砂及假箱造型、活块造型等多种。机器造型的实质是用机器代替手工全部完成或至少完成紧砂和起模操作。造芯的方法也分为手工造芯和机器造芯两大类。

将熔炼好的金属液,经浇注系统引导浇注入预先制备好的铸型型腔内,并利用冒口、冷铁等进行合理冷却凝固,再经过落砂、清理、检验等环节后即可获得合格铸件。

特种铸造是指与砂型铸造不同的其他铸造方法,主要包括熔模铸造、金属型铸造、压力铸造、低压铸造、离心铸造等。

## 复习思考题

**1. 判断题**

2-1 砂型铸造不是铸造生产中的唯一方法。

2-2 型砂是由原砂、粘土、附加物和水等混制而成的。

2-3 为了使砂型透气性好，应在砂型的上箱扎通气孔。

2-4 为了防止砂型在搬运、合型、浇注过程中损坏，造型时舂砂越紧实越好。

2-5 分型面必须选择在模样的最大截面处。

2-6 整模造型方法简单，适用于生产分型面位于一端的铸件。

2-7 在保证金属液具有好的流动性前提下，浇注温度越低越好。

2-8 机器造型生产效率高，铸件精度高，表面质量好，因此，比手工造型应用广泛。

2-9 为了保证铸件质量，检验时一旦发现铸件有缺陷，必须及时报废。

2-10 特种铸造不可能完全取代砂型铸造。

**2. 填空题**

2-11 铸造方法可分为_____铸造和_____铸造两大类。

2-12 造型方法可分为_____造型和_____造型两大类。

2-13 常用的手工造型方法有_____造型、_____造型、_____造型、_____造型和_____造型等。

2-14 型砂应具备_____、_____、_____、_____和_____等主要性能。

2-15 配制型砂常用的粘结剂主要有_____、_____、_____等，其中，最常用的是_____。

2-16 机器造型是把_____和_____两道基本工序实现了机械化。

2-17 常用的特种铸造方法有_____铸造、_____铸造、_____铸造、_____铸造和_____铸造等多种。

2-18 常见的铸造缺陷主要有_____、_____、_____、_____、_____、_____和_____等多种。

**3. 简答题**

2-19 铸造生产得到广泛应用的原因是什么？其主要生产工序有哪些？

2-20 型砂主要由哪些物质组成？对其基本性能有哪些要求？

2-21 能否用铸件代替模样造型？能否用型砂代替芯砂造芯？为什么？

2-22 典型的浇注系统由哪几部分组成？各部分的主要作用是什么？

2-23 冒口、冷铁的作用是什么？它们应设置于铸件的什么位置？

# 第 3 章 锻 压

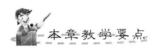
本章教学要点

| 知识要点 | 掌握程度 | 相关知识 |
| --- | --- | --- |
| 锻压概述 | 掌握加热的目的、主要方法和常用设备；<br>了解常见的加热缺陷及防止措施；<br>了解锻后冷却、热处理方法 | 坯料加热的目的、始锻温度、终锻温度及锻造温度范围；氧化与脱碳、过热与过烧等加热缺陷及防止措施；火焰加热炉、电加热设备 |
| 自 由 锻 | 熟悉空气锤等锻压设备的结构、工作原理及基本操作；掌握自由锻基本工序的规则、操作方法和注意事项 | 自由锻的定义、分类及特点；自由锻设备及工具；自由锻的生产工序 |
| 冲 压 | 了解冲压设备的结构、工作原理及规格；<br>掌握板料冲压基本工序的定义和类型；<br>了解冲压模具的结构和类型 | 冲压的定义、分类及特点；剪板机、冲床、油压机；分离工序和变形工序；简单冲模、连续冲模和复合冲模 |

## 3.1 概述

### 3.1.1 锻压的定义及特点

金属坯料在外力作用下产生塑性变形而不被破坏的能力称为塑性。锻压即是指对金属坯料施加一定的外力,利用其塑性变形,以获得具有一定形状、尺寸和性能的毛坯、型材或零件,同时提高或改善其性能的成形加工方法,又称为压力加工。狭义上讲,锻压是锻造和冲压的总称,但现在一般泛指以锻造和冲压为主的各种压力加工方法。

与其他成形方法相比,锻压生产具有以下特点:

(1) 可使金属坯料获得细小的晶粒,消除铸造组织内部的气孔、缩孔等缺陷,并使纤维组织合理分布,提高零件的承载能力。

(2) 可使金属坯料的形状和尺寸在其体积基本不变的前提下得到改变,与切削加工相比,材料利用率高,节省加工工时。

(3) 除了自由锻之外,模锻、冲压等其他压力加工方法都具有较高的生产效率。

(4) 工艺灵活,可以加工各种形状、尺寸的零件,应用范围广。

(5) 不能加工铸铁等脆性材料和形状复杂的毛坯,设备投资较大,能源消耗较多。

### 3.1.2 锻压加工方法

如图 3.1 所示为常用的锻压加工方法,包括自由锻、模锻、冲压、挤压、轧制、拉拔等。其中,自由锻、模锻和冲压属于以生产零件毛坯或成品为主的锻压加工方法,轧制、挤压和拉拔属于以生产型材(管材、板材、线材等)为主的锻压加工方法。

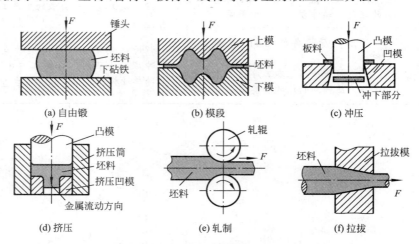

图 3.1 常用的锻压加工方法

**1. 自由锻**

将金属坯料进行加热后,置于上、下砧铁之间,用简单的通用工具或锻造设备所产生的冲击力或静压力使其变形的压力加工方法称为自由锻,分为手工自由锻和机器自由锻。

自由锻生产效率低，锻件形状简单，加工质量较差，加工余量大，材料利用率低，劳动强度大，对操作者的技术水平要求高，主要适用于单件小批量生产，但对大型和巨型锻件来说，自由锻几乎是唯一的生产方法。

2. 模锻

将金属坯料进行加热后，置于具有一定形状和尺寸的锻模模膛内，用模锻设备所产生的冲击力或静压力使其变形的压力加工方法称为模锻，分为锤上模锻和压力机上模锻。

与自由锻相比，模锻具有生产效率高，锻件精度高，表面质量好，材料利用率高等优点，但设备投资大，锻模制造周期长、成本高，锻件的尺寸和质量受到一定限制，主要适用于中、小型锻件的大批大量生产。

3. 冲压

利用安装在压力机上的模具所产生的静压力，使板料产生分离或变形，以获得一定形状、尺寸和性能制件的压力加工方法称为冲压，因其所用坯料为板料且多在常温下成形，又称为板料冲压或冷冲压。

冲压生产效率高，操作简便，易于实现机械化和自动化生产，大批大量生产时成本低，制品尺寸形状复杂，精度高，表面质量好，互换性好，一般不需要切削加工或仅需少量切削加工即可装配使用，制品重量轻、强度高、刚性大，材料利用率高，但冲压所用模具结构复杂，加工精度高，制造成本高，因此，主要适用于薄板零件的大批大量生产。

4. 挤压

将金属坯料置于封闭的挤压模具内，用强大的挤压力将其由模孔中挤出，获得要求的截面形状，并改变其性能的压力加工方法称为挤压。挤压过程中，坯料受挤压凸模的作用而受压变形，其截面按照模孔的形状减小，长度增加，获得与模孔形状、尺寸相同的产品。

挤压按照金属塑性流动方向与凸模运动方向的不同，可以分为正挤压、反挤压、复合挤压、径向挤压等几种类型，也可按照坯料变形温度不同分为热挤压、冷挤压、温挤压等，一般适用于生产各种截面的型材或形状复杂的零件。

5. 轧制

将金属坯料通过回转轧辊之间的孔隙，在压力作用下，产生连续塑性变形，获得要求的截面形状，并改变其性能的压力加工方法称为轧制。轧制过程中，坯料靠摩擦力得以连续通过轧辊孔隙而受压变形，其截面按照轧辊之间的孔隙减小，长度增加，获得与孔隙形状、尺寸相同的产品。轧制生产所用的坯料主要是金属铸锭。

轧制按照轧辊轴线与坯料轴线空间位置的不同，可以分为纵轧、横轧、斜轧、楔横轧等几种类型，一般适用于生产钢板、钢管、圆钢、角钢、槽钢等各种截面的型材，也可以直接轧制出毛坯或零件。

6. 拉拔

将金属坯料在牵引力的作用下，由拉拔模的模孔中拉过，获得要求的截面形状，并改变其性能的压力加工方法称为拉拔。拉拔过程中，坯料受拉拔模的作用而受压变形，其截面按照模孔的形状减小，长度增加，获得与模孔形状、尺寸相同的产品。

拉拔一般是在冷态下进行，适用于生产各种细线材、薄壁管材和截面形状特殊的型材。低碳钢和大多数有色金属合金都可以经拉拔成形。

## 3.2 锻压生产的工艺过程

### 3.2.1 下料

下料（又称为备料）是指根据锻件的形状、尺寸和质量，由选定的原材料上截取相应坯料的工艺过程。锻造用原材料一般有钢锭和钢坯两种类型，大型或巨型锻件一般以钢锭为原材料，中、小型锻件一般以钢坯为原材料。钢坯是钢锭经轧制或锻造而成的，多为圆形或方形截面的棒料。

锻件坯料的下料方法主要有剪切、锯割、氧气切割等。大批大量生产时，剪切可在锻锤或专用的棒料剪切机上进行，生产效率高，但坯料断口质量较差。锯割可在锯床上使用弓锯、带锯或圆盘锯进行，坯料断口整齐，但生产效率低，主要适用于中、小批量生产。采用砂轮锯片锯割可大大提高生产效率。氧气切割设备简单，操作方便，但断口质量较差，且金属损耗多，尤其是截面较大的钢坯和钢锭的切割，因此，只适用于单件小批量生产类型。

### 3.2.2 坯料加热的目的及锻造温度范围

除了少数具有良好塑性的金属外，大多数金属都必须在加热以后才能进行塑性成形。加热的目的是提高金属坯料的塑性和降低其变形抗力。坯料加热后硬度降低，塑性提高，并且内部组织均匀，这样，可以用较小的外力使坯料产生较大的塑性变形而不破裂。

一般情况下，加热温度越高，金属坯料的强度和硬度越低，塑性也就越高，但加热温度过高，则会产生各种加热缺陷，甚至造成废品。

金属坯料变形时允许加热到的最高温度称为始锻温度。一般碳钢的始锻温度应低于其熔点 100～200℃。加热后的坯料在锻造过程中，随热量散失，温度会下降，导致塑性变差，变形抗力增大，造成变形困难。当温度降低至一定值后，不仅变形困难，而且容易产生锻裂，因此，必须停止变形，重新加热。金属坯料允许变形的最低温度称为终锻温度。

由始锻温度至终锻温度的温度区间称为锻造温度范围。

一般情况下，始锻温度应在保证金属坯料不产生过热和过烧的前提下，尽可能高一些；终锻温度应在保证金属坯料不产生冷加工硬化的前提下，尽可能低一些。这样，可以扩大锻造温度范围，以便于有充裕的时间进行成形，同时，可以减少加热火次，提高生产效率。

常用钢材的锻造温度范围见表 3-1。

表 3-1 常用钢材的锻造温度范围

| 种　　类 | 牌　号 | 始锻温度/℃ | 终锻温度/℃ |
| --- | --- | --- | --- |
| 碳素结构钢 | Q235，Q255 | 1250 | 700 |
| 优质碳素结构钢 | 08，15，20，35 | 1250 | 800 |
| | 40，45，60 | 1200 | 800 |

（续）

| 种　类 | 牌　号 | 始锻温度/℃ | 终锻温度/℃ |
|---|---|---|---|
| 合金结构钢 | 12Mn，16Mn，30Mn | 1250 | 800 |
| | 30Mn2，40Mn2，30Cr，40Cr，45Cr，30CrMnTi，40Mn | 1200 | 800 |
| | 40CrNiMo，35CrMo | 1150 | 850 |
| 碳素工具钢 | T8，T8A | 1150 | 800 |
| | T10，T10A | 1100 | 770 |
| 合金工具钢 | 5CrMnMo，5CrNiMo | 1100 | 800 |

加热时，金属坯料的温度可用测温仪表（如热电高温计或光学高温计等）测定，但生产实践中，操作者一般都凭借经验，通过观察金属坯料颜色的方法（简称为火色法）来判断。碳素钢的加热温度与火色的对应关系见表 3-2。

表 3-2　碳素钢的加热温度与火色的对应关系

| 火色 | 黄白 | 黄 | 淡黄 | 桔黄 | 淡红 | 樱红 | 暗红 | 暗褐 |
|---|---|---|---|---|---|---|---|---|
| 大致温度/℃ | 1300 以上 | 1200 | 1100 | 1000 | 900 | 800 | 700 | 600 以下 |

火色法确定的温度只是近似值，误差范围一般在 $\pm(25\sim50℃)$。使用时，应注意白天与黑夜、晴天与阴天，以及现场光线的强弱等不同环境因素的影响，例如在黑夜或阴天观察到的钢的火色较白天或晴天要相对明亮一些。

### 3.2.3　加热缺陷及防止措施

由于金属坯料在加热过程中无法完全与空气隔绝，因此，可能产生氧化、脱碳、过热、过烧、裂纹等加热缺陷。

**1. 氧化与脱碳**

在高温下，金属坯料的表层受炉气中氧化性气体（如 $O_2$、$CO_2$、$SO_2$ 及水蒸气等）的作用，会发生激烈的化学反应，生成氧化皮，导致金属烧损，这种现象称为氧化。金属在燃煤炉内加热，每次氧化烧损量约为坯料质量的 2.5%～4%。因此，在下料计算坯料质量时，应加上烧损量。严重的氧化会造成坯料表面质量下降，如果是模锻件，还会加剧锻模的磨损。

金属坯料在高温下长时间与氧化性炉气接触，因氧化而烧损，会造成坯料表层一定深度内碳质量分数的下降，这种现象称为脱碳。坯料表层的脱碳会使其表层硬度、强度和耐磨性下降，严重的脱碳还会使坯料在成形过程中产生龟裂。

防止和减少氧化脱碳的措施是在保证加热质量的前提下，尽量采用快速加热，并避免金属坯料在高温下停留时间过长。还应在保证燃料充分燃烧的前提下，尽可能减少送风量，以利于控制炉气成分。对于重要工件，还可以采用在中性或还原性气氛中加热的工艺措施。

2. 过热与过烧

金属坯料加热超过始锻温度或在始锻温度下保温时间过长，内部晶粒会迅速长大变粗，这种现象称为过热。过热的金属坯料力学性能变差，在变形时容易产生裂纹，同时，往往还会加重氧化和脱碳。过热属于可以补救的加热缺陷，在变形后通过对坯料进行正火或调质等热处理工艺可以将其消除，使坯料内部组织均匀细化。

如果坯料的加热温度超过始锻温度过多（接近熔化温度）时，晶粒边界会出现严重氧化甚至局部熔化，这种现象称为过烧。过烧破坏了金属晶粒之间的结合力，一经变形就会破裂，导致金属坯料成为废品，属于无法补救的加热缺陷。

防止和减少过热过烧的措施是严格控制加热温度和在高温下的保温时间，并严格控制炉气成分。

3. 内部裂纹

导热性较差或尺寸较大的金属坯料，由于加热速度过快或者炉温过高，其内外温差较大，膨胀不均匀，而产生内应力，严重时会导致金属坯料内部产生裂纹，这种现象称为内部裂纹。金属坯料内部一旦产生裂纹，将成为废品，这也属于无法补救的加热缺陷。低、中碳钢等金属坯料的塑性好，一般不会产生内部裂纹，而高碳钢或某些高合金钢产生内部裂纹的倾向较大。

防止和减少内部裂纹的措施是严格遵守加热规范，一般是让金属坯料随炉缓慢升温，至900℃左右保温，待其内外温度一致后再加热到始锻温度。

### 3.2.4 加热设备

金属坯料的加热一般是在加热设备中进行的。按照所用热源的不同，锻造加热设备可分为火焰加热炉和电加热设备等两大类。

1. 火焰加热炉

火焰加热炉是利用煤、重油或煤气等为燃料燃烧产生的热能直接对金属坯料加热的锻造加热设备。常用的火焰加热炉有手锻炉、反射炉、油炉和煤气炉等。

1) 手锻炉

手锻炉（又称为明火炉）是以烟煤或焦炭为燃料的火焰加热炉，主要由炉膛、烟道、烟囱、鼓风装置等部分组成，其结构如图3.2所示。加热时，金属坯料直接放置于燃料上进行加热。

手锻炉结构简单，制造容易，使用方便，但加热温度不易控制，工件温度不均匀，燃料消耗量大，生产效率低，一般适用于手工自由锻或小型空气锤自由锻时加热坯料。

2) 反射炉

反射炉也是以烟煤或焦炭为燃料的火焰加热炉，主要由燃烧室、炉膛（加热室）、鼓风装置、换热器及烟道、烟囱等部分组成，其结构如图3.3所示。加热时，燃料在燃烧室内燃烧，产生的高温炉气越过火墙由炉子拱顶反射至炉膛内加热金属坯料，炉膛的温度可达1350℃左右。燃烧所需空气经换热器预热后，送入燃烧室，以利于提高热效率。废气经烟道由烟囱排出。

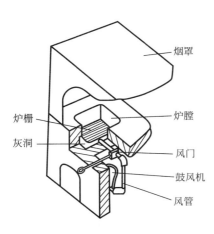
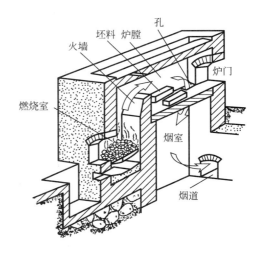

图 3.2 手锻炉　　　　　　　　　　　图 3.3 反射炉

与手锻炉相比，反射炉的结构较复杂，但燃料消耗量小，工件温度均匀，加热质量好，是锻造车间普遍使用的加热炉。

3) 油炉和煤气炉

油炉和煤气炉分别是以燃油和燃气为燃料的火焰加热炉。

常用的室式重油炉的结构如图 3.4 所示。加热时，重油和压缩空气分别由两条管道送入喷嘴，压缩空气由喷嘴喷出时所造成的负压将重油带出并喷射成雾状，在炉膛内燃烧，直接加热金属坯料，废气经烟道排出。油炉结构简单、紧凑，操作方便，热效率高，应用也十分广泛。

煤气炉的结构与重油炉基本相同，主要的区别在于喷嘴结构的不同。

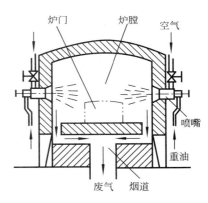

图 3.4 室式重油炉

2．电加热设备

电加热设备是利用电能转变为热能来对金属坯料进行加热的锻造加热设备，主要加热方式如图 3.5 所示。常用的电加热设备有电阻加热炉、感应加热设备、电接触加热设备等。

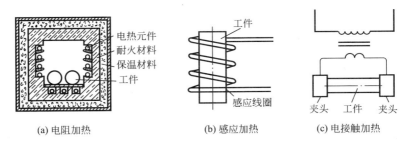

图 3.5 电加热的方式

1) 电阻炉

电阻炉是主要的电加热设备，一般为箱形。加热时，电流通过加热元件(金属丝或硅碳棒)产生电阻热，以辐射和对流方式间接加热金属坯料。其特点是结构简单，操作方便，炉温及炉内气氛易于控制，坯料氧化程度较小，加热质量好，但电能消耗大，成本较高。箱式电阻炉可根据最高加热温度分为低温炉、中温炉和高温炉等三类。其中，中温炉的加热元件为金属丝，最高使用温度为1000℃，主要适用于加热有色金属合金坯料；高温炉的加热元件为硅碳棒，最高使用温度为1350℃，主要适用于加热耐热合金、高合金钢等坯料。

2) 感应加热设备

感应加热设备加热时，交流电通过感应线圈产生交变磁场，使置于线圈内的金属坯料因内部产生涡流而升温，得以间接加热，其特点是加热速度快，加热质量好，生产效率高，温度易于控制，但设备复杂，投资大，主要适用于加热批量大、质量要求高的小型坯料。

3) 电接触加热设备

电接触加热设备加热时，利用变压器产生的低电压、大电流通过金属坯料，坯料因自身产生的电阻热得以直接加热。其特点是加热速度快，生产效率高，氧化脱碳少，耗电量小，加热温度不受限制，主要适用于加热棒料或局部加热。

### 3.2.5 锻后冷却与热处理

**1. 锻后冷却**

锻压加工后锻件的冷却是保证锻压加工质量的重要环节。为了防止锻件冷却时产生硬化、变形或裂纹等缺陷，应注意使其各部分冷却均匀。按照冷却速度的不同，锻件常用的锻后冷却方法有空冷、坑冷、炉冷等几种。

1) 空冷

将锻造后的锻件放置于干燥的地面，使其在空气中冷却的方法称为空冷。空冷的冷却速度最快，成本最低，应用较广，但应注意不能将锻件放置于潮湿地面或金属板上，也不能放置于有穿堂风的地方，以免因冷却不均或局部急冷造成其表层硬化，难以进行切削加工，甚至产生裂纹。空冷适用于塑性较好的低、中碳钢及合金结构钢小型锻件的锻后冷却。

2) 坑冷

将锻造后的锻件放置于充填有石棉灰、干砂或炉灰等绝热材料的地坑(或铁箱)内缓慢冷却的方法称为坑冷。另外，也有将锻件堆放在一起冷却的堆冷界定为坑冷。坑冷的冷却速度大大低于空冷，适用于塑性较差的中、高碳钢及合金钢锻件的锻后冷却，其中，碳素工具钢应先空冷至650～700℃，然后再坑冷。

3) 炉冷

将锻造后的锻件放置于温度为500～700℃的炉内，使其随炉缓慢冷却的方法称为炉冷。炉冷的冷却速度最慢，但可以通过炉温调节来控制锻件的冷却速度，适用于高合金钢及大型锻件的锻后冷却。

**2. 锻后热处理**

锻件在进行切削加工之前，一般都要进行一次热处理。热处理的作用是使锻件的内部组织进一步细化和均匀化，消除锻造残余应力，降低锻件硬度，以便于进行切削加工。常用的锻后热理方法有退火、正火等。一般结构钢锻件采用退火或正火处理,工具钢、模具钢锻件则采用正火加球化退火处理。

## 3.3 自 由 锻

### 3.3.1 自由锻的定义、特点及应用

用简单通用性工具或在锻造设备的上、下砧铁之间,直接对加热好的金属坯料施加冲击力或静压力,使其产生塑性变形,以获得所需形状、尺寸及性能的锻件的压力加工方法称为自由锻。

自由锻可分为手工自由锻(简称为手工锻)和机器自由锻(简称为机锻)两大类。

手工自由锻是指完全凭借人力、使用简单工具进行的自由锻,其生产效率低,锻件精度低、表面质量差,操作者劳动强度大,但所用工具简单,使用方便,工作场地机动灵活,所以,可作为机器自由锻的辅助操作或进行产品试制、维修的生产,现在仍然占有一定地位,也是锻压生产初学者必不可少的基本技能训练之一。

机器自由锻是指在锻锤或液压机等锻造设备上进行的自由锻,其生产效率较高,能够生产各种规格的锻件,是目前生产中主要的自由锻方法。

自由锻生产过程中,金属坯料的变形除了受到上、下砧铁,以及辅助工具的限制以外,其余各个方向均可自由流动,形成自由表面,其形状和尺寸主要由操作者的技术来控制。

与其他锻压加工方法相比,自由锻具有以下特点:

(1) 工艺灵活,工具简单,所用设备和工具有很大的通用性,生产成本低。

(2) 应用范围广,可以锻制质量为 1kg~300t 的锻件。对于大型和巨型锻件,自由锻是唯一的成形方法。

(3) 只能生产形状简单的锻件,锻件精度低,表面质量差,金属消耗量也较多,生产效率较低,操作者劳动强度大,劳动条件差。

因此,自由锻主要适用于品种多、产量不大的单件小批量生产类型,也可用于模锻前的制坯工序,尤其在重型机械制造中具有十分重要的地位。

### 3.3.2 自由锻设备及工具

自由锻常用的设备可分为锻锤和液压机两大类,其中锻锤是以冲击力使金属坯料产生塑性变形的自由锻设备,如空气锤、蒸汽—空气锤等,但由于锻压能力有限,只能生产中、小型锻件;液压机是以静压力使金属坯料产生塑性变形的自由锻设备,如水压机等,可以产生很大的压力,能够生产大型和巨型锻件。

1. 空气锤

1) 结构

空气锤是由电动机直接带动锤头进行工作的自由锻锻锤,主要由锤身、压缩缸、工作缸、传动机构、操纵机构、落下部分及砧座等几个部分组成,其外形如图 3.6(a)所示。

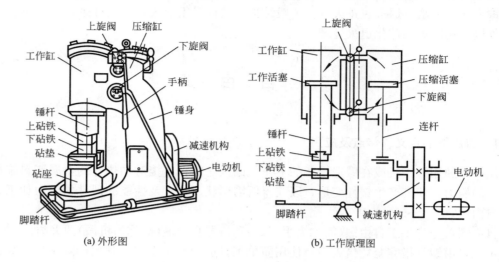

图 3.6 空气锤

(1) 锤身。与压缩缸及工作缸等铸成一体，其作用是支承和连接空气锤的其他部分。

(2) 传动机构。包括减速机构、曲柄和连杆，其作用是将电动机的旋转运动经过减速后传递给曲柄，再由曲柄通过连杆驱动压缩缸内的活塞作上、下往复运动。

(3) 操纵机构。包括手柄(或脚踏杆)、连接杠杆、上旋阀、下旋阀，其作用是使锻锤实现各种运动。在下旋阀中还装有一个只准空气作单向流动的逆止阀。

(4) 落下部分。又称为锤头，包括工作活塞、锤杆和上砧铁，其作用是提供坯料变形所需的冲击力。

(5) 砧座部分。包括下砧铁、砧垫和砧座，其作用是放置坯料和工具，承受锤击力。

2) 工作原理及基本操作

空气锤的工作原理如图 3.6(b)所示。工作时，电动机通过传动机构带动压缩缸内的压缩活塞作上、下往复运动，使压缩活塞的上部或下部交替产生的压缩空气进入工作缸上部或下部，空气压力使工作活塞作上、下往复运动，并带动锤杆、上砧铁进行锻打工作。

接通电源，启动空气锤后，通过手柄或脚踏杆，控制上、下旋阀，改变压缩空气的流向，可使空气锤完成空转、锤头上悬、锤头下压、连续锻打、单次锻打等动作，以适应各种加工需要。

(1) 空转(空行程)。

当操纵手柄处于"空程"位置时，压缩缸和工作缸的上、下部分都经旋阀与大气直接相连通，内、外压力一致，锻锤的落下部分靠自重停在下砧铁上。

此时，电动机及传动机构空转，尽管压缩活塞上、下运动，但锻锤不进行工作。

(2) 锤头上悬。

当操纵手柄由"空程"位置推至"悬空"位置时，压缩缸和工作缸的上部都经上旋阀与大气相连通，压缩缸和工作缸的下部与大气相隔绝。当压缩活塞下行时，压缩空气经下旋阀，冲开逆止阀，进入工作缸下部，使锤杆上升。当压缩活塞上行时，压缩空气经上旋阀排入大气。由于逆止阀的单向作用，可防止工作缸内的压缩空气倒流，使锤头保持在上悬位置。

此时，可进行放置锻件和工具、检查锻件尺寸、清除氧化皮等辅助工作。

(3) 锤头下压。

当操纵手柄处于"压紧"位置时，压缩缸上部和工作缸下部与大气相连通，压缩缸下部和工作缸上部与大气相隔绝。当压缩活塞下行时，压缩空气通过下旋阀，冲开逆止阀，经中间通道向上，由上旋阀进入工作缸上部，作用于工作活塞上，连同落下部分自重，将工件压住。当压缩活塞上行时，上部气体排入大气，由于逆止阀的单向作用，使工作活塞仍保持有足够的压力压紧锻件。

此时，可进行弯曲、扭转等操作。

(4) 连续锻打。

当将脚踏杆踩下或将操作手柄由"悬空"位置推至"连续锻打"位置时，压缩缸和工作缸经上、下旋阀相连通，并全部与大气相隔绝。当压缩活塞往复运动时，压缩空气交替地压入工作缸的上、下部，使锤头相应地作上、下往复运动(此时逆止阀不起作用)，可对金属坯料进行连续锻打。

(5) 单次锻打。

当将脚踏杆踩下后立即抬起，或将操作手柄由"悬空"位置推至"连续锻打"位置，再迅速退回至"悬空"位置时，使锤头锤击后立即返回悬空位置，可对金属坯料进行单次锻打。

连续锻打和单次锻打的锤击力大小是通过调节脚踏杆或手柄的位置来控制下旋阀中气道孔的开启程度来实现的。

3) 规格、特点及应用

空气锤的规格(又称为吨位)是以落下部分(即锤头)的总质量来表示的。

空气锤产生的锤击力是落下部分总质量的 800～1000 倍。由于震动大，受锤身刚度的限制，空气锤的规格一般为 65～750kg(0.65～7.5kN)，是锻造车间广泛应用的一种自由锻锻锤。

常用空气锤的规格及锻造能力见表 3-3。

表 3-3 常用空气锤的规格及锻造能力

| 规格 | 落下部分总质量/kg | 坯料最大尺寸/mm | | | | 电动机的功率/kW |
|---|---|---|---|---|---|---|
| | | 圆柱直径 | 圆柱高度 | 方料边长 | 方料高度 | |
| C41-65 | 65 | 85 | 40 | 65 | 65 | 7 |
| C41-75 | 75 | 85 | 40 | 65 | 65 | 7.5 |
| C41-150 | 150 | 150 | 50 | 80 | 80 | 17 |
| C41-200 | 200 | 160 | 60 | 95 | 95 | 22 |
| C41-250 | 250 | 175 | 60 | 100 | 100 | 22 |
| C41-400 | 400 | 200 | 80 | 110 | 110 | 30 |
| C41-560 | 560 | 250 | 80 | 130 | 130 | 40 |
| C41-750 | 750 | 300 | 100 | 160 | 160 | 55 |

空气锤具有结构简单、操作方便、价格较低等特点，但因其锤击力较小，只适用于中、小型锻件的生产。

## 2. 蒸汽—空气锤

### 1) 结构

蒸汽—空气锤(简称为蒸汽锤)是以蒸汽或压缩空气为动力带动锤头工作的自由锻锻锤。常用的双柱拱式蒸汽—空气锤主要由机架、气缸、落下部分、配气操作机构和砧座等几个部分组成,其外形如图3.7(a)所示。

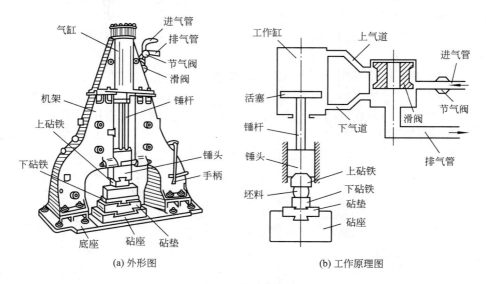

图 3.7 双柱拱式蒸汽锤

(1) 机架。即锤身,包括左、右两个立柱,用螺栓固定于底座上。

(2) 气缸。与配气机构的阀室铸成一体,用螺栓与锤身的上端面相连接。

(3) 落下部分。锻锤工作的执行机构,由活塞、锤杆、锤头和上砧铁组成。

(4) 配气操作机构。由滑阀、节气阀、进气管、排气管、操纵手柄等组成。

(5) 砧座部分。由下砧铁、砧垫、砧座等组成,其质量为落下部分质量的10～15倍,保证锤击时锻锤的稳固。

### 2) 工作原理及基本操作

蒸汽—空气锤的工作原理如图3.7(b)所示。工作时,蒸汽(或压缩空气)由进气管进入,经过节气阀以及滑阀中间细颈部分与阀套壁所形成的气道,由上气道进入气缸的上部,作用于活塞的顶面上,使落下部分向下运动,完成锻打动作。此时,气缸下部的蒸汽(或压缩空气)经下气道由排气管排出。反之,滑阀下行,蒸汽(或压缩空气)便通过前面所述的气道,由下气道进入汽缸的下部,作用于活塞的底面上,使落下部分向上运动,完成提锤动作。此时,气缸上部的的蒸汽(或压缩空气)从上气道经滑阀的内腔由排气管排出。

通过调节节气阀的开启程度来控制进入气缸的蒸汽(或压缩空气)压力,由操作者操纵手柄,使滑阀处于不同的位置或上、下运动,可使锻锤完成锤头上悬、锤头下压、单次锻打、连续锻打以及轻打、重打等动作,以适应各种加工需要。

### 3) 规格、特点及应用

与空气锤相比,蒸汽—空气锤的机架结构及各部分尺寸都较大,锤头行程长,落下部分质量大,锻造锤击力大。同时,由于锤头两旁安装有导轨,保证了锤头运动的准确性,锤击时比较稳定，锤杆也可以细一些，但需要配备蒸汽锅炉或空气压缩机等辅助设备，结构较空气锤复杂，成本也较高。

蒸汽—空气锤的规格也是以落下部分的总质量来表示的，常用的规格一般为1～5t(10～50kN)，适用于中型或较大锻件的生产。

3. 水压机

水压机是用高压水作为工作介质的液压机，常用来生产大型或巨型自由锻锻件，由本体和附属设备组成，广泛采用两缸三梁四柱立式上传动结构。水压机本体的结构如图3.8所示。

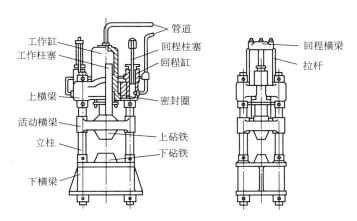

图3.8 水压机本体

水压机的工作原理是将高压水通入工作缸，推动工作柱塞，使活动横梁带动上砧铁沿立柱下压，对金属坯料施加巨大的静压力。回程时，将高压水通入回程缸，通过回程柱塞和拉杆使活动横梁上升，使上砧铁离开坯料，完成锻压和回程的一个工作循环。活动横梁的上、下运动就形成了对金属坯料的施压运动，用静压力使金属产生塑性变形。

水压机的规格是以产生的最大静压力大小来表示的，常用的规格一般为500～12500t(5000～125000kN)，可以锻压质量为1～300t的锻件。

与锻锤相比，水压机具有以下特点：

(1) 以静压力使坯料变形，震动小，噪声低，对厂房地基影响较小，改善了劳动条件。

(2) 成形能力与工作行程无关，不受坯料高度尺寸的限制。

(3) 能量利用率高，所有的压力都作用于坯料的变形上。

(4) 变形速度慢(上砧速度约为0.1～0.3m/s)，且压力作用于坯料上的时间较长，有利于将坯料锻透，从而改善其内部质量。

由于水压机本体庞大，需配备供水和操纵系统，此外，还要有大型加热炉、退火炉、取料机、翻料机和活动工作台等配套设备，因此，设备费用很高，却是大型和巨型锻件生产必不可少的锻造设备。

4. 常用工具

1) 手工自由锻工具

如图3.9所示为手工自由锻常用的工具。

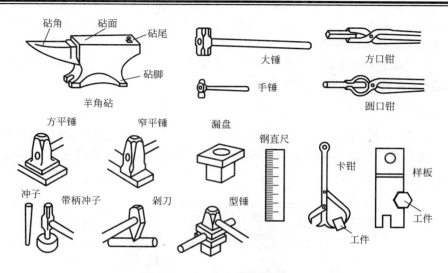

图 3.9 手工自由锻常用的工具

(1) 支承工具。即各种砧铁,用于放置锻件坯料和固定成形工具,由铸钢或铸铁制成,有羊角砧、双角砧、球面砧和花砧等多种类型。

(2) 夹持工具。即各种夹钳(又称为手钳),用于夹持锻件,由 Q235 或 45 等钢制成,有尖嘴钳、圆口钳、方口钳、扁口钳和圆钳等多种类型。

(3) 锻打工具。即各种手锤和大锤。

手锤用于指示大锤打击的落点和轻重,由 60、70 或 T7、T8 等钢制成,有圆头、直头和横头等多种类型,以圆头最为常用,质量一般为 1~2kg。

大锤用于金属坯料的直接变形,也是由 60、70 或 T7、T8 等钢制成,有直头、横头、平头等多种类型,质量一般为 4~7kg。

(4) 成型工具。即各种型锤、平锤、摔锤、冲子等。

型锤主要用于对锻件进行压肩、压槽,有时也用于加快增宽或拔长,由 60、70 或 T7、T8 等钢制成,分为上、下两个部分,上型锤带柄,供握持用,下型锤带有方形尾部,可插入砧面上的方孔,以便于使之固定。

平锤用于对锻件进行压肩或修整锻件的平面,由 60、70 或 T7、T8 等钢制成,平面边长约为 30~40mm,有方平锤、窄平锤和小平锤等多种类型。

摔锤用于摔圆和修光锻件的表面,由 60、70 或 T7、T8 等钢制成,分为上、下两个部分,其使用方法与型锤相同。

冲子用于在坯料上冲出通孔或盲孔,由 T7 或 T8 等钢制成,按照截面形状的不同,有圆形、方形或扁形等多种类型。冲子的外形一般为圆锥形。

(5) 切割工具。即各种剁刀(又称为錾子),用于切割坯料和锻件,或者在坯料上切割出缺口,为下一道工序作准备,由 T7 或 T8 等钢制成。按照刃口部形状等不同,有热剁刀、冷剁刀及圆弧剁、单边剁等多种类型。

(6) 测量工具。即钢直尺、卡钳、样板等,用于测量锻件或坯料的尺寸或形状。

钢直尺有 150mm、300mm、600mm 和 1000mm 等规格。

卡钳有内卡钳、外卡钳和双卡钳等几种类型,分别用于测量锻件或坯料的内孔尺寸、外形尺寸以及同时测量内孔和外形尺寸。

样板属于间接测量工具，用于在锻造生产过程中控制锻件的形状和尺寸，也可用于锻件的检验，由薄钢板按照锻件或零件图样制成，其形状、尺寸由具体的锻件而定。

2）机器自由锻工具

如图 3.10 所示为机器自由锻常用的工具。

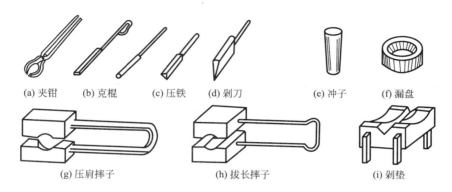

图 3.10　机器自由锻常用的工具

(1) 夹持工具。如圆口钳、方口钳、槽钳、抱钳、尖嘴钳、专用型钳等。
(2) 切割工具。如剁刀、剁垫、克棍等。
(3) 变形工具。如压铁、压肩摔子、拔长摔子、冲子、漏盘等。
(4) 测量工具。如钢直尺、内外卡钳等。

### 3.3.3　自由锻的生产工序

在锻造各种不同类型的锻件时，应根据自由锻设备和工具的特点，合理选择锻造工序和变形量，以适应自由锻的不同工艺要求。按照变形性质和变形程度不同，自由锻的生产工序可分为基本工序、辅助工序和精整工序三大类。

(1) 基本工序。实现锻件基本成形的自由锻生产工序，主要有镦粗、拔长、冲孔、弯曲、扭转、错移、切割等。生产中，前三种工序应用最多。

(2) 辅助工序。在基本工序进行之前，为了方便基本工序的操作，预先对坯料施加少量变形的自由锻生产工序，主要有压肩、压钳口、倒棱等。

(3) 精整工序。在基本工序完成之后，对锻件进行整形，使锻件尺寸完全达到技术要求，并提高表面质量的自由锻生产工序，主要有滚圆、摔圆、矫正、校直等。

1. 镦粗

使坯料高度减小、横截面积增大的锻造基本工序称为镦粗。镦粗分为整体镦粗和局部镦粗两种，如图 3.11 所示。

镦粗一般适用于锻制齿轮毛坯、带轮坯、圆盘形锻件等。对于圆环、套筒等空心锻件，镦粗一般作为冲孔前的预备工序。

镦粗的规则、操作方法和注意事项如下：

(1) 镦粗部分高径比，即原高度 $H_0$ 与原直径 $D_0$（或边长）之比应小于 2.5～3，否则，坯料会产生镦弯。如果产生镦弯，应将坯料放平，轻轻锤击矫正，如图 3.12 所示。

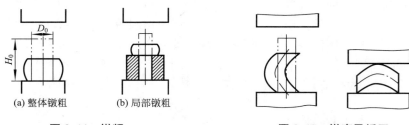

图 3.11 镦粗          图 3.12 镦弯及矫正

(2) 镦粗部分必须加热均匀,否则,坯料变形不均匀,塑性差的材料还可能锻裂。

(3) 镦粗时,坯料的端面应平整并与轴线垂直,在下砧铁上要放平,否则,坯料会产生镦歪,如图 3.13(a)所示。产生镦歪后应及时纠正,即将坯料斜立,使其轴线与锤杆轴线一致,轻打镦歪的斜角(见图 3.13(b))。加以矫正后放直,继续锻打(见图 3.13(c))。

(4) 镦粗时,锤击力要重且正,否则,坯料会产生双鼓形(见图 3.14(a))。如果不及时纠正,还会产生折叠(见图 3.14(b))。

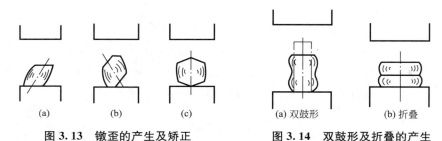

图 3.13 镦歪的产生及矫正          图 3.14 双鼓形及折叠的产生

2. 拔长

使坯料横截面积减小、长度增大的锻造基本工序称为拔长(见图 3.15(a))。拔长还有局部拔长(见图 3.15(b))和心轴拔长(见图 3.15(c))等多种类型。

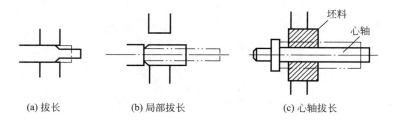

图 3.15 拔长

拔长一般适用于锻制轴类、杆类及长筒类锻件;局部拔长适用于锻制台阶轴或带有台阶的方形、矩形等截面锻件;心轴拔长适用于锻制空心轴等锻件。拔长与镦粗两工序相结合,一般作为改善坯料内部组织、提高锻件力学性能的预备工序。

拔长的规则、操作方法和注意事项如下:

(1) 拔长时,坯料应沿下砧铁的宽度方向(即横向)送进。每次送进量 $L$ 应为下砧铁宽度 $B$ 的 $0.3 \sim 0.7$ 倍,即 $L=(0.3 \sim 0.7)B$。送进量过大,金属主要向坯料宽度方向流动,反而会降低拔长效率;送进量过小,又容易产生折叠。如图 3.16(a)所示为送进量合适;

如图 3.16(b)所示为送进量过大,拔长效率低;如图 3.16(c)所示为送进量过小,产生折叠。

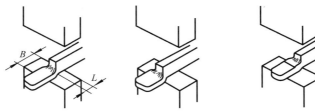

(a) 送时量合适　　(b) 送进量过大,拔长效率低　　(c) 送进量过小,产生折叠

图 3.16　拔长时的送进方向和送进量

（2）拔长时,还应注意每次锤击的压下量 $H$ 应等于或小于送进量 $L$,否则,坯料会产生折叠,如图 3.17 所示。

（3）将较大截面的坯料拔长成较小直径的圆料时,应先将其锻制成方形截面,直至边长接近要求的圆直径时,再将坯料锻制成八角形,最后滚锻成圆形,变形过程如图 3.18 所示。这样既能提高效率,又能减小坯料中心产生裂纹的危险。

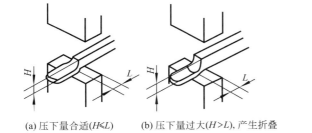

(a) 压下量合适($H \leqslant L$)　　(b) 压下量过大($H>L$),产生折叠

图 3.17　拔长时的压下量　　　　　　图 3.18　大直径坯料拔长时的变形过程

（4）拔长时,应不断翻转坯料,使坯料截面经常保持接近于方形。常用的几种翻转方法如图 3.19 所示。为了便于翻转后继续拔长,坯料的宽度与厚度之比不应超过 2.5,以免产生弯曲或折叠现象。

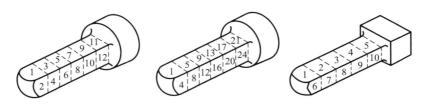

图 3.19　拔长时坯料的翻转方法

（5）局部拔长锻制台阶轴或带有台阶的方形、矩形截面的坯料时,应先在截面分界处压出凹槽,以使台阶平直、整齐,称为压肩(见图 3.20)。压肩深度为台阶高度的 1/2～2/3。

（6）在心轴上拔长时,心轴要有 1∶150～1∶100 的锥度,并应采取适当措施,如预热心轴、涂润滑剂、终锻温度高出同类材料的 100～150℃等,以便于锻件从心轴上脱出,如图 3.21 所示。

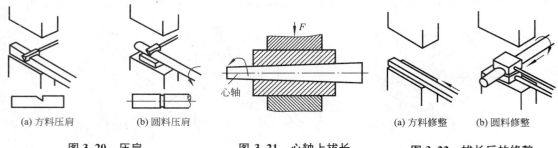

(a) 方料压肩　　(b) 圆料压肩　　　　　　　　　　　　　　　　　(a) 方料修整　　(b) 圆料修整

图 3.20　压肩　　　　　　图 3.21　心轴上拔长　　　　　图 3.22　拔长后的修整

(7) 坯料拔长后必须进行修整，以使其截面形状规则，轴线挺直，并减少表面的锤痕。修整方形或矩形锻件时，应沿下砧铁的长度方向（即纵向）送进，以增加坯料与下砧铁的接触长度，如图 3.22(a)所示。圆形截面的锻件用型锤或摔子修整，如图 3.22(b)所示。拔长过程中如果产生翘曲变形，应及时翻转 180°，再轻打校平。

3. 冲孔

在坯料上锻制出通孔或不通孔的锻造基本工序称为冲孔。

直径小于 25mm 的孔一般不冲出，待切削加工时钻出。冲通孔时，小于 450mm 的孔用实心冲子，大于 450mm 的孔用空心冲子。冲孔一般适用于锻制齿轮毛坯、套筒、空心轴和圆环等带孔锻件。

冲孔的规则、操作过程和注意事项如下：

(1) 冲孔前，一般应先将坯料镦粗，以利于减小冲孔的深度，保证冲孔端面的平整。

(2) 冲孔时，应适当提高坯料的始锻温度，保证均匀热透，使其具有良好的塑性，以免坯料因局部变形量过大，导致冲裂，并损伤冲子，也便于冲完后取出冲子。

(3) 为了保证孔位正确，应先进行试冲，即用冲子轻轻冲出孔位的凹痕，如果发现偏差，应及时加以纠正。

(4) 一般坯料的通孔应采用双面冲孔法冲出（见图 3.23），即先由一面将孔冲至坯料厚度的 2/3～3/4 时，取出冲子，翻转坯料，再由另一面冲通。对于较薄的坯料，可以采用单面冲孔法进行冲孔（见图 3.24）。单面冲孔时，应将冲子大头朝下，漏盘孔径不宜过大，并且需要仔细对正位置。

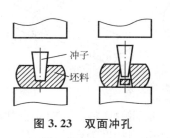
图 3.23　双面冲孔

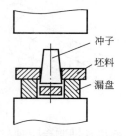
图 3.24　单面冲孔

(5) 冲孔过程中，应保持冲子轴线与锤杆轴线（即锤击方向）平行，以免将孔冲歪。

(6) 冲孔过程中，冲子应经常蘸水冷却，以免受热后硬度降低。

(7) 为了防止坯料冲裂，冲孔直径应小于坯料直径的 1/3。对于大直径的圆环形锻件，应先用小直径的冲子冲出小孔,再将孔径扩大至所要求的尺寸。

4. 扩孔

减小空心坯料的壁厚,增大其内、外径或只增大内径的锻造基本工序称为扩孔。扩孔一般适用于锻制轴承圈等圆环形锻件,主要有冲子扩孔和心轴扩孔两种类型。

1) 冲子扩孔

冲子扩孔(见图3.25)时,用直径比坯料孔径大的冲子依次将坯料孔径扩大至所要求的尺寸。冲子扩孔适用于坯料外径与内径之比大于1.7的情况。冲子扩孔时,每次孔径扩大量不宜过大,否则,坯料会被冲裂。

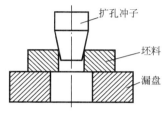

图 3.25 冲子扩孔图

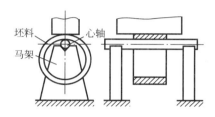

图 3.26 心轴扩孔

2) 心轴扩孔

心轴扩孔又称为马架扩孔(见图3.26)。扩孔时,将带孔的坯料套装于心轴上,心轴支承于马架上,沿着圆周方向对坯料进行锤击,每锤击1~2次,必须旋转送进坯料,经进行多次圆周旋转锤击后,坯料的壁厚减小,内、外径增大,直至所要求的尺寸。心轴扩孔时,变形量大,可以锻制大孔径的薄壁圆环状锻件。

心轴扩孔时,如果坯料加热不均匀、锤击力轻重不均匀或旋转送进量不均匀,都会产生锻后锻件壁厚不均匀的现象。当批量生产时,可用挡铁来限制锤击变形量。

大孔径圆环扩孔时,由于冷却后收缩量较大,必须要考虑坯料的冷却收缩量,以免冷却后锻件因加工余量不足而成为废品。一般碳素钢取1.0%~1.7%,合金钢取2.0%。

5. 弯曲

使用一定的工具(或模具),将坯料弯成所规定外形的锻造基本工序称为弯曲。

弯曲时,必须将待弯部分加热,如果加热部分过长,可先将不弯曲的部分蘸水冷却,然后再进行弯曲。弯曲一般在砧铁的边缘或砧角上进行,有角度弯曲、成形弯曲等多种类型(见图3.27)。弯曲一般适用于锻制链条、吊钩、弯曲轴杆、弯板、角尺等锻件。

6. 扭转

将坯料一部分相对于另一部分绕其轴线旋转一定角度的锻造基本工序称为扭转,如图3.28所示。

扭转时,坯料的变形量较大,容易产生裂纹,因此,扭转前应将受扭转部分加热至始锻温度,并且均匀热透。受扭转部分表面必须光滑,不允许有裂纹、伤痕等缺陷,面与面相交处应有圆角均匀过渡。扭转后,还应注意缓慢冷却(埋于炉渣或干砂内),以免产生扭裂现象。扭转一般适用于锻制多拐曲轴、麻花钻、地脚螺钉等锻件。

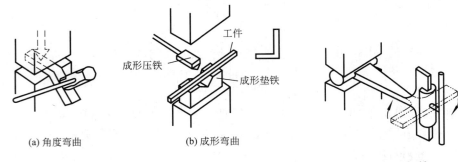

图 3.27 弯曲　　　　　　　图 3.28 扭转

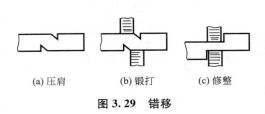

图 3.29 错移

7. 错移

将坯料一部分相对于另一部分错位移开，但仍保持轴线平行的锻造基本工序称为错移。

错移时，应先在错移部位压肩，然后再加垫板及支承，锻打错开，最后修整，如图 3.29 所示。错移一般适用于锻制曲轴等锻件。

8. 切断

将金属坯料或工件切成两段（或数段）的锻造基本工序称为切断。

切断方料时，用剁刀垂直切入坯料，至快断时取出剁刀，将坯料翻转 180°，再用剁刀或克棍（即哨子）切断（见图 3.30(a)）。切断圆料时，要在带有凹槽的剁垫中边切割边旋转坯料，直至切断（见图 3.30(b)）。切断一般适用于下料和切除坯料料头等。

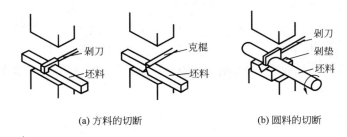

图 3.30 切断

### 3.3.4 自由锻工艺过程示例

自由锻锻件形状多样，一般需要采取几种基本工序才能锻制成形。尽管自由锻基本工序的选择和安排很灵活，但要制定出合理的锻造工艺仍需要对多种工艺方案进行综合分析比较，使生产符合"优质、高效、低耗"的基本原则，即在满足优质的前提条件下，尽量减少工序次数和合理安排工序顺序，缩短工时，提高效率，节约材料，减少能源消耗。

1. 阶梯轴类锻件的自由锻工艺

阶梯轴类锻件自由锻的基本工序为整体拔长及分段压肩、拔长。阶梯轴锻件的自由锻工艺过程见表 3-4。

表3-4 阶梯轴的自由锻工艺

| 锻件名称 | 阶梯轴 | 工艺类别 | 自由锻 |
|---|---|---|---|
| 材料 | 45 | 设备 | 150kg 空气锤 |
| 加热火次 | 2 | 锻造温度范围 | 1200～800℃ |
| 锻件图 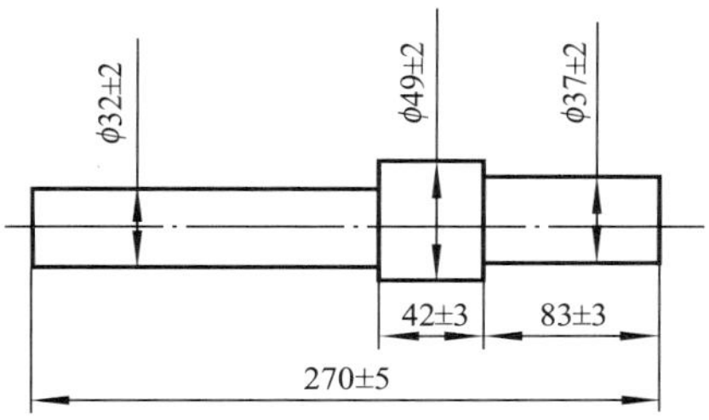 | | 坯料图 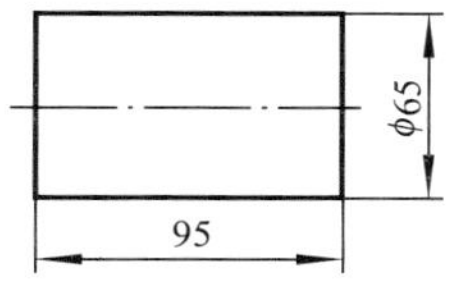 | |

锻件图尺寸：$\phi 32\pm 2$，$\phi 49\pm 2$，$\phi 37\pm 2$，$42\pm 3$，$83\pm 3$，$270\pm 5$

坯料图尺寸：$\phi 65$，95

| 序号 | 工序名称 | 工序简图 | 使用工具 | 加工说明 |
|---|---|---|---|---|
| 1 | 拔长 | 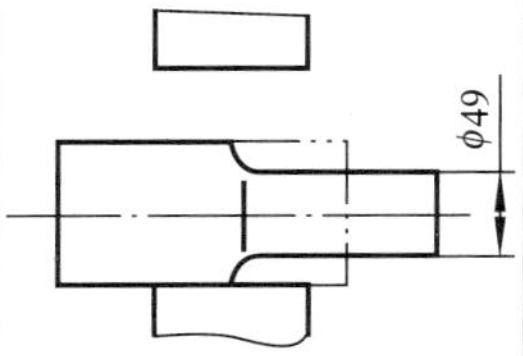 $\phi 49$ | 夹钳 | 整体拔长至 $\phi 49\pm 2$ |
| 2 | 压肩 | 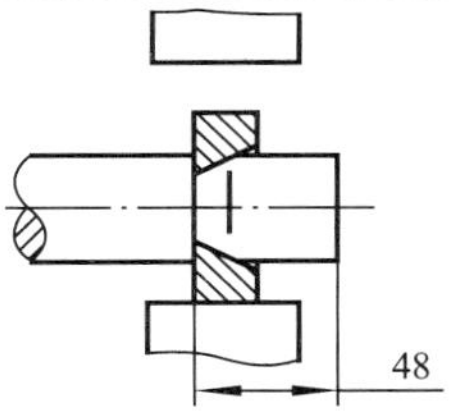 48 | 夹钳 压肩摔子 或三角铁 | 边轻打边旋转坯料 |
| 3 | 拔长 | 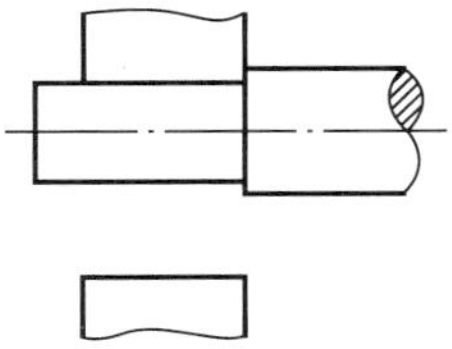 | 夹钳 | 将压肩一端拔长至略大于 $\phi 37$ |
| 4 | 摔圆 | 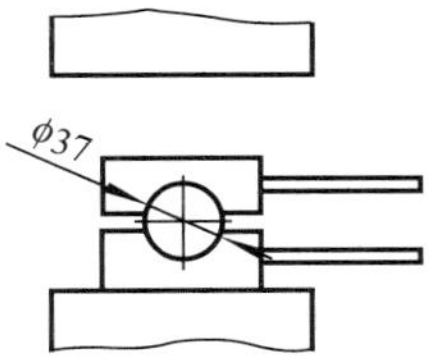 $\phi 37$ | 夹钳 摔圆摔子 | 将拔长部分摔圆至 $\phi 37\pm 2$ |
| 5 | 压肩 | 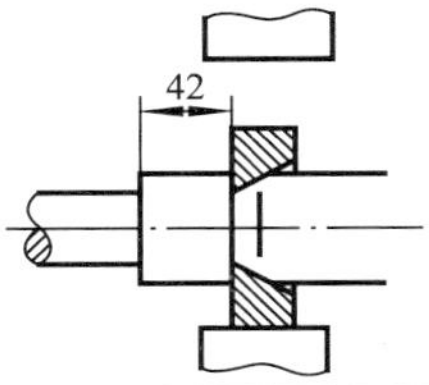 42 | 夹钳 压肩摔子 或三角铁 | 留出中段长度42mm后，将另一端压肩 |

(续)

| 序号 | 工序名称 | 工序简图 | 使用工具 | 加工说明 |
|---|---|---|---|---|
| 6 | 拔长 | (图略) | 夹钳 | 将压肩一端拔长至略大于 φ32 |
| 7 | 摔圆 | (图略) | 夹钳 摔圆摔子 | 将拔长部分摔圆至 φ32±2 |
| 8 | 精整 | (图略) | 夹钳 钢直尺 | 检查及矫正轴向弯曲 |

**2. 齿轮坯的自由锻工艺**

如图 3.31 所示为一齿轮坯的锻件图,毛坯材料为 40 钢,毛坯尺寸为 φ140mm×210mm,生产数量为 10 件。齿轮坯锻件的自由锻基本工序为镦粗、冲孔,其自由锻工艺过程见表 3-5。

**3. 带孔盘、套类锻件的自由锻工艺**

带孔盘类锻件自由锻的基本工序为镦粗和冲孔(或再扩孔),带孔套类锻件的基本工序为镦粗、冲孔、心轴拔长。六角螺母毛坯可视为带孔盘类锻件,其自由锻基本工序为局部镦粗和冲孔,工艺过程见表 3-6。

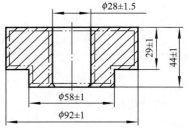

图 3.31 齿轮坯锻件图

表 3-5 齿轮坯的自由锻工艺

| 序号 | 加工说明 | 工序简图 | 序号 | 加工说明 | 工序简图 |
|---|---|---|---|---|---|
| 1 | 下料加热 | φ50, 125 | 4 | 修整大端外圆 | φ92±1 |
| 2 | 整体镦粗并摔圆 | 45 | 5 | 修整平面 | 44±1 |
| 3 | 加漏盘冲孔 | | | | |

表 3-6 六角螺母的自由锻工艺

| 锻件名称 | 六角螺母 | 工艺类别 | 自由锻 |
|---|---|---|---|
| 材料 | 45 | 设备 | 100kg 空气锤 |
| 加热火次 | 1 | 锻造温度范围 | 1200～800℃ |

| 锻件图 | 坯料图 |
|---|---|

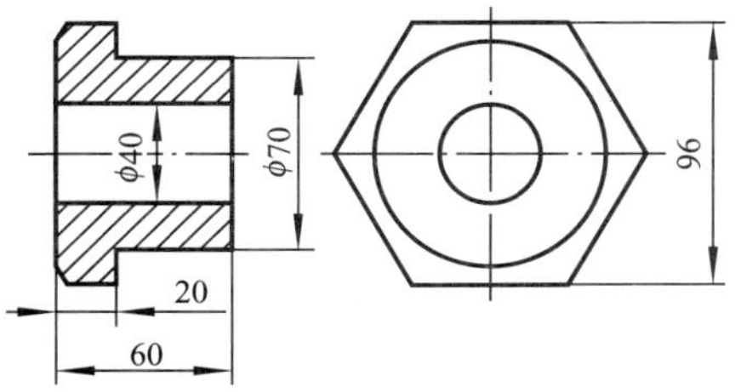

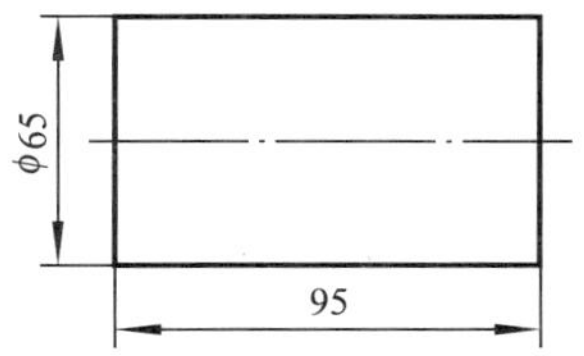

| 序号 | 工序名称 | 工序简图 | 使用工具 | 加工说明 |
|---|---|---|---|---|
| 1 | 局部镦粗 | 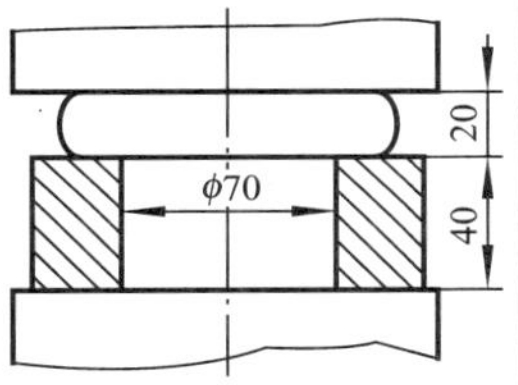 | 尖嘴钳<br>镦粗漏盘 | (1) 漏盘高度和内径尺寸要符合要求;<br>(2) 漏盘内孔要有 3°～5°斜度,上口应有圆角,局部镦粗高度为 20mm |
| 2 | 修整 | 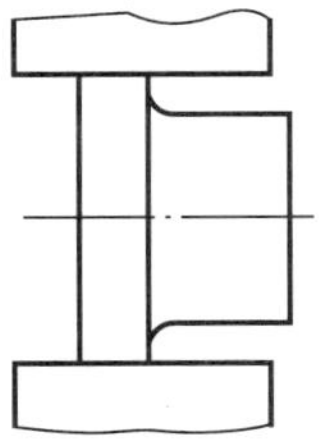 | 夹钳 | 将镦粗造成的鼓形修平 |
| 3 | 冲孔 | 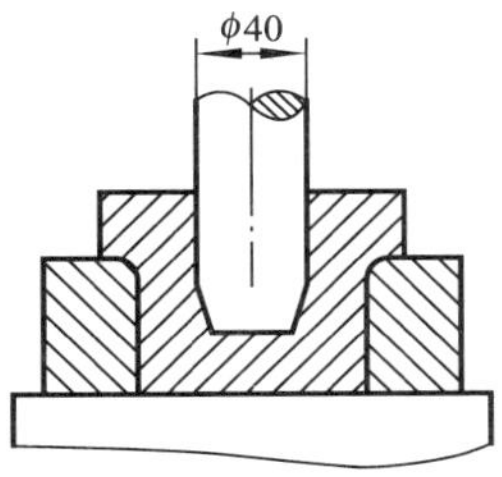 | 尖嘴钳<br>圆冲子<br>冲孔漏盘<br>抱钳 | (1) 冲孔时,套装上镦粗漏盘,以防止径向尺寸胀大;<br>(2) 采用双面冲孔法冲孔;<br>(3) 冲孔时,孔位应对正,以防止冲斜 |
| 4 | 锻六角 | 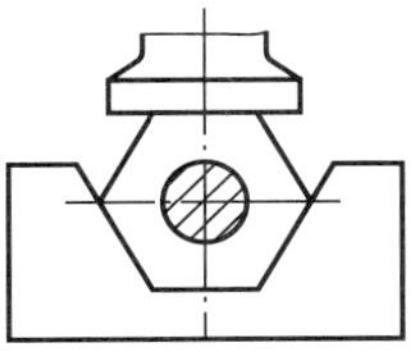 | 圆冲子<br>圆口钳<br>六角槽垫<br>方平锤<br>样板 | (1) 带冲子操作;<br>(2) 注意轻击,随时用样板检测 |

(续)

| 序号 | 工序名称 | 工序简图 | 使用工具 | 加工说明 |
|---|---|---|---|---|
| 5 | 罩圆倒角 |  | 罩圆窝子<br>尖嘴钳 | 罩圆窝子应对正，轻击 |
| 6 | 精整 | （图略） |  | 检测及精整各部分尺寸 |

## 3.4 模 锻

### 3.4.1 模锻的定义、特点及应用

将加热好的金属坯料放置于固定在模锻设备上的锻模模膛内，施加一定冲击力或静压力，使坯料在模膛型腔内产生整体变形，以获得所需形状、尺寸及性能的锻件的压力加工方法称为模型锻造（简称为模锻）。

模锻按照使用设备类型的不同可分为锤上模锻、压力机上模锻等。

与自由锻相比，模锻具有以下特点：

(1) 生产效率较高，对操作者技术水平要求不高。

(2) 锻件的形状和尺寸精度较高，表面质量较好，机械加工余量小，省工省料。

(3) 可以锻制形状较为复杂的锻件，锻造纤维分布更合理，力学性能更高。

(4) 操作简单，易于实现机械化生产，操作者劳动强度较小。

(5) 锻模生产周期长，制造成本高，工艺灵活性差。

(6) 由于坯料是在锻模模膛内整体变形，变形抗力大，所需设备吨位大，投资成本较高。受设备吨位的限制，不能生产大型和巨型锻件。

因此，模锻主要适用于质量小于150kg的中、小型锻件的成批大量生产。

### 3.4.2 模锻设备及锻模

模锻设备主要有蒸汽—空气模锻锤、无砧座锤、高速锤、摩擦压力机、曲柄压力机、平锻机等，其中，应用最为广泛的是蒸汽—空气模锻锤。

1. 模锻锤

蒸汽—空气模锻锤的结构如图3.32所示，其工

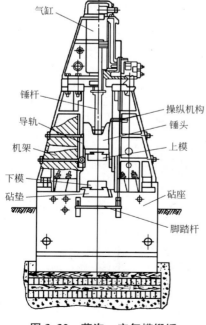

图 3.32 蒸汽—空气模锻锤

作原理与蒸汽—空气自由锻锤基本相同,但为了保证模锻锤在进行锤击时,上、下模准确对位,从而保证锻件的尺寸和形状精度,又具有以下特点:

(1) 装有很长而坚固的可调节导轨,锤头与导轨之间的间隙小,配合较精密。

(2) 为了避免刚性连接,机架由带弹簧的螺栓直接固定于砧座上,并可以沿砧座移动,以利于调整锻模,形成了封闭结构。

(3) 上、下模分别固定于锤头和砧座上,砧座较重,约为落下部分质量的20~25倍。

蒸汽—空气模锻锤可进行锤头摇动、单次锻打和连续锻打等动作,以适应各种加工需要。

(1) 锤头上、下摇动。锤头在导轨上部上、下往复运动。上升时,到达最高位置;下降时,上模并不接触下模。

(2) 单次锻打。当锤头上升至接近最高位置时,踩下脚踏杆,锤头便向下锤击,根据脚踏杆压下高度的不同,即可获得不同的锤击力。

(3) 调节的连续锻打。连续锻打不能自动进行,需要不断调节操纵机构,即先松开脚踏杆,在锤头上升至接近最高位置时,立刻再踩下脚踏杆。这样连续地踩下和松开脚踏杆,便可在两次锻打之间不插入上、下摇动循环的情况下,获得调节的连续锻打。

与自由锻锤相同,模锻锤的规格也是以落下部分的总质量来表示的。常用模锻锤的规格一般为1~16t(10~160kN),适用于中、小型锻件的生产。

2. 锻模结构及类型

锤上模锻所用的锻模结构如图3.33所示,锻模由带有燕尾的上模和下模组成。上模用紧固楔铁固定于锤头上,并与锤头一起作上、下往复运动。下模也用楔铁固定于砧垫上,而砧垫则用楔铁固定于砧座上。当上、下模合在一起时,即形成了封闭的、完整的模膛,坯料便在模膛内锻制成形。锻模的模膛可按照功用的不同分为模锻模膛和制坯模膛两大类。

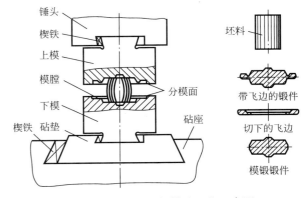

图3.33 锤上模锻锻模及工作示意图

1) 模锻模膛

模锻模膛分为预锻模膛和终锻模膛。

(1) 预锻模膛。是使坯料变形至接近锻件形状尺寸的模膛,坯料经预锻后再终锻,易于充满模膛,同时,可减少终锻模膛的磨损,延长锻模的使用寿命。简单件可不设置。

(2) 终锻模膛。是使坯料最终成形的模膛,其形状和尺寸与锻件相同,只是比锻件要大一个收缩量。模膛四周设置有飞边槽,以便于促使金属充满模膛,同时,还可容纳多余的金属。

2) 制坯模膛

对于形状比较复杂的模锻件,为了使金属坯料的形状基本接近模锻件,并能够在模锻模膛内合理分布和很好地充满模膛,就必须预先在制坯模膛内制坯。制坯模膛主要有拔长模膛、滚压模膛、弯曲模膛、切断模膛等多种类型,如图 3.34 所示。

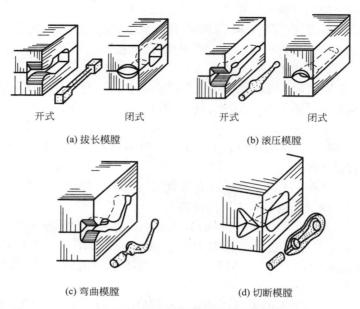

图 3.34 常见的制坯模膛

### 3.4.3 模锻工艺过程示例

锤上模锻工艺过程一般为下料、加热坯料、模锻成形、切除飞边、锻件矫正、锻件热处理、表面清理、质量检验、入库存放。

锤上模锻工艺规程的制定包括绘制锻件图、计算坯料质量和尺寸、确定模锻工步(选择模膛)、选择设备及安排基本工序等。其中,最主要的是锻件图的绘制和模锻工步的确定。

如图 3.35 所示为弯曲连杆的模锻工艺过程。

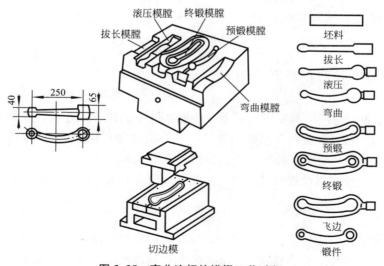

图 3.35 弯曲连杆的模锻工艺过程

## 3.5 胎 模 锻

### 3.5.1 胎模锻的定义、特点及应用

在自由锻设备上,使用简单的可移动模具生产模锻件的压力加工方法称为胎模锻。胎模锻所用的模具称为胎模,其结构如图 3.36 所示。胎模不固定于锤头和砧铁上,只有在使用时才放置于下砧铁上进行锻造。对于较复杂的锻件,一般应先用自由锻方法制坯,最后在胎模内终锻成形。

胎模锻是介于自由锻与模锻之间的一种锻造工艺方法,与自由锻和模锻相比,具有以下特点:

(1) 模具结构简单,容易制造,使用维修方便,成本较低,生产准备周期短。

(2) 不需要昂贵的模锻设备,扩展了自由锻设备的应用范围。

(3) 可以生产形状较复杂的锻件,加工余量小,节约金属材料和加工工时。

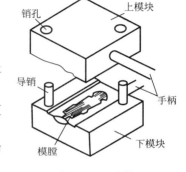

图 3.36 胎模

(4) 操作灵活简便,生产效率较高。

(5) 锻件精度和表面质量较模锻件低,胎模寿命短,操作者劳动强度大,安全性较差。

因此,胎模锻一般适用于生产中、小批量的小型锻件。

### 3.5.2 胎模的种类

胎模种类较多,如摔模、扣模、弯模、套模、合模等。常用胎模的类型、结构和应用范围见表 3-7。

表 3-7 常用胎模的类型、结构和应用范围

| 序号 | 类型 | 名称 | 结构简图 | 应用范围 |
| --- | --- | --- | --- | --- |
| 1 | 摔模 | 制坯摔模 | 图略,各部分的圆角半径比整形摔模大,变形量较大时,横截面为椭圆形 | 主要用于圆轴类锻件或杆类锻件的制坯 |
| | | 整形摔模 | | 主要用于圆轴类锻件的精整 |
| 2 | 扣模 | 开式扣模 | | 主要用于杆类非回转体锻件的局部成形,或为用合模锻制的锻件制坯 |

(续)

| 序号 | 类型 | 名称 | 结构简图 | 应用范围 |
|---|---|---|---|---|
| 2 | 扣模 | 闭式扣模 |  | 主要用于块类非回转体锻件的整体成形，或为用合模锻制的锻件制坯 |
| 3 | 弯模 | 弯模 |  | 主要用于弯曲类锻件的成形，或为用合模锻制的锻件制坯 |
| 4 | 套模 | 开式套模 |  | 主要用于盘类锻件的成形，或为用合模锻制的锻件制坯 |
| 4 | 套模 | 闭式套模 |  | 主要用于回转体锻件的无飞边锻造，也可用于非回转体锻件的终锻 |
| 5 | 合模 | 合模 |  | 主要用于形状较复杂的非回转体类锻件的终锻 |

### 3.5.3 胎模锻工艺过程示例

胎模锻所用胎模不固定于锤头或砧座上，根据加工过程需要，可随时放置于下砧铁上进行锻造。锻造时，先将下模放置于下砧铁上，然后将加热的坯料放入模膛内，再合上上模，用锻锤锻打上模背部。待上、下模接触，坯料便在模膛内锻制成形。

胎模锻时，锻件上的孔不能冲通，留有冲孔连皮，锻件的周围也会形成飞边。因此，胎模锻后也要进行冲孔和切边，以去除连皮和飞边，其锻造工艺过程如图 3.37 所示。

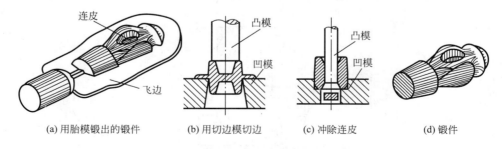

图 3.37 胎模锻锻造工艺过程

如图 3.38 所示为法兰盘毛坯的胎模锻工艺过程。所用的胎模为套筒模,由模筒、模垫和凸模等三部分组成。锻造时,先将模垫和模筒放置在下砧铁上,再将加热好并经自由锻镦粗制坯的金属坯料平放于模筒内,压上凸模,锻制成形。取出锻件,再将孔内连皮冲掉。

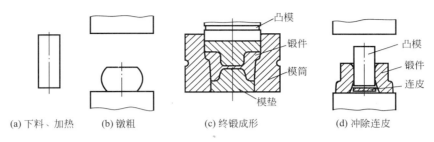

(a) 下料、加热　　(b) 镦粗　　(c) 终锻成形　　(d) 冲除连皮

图 3.38　法兰盘毛坯的胎模锻工艺过程

## 3.6　锻件的质量检验与缺陷分析

### 3.6.1　锻件的质量检验

质量检验是锻造生产过程中不可缺少的一个重要组成部分,通过检验能及时发现生产中的质量问题。常用的检验方法有外观检测、力学性能试验、金相组织分析、无损探伤等。检验时,应按照锻件技术条件的规定或有关检验技术文件的要求进行。

外观检测包括锻件表面、形状和尺寸的检测。

1) 表面检测

表面检测主要是检测锻件的外部是否存在毛刺、裂纹、折叠、过烧、碰伤等缺陷。

2) 形状和尺寸检测

形状和尺寸检测主要是检测锻件的形状和尺寸是否符合锻件图上的要求。一般自由锻件,大多使用钢直尺和卡钳来检测;成批的锻件,使用卡规、塞尺等专用量具来检测;对于形状复杂的锻件,一般量具无法测量,可用划线来检测。

对于重要的大型锻件,还必须进行力学性能试验(如进行拉伸和冲击试验、硬度试验等)、金相组织分析(如低倍检验、高倍检验)、无损探伤等。

### 3.6.2　锻件的缺陷分析

**1. 自由锻锻件的缺陷分析**

常见自由锻锻件的缺陷分析见表 3-8。

表 3-8　自由锻锻件的缺陷分析

| 缺陷名称 | 产生原因 |
| --- | --- |
| 过热或过烧 | (1) 加热温度过高,保温时间过长;<br>(2) 变形不均匀,局部变形量过小;<br>(3) 始锻温度过高 |

(续)

| 缺陷名称 | 产生原因 |
| --- | --- |
| 裂纹 | (1) 坯料心部没有加热透或温度较低；<br>(2) 坯料本身有皮下气孔等冶炼质量缺陷；<br>(3) 坯料加热速度过快，锻后冷却速度过大；<br>(4) 锻造变形量过大 |
| 折叠 | (1) 砧铁圆角半径过小；<br>(2) 送进量小于压下量 |
| 歪斜偏心 | (1) 加热不均匀，变形量不均匀；<br>(2) 锻造操作不当 |
| 弯曲变形 | (1) 锻造后修整、矫正不够；<br>(2) 冷却、热处理操作不当 |
| 力学性能偏低 | (1) 坯料冶炼成分不符合要求；<br>(2) 锻造后热处理不当；<br>(3) 原材料冶炼时，杂质过多，偏析严重；<br>(4) 锻造比过小 |

2. 模锻锻件的缺陷分析

常见模锻锻件的缺陷分析见表3-9。

表3-9 模锻锻件的缺陷分析

| 缺陷名称 | 产生原因 |
| --- | --- |
| 凹坑 | (1) 加热时间过长或粘上炉底熔渣；<br>(2) 坯料在模膛内成形时，氧化皮未清除干净 |
| 厚度超标 | (1) 毛坯质量超标；<br>(2) 加热温度偏低；<br>(3) 锤击力不足；<br>(4) 制坯模膛设计不当或飞边槽阻力过大 |
| 形状不完整 | (1) 下料时，坯料尺寸偏小，质量不足；<br>(2) 加热时间过长，金属烧损量过大；<br>(3) 加热温度过低，金属流动性差，模膛内的润滑剂未吹掉；<br>(4) 设备吨位不足，锤击力过小；<br>(5) 锤击轻重掌握不当；<br>(6) 制坯模膛设计不当或飞边槽阻力小；<br>(7) 终锻模膛磨损严重；<br>(8) 锻件由模膛内取出时不慎碰塌 |
| 尺寸不足 | (1) 终锻温度过高或设计终锻模膛时考虑收缩率不足；<br>(2) 终锻模膛变形；<br>(3) 切边模安装欠妥，锻件局部被切 |

(续)

| 缺陷名称 | 产生原因 |
| --- | --- |
| 错模 | (1) 锻锤导轨间隙过大；<br>(2) 上、下模调整不当或锻模检验角有误差；<br>(3) 锻模紧固部分(如燕尾)有磨损或锤击时错位；<br>(4) 模膛中心与锤击中心相对位置未重合；<br>(5) 导锁设计欠妥 |
| 压伤 | (1) 坯料放置不正或锤击时跳出模膛连击压坏；<br>(2) 设备有故障，单击时发生连击 |
| 碰伤 | (1) 锻件由模膛内取出时，不慎被碰伤；<br>(2) 锻件在搬运时，不慎被碰伤 |
| 翘曲 | (1) 锻件由模膛内取出时，产生变形；<br>(2) 锻件在切边时，产生变形 |
| 残余飞边 | (1) 切边模与终锻模膛尺寸不相符；<br>(2) 切边模磨损或锻件放置不正 |
| 轴向裂纹 | 钢锭皮下气泡被轧长 |
| 端部裂纹 | 坯料在冷剪下料时，剪切不当 |
| 夹渣 | 耐火材料等杂质混入钢液，并浇注入钢锭中 |
| 夹层 | (1) 坯料在模膛内放置不正；<br>(2) 操作不当；<br>(3) 锻模设计有问题；<br>(4) 变形程度过大，产生毛刺，不慎将毛刺压入锻件内 |

## 3.7 板料冲压

### 3.7.1 冲压的定义、特点及应用

利用安装于压力机上的模具(即冲模)，对板料施加静压力，使其产生分离或变形，从而获得具有一定形状、尺寸和性能的零件或毛坯的压力加工方法称为板料冲压(简称为冲压)。板料冲压通常是在室温下进行的，因此又称为冷冲压。

冲压多以低碳钢薄板为原材料，有色金属合金(如铜、铝等)板料及非金属板料(如塑料板、硬橡胶板、纤维板、纸板等)也适于冲压加工。

与其他压力加工方法相比，板料冲压具有以下特点：

(1) 可以生产形状复杂的零件或毛坯，重量轻、刚度好，一般无需再进行切削加工即可直接装配使用。

(2) 冲压件精度较高，表面质量好，质量稳定，互换性能好。

(3) 操作简单，生产效率高，易于实现机械化和自动化生产。

(4) 冲模精度要求高，结构较复杂，生产准备周期较长，制造成本较高。

因此，板料冲压主要适用于薄板零件的大批大量生产，是一种"优质、高效、低能耗、低成本"的压力加工方法，在现代工业部门的很多领域中都得到了广泛的应用，尤其在汽车、拖拉机、航空、电动机、仪器仪表、兵器及日用品等工业生产部门中占有重要的地位。

## 3.7.2 冲压设备

常用的冲压设备有剪床、冲床和油压机等。其中，剪床主要用于下料，冲床主要用于冲裁等冲压分离工序，油压机主要用于拉深等冲压变形工序。

1. 剪床

剪床是下料用的基本设备，其作用是将板料剪切成一定宽度的条料，以便于下一步的冲压工序使用。

剪床的类型很多，主要有龙门剪床、圆盘剪床等。常用的是龙门剪床（又称为剪板机），其外形如图3.39(a)所示。

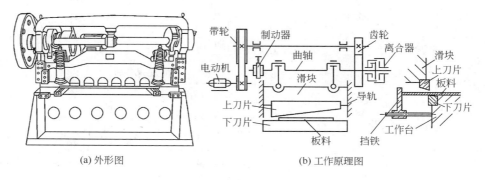

图 3.39 剪板机

剪板机的工作原理如图3.39(b)所示。工作时，电动机带动带轮和齿轮转动，离合器闭合使曲轴旋转，带动安装有上刀片的滑块沿导轨作上、下运动，与安装工作台上的下刀片相配合而进行剪切工作。为了减小剪切力，有利于剪切宽而薄的板料，一般将上刀片制成具有斜度为6°~8°的斜刃，对于窄而厚的板料则用平刃剪切。挡铁起定位作用，便于控制下料尺寸。制动器控制滑块的运动，使上刀片剪切后，自动停止于最高位置，为下一次剪切做好准备。

剪板机的规格是以剪切板料的厚度和宽度来表示的，例如，Q11-2×1000型剪板机表示能够剪切厚度为2mm，长度为1000mm的板料。

圆盘剪床是利用两片相向转动的圆形刀片，将板料剪切开的，其特点是能剪切很长的带料，还能够将板料按照曲线分离，但剪切后板料会产生弯曲变形。

2. 冲床

冲床是进行冲压加工的基本设备。冲床的类型很多，按照结构可分为开式冲床和闭式冲床两种，常用的开式可倾斜式冲床外形如图3.40(a)所示。

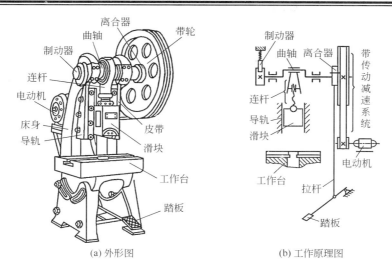

图 3.40 开式可倾斜式冲床

开式可倾斜式冲床的工作原理如图 3.40(b)所示。冲压时，电动机通过带传动减速系统带动大带轮转动。踩下踏板后，离合器闭合，带动曲轴旋转，并经连杆将旋转运动转变为往复直线运动，带动滑块沿床身导轨作上、下往复运动，进行冲压加工。未踩下踏板时，带轮空转，曲轴不转；如果踩下踏板后立即抬起，离合器随即脱开，滑块冲压一次后，在制动器的作用下，自动停止于最高位置上；如果踩下踏板不抬起，滑块就进行连续冲压。冲压模具由凸模和凹模两个部分组成，分别安装于滑块下端和工作台上。

表示冲床性能的主要技术参数为公称压力、滑块行程和闭合高度。

(1) 公称压力。即冲床的规格(吨位)，是指滑块运动至最低位置时所产生的最大压力(kN 或 t)。

(2) 滑块行程。是指曲轴旋转时，滑块由最高位置运动至最低位置所经过的距离(mm)，其值等于曲轴回转半径的两倍。

(3) 闭合高度。是指滑块运动至最低位置时，其下表面与工作台面之间的距离(mm)。冲床的闭合高度应与冲模的高度相适应。冲床连杆的长度一般都是可调的，调整连杆的长度即可对冲床的闭合高度进行调整。

此外，冲床技术参数还有行程次数、工作台面和滑块底面尺寸、冲床的精度和刚度等。

### 3.7.3 冲压基本工序

板料冲压的基本工序分为分离工序和变形工序两大类。

1. 分离工序

分离工序是使板料的一部分与另一部分沿一定的轮廓线相互分离的冲压基本工序，主要有切断、冲裁、切口、修整等。

1) 切断

切断(又称为剪切)是利用剪刀或冲模，将板料沿不封闭的轮廓线进行分离的冲压分离工序，常用于板料下料时的剪切。

### 2) 冲裁

冲裁是将板料沿封闭的轮廓线进行分离的冲压分离工序，是冲孔和落料的统称，如图 3.41 所示。冲孔和落料两个工序所用的模具结构和坯料的分离过程完全一样，但是用途截然不同。冲孔时，在板料上冲出所需要的孔，被分离的部分为废料，剩下的为成品，如图 3.41(a)所示；落料时，则刚好相反，被分离的部分为成品，剩下的为废料，如图 3.41(b)所示。

冲孔和落料用的模具称为冲裁模。为了保证冲裁件断面质量，使板料顺利地进行分离，冲裁模的凸模与凹模之间的间隙很小（一般为板料厚度的 0.05～0.1 倍），并且有锋利的刃口。

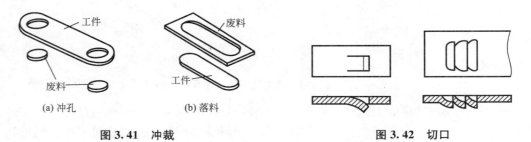

图 3.41　冲裁　　　　　　　　　　图 3.42　切口

### 3) 切口

切口是将板料沿不封闭的轮廓线部分地分离，并且使分离部分产生变形的冲压分离工序（见图 3.42），可视作不完整的冲裁。切口可使冲压件具有良好的散热作用，因此，广泛应用于各类机械及仪表外壳的冲压加工中。

## 2. 变形工序

变形工序是使板料的一部分与另一部分产生位移而不破裂的冲压基本工序，主要有拉深、弯曲、翻边、胀形等。

### 1) 拉深

拉深是将冲裁后得到的平板坯料制成中空开口零件的冲压变形工序，如图 3.43 所示。

与冲裁模不同，拉深模的凸模、凹模都具有一定的圆角而没有锋利的刃口，凸、凹模之间的单边间隙一般为板料厚度的 1.1～1.2 倍。

常见的拉深缺陷为起皱和拉裂，应采取一定的工艺措施加以防止。

(1) 起皱。拉深时，工件法兰部分由于失稳而产生波浪变形的现象称为起皱（见图 3.44）。可以采取使用压边圈的措施来防止起皱，如图 3.45 所示。

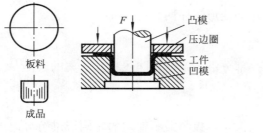

图 3.43　拉深　　　　　　　　　　图 3.44　起皱

(2) 拉裂(拉穿)。拉深时，拉深件直壁与底部之间的过渡圆角处，由于所受拉应力超过材料的强度极限而产生破裂的现象称为拉裂。工件一旦被拉裂就成为废品。可以采取限制拉深系数、涂抹润滑剂等减少拉应力的措施来防止拉裂。

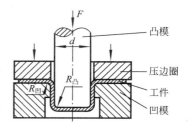

图 3.45 采用压边圈防止起皱

(3) 拉深系数。拉深件直径 $d$ 与坯料直径 $D$ 的比值称为拉深系数(用 $m$ 表示，即 $m=d/D$)，拉深系数是衡量拉深变形程度的指标。拉深系数越小，变形程度越大，拉深越困难，也越容易产生拉裂。拉深系数一般取 $0.5\sim0.8$，塑性差的材料取上限值，塑性好的材料取下限值。

为了防止拉深件拉裂，拉深模的凸模与凹模的工作部分应加工出适当的圆角，并且拉深变形量不能过大。如果所要求的拉深变形量大，则应进行多次拉深，如图 3.46 所示。多次拉深时，每次拉深所允许的变形量依次减小，拉深系数则逐渐递增，而总拉深系数等于各次拉深系数的乘积。

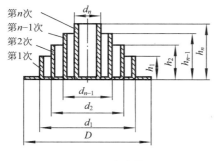

图 3.46 多次拉深

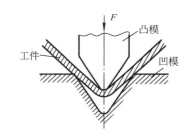

图 3.47 弯曲

2) 弯曲

弯曲是利用模具或其他工具，将板料、型材或管材的一部分相对于另一部分弯成具有一定角度或圆弧的冲压变形工序，如图 3.47 所示。

弯曲时，应尽量使弯曲线与坯料纤维组织方向垂直，并且还应考虑"回弹现象"，即在设计弯曲模时，必须使模具的角度比成品的角度小一个回弹角(一般为 $0°\sim10°$)。

如图 3.48 所示为板料经多次弯曲后，制成带有圆截面的筒状零件的弯曲过程。

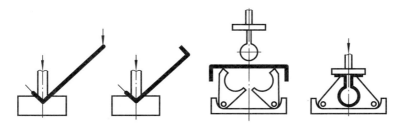

图 3.48 筒状零件的弯曲过程

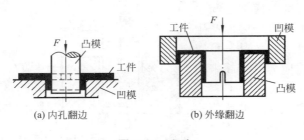

图 3.49 翻边

3) 翻边

翻边是在冲压件的半成品上沿一定的曲线位置翻起竖立直边的冲压变形工序,分为内孔翻边和外缘翻边,如图 3.49 所示。为了防止将板料翻裂,翻孔的变形量也受到一定限制。例如,低碳钢的翻孔系数 $K_o$(即翻孔前、后孔径的比值,$K_o = d_o/d_p$)不能小于 0.72。

### 3.7.4 冲压模具

冲压模具(简称为冲模)是使板料产生分离或变形的工具,其典型结构如图 3.50 所示。冲模主要由上模和下模两部分组成。上模通过模柄安装于冲床滑块上,下模则通过下模板由压板和螺栓安装固定于冲床工作台上。

#### 1. 冲模结构

冲模一般由工作零件、定位零件、卸料零件、模板零件、导向零件、固定零件等组成。

(1) 工作零件。如凸模和凹模,为冲模的工作部分,其作用是使板料产生分离或变形,是模具关键性的零件。凸模和凹模分别通过压板固定于上、下模板上。

(2) 定位零件。如导料板、定位销,其作用是保证板料在冲模内处于准确的位置。导料板控制坯料进给方向,定位销控制坯料进给量。

(3) 卸料零件。如卸料板,其作用是当凸模回程时,可使凸模由工件或坯料中脱出。也可采用弹性卸料,即用弹簧、橡皮等弹性元件通过卸料板推开板料,以利于使凸模脱出。

(4) 模板零件。如上模板、下模板和模柄等,其作用是固定凸模和凹模。凸模借助上模板并通过模柄固定于冲床滑块上,并可随滑块上、下运动;凹模借助下模板由压板、螺栓固定于工作台上。

(5) 导向零件。如导套、导柱等,其作用是保证凸模向下运动时能对准凹模孔,并保证间隙均匀,是保证模具运动精度的重要部件,分别固定于上、下模板上。

(6) 固定板零件。如凸模压板、凹模压板等,其作用是将凸模、凹模分别固定于上、下模板上。此外,还有螺钉、螺栓等联接件。

以上所有模具零件并非每副模具都需具备,但工作零件、模板零件、固定板零件等则是每副模具所必须有的,并且除了凸模、凹模以外,其他模具零件大多为标准件。

#### 2. 冲模要求

为了保证冲压加工顺利进行,并获得优质的冲压件,对冲模应该有一定要求,如冲模应有足够的强度、刚度和相应的形状及尺寸精度;冲模的零件应尽可能采用标准件,主要零件应有足够的耐磨性及使用寿命;冲模的结构应确保安全,方便维修;冲模的结构应与冲床或压力机的技术参数相适应。

#### 3. 冲模类型

冲模种类繁多,按照工序的不同可分为冲裁模、拉深模、弯曲模等;按照工序的复合程度可分为简单冲模、连续冲模和复合冲模。

1) 简单冲模

在冲床的一次冲程中，只能完成一道冲压工序的模具，称为简单冲模或单工序冲模。如图3.50所示为简单冲裁模。

简单冲模结构简单，制造容易，但生产效率较低，适用于小批量生产。

2) 连续冲模

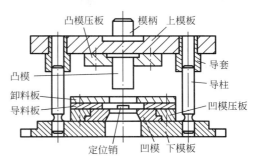

图 3.50 简单冲裁模

在冲床的一次冲程中，模具的不同位置上能够同时完成多道冲压工序的模具，称为连续冲模或多工序冲模。如图3.51所示为冲孔落料连续冲模。

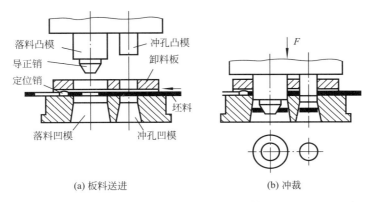

图 3.51 冲孔落料连续冲模

连续冲模生产效率高，易于实现自动化生产，但要求定位精度高，制造成本较高，适用于大批大量生产小型工件。

3) 复合冲模

在冲床的一次冲程中，模具的同一位置上能够同时完成多道冲压工序的模具，称为复合冲模。如图3.52所示为落料拉深复合冲模，其结构上的主要特点是有一个凸凹模，外缘为落料时的凸模刃口，内孔为拉深时的凹模刃口。板料定位后，凸凹模向下运动时，首先进行落料，然后拉深凸模将坯料顶入凸凹模内，再进行拉深。滑块回程时，顶出器将拉深件顶出。

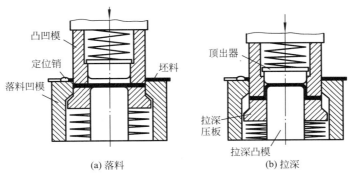

图 3.52 落料拉深复合冲模

复合冲模能够保证较高的零件精度和平整性，生产效率高，但制造复杂，成本较高，适用于大批大量生产中、小型工件。

### 3.7.5 冲压件常见的缺陷分析

冲压件常见的缺陷分析见表 3-10。

表 3-10 冲压件的缺陷分析

| 缺陷名称 | 产生原因 | 缺陷名称 | 产生原因 |
| --- | --- | --- | --- |
| 毛刺 | (1) 冲裁间隙过大、过小或不均匀；<br>(2) 刃口不锋利 | 拉深件壁厚不均 | (1) 润滑不足；<br>(2) 间隙过大、过小或不均匀 |
| 翘曲 | (1) 冲裁间隙过大；<br>(2) 板料材质或厚度不均匀；<br>(3) 材料有残余内应力 | 表面划痕 | (1) 凹模表面磨损严重；<br>(2) 间隙过小；<br>(3) 凹模或润滑油不干净 |
| 弯曲裂纹 | (1) 材料塑性差；<br>(2) 弯曲线与纤维组织方向平行；<br>(3) 弯曲半径过小 | 起皱 | (1) 坯料相对厚度小，拉深系数过小；<br>(2) 间隙过大，压边力过小；<br>(3) 压边圈或凹模表面磨损严重 |
| 裂纹和断裂 | (1) 拉深系数过小；<br>(2) 间隙过小；<br>(3) 凹模局部磨损，润滑不足；<br>(4) 圆角半径过小 | | |

## 小　结

锻压是指对金属坯料施加一定的外力，利用其塑性变形，以获得具有一定形状、尺寸和性能的毛坯、型材或零件，同时提高或改善其性能的成形加工方法，又称为压力加工，包括自由锻、模锻、冲压、挤压、轧制和拉拔等各种压力加工方法。

金属坯料在锻造之前必须进行加热，目的是提高金属坯料的塑性和降低其变形抗力。加热设备主要有手锻炉、反射炉、电阻加热炉等。

自由锻是直接使金属坯料产生局部塑性变形而获得锻件的压力加工方法，可分为手工自由锻和机器自由锻两大类，以机器自由锻为主。机器自由锻的常用设备可分为锻锤和液压机两大类，其中锻锤是以冲击力使坯料产生塑性变形的自由锻设备，如空气锤、蒸汽—空气锤等；液压机是以静压力使坯料产生塑性变形的自由锻设备，如水压机等。

按照变形性质和程度的不同，自由锻的生产工序可分为基本工序(如镦粗、拔长、冲孔、弯曲、扭转、错移、切割等)、辅助工序(如压肩、压钳口、倒棱等)和精整工序(如滚圆、摔圆、矫正、校直等)三大类。

模锻是用模具使金属坯料产生整体塑性变形而获得锻件的压力加工方法。按照设备类型的不同，模锻可分为锤上模锻、胎模锻、压力机上模锻等多种类型。

冲压是利用安装于压力机上的冲模，对板料施加静压力，使其产生分离或变形，从而获得零件或毛坯的压力加工方法。冲压常用的设备有剪床、冲床和油压机。冲压的基本工序分为分离工序（如切断、冲裁、切口等）和变形工序（如拉深、弯曲、翻边等）两大类。冲模是使板料产生分离或变形的工具，一般分上模和下模两部分，按照工序的复合程度不同，冲模可分为简单模、连续模和复合模等三大类。

## 复习思考题

**1. 判断题**

3-1 过烧属于无法补救的加热缺陷，如果坯料产生过烧就只能报废。

3-2 为了减小金属坯料的变形抗力，加热温度越高越好。

3-3 自由锻是利用冲击力使金属坯料变形的压力加工方法。

3-4 自由锻的主要方法是手工自由锻。

3-5 空气锤的规格是以落下部分的总质量来表示的。

3-6 使坯料横截面积减小、长度增大的锻造基本工序称为拔长。

3-7 模锻适用于大、中、小型各类锻件的大批大量生产。

3-8 冲裁是将板料沿封闭的轮廓线进行分离的工序，是冲孔和落料的统称。

3-9 板料拉深变形时，拉深系数越大，越容易产生拉裂缺陷。

3-10 在冲床的一次冲程中，同一位置上能同时完成多道冲压工序的模具称为复合冲模。

**2. 填空题**

3-11 在中、小型工厂中，常用的加热炉是_____、_____、_____等。

3-12 空气锤能完成的基本操作有_____、_____、_____、_____、_____等五种。

3-13 空气锤的落下部分又称为锤头，包括_____、_____、_____等部分。

3-14 自由锻的基本工序有_____、_____、_____、_____、_____、_____等。

3-15 按照功用不同，模锻的模膛可分为_____和_____两大类。

3-16 冲压加工的基本工序分为分离工序和变形工序两大类，其中，分离工序主要有_____、_____、_____、_____，变形工序主要有_____、_____、_____、_____。

3-17 按照工序的复合程度不同，冲模可分为_____、_____、_____等三种。

**3. 简答题**

3-18 与铸造相比，锻压具有哪些特点？

3-19 空气锤由哪几个部分组成？各部分的主要作用是什么？
3-20 进行自由锻造基本工序镦粗和拔长时，应注意哪些操作要点？
3-21 模锻锤在结构上与自由锻锤主要有什么区别？
3-22 冲孔与落料有哪些异同？
3-23 冲模由哪几个部分组成？各部分的主要作用是什么？

# 第 4 章 焊 接

本章教学要点

| 知识要点 | 掌握程度 | 相关知识 |
| --- | --- | --- |
| 焊接概述 | 熟悉焊接生产工艺过程、特点和应用范围 | 焊接的定义；焊接的类型；焊接的特点及应用 |
| 手工电弧焊 埋弧焊与气体保护焊 | 了解电弧焊机的种类和主要技术参数；<br>掌握电焊条种类、焊接接头形式及不同空间位置的焊接特点；<br>掌握手弧焊的基本操作；<br>熟悉焊接工艺参数及其对焊接质量的影响，了解常见的焊接缺陷；<br>了解埋弧焊与气体保护焊 | 焊接电弧的构造、焊接接头和焊缝的组成；手弧焊的定义、特点及焊接过程；手弧焊的设备及工具；电焊条；手弧焊工艺；手弧焊的基本操作；埋弧焊与气体保护焊的定义、特点及焊接过程 |
| 气焊与气割 | 了解气焊设备、气焊火焰、焊丝及焊剂的作用；<br>掌握气焊的基本操作；<br>了解氧气切割原理、过程及金属气割条件，了解气割的基本操作 | 气焊的原理、特点及应用；气焊的设备及工具；气焊的火焰；气焊工艺参数；气焊的基本操作；气割的原理、气割的设备及工具、气割的工艺与基本操作 |

## 4.1 概 述

金属连接成形工艺有焊接、铆接、粘接、螺纹连接、摩擦连接等多种方法,其中,连接性能最优异、应用最为广泛的是焊接。

### 4.1.1 焊接的定义

焊接是通过加热或加压(或二者并用),并且使用或不用填充金属材料,借助金属原子的扩散与结合,将分开的工件永久性(即不可拆卸)地连接在一起的连接成形方法。焊接也是现代工业生产中用来制造各种金属结构和机械零件的主要工艺方法之一。

### 4.1.2 焊接方法的分类

焊接方法种类很多,按照焊接过程特点的不同,可分为熔化焊、压力焊和钎焊三大类,而每一类又可分成若干种不同的焊接方法,如图4.1所示。

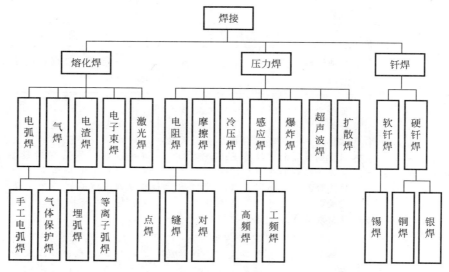

图 4.1 常用焊接方法的分类

1. 熔化焊

熔化焊(简称为熔焊)是利用各种外加热源,将母材接头处金属加热熔化并形成熔池,同时,熔入填充金属材料,待熔池冷却凝固后,形成具有一定截面形状的焊缝,将两部分工件连接成一个整体的焊接方法。

熔化焊的加热温度较高,焊接热影响区、工件产生的应力和变形较大,但焊接操作简便,对接头处表面清理质量要求不高,适用范围较广,适用于各种常用金属材料的焊接,因此,是现代工业生产中主要的焊接方法。常用的熔化焊有电弧焊、气焊、电渣焊等。

2. 压力焊

压力焊(简称为压焊)是在焊接过程中,无论加热或不加热,都需要对工件施加一定压力,将两部分工件连接成一个整体的焊接方法。

压力焊主要适用于塑性较高的金属材料。焊接时,接头处表面清理质量要求较高,以免夹杂物阻碍原子在结合面之间的扩散,影响焊接质量。古老的锻焊即是一种压力焊。常用的压力焊有电阻焊、摩擦焊等。

3. 钎焊

钎焊是将熔点低于母材熔点的钎料,加热熔入焊接接头处间隙,待钎料冷却凝固后,将两部分工件连接成一个整体的焊接方法。

钎焊的原理是采用熔点比母材金属低的金属作为钎料,焊接时,将工件和钎料加热至略高于钎料熔点的温度,而工件金属不熔化,利用毛细管作用,使液态钎料填充接头间隙,与母材原子相互溶解和扩散,从而实现焊接的。常用的钎焊有锡焊、铜焊、银焊等。

钎焊时,工件接头处的金属并不熔化,所以,温度较低,热影响区小,焊接应力和变形小,焊缝成形美观。为了有利于金属原子的溶解和扩散,接头处表面清理质量要求很高。钎焊不仅能够焊接同种金属,还适用于异种金属、甚至各种非金属的焊接。

### 4.1.3 焊接的特点及应用

与铆接、粘接、螺纹连接等连接成形方法相比,焊接具有以下特点:

(1) 连接性能好。焊接接头的力学性能(如强度、塑性等),耐高温、耐低温、耐高压性能,以及导电性、耐腐蚀性、耐磨性、密封性等均可达到与母材性能一致,尤其适合于制造强度高、刚性好的中空结构(如压力容器、管道、锅炉等)。

(2) 省工省料,成本低,生产效率高,易于实现机械化、自动化生产。

(3) 结构重量轻,承载能力强。采用焊接方法制造船舶、车辆、飞机、飞船、火箭等运载工具,可以减轻自重,提高运载能力。

(4) 简化制造工艺。可以方便地将各种板材、型材或铸件、锻件根据需要进行组合焊接,实现"以小拼大",适合于制造各种重型、复杂的机器结构和零部件,简化了铸造、锻压加工工艺,被喻为神奇的"钢铁裁缝"。

(5) 局部加热会引起焊接接头组织和性能发生改变,如果控制不当,会严重影响焊接结构件的质量。焊缝及热影响区因工艺或操作不当会产生多种缺陷,导致结构承载能力下降。焊接还会使工件产生残余应力和变形,影响产品质量。

因此,焊接主要适用于制造不同要求及生产批量的金属结构件,如船舶、桥梁、车辆、管道、压力容器、建筑构架等,也可用于机器零部件或毛坯的制造。世界上一些工业发达国家的焊接结构年产量大约占钢产量的45%左右。

## 4.2 手工电弧焊

### 4.2.1 电弧焊基础

电弧焊(简称为弧焊)是利用高温电弧作为焊接热源来进行焊接的一类熔化焊方法,也是实际生产中应用最为广泛的焊接方法之一,包括手工电弧焊、埋弧自动焊、气体保护焊等。

#### 1. 焊接电弧

焊接电弧是在具有一定电压的两电极（或电极与工件）之间的气体介质中，产生的强烈而持久的放电现象。产生电弧的电极可以是金属丝、钨棒、碳棒或焊条。

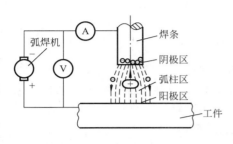

图 4.2 焊接电弧的构造

如图 4.2 所示，焊接电弧是由阴极区、弧柱区和阳极区三个部分组成。由于阴极区和阳极区的厚度极薄，因此，弧柱区的长度就被认为是电弧的长度。引燃电弧后，弧柱中就充满了高温电离气体，并释放出大量的热能和强烈的光。电弧的热量与焊接电流和电弧电压的乘积成正比，电流越大，电弧产生的总热量就越多。一般情况下，阳极区产生的热量较多（约为总热量的 43%），阴极区产生的热量相对较少（约为总热量的 36%），其余热量由弧柱区产生（21%左右）。焊接时，用于加热和熔化金属的热量只占总热量的 65%～85%，其余部分则散失于电弧周围和飞溅的金属熔滴中。用钢焊条焊接钢材时，阴极区和阳极区的温度分别约为 2400K 和 2600K，弧柱中心则约为 6000～8000K。

#### 2. 焊接接头和焊缝的组成

1) 焊接接头的组成

如图 4.3 所示，电弧焊的焊接接头由焊缝、熔合区和热影响区三个部分组成。进行焊接的工件材料称为母材（或称为基本金属）。

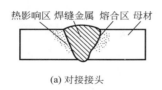
(a) 对接接头

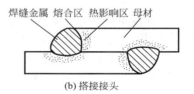
(b) 搭接接头

图 4.3 焊接接头的组成

(1) 焊缝。焊接过程中，接头处母材局部受热熔化，与熔化的填充金属材料熔合形成熔池，熔池金属随着焊接热源不断向前移动并冷却凝固后形成焊缝。

(2) 热影响区。焊缝两侧部分母材因受焊接时加热高温的影响（但未熔化）而引起金属内部组织和力学性能变化的区域。

(3) 熔合区。焊缝与热影响区之间的过渡区域。

2) 焊缝的组成

如图 4.4 所示为电弧焊焊缝的组成及各部分的名称。

(1) 焊波。焊缝表面的鱼鳞状波纹。

(2) 焊趾。焊缝表面与母材的交界处。

(3) 余高（即堆高）。焊缝高于母材表面焊趾连线的那部分金属的高度。

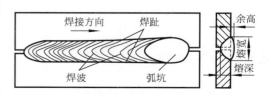

图 4.4 焊缝各部分的名称

(4) 熔宽。焊缝横截面上,两焊趾之间的距离,即冷却凝固后的焊缝宽度。

(5) 熔深。焊缝横截面上,母材熔化的深度。

### 4.2.2 手弧焊的定义、特点及焊接过程

手工电弧焊(简称为手弧焊)是以高温电弧作为焊接热源,用手工控制焊条进行焊接的电弧焊,也称为焊条电弧焊。手弧焊是操作最简便、应用最为广泛的电弧焊方法。

手弧焊的设备简单,操作灵活方便,适应性强,适用于厚度为2mm以上的各种金属材料和各种形状结构的焊接,尤其适用于形状复杂、焊缝短或弯曲的工件和各种空间位置焊缝的焊接,但焊接质量不够稳定,生产效率较低,对操作者的技术水平要求较高。

手弧焊的焊接过程如图4.5所示,包括引燃电弧、送进焊条、沿焊缝移动焊条。焊接前,首先将弧焊机的输出端两极分别与工件和焊钳连接,再用焊钳夹持焊条(见图4.5(a))。焊接时,在适当的焊接电流和电弧电压下,于焊条与工件之间引燃电弧,保持一定的弧长并稳定燃烧。高温电弧将母材局部熔化而形成熔池,同时,也将焊条焊芯金属熔化,并以熔滴形式,借助重力和电弧吹力进入熔池。焊条的药皮熔化后形成熔渣覆盖在熔池表面,保护熔池金属不被氧化,药皮燃烧分解产生的气体也环绕于电弧周围,起到隔绝空气、保护电弧、熔滴及熔池金属的作用(见图4.5(b))。随着电弧向前移动,熔池金属和熔渣冷却凝固,分别形成焊缝和渣壳,从而将分开的工件连接成一个整体。焊后还需将渣壳清除掉。

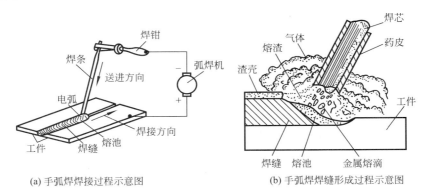

(a) 手弧焊焊接过程示意图　　(b) 手弧焊焊缝形成过程示意图

图 4.5 手弧焊的焊接过程

### 4.2.3 手弧焊设备

手弧焊的主要设备是弧焊机(也称为电焊机或焊机),其作用是提供焊接所需要的电源。按照焊接电流性质的不同,可分为交流弧焊机和直流弧焊机两大类。

1. 交流弧焊机

交流弧焊机是供给焊接用交流电的电源设备,其实质是一种特殊的降压变压器,因此,又称为弧焊变压器(见图4.6)。交流弧焊

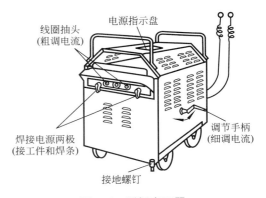

图 4.6 弧焊变压器

机可以提供很大的焊接电流,并可根据焊接需要,对电流大小进行调节。

交流弧焊机结构简单,使用和维修方便,价格便宜,工作噪声小,应用非常广泛,但焊接电弧稳定性较差,且对某些类型的焊条不能适应。

2. 直流弧焊机

直流弧焊机是供给焊接用直流电的电源设备,其输出端有固定的正、负之分。由于电流方向不随时间的变化而变化,因此,电弧燃烧稳定,运行使用可靠,有利于控制和提高焊接质量。直流弧焊机又分为发电机式直流弧焊机和整流器式直流弧焊机两类。

1) 发电机式直流弧焊机

发电机式直流弧焊机又称为弧焊发电机(见图4.7),是由交流电动机带动同轴的直流发电机产生供给焊接所用直流电的焊接设备。其特点是电弧稳定,焊接质量好,能够适应各种类型的焊条,但结构复杂,价格较贵,维修比较困难,工作噪声大,目前已经基本淘汰。

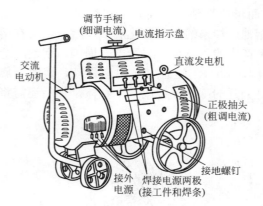

图 4.7 弧焊发电机

2) 整流器式直流弧焊机

整流器式直流弧焊机又称为弧焊整流器,是使用整流元件将交流电转变为直流电供给焊接所用的焊接设备。其特点是结构简单,使用和维修方便,且电弧稳定,焊接质量好。

使用直流弧焊机时,其输出端有固定的极性,即有确定的正极与负极,因此,焊接时导线的连接也有正接与反接两种连接方式,如图4.8所示。

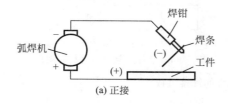
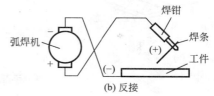

图 4.8 直流弧焊机的正接与反接

(1) 正接法。工件与直流弧焊机的正极连接,电焊条与负极连接,适用于使用酸性焊条、焊接较厚的钢板,利用电弧阳极区温度高于阴极区温度的特点,可以加快母材的熔化,增加熔深,保证焊缝根部焊透。

(2) 反接法。工件与直流弧焊机的负极连接,电焊条与正极连接,适用于使用碱性焊条、焊接较薄的钢板或焊接铸铁、高碳钢及有色金属合金等,以免工件被烧穿。

### 4.2.4 手弧焊工具

常用的手弧焊工具有焊钳、面罩、清渣锤、钢丝刷(见图4.9)、焊条烘干筒等,以及连接电缆和各种劳动保护用品。

(1) 焊钳是用于夹持焊条和传导电流的工具，常用的有 300A 和 500A 两种规格。焊钳外部由绝缘材料制成，具有绝缘和耐高温的作用。

(2) 面罩是用于保护操作者眼睛和面部，免受弧光及金属熔滴飞溅伤害的工具，常用的有手持式和头盔式两种。面罩观察窗上装有有色化学玻璃，

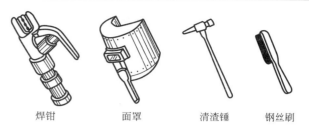

焊钳　　面罩　　清渣锤　　钢丝刷

图 4.9　手弧焊工具

可过滤紫外线和红外线，在电弧燃烧时，可通过观察窗观察电弧燃烧和熔池情况，以便于进行焊接操作。

(3) 清渣锤（尖头锤）是用于焊后清除焊缝表面渣壳、消除焊接应力的工具。

(4) 钢丝刷是用于进行焊缝清理工作的工具。焊接前，用来清除工件接头处的水分、锈迹和油污；焊接后，用来清除焊缝表面渣壳及飞溅物。

(5) 连接电缆用于连接弧焊机与焊钳、工件，常采用多股细铜线电缆，一般可选用 YHH 型电焊橡皮套电缆或 THHR 型电焊橡皮套特软电缆。在焊机与焊钳之间用一根电缆（称为火线或把线）连接，而在焊机与工件之间用另一根电缆（称为地线）连接。

### 4.2.5　电焊条

涂有药皮的、供手弧焊使用的熔化电极和填充金属材料称为电焊条，简称为焊条。

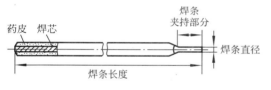

图 4.10　电焊条的结构

1. 焊条的组成及作用

焊条是由焊芯和药皮两部分组成的，如图 4.10 所示。

1) 焊芯

焊芯是焊条内被药皮包覆的金属丝，其主要作用如下：

(1) 电极作用。焊接时传导电流，产生电弧。

(2) 填充金属作用。熔化后，作为填充金属材料与熔化的母材熔合形成熔池，冷却凝固后成为焊缝金属。手弧焊时，焊芯金属约占整个焊缝金属的 50%～70%。

(3) 参加冶金反应（渗金属）作用。可通过焊芯调整焊缝金属的化学成分。

为了保证焊缝金属具有良好的性能，焊芯是由经特殊冶炼的"低碳、低硫和低磷"焊条专用钢拉拔制成。常用的结构钢焊条焊芯牌号有 H08、H08A、H08E、H08SiMn 等。GB/T 14957—1994《熔化焊用钢丝》规定，牌号中"H"是"焊"字汉语拼音首字母，读音为"焊"，表示焊接用实芯焊丝；其后的数字表示含碳量，如"08"表示含碳量为 0.08% 左右；再其后则表示冶金质量和所含化学元素的质量分数，如"A"（读音为"高"）表示硫、磷质量分数较低的高级优质钢，如"E"（读音为"特"）表示特级优质，又如"SiMn"表示硅与锰的质量分数均小于 1%（大于 1% 的元素则标出数字）。

焊条的直径和长度是焊条规格的主要参数，其中，焊条直径是用焊芯的直径来表示的。常用的焊条直径为 2～6mm，长度为 250～450mm。一般直径小的焊条长度较短，直径大的焊条则较长。常用焊条的直径和长度规格见表 4-1。

表4-1 常用焊条的直径和长度规格

| 焊条直径/mm | 2.0 | 2.5 | 3.2 | 4.0 | 5.0 | 5.8 |
|---|---|---|---|---|---|---|
| 焊条长度/mm | 250 | 250 | 350 | 350 | 400 | 400 |
|  | 300 | 300 | 400 | 400 | 450 | 450 |
|  | — | — | — | 450 | — | — |

2)药皮

药皮是压涂于焊芯上的涂料层,由多种矿石粉、有机物粉、铁合金粉和粘结剂等原料按照一定比例配制而成,其主要原料及作用见表4-2。

表4-2 焊条药皮的原料及作用

| 种类 | 名称 | 作用 |
|---|---|---|
| 稳定剂 | $K_2CO_3$、$Na_2CO_3$、长石、大理石($CaCO_3$)、钛白粉等 | 改善引弧性,提高稳弧性 |
| 造气剂 | 大理石、淀粉、纤维素、木屑 | 形成气体,保护熔池和熔滴 |
| 造渣剂 | 大理石、萤石、菱苦土、长石、钛铁矿、锰矿等 | 形成熔渣,保护熔池和焊缝 |
| 脱氧剂 | 锰铁、硅铁、钛铁等 | 使熔化的金属脱氧 |
| 合金剂 | 锰铁、硅铁、钛铁、钼铁、钒铁、钨铁、铬铁等 | 使焊缝获得必要的合金成分 |
| 稀渣剂 | 萤石、长石、钛白粉、钛铁矿等 | 降低熔渣粘度,增加流动性 |
| 粘结剂 | 钾水玻璃、钠水玻璃 | 将药皮牢固地粘在焊芯上 |

药皮的主要作用如下:

(1) 稳定电弧作用。使电弧容易引燃,并保持稳定燃烧,减少飞溅,有利于焊缝的形成。

(2) 机械保护作用。在高温电弧的作用下,药皮分解产生大量的气体和熔渣,将电弧、熔滴和熔池金属与空气隔绝,防止焊缝金属被氧化,保证焊缝质量。

(3) 冶金处理作用。通过熔池中的各种冶金反应,去除有害杂质,并补充被烧损的有益合金元素,改善焊缝质量。

**2. 焊条的分类、型号与牌号**

1)焊条的分类

焊条的种类繁多,常用的分类方法有按照用途分和按照熔渣化学性质分两种。

(1) 按照用途分类。分为碳钢焊条、低合金钢焊条、不锈钢焊条、堆焊焊条、铸铁焊条、铜及铜合金焊条、铝及铝合金焊条、镍及镍合金焊条等八大类,其中碳钢焊条应用最为广泛。

(2) 按照药皮熔渣化学性质分类。分为酸性焊条和碱性焊条两大类。药皮熔渣中酸性氧化物(如 $SiO_2$,$TiO_2$,$Fe_2O_3$)比碱性氧化物(如 $CaO$,$FeO$,$MnO$,$MgO$,$Na_2O$)多的焊条称为酸性焊条,而碱性氧化物比酸性氧化物多的焊条称为碱性焊条。

① 酸性焊条焊接工艺性好，电弧稳定，对水分、锈迹、油污的敏感性小，脱渣容易，焊缝美观，适用于交、直流弧焊机，应用较为广泛，但氧化性强，合金元素易烧损，因此，主要适用于焊接焊缝金属冲击韧性要求不高的一般低碳钢和相应强度合金钢的结构。

② 碱性焊条氧化性弱，脱硫、磷能力强，焊缝力学性能和抗裂性能好，但焊接工艺性较差，仅适于直流弧焊机，对水分、锈迹、油污的敏感性大，易产生气孔等缺陷，且还会产生有毒气体和烟尘，因此，主要适用于焊接较重要的或力学性能要求较高的结构。

2) 焊条的型号

焊条型号是国家标准中的焊条代号。GB/T 5117—1995 规定，碳钢焊条型号由英文字母"E"和四位阿拉伯数字组成。字母"E"表示电焊条；前两位数字表示熔敷金属抗拉强度的最小值（单位为 MPa）；第三位数字表示焊条的焊接位置，如"0"及"1"表示焊条适用于平、立、仰、横焊全位置焊接，"2"表示焊条适用于平焊及平角焊，"4"表示焊条适用于向下立焊；第三位与第四位数字组合时，表示焊条药皮类型及焊接电流种类，如"03"表示钛钙型药皮、交直流正反接，又如"15"表示低氢钠型药皮、直流反接。

3) 焊条的牌号

焊条牌号是焊条生产行业统一的焊条代号。结构钢焊条牌号由表示焊条类别的特征字母和三位阿拉伯数字组成。特征字母"J"代表结构钢焊条（包括碳钢和低合金钢焊条）、"A"代表奥氏体铬镍不锈钢焊条等；前两位数字在不同类别焊条中的含义是不同的，对于结构钢焊条而言，这两位数字表示焊缝金属最低的抗拉强度，单位是 $kgf/mm^2$（$1kgf/mm^2 = 9.81MPa$）；第三位数字表示焊条药皮类型及焊接电流种类。

焊条型号与焊条牌号的对应关系见表 4-3。

表 4-3 焊条型号与焊条牌号的对应关系

| 焊条型号 | | | 焊条牌号 | | | |
|---|---|---|---|---|---|---|
| 焊条分类（按照化学成分） | | | 焊条分类（按照用途） | | | |
| 国家标准编号 | 名称 | 代号 | 类别 | 名称 | 代号 | |
| | | | | | 字母 | 汉字 |
| GB/T 5117—1995 | 碳钢焊条 | E | 一 | 结构钢焊条 | J | 结 |
| GB/T 5118—1995 | 低合金钢焊条 | E | 一 | 结构钢焊条 | J | 结 |
| | | | 二 | 钼和铬钼耐热钢焊条 | R | 热 |
| | | | 三 | 低温钢焊条 | W | 温 |
| GB/T 983—1995 | 不锈钢焊条 | E | 四 | 不锈钢焊条 | G<br>A | 铬<br>奥 |
| GB/T 984—2001 | 堆焊焊条 | ED | 五 | 堆焊焊条 | D | 堆 |
| GB/T 10044—2006 | 铸铁焊条 | EZ | 六 | 铸铁焊条 | Z | 铸 |
| GB/T 13814—2008 | 镍及镍合金焊条 | ENi | 七 | 镍及镍合金焊条 | Ni | 镍 |
| GB 3670—1995 | 铜及铜合金焊条 | ECu | 八 | 铜及铜合金焊条 | T | 铜 |
| GB 3669—2001 | 铝及铝合金焊条 | EAl | 九 | 铝及铝合金焊条 | L | 铝 |
| — | | | 十 | 特殊用途焊条 | TS | 特 |

### 3. 焊条的选用

焊条的种类和牌号很多，选用是否恰当将直接影响焊接质量、生产效率和产品成本。选用时，应考虑以下原则：

（1）等强度原则。选用与母材同强度等级的焊条。

（2）同成分原则。按照母材成分选用相应成分的焊条。

（3）抗裂纹原则。焊接刚度大、形状复杂、使用中承受动载荷的结构时，应选用抗裂性好的碱性焊条。

（4）抗气孔原则。焊接受到工艺条件的限制时，应选用抗气孔能力强的酸性焊条。

（5）低成本原则。在满足使用要求的前提下，尽量选用工艺性能好、成本低、生产效率高的焊条。

结构钢焊条的选用方法见表4-4，常用碳钢焊条的应用见表4-5。

表4-4　结构钢焊条的选用

| 钢种 | 钢号 | 一般结构 | 承受动载荷、复杂和厚板结构的压力容器 |
|---|---|---|---|
| 低碳钢 | Q235、Q255、08、10、15、20 | E4303、E4301、E4320、E4311 | E4316、E4315 |
| | Q275、20、30 | E5003、E5001 | E5016、E5015 |
| 普低钢 | 09Mn2、09MnV | E4303、E4301 | E4316、E4315 |
| | 16Mn、16MnCu | E5003、E5001 | E5016、E5015 |
| | 15MnV、15MnTi | E5016、E5516-G、E5015、E5515-G | E5016、E5516-G、E5015、E5515-G |
| | 15MnVN | E5516-G、E5515-G、E6016-G、E6015-D1 | E5516-G、E5515-G、E6016-G、E6015-D1 |

表4-5　常用碳钢焊条的应用

| 牌号 | 型号 | 药皮类型 | 焊接位置 | 电流种类 | 主要用途 |
|---|---|---|---|---|---|
| J422 | E4303 | 氧化钛钙型 | 全位置 | 交流或直流正、反接 | 焊接较重要的低碳钢及相同等强度等级的低合金钢结构 |
| J426 | E4316 | 低氢钾型 | 全位置 | 交流或直流反接 | 焊接重要的低碳钢及某些低合金钢结构 |
| J427 | E4315 | 低氢钠型 | 全位置 | 直流反接 | 焊接重要的低碳钢及某些低合金钢结构 |
| J502 | E5003 | 氧化钛钙型 | 全位置 | 交流或直流正、反接 | 焊接16Mn及相同强度等级的低合金钢结构 |

(续)

| 牌号 | 型号 | 药皮类型 | 焊接位置 | 电流种类 | 主要用途 |
|------|------|---------|---------|---------|---------|
| J506 | E5016 | 低氢钾型 | 全位置 | 交流或直流反接 | 焊接中碳钢及16Mn等低合金钢重要结构 |
| J507 | E5015 | 低氢钠型 | 全位置 | 直流反接 | 焊接中碳钢及16Mn等低合金钢重要结构 |
| J507R | E5015-G | 低氢钠型 | 全位置 | 直流反接 | 焊接压力容器 |

### 4.2.6 手弧焊工艺

**1. 焊接接头形式与焊缝坡口形式**

1) 焊接接头形式

焊缝的形式是由焊接接头形式来决定的。按照工件厚度、结构形式和使用条件的不同，最基本的焊接接头形式有对接接头、搭接接头、角接接头、T形接头四种，如图4.11所示。对接接头受力比较均匀，是应用最多的接头形式，重要的受力焊缝应尽量选用这种形式。

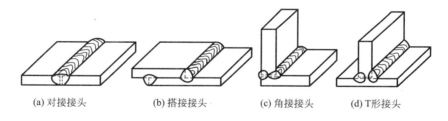

(a) 对接接头　　(b) 搭接接头　　(c) 角接接头　　(d) T形接头

**图 4.11　焊接接头形式**

2) 焊缝坡口形式

焊接时，为了保证焊接质量，获得优质焊缝，而在工件接头处加工出所需几何形状的沟槽称为坡口。坡口的作用是使得电弧能深入焊缝根部，保证根部能够焊透，同时，便于清除熔渣，以获得较好的焊缝成形，保证焊缝质量。

坡口的加工称为开坡口，常用的坡口加工方法有刨削、铣削和气割等。开坡口时，通常在焊件端面的根部留有2mm的直边，称为钝边，其作用是便于焊接和防止焊穿。

坡口形式应根据工件的结构和厚度、焊接方法、焊接位置及焊接工艺等进行选择，同时，还应考虑保证焊缝能焊透、坡口形式容易加工、节省焊条、焊后变形较小以及提高生产效率等问题。

如图4.12所示，焊接接头的形式不同，坡口形式也不相同。

对接接头的坡口形式有I形(不开坡口)、Y(V)形、U形、双Y形(X形)和双U形等，如图4.12(a)所示。角接接头和T形接头的坡口形式有I形(不开坡口)、单边V形、V形、双边V形(K形)等，如图4.12(b)、(c)所示。

工件厚度小于6mm时，不需开坡口，只要在焊接接头处留出0～2mm的间隙即可。

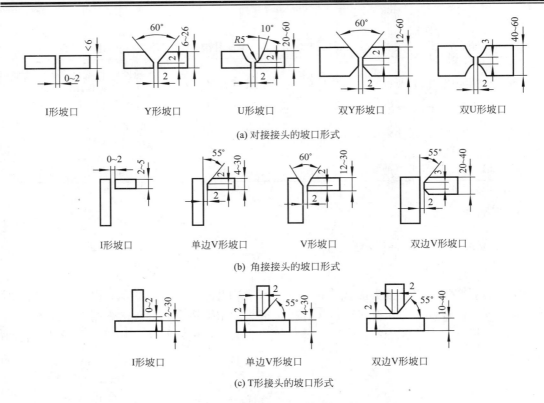

图 4.12　不同焊接接头的坡口形式

工件厚度大于 6mm 时，则应开坡口。其中，Y 形坡口加工方便，焊接性能好，U 形坡口根部较宽，容易焊透，二者主要适用于单面焊，但焊后角度变形较大，焊条消耗也大一些，因此，U 形坡口只在锅炉、高压容器等重要厚板结构焊接中采用。双 Y 形和双 U 形坡口由于焊缝对称，受热均匀，焊接应力与变形小，适用于双面焊。在板厚相同的情况下，U 形、双 Y 形和双 U 形坡口的加工比较费事。

焊接时，对 I 形、Y 形、U 形坡口，可以根据实际情况，采取单面焊或双面焊完成，如图 4.13 所示。为了保证焊透，减少变形，在条件允许的情况下，应尽量采用双面焊。

工件较厚时，应采用多层焊才能焊满坡口，如图 4.14(a) 所示。如果坡口较宽，同一层中还可采用多层多道焊，如图 4.14(b) 所示。多层焊时，应保证焊缝根部焊透。

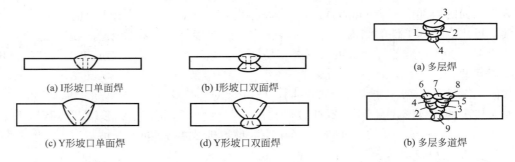

图 4.13　单面焊与双面焊　　　　图 4.14　对接 Y 形坡口的多层焊

2. 焊接位置

焊接时，焊缝相对于操作者所处的空间位置称为焊接位置，有平焊、立焊、横焊和仰焊等四种，如图 4.15 所示。

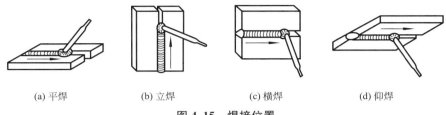

(a) 平焊　　　(b) 立焊　　　(c) 横焊　　　(d) 仰焊

图 4.15　焊接位置

焊接位置对焊接操作的难易程度影响很大，从而影响焊接质量和生产效率。其中，平焊位置操作方便，劳动强度低，生产效率高，熔化金属不会流散，飞溅较少，易于保证焊接质量，是最理想的焊接位置。立焊和横焊位置熔化金属有流散倾向，不易操作。仰焊位置最差，操作难度大，不易保证质量。因此，工件应尽量在平焊位置焊接。如图 4.16 所示为工字梁的焊接接头形式及焊接位置。

3. 焊接工艺参数

焊接时，为了保证焊接质量、获得优质焊缝而选定的各物理量的总称即为焊接工艺参数，主要包括焊接电流、焊条直径、焊接速度、电弧电压和焊接层数等。焊接工艺参数的选择是否合理，对焊接质量和生产效率有很大影响，其中焊接电流的选择最重要。

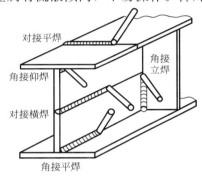

图 4.16　工字梁的焊接接头形式及焊接位置

1) 焊条直径与焊接电流的选择

手弧焊工艺参数的选择一般是首先根据工件厚度选择焊条直径，然后，再根据焊条直径选择焊接电流。

焊条直径应根据工件厚度、接头形式、焊接位置等因素加以选择。一般是工件越厚，选择的焊条直径越大。在立焊、横焊和仰焊时，应选择较平焊细一点的焊条，直径不得超过 4mm，以免熔池过大，使熔化金属和熔渣流散。对接平焊时，焊条直径的选择见表 4-6。

表 4-6　焊条直径的选择

| 工件厚度/mm | ≤1.5 | 2.0 | 3 | 4～7 | 8～12 | ≥13 |
|---|---|---|---|---|---|---|
| 焊条直径/mm | 1.6 | 1.6, 2.0 | 2.5, 3.2 | 3.2, 4.0 | 4.0, 5.0 | 4.0～5.8 |

焊接电流应根据焊条直径、工件厚度、接头形式、焊接位置、母材金属等因素加以选择。几种常用直径焊条的焊接电流选择见表 4-7。

表 4-7　常用直径焊条的焊接电流的选择

| 焊条直径/mm | 1.6 | 2.0 | 2.5 | 3.2 | 4.0 | 5.0 | 5.8 |
|---|---|---|---|---|---|---|---|
| 焊接电流/A | 25～40 | 40～70 | 70～90 | 100～130 | 160～200 | 200～270 | 260～300 |

2) 电弧电压与焊接速度的选择

电弧电压取决于电弧长度(简称为弧长)。电弧电压对焊缝质量影响很大,电弧越长,电弧电压越高;电弧越短,电弧电压越低。但电弧过长,燃烧不稳定,熔深减小,熔宽增加,难免气体侵入,容易产生气孔等缺陷;电弧过短,熔滴过渡时可能产生短路,使得操作困难。焊接时,应尽量采用短弧,弧长不超过焊条直径,一般为2~4mm。

焊接速度是指单位时间内焊接电弧沿焊缝移动的速度,即单位时间内完成的焊缝长度。焊接速度对焊缝质量影响也很大,速度过快,熔宽较小,熔深较浅,容易产生夹渣、未焊透等缺陷;速度过慢,熔宽较大,熔深较深,容易产生烧穿、焊瘤等缺陷。

手弧焊一般不规定电弧电压与焊接速度,在保证焊透和焊缝质量前提下,由操作者凭经验自行掌握。一般选择短弧、快焊,以利于提高焊接生产效率。

焊接工艺参数的选择直接影响焊缝成形。如图4.17所示为焊接电流与焊接速度对焊缝形状的影响。

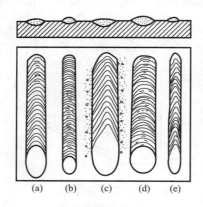

图 4.17 焊接电流与焊接速度对焊缝形状的影响

如图4.17(a)所示的焊缝,形状规则,焊波均匀并呈椭圆形,焊缝至母材之间过渡平滑,焊缝各部分尺寸符合要求,说明焊接电流与焊接速度选择合适。

如图4.17(b)所示的焊缝,焊接电流过小,电弧不易引燃,且燃烧不稳定,熔池金属流动性较差,焊波变圆,焊缝至母材之间过渡突然,余高增大,熔宽和熔深都减小。

如图4.17(c)所示的焊缝,焊接电流过大,焊条熔化过快,尾部变得红热,飞溅增多,焊波变尖,熔宽和熔深都增加,焊缝出现下塌,甚至产生烧穿缺陷。

如图4.17(d)所示的焊缝,焊波变圆,余高、熔宽和熔深都增大,说明焊接速度过慢,焊接较薄件时,容易产生烧穿缺陷。

如图4.17(e)所示的焊缝,形状不规则,焊波变尖,余高、熔宽和熔深都减小,说明焊接速度过快,容易产生未焊透缺陷。

### 4.2.7 手弧焊基本操作

**1. 焊接接头处的清理**

焊接前,应将工件表面接头处的水分、锈迹、油污等清理干净,以便于引弧、稳弧和保证焊缝质量。清理要求不高时,可用钢丝刷;要求高时,应采用砂轮打磨。还可以采用喷砂、火焰烘干等方式进行清理。

**2. 引弧**

引弧是指使焊条与工件之间通过短路产生稳定燃烧的电弧,以便于进行焊接的操作过程。常用的引弧方法有敲击法和摩擦法两种,如图4.18所示。敲击法不会损坏工件表面,是最常用的引弧方法,但不易引燃电弧。摩擦法操作方便,容易引弧,但会损坏工件表面,一般极少使用。

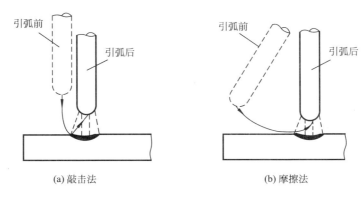

图 4.18 引弧方法

焊接时,先将焊条端部与工件表面轻敲或摩擦接触,形成短路,再迅速将焊条提起 2~4mm 距离,电弧即被引燃。如果焊条提起距离过高,电弧会立即熄灭;如果焊条与工件接触时间过长,就会粘条,产生短路,此时,可左右摆动拉开焊条,重新引弧或松开焊钳,并及时切断电源,待焊条冷却后再作处理。如果焊条与工件经接触而未引燃电弧,往往是焊条端部有药皮等妨碍了导电,此时,可重重敲击几下,直到露出焊芯金属。

3. 焊接的点固

为了固定两工件的相对位置,以便于操作,在焊接装配时,每隔一定距离焊上 10~15mm 的短焊缝,使工件相互位置固定,称为点固或定位焊,如图 4.19 所示。

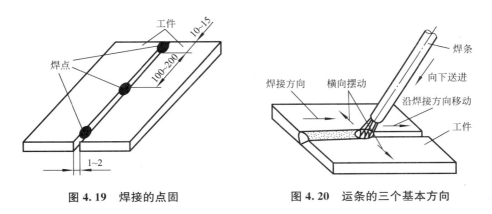

图 4.19 焊接的点固　　　　图 4.20 运条的三个基本方向

4. 运条

运条是焊条操作运动的简称。运条实际上是一种合成运动,即在焊接过程中,焊条要同时完成向前移动、向下送进及横向摆动等三个基本方向的运动,如图 4.20 所示。运条的方法应根据接头形式、坡口形式、焊接位置、焊条直径、焊接工艺要求及操作者的技术水平等来确定。

(1) 焊条的移动。是指焊条沿焊接方向的运动,其运动的速度称为焊接速度。操控焊条向前移动时,首先应掌握好焊条与工件之间的角度。焊接接头形式在空间的位置不同,

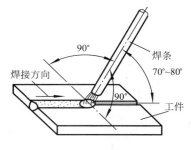

图 4.21 平焊的焊条角度

焊条角度也有所不同。如图 4.21 所示，平焊时，在纵向平面内，焊条应沿焊接方向与工件保持70°～80°倾角，同时，在横向平面内，与工件保持 90°倾角。

(2) 焊条的向下送进运动。是指焊条沿其轴线向熔池方向的下移运动。维持电弧是靠焊条均匀的送进，以逐渐补偿焊条端部的熔化，使熔滴平稳过渡至熔池内。送进运动应使电弧保持适当长度，以便于稳定燃烧。

(3) 焊条的摆动。是指焊条在焊缝宽度方向上的横向往复运动，其目的是为了加宽焊缝，并使接头处达到足够的熔深，同时，也可延缓熔池金属的冷却凝固时间，有利于熔渣和气体上浮排出。焊缝的宽度与深度之比称为"宽深比"，窄而深的焊缝易于产生夹渣和气孔。手弧焊的"宽深比"一般为2～3。焊条摆动幅度越大，焊缝就越宽。焊接较薄的工件时，不需过大摆动，甚至直线运动即可，焊缝宽度约为焊条直径的 0.8～1.5 倍；焊接较厚的工件时，需要摆动运条，焊缝宽度可达焊条直径的 3～5 倍。

根据焊缝空间位置的不同，常用的运条及摆动方法如图 4.22 所示。

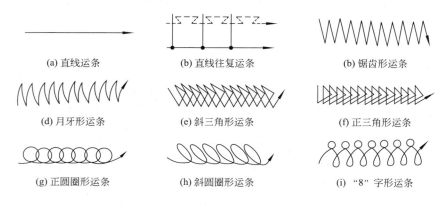

图 4.22 常用的运条及摆动方法

总之，当电弧引燃后，运条应按照以上三个运动方向正确进行。对于生产实际中应用最多的平焊对接，其操作要领主要是掌握好"三度"，即焊条角度、电弧长度和焊接速度。

(1) 焊条角度。焊条应在焊接方向上与工件保持 70°～80°倾角。

(2) 电弧长度。一般合适的电弧长度约等于焊条直径。

(3) 焊接速度。合适的焊接速度应使所得焊缝的熔宽约为焊条直径的两倍，此时，焊缝表面平整，波纹细密。如果焊接速度过快，形成的焊缝窄而高，波纹粗糙，熔合不良；如果焊接速度过慢，则熔宽过大，熔深较深，工件容易被烧穿。

5. 灭弧

在焊接过程中，电弧的熄灭是不可避免的。灭弧（熄弧）不好，会导致熔池过浅，焊缝金属的力学性能较差，因此，易于产生裂纹、气孔和夹渣等缺陷。灭弧时，应将焊条端部逐渐往坡口斜角方向拉，并缓慢提起焊条、拉长电弧，以便于缩小熔池，减小金属量及热量，使灭弧处不至产生裂纹、气孔等缺陷。同时，可堆高弧坑的焊缝金属，使熔池饱满地过渡。焊完后，用锉刀、砂轮等工具去除多余部分金属。

灭弧操作方法很多，常用的是在焊缝外侧灭弧和在焊缝上灭弧两种，如图 4.23 所示。

(1) 焊缝外侧灭弧。运条至焊缝尾部时，先将接头处焊成稍薄的熔敷金属，再向焊接反方向运条，并向焊缝外侧拉起来灭弧，如图 4.23(a)所示。

(2) 焊缝上灭弧。运条至焊缝尾部时，将焊条握持不动一定时间，待填好弧坑后，向焊接反方向拉起来灭弧，如图 4.23(b)所示。

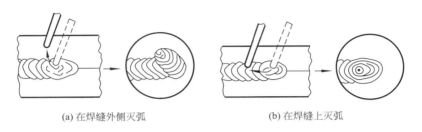

(a) 在焊缝外侧灭弧　　　　　　(b) 在焊缝上灭弧

图 4.23　灭弧

6. 焊缝的起头、连接和收尾

1) 焊缝的起头

焊缝的起头是指刚开始焊接的部分。由于起头处的工件温度较低，引弧后也不能使温度迅速升高，因此，该处熔深较浅，焊缝强度较低。引弧后，应先将电弧稍稍拉长，以利于对起头处金属进行必要的预热，再适当缩短弧长，进行正常焊接。

2) 焊缝的连接

手弧焊时，由于受焊条长度的限制，不可能用一根焊条完成一条焊缝，因而出现了两段焊缝前、后之间连接的问题。后焊焊缝与先焊焊缝之间应均匀连接，以免产生连接处过高、脱节和宽窄不一的缺陷。常见的焊缝连接形式如图 4.24 所示。

3) 焊缝的收尾

焊缝的收尾是指一条焊缝焊完后，应将收尾处的弧坑填满。焊缝结尾时，如果灭弧操作不当，该处则会形成比母材表面低的弧坑，导致焊缝强度降低，并形成裂纹。碱性焊条因灭弧不当而引起的弧坑内还常伴有气孔出现，因此，为了防止弧坑产生，必须正确掌握焊缝的收尾操作方法。一般收尾操作方法有划圈法、反复断弧法、回焊法等几种。

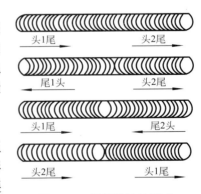

图 4.24　焊缝的连接形式
1—先焊焊缝　2—后焊焊缝

(1) 划圈收尾法。在焊缝收尾处，使电弧作划圈运动，直至弧坑填满后，再缓慢提起焊条灭弧，如图 4.25(a)所示。划圈收尾法适用于厚板焊接，如果用于薄板，则易烧穿。

(2) 反复断弧收尾法。在焊缝收尾处，短时间内连续反复地灭弧和引弧数次，直至弧坑填满后，再缓慢提起焊条灭弧，如图 4.25(b)所示。反复断弧收尾法适用于薄板焊接和多层焊的底层焊。

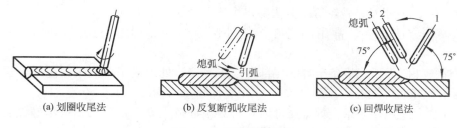

图 4.25 焊缝收尾方法

(3)回焊收尾法。电弧在焊缝收尾处停住,同时改变焊条的方向,由位置 1 移至位置 2,直至弧坑填满后,再稍稍后移至位置 3,然后缓慢提起焊条灭弧,如图 4.25(c)所示。回焊收尾法适用于碱性焊条焊接。

7. 焊件清理

焊接完成后,用清渣锤、钢丝刷等工具将焊缝表面及周围的渣壳和飞溅物清理干净。

## 4.3　埋弧自动焊和气体保护焊

### 4.3.1　埋弧自动焊

1. 埋弧自动焊的定义及焊接过程

埋弧自动焊(简称为埋弧焊)是电弧在焊剂层下燃烧来进行焊接的一种电弧焊方法。由于其引弧、电弧移动和焊丝送进等动作都是由焊机自动完成的,与手弧焊相比,埋弧焊有三点不同,即用"颗粒状焊剂"代替"焊条药皮"、用"连续自动送进的光焊丝"代替"焊条焊芯"、用"焊机自动操作"代替"操作者的手工操作"。因此,埋弧焊是在手弧焊基础上发展起来的一种高效率自动焊接方法。又因为其电弧是在颗粒状的焊剂层下燃烧,也称为焊剂层下电弧焊。

埋弧焊(见图 4.26)的设备主要由焊接电源、控制箱和自动焊机等部分组成。焊接时,先在工件接头处覆盖一层颗粒状的焊剂(厚度为 30～50mm),光焊丝通过导电嘴并插入焊剂层,引燃电弧,电弧在焊剂层下燃烧。自动焊机的送丝机构不断将光焊丝自动送入焊接区,并保持一定的弧长。自动焊机沿着平行于焊缝的导轨匀速运动(或者焊机不动,工件

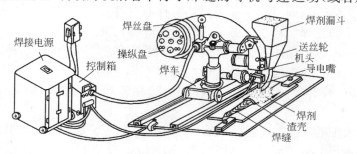

图 4.26　埋弧自动焊

匀速运动），以实现焊接操作的自动化生产。在焊丝前方，焊剂不断由焊剂漏斗内流出，铺洒于焊接区周围。高温电弧使部分焊剂熔化成为熔渣覆盖于熔池表面，大部分未熔化的焊剂可回收重新使用。

如图4.27所示为埋弧焊焊缝的形成过程。焊丝端部与工件之间接触并引燃电弧后，焊丝端部周围的焊剂也被熔化，并有一部分蒸发。焊剂蒸汽将电弧周围的熔化焊剂（即液态熔渣）排开，形成一个封闭的空间，使电弧与外界空气隔绝。电弧在此空间内继续燃烧，并不断地熔化焊丝和母材接头处的金属，形成焊接熔池（即液态金属）。随着电弧向前移动，熔池金属冷却凝固后形成焊缝，熔渣冷却凝固后形成渣壳。

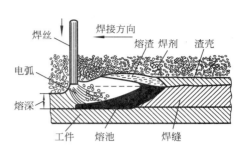

图4.27 埋弧焊焊缝的形成过程

2. 埋弧自动焊的特点及应用

与手弧焊相比，埋弧焊具有以下特点：

（1）生产效率高。埋弧焊的焊接电流可达1000A以上，电弧热量大，焊丝熔化快，熔深也大，焊接速度比手弧焊快得多，同时，使用连续送进的光焊丝，节省了更换焊条的时间，因此，生产效率比手弧焊高5～10倍。

（2）焊接质量好且稳定。焊剂对熔池金属保护得比较严密，空气较难侵入，而且熔池保持液态的时间较长，冶金过程进行得比较彻底，熔渣和气体也易于上浮排出。同时，焊接参数自动控制调整，因此，焊接质量好且稳定，焊缝成形美观。

（3）节省金属材料。埋弧焊的电弧热量集中，熔深较大，厚度为20～25mm以下的工件，可以不开口直接进行焊接。由于没有焊条头的浪费，飞溅损失也很小，因此，可节省大量金属材料。

（4）降低了劳动强度，改善了劳动条件。自动焊机有送丝和行走机构，代替手工操作，降低了劳动强度。同时，由于电弧在焊剂层下燃烧，避免了弧光对操作者身体的伤害，产生的有毒烟雾少，改善了劳动条件。

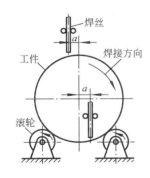

图4.28 环缝埋弧焊

（5）设备比较复杂，焊接成本较高，对接头加工与装配要求严格，准备工作费时。

（6）不能焊接薄的工件，否则，会产生烧穿缺陷。

（7）适应性较差，只能进行平焊，且不能焊接任意弯曲的焊缝，但是可以焊接直径500mm以上的环焊缝。焊接环焊缝时，焊丝位置不动，工件以一定的焊接速度转动。为了防止颗粒状焊剂的洒落和熔池金属液的流散，焊丝位置应向工件转动的反方向上偏离中心线一定距离 $a$，如图4.28所示。

因此，埋弧焊主要适用于成批大量生产中，中、厚板工件的长直焊缝和较大直径圆筒形工件环焊缝的焊接。

### 4.3.2 气体保护焊

气体保护电弧焊（简称为气体保护焊或气电焊）是利用外加气体作为电弧介质并保护电

弧和焊接区的一种电弧焊方法。常用的保护气体有惰性气体(如氩气等)和活性气体(如 $CO_2$ 等)两大类。气体保护焊可按照电极的不同，分为不熔化极(如钨极)气体保护焊和熔化极(如金属焊丝)气体保护焊，也可按照保护气体的不同，分为氩弧焊和 $CO_2$ 气体保护焊。

1. 氩弧焊

氩弧焊是以氩气作为保护气体的气体保护焊。按照所用电极的不同，可分为不熔化极氩弧焊和熔化极氩弧焊两种，如图 4.29 所示。

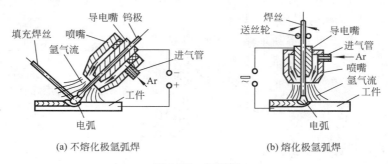

(a) 不熔化极氩弧焊　　　　　　(b) 熔化极氩弧焊

图 4.29　氩弧焊

1) 不熔化极氩弧焊

不熔化极氩弧焊是以高熔点的金属铈-钨合金棒作为电极的氩弧焊，又称为钨极氩弧焊，如图 4.29(a)所示。焊接时，铈-钨棒并不熔化，只起导电和电极的作用，填充金属从一侧送入焊接区，与工件一起熔化形成熔池。由于可以使用的焊接电流较小，因此，只适用于焊接厚度为 6mm 以下的工件。

手工钨极氩弧焊(见图 4.30)的设备主要由焊接电源、焊枪、控制系统、供气和供水系统等部分组成，其焊接操作过程与气焊相似。在焊接厚度为 3mm 以下的工件时，采用卷边接头直接熔合，不必添加填充金属；在焊接较厚的工件时，则需用手工添加填充金属。焊接钢材时，多采用直流电源正接法，以利于减少钨极的损耗。焊接铝、镁等有色金属合金件时，则采用直流电源反接法，利用极间正离子撞击工件，使熔池表面的氧化膜破碎，以利于工件的焊接。不过，由于直流反接法会使钨极损耗较快，实际上多采用交流电源焊接，这样既可利用阴极的破碎作用去除熔池表面的氧化膜，也可使钨极得到冷却，减少损耗。

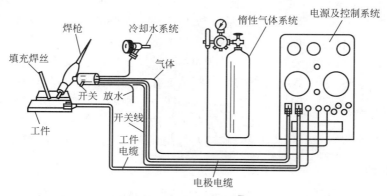

图 4.30　手工钨极氩弧焊

2）熔化极氩弧焊

熔化极氩弧焊是以连续送进的金属焊丝作为电极和填充金属的氩弧焊，如图 4.29(b) 所示。由于可以使用较大的焊接电流，因此，适用于焊接厚度为 25mm 以下的工件。

自动熔化极氩弧焊的操作过程与埋弧自动焊相似，不同的是熔化极氩弧焊不使用焊剂，焊接过程中没有冶金反应，氩气只起保护作用。因此，焊前必须将工件接头处表面清理干净，否则，某些杂质和氧化物会残留于焊缝内，产生夹渣等焊接缺陷。为了使电弧稳定燃烧，熔化极氩弧焊一般采用直流电源反接法。

3）氩弧焊的特点及应用

(1) 氩气是惰性气体，既不会与高温金属发生化学反应，也不会溶解于金属液中，是一种理想的保护气体，可以获得高质量的焊缝。

(2) 电弧在气流压缩下燃烧，热量集中，焊接速度较快，热影响区较小，焊后工件的变形也较小。

(3) 可在各种空间位置进行焊接，明弧可见，便于控制操作，容易实现自动化生产。

(4) 用气流保护熔池金属不被氧化，焊后不用清渣，焊缝不会产生夹渣缺陷。

(5) 电弧稳定，金属熔滴很少飞溅，焊缝致密，表面没有熔渣，成形美观。

(6) 氩气价格较贵，焊接成本较高，设备维修比较复杂。

因此，氩弧焊主要适用于铝、镁、钛等易氧化的有色金属合金的焊接，有时也用于重要的高强度合金钢以及不锈钢、耐热钢等特殊性能合金钢的焊接。

2. $CO_2$ 气体保护焊

$CO_2$ 气体保护焊是以 $CO_2$ 作为保护气体的气体保护焊，如图 4.31 所示，用可熔化的金属焊丝作为电极和填充金属，因此，属于熔化极气体保护焊。$CO_2$ 气体保护焊的焊接操作过程与熔化极氩弧焊相似，其焊接设备主要由焊接电源、焊枪、送丝机构、控制系统和供气系统等部分组成。

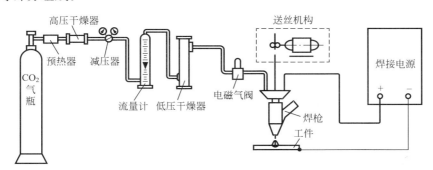

图 4.31 $CO_2$ 气体保护焊

与氩弧焊及其它电弧焊相比，$CO_2$ 气体保护焊具有以下特点：

(1) 采用廉价易得的 $CO_2$ 代替焊剂，保护电弧和焊缝金属不被氧化，焊接成本较低。

(2) 焊接电流密度大，电弧热量集中，熔深较大，焊接速度快，使用连续送进的光焊丝，且焊后无需清渣，因此，生产效率高。

(3) 明弧可见，易于控制调整，操作性能好，适于各种空间位置的焊接。

(4) 由于电弧受到保护气体的机械压缩作用，热量集中，因此，焊接热影响区小，焊接应力和变形小，焊接质量好。

(5) 由于 $CO_2$ 气体具有一定的氧化性,焊接时会造成合金元素烧损,且熔滴飞溅较为严重,焊缝成形不够美观,因此,不适于有色金属合金和高合金钢的焊接。

因此,$CO_2$ 气体保护焊主要适用于焊接厚度为 30mm 以下的低碳钢和低合金结构钢工件。

## 4.4 气焊与气割

### 4.4.1 气焊

氧气焊接(简称为气焊)是利用气体燃烧产生的高温火焰作为焊接热源,熔化母材接头处金属及填充金属以形成熔池,来进行焊接的一种熔化焊方法,又称为氧焊。

1. 气焊的原理、特点及应用

1) 气焊原理

气焊原理是利用可燃气体与助燃气体混合燃烧后,产生的高温火焰作为焊接热源,熔化母材接头处金属及填充金属以形成熔池,待冷却凝固后形成焊缝来实现连接的,如图 4.32 所示。

图 4.32 气焊

气焊所用的可燃气体种类很多,有乙炔、氢气、液化石油气、煤气等,而最常用的是乙炔($C_2H_2$)。乙炔的发热量大,燃烧温度高,制备方便,使用安全,焊接时火焰对金属的影响最小,火焰温度高达 3100~3300℃。气焊所用的助燃气体为氧气,因此,气焊也称为氧—乙炔焊。

2) 气焊的特点及应用

与其他熔化焊相比,气焊具有以下特点:

(1) 气焊火焰易于控制调整,操作简单方便,适于各种空间位置的焊接,焊后无需清渣。

(2) 设备简单,移动方便,无需电源,适合野外作业。

(3) 由于气焊火焰温度较低,加热缓慢,生产效率低,并且热量分散,热影响区大,焊后工件变形严重,保护效果较差,焊接接头质量不高,应用范围不如电弧焊广泛。

因此,气焊主要适用于厚度为 3mm 以下低碳钢薄板的焊接,铜、铝等有色金属合金的焊接以及铸铁的焊补等。

2. 气焊的设备

气焊设备由乙炔瓶、氧气瓶、减压器、回火防止器、焊炬等部分组成(见图 4.33)。

1) 乙炔瓶

乙炔瓶是储存和运输乙炔气体的钢制压力容器,其结构如图 4.34 所示。在乙炔瓶的顶部安装有瓶阀,供开、闭气瓶和安装减压器时使用,外面套装有瓶帽进行保护。在瓶内装有浸满丙酮的多孔性填充物(活性炭、木屑、硅藻土等),利用丙酮对乙炔有良好溶解能力的特性,可保证乙炔安全地储存于瓶内。使用时,溶解于丙酮中的乙炔分离出来,通过瓶阀输出,而丙酮仍留在瓶内,以便于溶解再次注入瓶中的乙炔气体。在瓶阀下面的填充物中心部位的长孔内放置有石棉，其作用是促使乙炔与多孔性填充物的分离。

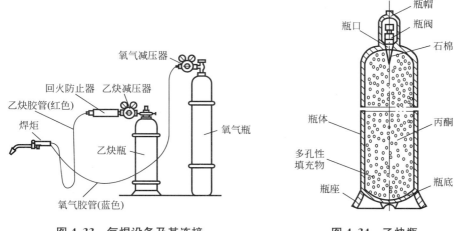

图 4.33  气焊设备及其连接　　　　　图 4.34  乙炔瓶

乙炔瓶外形粗而短，可稳定地直立放置，其外表面漆成白色，用红漆标明"乙炔"和"火不可近"字样。乙炔瓶的容量一般为 40L，工作压力为 1.5MPa，但提供给焊炬的乙炔压力却很小(小于 0.15MPa)，因此，乙炔瓶必须配备减压器，同时，还必须配备回火防止器。

使用乙炔瓶时，应注意以下事项：

(1) 乙炔瓶必须直立平稳地放置，不得横躺卧放，以免丙酮流出。

(2) 乙炔瓶应远离热源，防止受热，因为乙炔温度过高会降低丙酮对乙炔的溶解度，从而使瓶内乙炔压力急剧增高，甚至发生爆炸。瓶体温度一般不能超过 30～40℃。

(3) 乙炔瓶在搬运、装卸、存放和使用时，应防止遭受剧烈的震动和撞击，以免瓶内的多孔性填充物下沉而形成空洞，从而影响乙炔的储存。

(4) 瓶中的乙炔气体不能全部用完，剩余气体压力一般控制在 0.1～0.3MPa。

使用乙炔瓶经济、安全、无污染，且便于运输，但当乙炔用量比较大时，则采用固定式大容量的乙炔发生器比较适宜。

2) 氧气瓶

氧气瓶是储存和运输氧气的钢制高压容器，其结构如图 4.35 所示。在氧气瓶的瓶体上套装有橡胶防震圈。瓶体的上端开设有瓶口，瓶口的内壁和外壁均有螺纹，用来连接瓶阀和瓶帽。瓶体的下端套装有一个增强钢环圈瓶座，一般为正方形，便于稳定直立放置，卧放时可防止滚动。为了避免腐蚀和产生火花，所有与高压氧气接触的零件都由黄铜制成。

氧气瓶外形细而长，其外表面漆成天蓝色，用黑漆标明"氧气"字样。氧气瓶的容积一般为 40L，工作压力为 15MPa，但提供给焊炬的氧气压力却很小(0.2～0.4MPa)，因此，氧气瓶也必须配备减压器。

使用氧气瓶时，应注意以下事项：

(1) 氧气瓶必须平稳可靠地放置，不得与其他气瓶混放在一起。

(2) 由于氧气化学性质极为活泼，能与绝大多数元素化合，与油

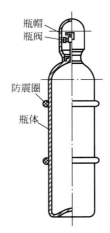

图 4.35  氧气瓶

脂等易燃物接触会剧烈氧化，引起燃烧甚至爆炸。因此，氧气瓶必须远离气焊工作地和其他热源；夏天要防止曝晒，冬天阀门冻结时，严禁用火烤；使用和运输时，严禁撞击；严禁瓶上沾有油脂。

(3) 瓶中的氧气不能全部用完，应留有余量。

由于氧气瓶要经受搬运、滚动，甚至还要经受振动和冲击等，因此，材质要求很高，产品质量要求十分严格，出厂前应经过严格检验，以确保氧气瓶的安全可靠。

3) 减压器

减压器是将氧气瓶和乙炔瓶中的高压气体，降低至满足焊炬所需工作压力的低压气体，并保持焊接过程压力基本稳定的调节装置。其作用是减压、调压、量压和稳压。由于气焊时所需的气体工作压力一般都比较低，因此，氧气瓶和乙炔瓶输出的气体必须经减压器减压后才能使用，并且可以通过减压器调节输出气体的压力。氧气减压器和乙炔减压器的外形如图4.36所示。

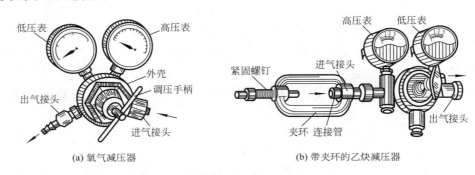

图4.36　氧气减压器和乙炔减压器

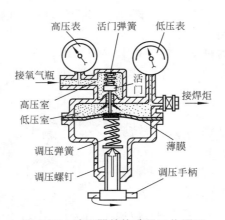

图4.37　减压器的构造及工作原理

减压器的构造及工作原理如图4.37所示。松开调压手柄(逆时针方向)，活门弹簧闭合活门，高压气体就不能进入低压室，即减压器不工作，由气瓶流入的高压气体停留于高压室内，高压表可量出高压气体的压力，即气瓶内气体的压力。拧紧调压手柄(顺时针方向)，使调压弹簧压紧低压室内的薄膜，再通过传动件将高压室与低压室通道处的活门顶开，使高压室内的高压气体进入低压室。此时，高压气体体积膨胀，气体压力得以降低，低压表可量出低压气体的压力，并使低压气体由出气口输出至焊炬。如果低压室气体压力高了，向下的总压力大于调压弹簧向上的力，则向下压迫薄膜和调压弹簧，使活门开启程度逐渐减小，直至达到焊炬工作压力时，活门重新关闭。如果低压室的气体压力低了，向下的总压力小于调压弹簧向上的力，则薄膜上鼓，活门重新开启，高压气体又进入到低压室，从而增加低压室的气体压力。当活门的开启程度恰好使流入低压室的高压气体流量与输出的低压气体流量相等时，即可稳定地进行气焊工作。减压器能自动维持低压气体的压力，只需通过调压手柄的旋入程度来调节调压弹簧压力，就能调整气焊所需的低压气体压力。使用时，先缓慢打开氧气(或乙炔)阀门，然后旋转减压器调节手柄，待压力达到所需要时为止。停止工作时，先松开调压螺钉，再关闭氧气（或乙炔）阀门。

4）回火防止器

回火防止器（又称为回火安全器、回火保险器）是设置于乙炔减压器与焊炬之间，用来防止火焰沿乙炔胶管回燃的安全装置。正常气焊时，气体火焰在焊嘴外面燃烧。但当气体压力不足、焊嘴堵塞、焊嘴离工件过近或焊嘴过热时，气体火焰会进入焊嘴内逆向燃烧，这种现象称为"回火"。发生回火时，焊嘴外面的火焰熄灭，同时伴有爆鸣声，随后发出"吱吱"的声音。如果回火火陷蔓延至乙炔瓶，将会发生严重的爆炸事故。因此，在乙炔瓶的输出管道上必须设置回火防止器以确保安全。发生回火时，回火防止器的作用是使回燃火焰在倒燃至乙炔瓶之前被熄灭。此时应首先关闭乙炔阀门，然后再关闭氧气阀门。

如图 4.38 所示为干式回火防止器的工作原理图。干式回火防止器的核心部件是用粉末冶金方法制造的金属止火管。正常工作时，乙炔推开单向阀，经止火管、乙炔胶管输出至焊炬。发生回火时，高温、高压的燃烧气体回燃至回火防止器，带有无数非直线微孔的止火管吸收了爆炸冲击波，使燃烧气体的扩散速度趋近于零，而透过止火管的混合气体流顶上单向阀，迅速切断乙炔来源，有效地防止火焰继续回燃，并使火焰在止火管中熄灭。发生回火后，回火防止器无需人工复位，即可继续正常使用。

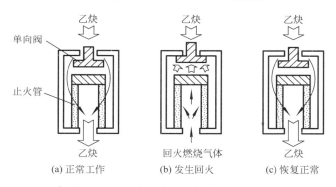

图 4.38　干式回火防止器的工作原理

5）焊炬

焊炬（也称为焊枪）是气焊时用于控制调整气体混合比、流量及火焰以便于焊接的手持工具。焊炬的构造多种多样，但基本原理相同。常用的射吸式焊炬主要由手柄、乙炔阀门、氧气阀门、喷射管、喷射孔、混合室、混合管、焊嘴等部分组成，其外形如图 4.39 所示。焊接时，先打开氧气阀门，氧气经喷射管由喷射孔高速喷出，并在喷射孔外围形成真空而产生负压（吸力）；再打开乙炔阀门，乙炔立即聚集在喷射孔外围；由于氧射流负压的作用，乙炔很快被吸入混合室和混合管，并由焊嘴喷出，点燃混合气体即形成焊接火焰。

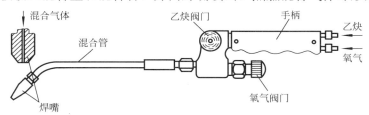

图 4.39　射吸式焊炬

常用的 H01 型焊炬的型号及参数见表 4-8，有 H01-2 和 H01-6 等。例如，H01-2 中"H"表示焊炬，"0"表示手工，"1"表示射吸式，"2"表示最大焊接厚度为 2mm。各种型号的焊炬均配备有一套孔径不同的焊嘴，以满足焊接不同厚度工件的需要。

表 4-8　H01 型射吸式焊炬的型号及参数

| 型号 | 焊接工件厚度/mm | 氧气工作压力/MPa | 乙炔工作压力/MPa | 可换焊嘴个数 | 焊嘴孔径/mm | | | | |
|---|---|---|---|---|---|---|---|---|---|
| | | | | | 1 | 2 | 3 | 4 | 5 |
| H01-2 | 0.5~2 | 0.1~0.25 | 0.001~0.10 | 5 | 0.5 | 0.6 | 0.7 | 0.8 | 0.9 |
| H01-6 | 2~6 | 0.2~0.4 | | | 0.9 | 1.0 | 1.1 | 1.2 | 1.3 |
| H01-12 | 6~12 | 0.4~0.7 | | | 1.4 | 1.6 | 1.8 | 2.0 | 2.2 |
| H01-20 | 12~20 | 0.6~0.8 | | | 2.4 | 2.6 | 2.8 | 3.0 | 3.2 |

6）橡胶管

橡胶管是输送气体的管道，分为氧气胶管和乙炔胶管，二者不能混用。GB/T 2550 规定氧气胶管为蓝色，内径为 8mm，工作压力为 1~2MPa；乙炔胶管为红色，内径为 10mm，工作压力为 0.5~1MPa。橡胶管长一般为 10~15m。

氧气胶管和乙炔胶管不可有损伤和漏气发生，严禁明火检漏。尤其应经常检查橡胶管的各接口处是否紧固，橡胶管有无老化现象。另外，橡胶管不能沾有油污。

3. 气焊的火焰

常用的气焊火焰是乙炔与氧气混合燃烧所形成的火焰，也称为氧—乙炔焰。按照氧气与乙炔体积混合比的不同，氧—乙炔焰可分为中性焰、碳化焰和氧化焰等三种，其构造和形状如图 4.40 所示。

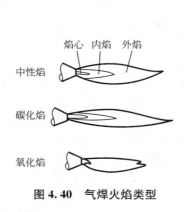

图 4.40　气焊火焰类型　　　　图 4.41　中性焰的温度分布

1）中性焰

氧气与乙炔的混合比为 1.1~1.2 时，燃烧所形成的火焰称为中性焰。中性焰由焰心、内焰和外焰等三部分组成。中性焰各部分温度分布如图 4.41 所示，其最高温度产生于焰心前 2~4mm 处的内焰，可达 3150℃。用中性焰焊接时，主要是利用内焰加热。中性焰燃烧完全，对红热或熔化的金属没有碳化和氧化作用，又称为正常焰，气焊一般都采用中性焰。中性焰适用于低碳钢、中碳钢、低合金钢、合金钢、铜合金等的气焊。

2) 碳化焰

氧气与乙炔的混合比小于 1.1 时,燃烧所形成的火焰称为碳化焰。碳化焰也是由焰心、内焰和外焰组成,并且三部分轮廓区分明显。由于氧气不足,乙炔有余,燃烧不完全,整个火焰比中性焰长而柔和,有时还会产生黑烟。碳化焰的最高温度只有 2700~3000℃。碳化焰会使焊缝金属的碳质量分数增高,变得硬脆,因此,不能用于焊接低碳钢和合金钢,因其具有较强的还原作用,又称为还原焰。碳化焰只适用于高碳钢、铸铁、硬质合金、高速钢等的气焊。

3) 氧化焰

氧气与乙炔的混合比大于 1.2 时,燃烧所形成的火焰称为氧化焰。氧化焰的整个火焰和内焰的长度都明显缩短,只能看到焰心和外焰两部分。由于氧气过剩,乙炔不足,燃烧剧烈,整个火焰比中性焰短而刚挺,并伴有较强的"嘶嘶"声。氧化焰的最高温度可达 3300℃。氧化焰会使焊缝金属氧化,产生夹渣等缺陷,一般很少采用。氧化焰仅适用于黄铜的气焊。

4. 气焊的焊丝与焊剂

1) 焊丝

焊丝的作用相当于电焊条的焊芯,用来作为填充金属材料,与熔化的母材一起形成焊缝。焊丝的质量对于焊缝性能影响很大。焊丝直径应根据工件厚度来选择,一般为 2~4mm。焊丝的选择要求保证其成分应与母材成分相当,表面光洁,无水分、锈迹、油污,具有良好的工艺性能,流动性适中,熔滴飞溅小。焊接低碳钢时,常用的焊丝牌号有 H08、H08A 等。

2) 焊剂

除了焊接低碳钢以外,气焊时都要使用焊剂(又称为气焊粉)。焊剂的作用相当于电焊条的药皮,用来溶解和清除工件表面上的氧化膜,并在熔池表面形成一层熔渣,保护熔池金属不被氧化,同时,排出熔池中的气体、氧化物及其他杂质,改善熔池金属的流动性,以获得优质的焊缝。

5. 气焊的工艺

气焊的接头形式和焊接空间位置等工艺问题的考虑与手弧焊基本相同。气焊应尽量采用对接接头,厚度大于 5mm 的工件必须开坡口,以便于焊透。焊接前,应将工件接头处的水分、锈迹、油污等清理干净。

气焊的工艺参数主要包括焊丝直径、焊嘴大小、焊接速度、焊嘴倾角等。

1) 焊丝直径

焊丝直径由工件厚度、接头形式和坡口形式决定。焊接开坡口、多层焊的工件时,第一层应选较细的焊丝。焊丝直径的选择见表 4-9。

表 4-9  焊丝直径的选择

| 工作厚度/mm | 1.0~2.0 | 2.0~3.0 | 3.0~5.0 | 5.0~10 | 10~15 |
| --- | --- | --- | --- | --- | --- |
| 焊丝直径/mm | 1.0~2.0 | 2.0~3.0 | 3.0~4.0 | 3.0~5.0 | 4.0~6.0 |

2) 焊嘴大小

焊炬端部的焊嘴是氧—乙炔混合气体的出口。各种型号的焊炬均配备有一套号数(孔径)

不同的焊嘴，焊接不同厚度的工件应选用不同大小的焊嘴。焊嘴大小的选择见表 4-10。

表 4-10　焊嘴大小的选择

| 焊嘴号数 | 1 | 2 | 3 | 4 | 5 |
| --- | --- | --- | --- | --- | --- |
| 工件厚度/mm | <1.5 | 1～3 | 2～4 | 4～7 | 7～11 |

焊嘴大小直接影响生产效率。焊接导热性好、熔点高的工件时，在保证质量前提下，应选较大号数（较大孔径）的焊嘴。

3）焊接速度

在平焊时，工件越厚，焊接速度应越慢。对于熔点高、塑性差的工件，焊接速度也应慢。但在保证质量前提下，应尽可能提高焊接速度，以利于提高生产效率。

4）焊嘴倾角

焊接时，焊嘴中心线与工件表面之间倾角 $\alpha$ 的大小，将影响到火焰热量的集中程度。焊接厚件时，应采用较大的倾角，以利于火焰的热量集中，获得较大的熔深。焊接薄件时，则刚好相反。焊嘴倾角与工件厚度的关系见表 4-11。

表 4-11　焊嘴倾角与工件厚度的关系

| 焊嘴倾度 $\alpha/(°)$ | 20 | 30 | 40 | 50 | 60 | 70 | 80 |
| --- | --- | --- | --- | --- | --- | --- | --- |
| 工件厚度/mm | ≤1 | 1～3 | 3～5 | 5～7 | 7～10 | 10～15 | ≥15 |

6. 气焊的基本操作

1）点火

点火时，先微开氧气阀门，再大开乙炔阀门，然后用明火点燃火焰。有时会出现连续的"放炮"，原因可能是乙炔不纯。此时应先放出不纯的乙炔气体，再重新点火。如果火焰不易点燃，可能是氧气阀门打开过大，这时可微关氧气阀门，再重新点火。

2）调节火焰

调节火焰包括调节火焰的性质和大小。首先，应根据工件材料确定火焰的性质。通常点火后得到的是碳化焰。如果要调节成中性焰，应逐渐打开氧气阀门，增大氧气量。调成中性焰后，如果再继续增大氧气量，就可得到氧化焰。反之，如果增加乙炔量或减少氧气量，就可得到碳化焰。

火焰的大小应根据工件厚度来确定，同时也要兼顾操作者的技术水平。工件厚则火焰大，工件薄则火焰小；操作者技术熟练则火焰可大一点；反之，火焰应小一点。调节火焰大小时，如果要减小火焰，应先减少氧气量，后减少乙炔量；如果要增大火焰，应先增加乙炔量，后增加氧气量。

3）平焊操作过程

气焊时，一般用左手拿焊丝，右手握焊炬，两手动作要协调，沿焊缝向左或向右焊接。焊嘴中心线的投影应与焊缝重合，同时，应注意掌握好焊嘴与工件的倾角 $\alpha$，如图 4.42 所示。工件越厚，倾角 $\alpha$ 越大。开始焊接时，为了快速加热工件并迅速形成熔池，$\alpha$ 应大一些，接近于垂直工件。正常焊接时，$\alpha$ 一般保持在 40°～50°范围内。焊接结束时，$\alpha$ 应适当减小，以便于更好地填满熔池和避免烧穿。焊炬向前移动的速度应能保证工件熔化并保持熔池具有一定的大小。工件熔化形成熔池后，再将焊丝适量地点入熔池内熔化。

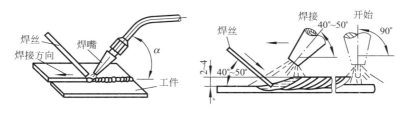

图 4.42 焊炬角度

4) 灭火

灭火的步骤与点火相反，应先关闭乙炔阀门，后关闭氧气阀门，使火焰自然熄灭，否则，将会引起回火。

5) 回火的处理

焊接时，有时焊嘴会出现爆鸣声，随着火焰自动熄灭，焊炬中会发出"吱吱"的响声，这种现象称为回火。由于氧气比乙炔压力高，可燃混合气体会在焊炬内发生燃烧，并很快沿乙炔胶管回燃从而产生回火。如果不及时消除，不仅会使焊炬和橡胶管烧坏，而且会导致乙炔瓶发生爆炸。因此，当发生回火时，不要紧张，应迅速在焊炬上关闭乙炔阀门，同时关闭氧气阀门，等回火火焰熄灭后，再打开氧气阀门，吹除焊炬内的余焰和烟灰，并将焊炬的手柄前部放入水中冷却。

### 4.4.2 气割

氧气切割（简称气割）是利用气体火焰（氧—乙炔焰）燃烧产生的高温来切割工件的切割方法。尽管气割与气焊在原理上是完全不同的，但由于气割所用设备与气焊基本相同，而操作也有近似之处，因此，一般将气割与气焊在使用和场地上都放在一起。

**1. 气割的原理及过程**

气割是根据某些金属加热至燃点以上时，能在纯氧中剧烈燃烧的原理，来实现对工件的切割的。如图 4.43 所示为气割示意图。气割时，先利用由割炬割嘴上环形通道喷出的氧—乙炔焰（中性焰）将切口起始处的金属预热至燃点，然后，打开切割氧气阀门，由割炬割嘴上中心通道喷出的高压纯氧气流，将高温金属燃烧成氧化熔渣，随即被切割氧气流吹走，从而形成切口。上层金属燃烧产生的热量又将下层金属预热至燃点，燃烧形成的氧化熔渣又被切割氧气流吹走，如此反复，便可将工件由表层至底部，切割出一道切口。当割炬沿着切割方向，以一定速度移动后，工件便被切割开来。因此，气割过程实质上是被切割金属在纯氧中的燃烧过程，而不是熔化过程。

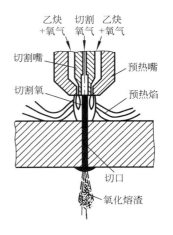

图 4.43 气割

**2. 气割的特点及应用**

与一般机械切割相比，气割设备简单，操作灵活、方便，适应性强，可以在任意位置、任意方向上切割任意形状和任意厚度(50mm 以上)的工件,成本低,生产效率高,切口质量也相当好,但被切割金属材料的适用范围受到一定的限制,因此,气割主要适用于钢板下料,焊接工件开坡口,铸钢件浇冒口的清理,以及车辆、船舶、建筑等废旧钢结构的分割拆卸等。

3. 气割的工具(割炬)

割炬(也称为割枪)是气割时使用的工具,其外形如图 4.44 所示。

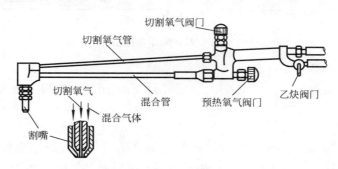

图 4.44 射吸式割炬

与焊炬相比,割炬多一根切割氧气管和一个切割氧气阀门。割炬上有两根气管,一根是预热焰混合管,另一根是切割氧气管。此外,割嘴与焊嘴的构造也不同,割嘴的出口有两条通道,周围的环形通道为乙炔与氧混合气体的出口,中心通道为切割氧(即高压纯氧)的出口,二者互不相通。割嘴形状有梅花形和环形两种。

常用的 G01 型割炬的型号及技术参数见表 4-12,有 G01-30、G01-100 和 G01-300 等。例如,G01-30 中"G"表示割炬,"0"表示手工,"1"表示射吸式,"30"表示最大切割厚度为 30mm。与焊炬一样,各种型号割炬均配备有一套孔径不同的割嘴,以满足切割不同厚度工件的需要。

表 4-12　G01 型射吸式割炬的型号及参数

| 型号 | 切割工件厚度/mm | 氧气工作压力/MPa | 可换割嘴个数 | 割嘴孔径/mm |
| --- | --- | --- | --- | --- |
| G01-30 | 2～30 | 0.2～0.3 | 3 | 0.6～1.0 |
| G01-100 | 10～100 | 0.2～0.5 | 3 | 1.0～1.6 |
| G01-300 | 100～300 | 0.5～1.0 | 4 | 1.8～3.0 |

4. 气割的条件

不是所有的金属材料都能够顺利进行气割的,适合气割的金属材料必须满足以下条件:

(1) 金属材料的燃点必须低于其熔点。这是保证切割在固态下进行的基本条件,否则,切割时金属不是燃烧,而是熔化,导致切口过宽且不整齐。

(2) 燃烧形成的金属氧化物的熔点必须低于金属材料本身的熔点,同时,流动性要好。这是保证金属氧化物在液态下容易被吹走的基本条件,否则,会在切口表面形成固态氧化物薄膜,阻碍切割氧气流与下层金属接触,使切割不能正常进行。

(3) 金属材料燃烧时能释放出较多的热量,而其本身的导热性不能过高。这是保证下层金属能够迅速预热至燃点，使切割连续进行的基本条件，否则，不能对下层和前方待切割金属集中进行加热，待切割金属难以达到燃点温度，使切割很难继续进行。

因此，常用金属材料中，只有低碳钢、中碳钢、低合金结构钢等符合气割条件，而高碳钢、高合金钢、不锈钢以及铜、铝等有色金属合金都不宜进行气割。

5. 气割的工艺参数

气割的工艺参数主要包括割炬的割嘴大小和氧气工作压力等。气割工艺参数的选择也应根据被切割工件的厚度来确定的。

1) 割嘴大小

气割不同厚度的工件时，割嘴大小的选择与切口质量和工作效率都有密切的关系。如果使用孔径过小的割嘴来切割厚工件，由于得不到充足的氧气燃烧和喷射能力，切割工作就无法顺利进行，即使勉强一次又一次地切割下来，切口质量不好，工作效率也低。反之，如果使用孔径过大的割嘴来切割薄工件，不但要浪费大量的氧气和乙炔，而且切口质量也不好。因此，选择适当的割嘴大小非常重要。

2) 氧气工作压力

气割不同厚度的工件时，切割氧气的工作压力也与切口质量和工作效率有密切的关系。如果压力不足，不但切割速度缓慢，而且熔渣不易吹掉，切口不平，有时甚至会切不透。反之，如果压力过大，除了增加氧气消耗量之外，金属也容易冷却，从而使切割速度降低，切口加宽，表面质量不好。

6. 气割的基本操作

1) 气割前的准备

气割前，应根据工件厚度选择好割嘴大小和氧气工作压力，将工件割缝处的水分、锈迹和油污清理干净，划好切割线，并水平平稳放置。在割缝的背面应有一定的空间，以便于切割氧气流冲出来时，不会遇到阻碍，同时，还有利于将氧化物熔渣吹走。

气割时的点火操作与气焊时一样，即先微开氧气阀门，再大开乙炔阀门，用明火点燃火焰后，将碳化焰调节成中性焰，然后将切割氧气阀门打开，观察混合气预热火焰是否能够在切割氧气压力下变成碳化焰，之后开始进行切割。

2) 气割操作过程

(1) 气割一般由工件的边缘开始。如果要在工件中间或内部进行切割时，应先在中间钻出或开出一个直径大于 5mm 的孔，然后由孔处开始切割。

(2) 开始气割时，先用预热火焰加热起始点(此时高压氧气阀门是关闭的)，预热时间应视金属温度情况而定，一般应加热至工件表面接近熔化(表面呈橘红色)。此时，逐渐打开切割氧气阀门，开始进行切割。如果预热的地方切割不掉，说明预热温度过低，应关闭切割氧气继续预热。如果预热的地方被切割掉，则继续增加切割氧气量，使切口深度加大，直至全部切透。

割嘴与工件表面的距离应始终使预热火焰的焰心端部距离工件表面为 3～5mm，同时，还要注意割炬与工件之间应始终保持一定的倾角，如图 4.45 所示。割嘴应与切口两边垂直(见图 4.45(a))，否则，会切出斜边，影响工件尺寸精度。当气割厚度小于 5mm 的工件时，割嘴应向后倾斜 5°～10°(见图 4.45(b))。当气割厚度为 5～30mm 的工件时，割嘴应垂直于工件(见图 4.45(c))。如果气割工件的厚度大于 30mm，开始时，割嘴应向前倾斜 5°～10°，待切透后，割嘴应垂直于工件，而在结束时，割嘴应向后倾斜 5°～10°（见图 4.45(d)）。

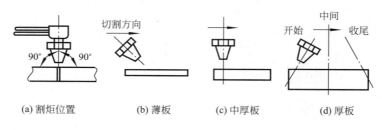

图 4.45　割炬与工件之间的倾角

（3）气割速度与工件厚度有关。一般工件越薄，气割的速度越快，反之则越慢。

## 4.5　焊接的质量检验与缺陷分析

### 4.5.1　焊接的质量检验

1. 对焊接质量的要求

焊接质量一般包括焊缝的外形尺寸、焊缝的连续性和焊缝的性能三个方面。

（1）对焊缝外形和尺寸的要求。焊缝与母材金属之间应平滑过渡，以利于减少应力集中；无烧穿、未焊透等缺陷；焊缝的余高为 0～3mm，不应过大；焊缝的宽度、余高等尺寸都应符合国家标准或图纸要求。

（2）对焊缝连续性的要求。焊缝中不能有裂纹、气孔与缩孔、夹渣、未焊透等缺陷。

（3）对焊缝接头性能的要求。焊接接头的力学性能及其他性能（如耐蚀性等）应符合图纸要求。

2. 焊接的质量检验

对焊接接头进行必要的检验是保证焊接质量的重要措施。工件焊接完成后，应根据产品技术要求进行检验。生产中常用的非破坏性检验方法有外观检测、密封性试验、水压试验和无损探伤等。

1) 外观检测

外观检测即用目测或低倍（不大于 10 倍）放大镜检测焊缝的表面有无焊接缺陷（如咬边、裂纹、烧穿、未焊透等），借助标准样板或量具检测焊缝的外形和尺寸是否合格的检测方法。外观检测合格以后，才能进行下一步检验。

2) 密封性试验

密封性试验是用来检测有无漏水、漏气和渗油、漏油等现象的试验，主要适用于检测不受压或压力很低的容器、管道的焊缝是否存在穿透性的缺陷，常用的方法有气密性试验、氨气试验和煤油试验等。

3) 水压试验

水压试验是用来检测受压容器、管道的强度和焊缝密封性的试验。水压试验一般是超载检测，试验压力为工作压力的1.2～1.5倍。

4) 无损探伤

无损探伤是利用流动性、渗透性好的着色剂，或利用各种专门仪器来检测焊缝表层或内部有无缺陷的检测方法，包括渗透探伤、磁粉探伤、射线探伤或超声波探伤等检测方法。有关质量检验方法的内容见本书1.2.3节。

另一类检验方法是破坏性试验，即根据设计要求将焊接接头制成试样，进行拉伸、弯曲、冲击等力学性能和其他性能试验，如金相组织分析、断口检验和耐压试验等。

### 4.5.2 常见的焊接缺陷分析

1. 焊接变形

焊接时，工件受到局部的、不均匀的加热，焊缝及其附近的金属被加热至高温，受到母材温度较低部分的阻碍，不能自由膨胀，因此，冷却后将产生收缩，从而引起焊接变形。

常见的焊接变形及防止措施见表4-13。

表4-13 常见的焊接变形及防止措施

| 类别 | 图例 | 说明 | 防止措施 |
| --- | --- | --- | --- |
| 收缩变形 |  | 沿焊缝方向和垂直焊缝方向的尺寸收缩 | 尽量减少焊缝数量；选择保证底部焊接良好的窄小间隙；采用埋弧自动焊、半自动焊、电渣焊等大电流焊接法；在工件上预留收缩量和焊后的加工余量 |
| 角度变形 |  | 由于温度不均匀引起的工件围绕焊缝的角度变形 | 对焊时采用焊接速度大的焊接法，坡口角度要小；采用反向变形法或焊接夹具进行刚性夹持；采用断续焊接法 |
| 弯曲变形 |  | 由于焊缝的纵向或横向收缩引起的工件挠曲 | 采用两端向中间焊接法；采用断续焊接法；采用焊接夹具进行刚性夹持 |
| 扭曲变形 |  | 焊接后工件产生的扭曲 | 尽量采用小的焊缝尺寸；焊条熔敷量要小；避免焊缝集中；焊接时由拘束大的部位开始向拘束小的自由端进行；采用焊接夹具进行刚性夹持 |
| 波浪变形 |  | 薄板焊接时，由于焊接产生的压应力，使工件失稳而形成的波浪形变形 | 工件外侧留加工余量，焊后切除；采用焊接夹具进行刚性夹持；焊后用火焰加热矫正 |

2. 焊接缺陷

焊接接头处常见的缺陷主要包括咬边、未焊透、夹渣、气孔、裂纹和烧穿等，常见焊接缺陷的特征及产生原因见表 4-14。

表 4-14 常见焊接缺陷的特征及产生原因

| 缺陷名称 | 图例 | 特征 | 产生主要原因 |
| --- | --- | --- | --- |
| 咬边 | 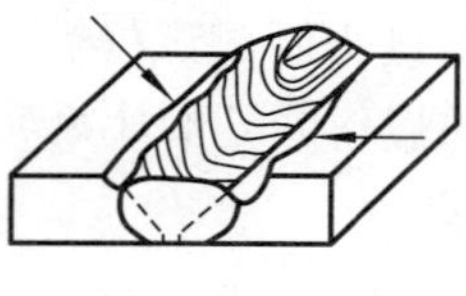 | 焊缝表面与母材交界处附近产生凹陷或沟槽 | (1) 焊接电流过大；<br>(2) 焊接速度过慢；<br>(3) 电弧过长；<br>(4) 运条方法或焊条角度不当 |
| 未焊透 | 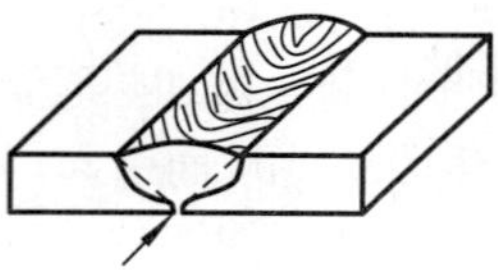 | 焊接接头根部或侧面，焊缝金属与母材金属局部未完全熔合好 | (1) 焊接电流过小；<br>(2) 焊接速度过快；<br>(3) 坡口钝边过大，装配间隙过小；<br>(4) 运条方法或焊条角度不当 |
| 夹渣 |  | 焊缝表面及内部残留有非金属夹杂物 | (1) 焊接电流过小，焊缝金属冷却凝固过快；<br>(2) 焊缝清理不彻底；<br>(3) 焊接材料成分不当；<br>(4) 运条方法或焊条角度不当 |
| 气孔 | 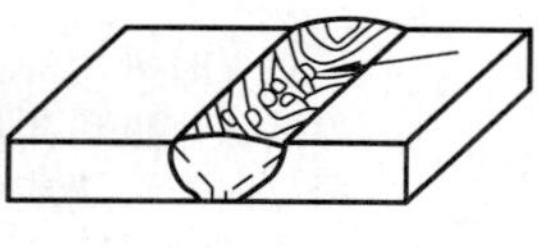 | 焊缝表面及内部残留有熔池中的气体未能逸出而形成的孔洞 | (1) 焊接材料不干净；<br>(2) 焊接电流过大，焊接速度过快；<br>(3) 电弧过长或过短；<br>(4) 焊条使用前未烘干 |
| 裂纹 | 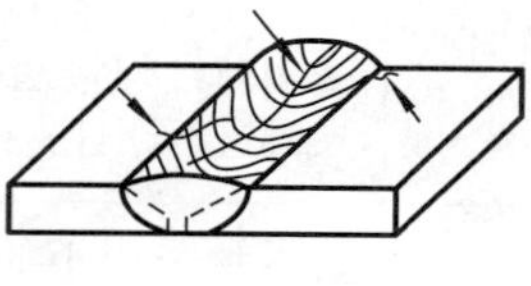 | 焊缝及附近区域的表层和内部产生的缝隙 | (1) 焊接材料或工件材料成分不当；<br>(2) 焊缝金属冷却凝固过快；<br>(3) 焊接结构设计不合理；<br>(4) 焊接工艺不合理 |
| 烧穿 |  | 焊接时，熔深超过焊件厚度，金属液自坡口背面流出形成穿孔 | (1) 焊接电流过大；<br>(2) 焊接速度过慢；<br>(3) 运条方法或焊条角度不当；<br>(4) 坡口钝边过小，装配间隙过大 |

焊接缺陷必然会影响接头的力学性能和密封性、耐蚀性等其他性能。对于重要的焊接接头，一旦发现缺陷，必须进行修补，否则，可能会造成严重的后果。缺陷如果不能够修复，会导致产品的报废。裂纹和烧穿属于严重缺陷，任何情况下都是不允许存在的，一旦产生，焊接工件则只有报废。

## 4.6 其他焊接方法

### 4.6.1 压力焊

压力焊是在焊接过程中，无论加热或不加热，都需要对工件施加一定压力来焊接工件的一类焊接方法，包括电阻焊、摩擦焊、真空扩散焊、超声波焊和爆炸焊等。

由于压力焊必须要有加压装置（或加热装置），设备一次性投资大，工艺过程比较复杂，生产适应性较差，但不需要填充金属材料和外加保护措施，易于实现机械化和自动化生产，且焊接接头质量好，焊接应力和变形小，因此，主要适用于汽车和飞机制造、电子产品封装、高精度复杂结构件的组装焊等。

1. 电阻焊

电阻焊（又称为接触焊）是利用电流通过工件及其接触处所产生的电阻热，将工件加热至高温塑性状态或局部熔化状态，然后在一定压力下形成焊接接头的一类压力焊方法。

根据焦耳—楞次定律，电阻焊在焊接过程中所产生的热量 $Q=I^2Rt$，由于工件本身和接触处的总电阻 $R$ 很小，为了提高生产效率并防止热量散失，通电加热的时间 $t$ 也极短，只有采用强大的电流 $I$ 才能迅速达到焊接所需要的高温。因此，电阻焊需要应用大功率的焊机，通过交流变压器来提供低电压、强电流的电源，焊接电流高达 5000～10000A。通电的时间则由电气设备自动精确地控制。

电阻焊生产效率高，劳动条件好，焊接变形较小，操作简便，易于实行机械化和自动化生产，但设备费用高，耗电量大，接头形式和工件厚度受到限制。因此，主要适用于大批大量生产中棒料、管料的对接和薄板的搭接。

电阻焊有点焊、缝焊和对焊等三种主要类型，如图 4.46 所示。

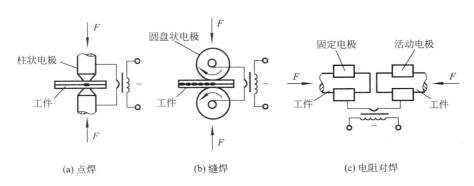

(a) 点焊　　　　(b) 缝焊　　　　(c) 电阻对焊

**图 4.46　电阻焊的主要类型**

1) 点焊

点焊是利用柱状电极加压、通电，将搭接好的工件逐点焊合的一种电阻焊方法，如图 4.46(a)所示。由于两个工件接触面上所产生的热量被电极中的冷却水传走，因此，温升有限，电极与工件不会被焊牢。

点焊的操作过程是施压、通电、断电、松开，这样就完成一个焊点。先施压，后通电，是为了避免电极与工件之间产生的电火花损坏电极和工件。先断电，后松开，是为了使焊点在压力下结晶，以免焊点产生缩松。焊接下一个焊点时，应考虑"分流现象"，保证焊接质量。

点焊的质量主要与焊接电流、通电时间、电极压力和工件表面的清洁程度等因素有关。

点焊主要适用于厚度为 4mm 以下的薄板、壳体等冲压结构的焊接，广泛应用于焊接汽车车厢、驾驶室等薄壁结构以及军工产品、生活日用品等。

2) 缝焊

缝焊又称为滚焊，其焊接过程与点焊相似，只是用旋转的圆盘状电极代替了柱状电极。焊接时，搭接好的工件在圆盘状电极之间通电，并随圆盘状电极的转动而送进，配合断续通电，得到连续重叠 50% 以上的焊点，如图 4.46(b)所示。

缝焊时，由于"分流现象"严重，焊接相同厚度的工件时，所需要的焊接电流约为点焊的 1.5～2 倍，因此，为了节省电能，并使工件和焊接设备有冷却时间，缝焊都采用连续送进和断续通电的操作方法。

缝焊主要适用于厚度为 3mm 以下的、密封性要求较高的薄壁结构的焊接，广泛应用于焊接油箱、水箱、小型容器及管道等。

3) 对焊

对焊是利用电阻热将两个对接好的工件在整个接触面上焊接起来的一种电阻焊方法。按照操作方法的不同，对焊又可分为电阻对焊和闪光对焊。

电阻对焊的操作过程也与点焊相似(见图 4.46(c))。焊接时，将两个对接好的工件装夹于对焊机的电极钳口内，先施加顶锻压力，使工件接头紧密接触。然后通电，利用电阻热将工件接触面上的金属迅速加热至高温塑性状态。接着断电，同时增大顶锻压力，在塑性变形中将工件焊接在一起。

与电阻对焊的"先加压、后通电"不同，闪光对焊的操作过程是"先通电、后加压"，利用高温金属液蒸发、向外飞溅爆破产生的"闪光"，将工件接触面上的金属迅速加热至高温塑性状态。接着断电，同时增大顶锻压力，在塑性变形中将工件焊接在一起。

与电阻对焊相比，闪光对焊的热量集中在接头表面，焊接热影响区较小，而且接头表面的杂质能被闪光作用清除干净，焊接质量较高。闪光对焊所需的电流强度约为电阻对焊的 1/5～1/2，消耗的电能也较少。因此，电阻对焊只适用于焊接截面形状简单、强度要求不高、直径小于 20mm 的棒料、管料对接，闪光对焊则适用于焊接各种截面的重要工件。

对焊主要适用于截面形状相同或相近的轴类、杆类工件的焊接，广泛应用于焊接石油化工管道、自行车和摩托车车轮钢圈、钢筋、钢轨、刀具、锚链、链条等。

2. 摩擦焊

摩擦焊是利用两个相对高速旋转工件的端面接触摩擦而产生的热量，将金属加热至高温塑性状态,然后在一定压力下形成焊接接头的一类压力焊方法。

焊接时,先将两个工件以对接形式装夹于焊机夹具内,施加一定压力使二者端面紧密接触。然后一个工件作高速旋转运动,另一个逐渐向其靠近,待工件端面被接触摩擦产生的热量加热至高温塑性状态时,立即使工件停止旋转,同时增大顶锻压力,在塑性变形中将工件焊接在一起,如图 4.47 所示。

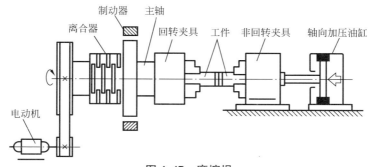

图 4.47 摩擦焊

摩擦焊设备简单,操作方便,不需要填充金属材料,焊接质量好且稳定,生产效率高,劳动条件好,易于实现自动化生产,耗电量少,成本低,焊接材料范围较广,但焊机制动及加压装置要求控制灵敏,焊接非圆截面的工件比较困难,要求至少有一个工件为棒料或管料。

因此,摩擦焊主要适用于圆形工件、棒料及管料的焊接,可焊接的实心工件直径为 2~100mm,管件外径可达 150mm。

### 4.6.2 钎焊

1. 钎焊的原理及焊接过程

钎焊(又称为钎接)是利用熔点比母材低的钎料作为填充金属材料,加热时钎料熔化而母材不熔化,液态钎料浸润固态母材,填充工件接头间隙并与母材金属原子相互扩散来焊接工件的一类焊接方法。钎焊的加热温度稍高于钎料的熔点,而低于母材金属的熔点。

钎焊时,先将表面清理好的工件以搭接形式装配在一起,将钎料置于接头间隙之间或附近。当工件与钎料被加热至稍高于钎料熔点的温度后,熔化的钎料(母材未熔化)借助毛细管作用被吸入并填充固态母材的间隙,其原子与母材金属原子相互扩散,冷却凝固后即形成钎焊接头。

2. 钎焊的类型

按照所用钎料熔点的不同,钎焊可分为硬钎焊和软钎焊两大类。

1) 硬钎焊

硬钎焊又称为高温钎焊,所用铜基、银基、镍基等钎料的熔点都在 450℃以上,接头强度一般在 200MPa 以上,因此,硬钎焊主要适用于受力较大、工作温度较高的钢铁和铜合金构件以及刀具、工具等的焊接。

2) 软钎焊

软钎焊又称为低温钎焊,所用铅基、锡基钎料的熔点都在 450℃以下,接头强度一般不超过70MPa，因此，软钎焊主要适用于受力不大、工作温度较低的仪器仪表、电子元件、电路等的焊接。

按照加热方式的不同，钎焊还可以分为烙铁钎焊、火焰钎焊、电阻钎焊、感应钎焊和炉内钎焊等。

3. 钎焊工艺

钎焊工件的接头形式都采用板料搭接和管套件镶接，如图4.48所示。这样的接头之间有较大的结合面，可以弥补钎料强度的不足，保证接头有足够的承载能力。

钎焊接头之间还应有良好的配合和适当的间隙。间隙过大，不仅浪费钎料，而且会降低焊缝的强度；间隙过小，会影响液态钎料的渗入，可能导致结合面没有全部焊合。钎焊的接头间隙一般约为0.05～0.2mm。

钎焊前，应将工件表面接头处清理干净，钎焊过程中还要应用钎剂清除被焊金属表面的氧化膜，改善液态钎料渗入接头间隙的能力，保护钎料及工件不被氧化。软钎焊常用的钎剂为松香或氯化锌溶液，硬钎焊常用的钎剂由硼砂、硼酸、氧化物和氯化物等组成。

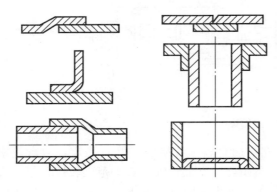

图4.48 钎焊的接头形式

4. 钎焊的特点及应用

与其他焊接方法相比，钎焊设备简单，生产投资较少，焊接温度较低，焊接应力和变形小，接头表面光滑整齐，无需进行加工，整体加热钎焊时，可以同时焊合很多条焊缝，生产效率高，可以焊接性能悬殊的异种金属。但钎料的强度较低，价格较贵，焊接接头的承载能力有限，允许的工作温度较低，焊前清理要求严格。

因此，钎焊不适用于一般钢结构和重载机构的焊接，主要适用于焊接精密仪表、电气零部件以及制造某些复杂的薄板构件，如蜂窝构件、夹层构件、板式换热器等。

# 小 结

焊接是通过加热或加压（或二者并用），并且使用或不用填充金属材料，将接头处金属加热到熔化状态或高温塑性状态，借助金属原子的扩散与结合，将分开的工件永久性（即不可拆卸）地连接在一起的成形加工方法。它是现代工业生产中用来制造各种金属结构和机械零件的主要工艺方法之一。

按照焊接过程特点的不同，焊接可分为熔化焊、压力焊和钎焊三大类，而每一类又可分成若干种不同的焊接方法。

电弧焊（简称为弧焊）是利用高温电弧作为焊接热源来进行焊接的一类熔化焊方法，也是生产中应用最为广泛的焊接方法，包括手工电弧焊、埋弧自动焊、气体保护焊等。

手工电弧焊(简称为手弧焊)是操作最简单、应用最为广泛的一种电弧焊。手弧焊的主要设备是弧焊机，分为交流弧焊机和直流弧焊机两大类。电焊条是涂有药皮的、供手弧焊使用的熔化电极和填充金属材料，由焊芯和药皮两部分组成。

除了手工电弧焊以外，常用的电弧焊还有埋弧自动焊和气体保护焊。埋弧自动焊(简称为埋弧焊)是电弧在焊剂层下燃烧来进行焊接的电弧焊方法。气体保护电弧焊(简称为气体保护焊)是利用外加气体作为电弧介质并保护电弧和焊接区的电弧焊方法。

气焊是利用气体燃烧产生的高温火焰作为焊接热源来进行焊接的熔化焊方法。气割是利用气体火焰燃烧产生的高温来切割工件的切割方法，但由于气割所用设备与气焊基本相同，而操作也有近似之处，因此，一般将气割与气焊放在一起。

## 复习思考题

**1. 判断题**

4-1 焊接不但可以连接同种金属，而且还可以连接异种金属。
4-2 交流弧焊机没有正接和反接之分。
4-3 碱性焊条只适用于直流弧焊机。
4-4 在保证焊接质量的前提下，应尽量加快焊接速度。
4-5 焊接薄钢板时，为了防止烧穿，应采用直流电源反接法。
4-6 焊接时，选择焊接电流的唯一依据是接头形式。
4-7 钎焊既需要加热，也需要填充金属材料，所以，应该属于熔化焊。
4-8 焊接过程中，应千方百计采取措施防止空气对焊缝产生危害。
4-9 坡口的主要作用是为了保证焊透。
4-10 电焊条外层涂料的作用是防止焊芯金属生锈。

**2. 填空题**

4-11 通过_____或_____(或二者并用)，并且使用或不用填充材料，使焊件达到_____的一种加工方法称为焊接。
4-12 按照焊接过程特点的不同，焊接方法一般可分为_____、_____和_____三大类。
4-13 手工电弧焊是利用_____所产生的_____来熔化母材和焊条的一种手工操作的焊接方法。
4-14 焊接电弧由_____、_____和_____三部分组成。
4-15 焊接接头形式可分为_____、_____、_____、_____四种，常见的坡口形状分为_____、_____、_____、_____等几种。
4-16 焊接空间位置有_____、_____、_____和_____。
4-17 改变乙炔和氧气的混合比例可以得到_____、_____和_____三种火焰。
4-18 气体保护焊是用_____作为电弧介质并保护电弧和焊接区的一种电弧焊方法。

4-19 气割过程归纳起来就是_____、_____、形成切口，氧—乙炔焰又将临近的金属预热重复不断进行的过程。

**3. 简答题**

4-20 电焊条由哪两个部分组成？各部分的主要作用是什么？
4-21 常见的对接接头的坡口类型有哪几种？
4-22 试分析常见的焊接缺陷及产生原因。
4-23 焊接方法如何分类？常用的是哪几种？
4-24 焊接工具主要有哪些？使用中应注意哪些问题？
4-25 气焊时，氧—乙炔火焰有哪几种？其特征与应用如何？
4-26 气割原理是什么？有何特点？气割对材质条件有何要求？

# 第 5 章
# 切削加工基础知识

 本章教学要点

| 知识要点 | 掌握程度 | 相关知识 |
| --- | --- | --- |
| 切削加工概述 | 了解切削加工的分类和特点；<br>熟悉主运动和进给运动的概念及特点；<br>掌握切削用量各参数的定义 | 钳工与机械加工；主运动与进给运动；切削速度、进给量、背吃刀量 |
| 刀具材料 | 熟悉刀具材料应具备的性能；<br>熟悉常用刀具材料的典型牌号和特点 | 刀具材料性能要求；常用刀具材料；新型刀具材料 |
| 金属切削机床的基础知识 | 熟悉金属切削机床型号编制方法；<br>掌握机床上常用传动装置及其特点和传动比计算 | 机床的分类；机床的型号编制；机床的传动 |
| 常用量具 | 熟悉常用量具的结构原理和使用 | 常用量具的结构和读数原理 |
| 工艺和夹具的基础知识 | 了解工艺基础知识、机床夹具的种类及组成 | 工序、工步和走刀的定义；工件装夹的定义；夹具的分类和组成 |
| 切削加工后零件的质量 | 了解尺寸精度、形状精度、位置精度和表面粗糙度的基本概念 | 加工精度和表面质量的定义和内容 |

## 5.1 概 述

### 5.1.1 切削加工的分类及特点

**1. 切削加工的分类**

切削加工是利用切削刀具将坯料或工件上多余材料切除,以获得所要求的几何形状、尺寸精度和表面质量的加工方法。切削加工分为钳工和机械加工两大类。

钳工一般是指操作者手持各种工具在钳台上对工件进行切削加工的方法。机械加工是指将工件装夹在机床上,操作者通过操纵机床对工件进行切削加工的方法。按照所用机床的不同,机械加工又可分为车削加工、铣削加工、刨削加工、钻削加工、磨削加工和齿形加工等,如图 5.1 所示。

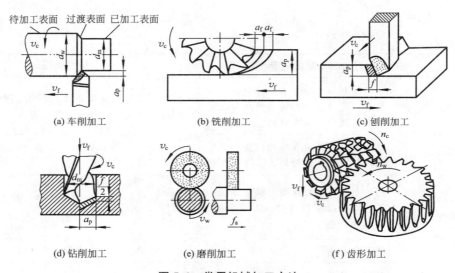

图 5.1 常用机械加工方法

对于有些切削加工工作,如钻孔、铰孔、攻螺纹和套螺纹等,钳工与机械加工之间并没有明显的界限。目前,随着加工技术的发展和自动化程度的提高,钳工的部分工作已被机械加工所替代。但是钳工在某些条件下非常经济和方便,尤其在装配和修理等工作中具有独特的优势,因此,钳工在机械制造中仍然占有一定的地位。

**2. 切削加工的特点**

与其他加工方法相比,切削加工具有以下优点:

(1) 加工对象广泛,大部分金属材料都可以进行切削加工。

(2) 不受零件形状的限制,很多形状各异的零件都可以通过切削加工获得。

(3) 可获得很高的加工精度和表面质量,粗加工精度可达 IT13~IT8,表面粗糙度可达 $Ra25 \sim 3.2 \mu m$;半精加工精度可达 IT10~IT7,表面粗糙度可达 $Ra6.3 \sim 1.6 \mu m$;精加工精度可达 IT8~IT6,表面粗糙度可达 $3.2 \sim 0.8 \mu m$;超精加工精度可达 IT7~IT5,表

面粗糙度可达 $Ra1.6\sim0.2\mu m$。

（4）切除单位体积材料所消耗的能量较小。

同时，切削加工也存在着一些不足之处：切削加工会产生切屑，费工费料；在切削力和切削热的作用下，工艺系统会产生变形和振动，降低加工精度和表面质量，加快刀具磨损；切削加工过程中已加工表面会产生加工硬化和残余应力，影响零件使用性能。

## 5.1.2 切削运动

无论哪一种机械加工方法，都需要将工件和刀具装夹于机床上，由操作者操纵机床使刀具与工件之间产生一定的相对运动（即切削运动），从而加工出所需要的表面。切削运动可分为主运动和进给运动。

1. 主运动

主运动是由机床或人力提供的主要运动，它使刀具与工件之间产生相对运动，从而使刀具前面接近工件。例如，车削加工时工件的旋转，铣削加工时铣刀的旋转，刨削加工时刨刀的往复直线运动，钻削加工时钻头的旋转，磨削加工时砂轮的旋转等即是主运动，如图5.1所示。在切削运动中，主运动速度最高、消耗的功率最大。切削加工时，有且只有一个主运动。

2. 进给运动

进给运动是由机床或人力提供的辅助运动，它使刀具与工件之间产生附加的相对运动，加上主运动，即可不断地或连续地切除多余材料，并获得具有所需几何特性的已加工表面。例如，车削加工时车刀的纵向、横向移动，铣削加工和刨削加工时工件的纵向、横向移动，钻削加工时钻头的轴向移动，磨削外圆时工件的旋转和工件的轴向移动或砂轮的径向移动等即是进给运动，如图5.1所示。进给运动可以是连续的，也可以是间歇的。切削加工时，进给运动可能有一个或几个。

主运动和进给运动既可以由工件完成，也可以由刀具完成。

在切削过程中，工件上存在着三个不同的表面，即待加工表面、过渡表面和已加工表面。待加工表面是工件上有待切除的表面；已加工表面是工件上经刀具切削后产生的新表面；过渡表面是工件上由切削刃形成的那部分表面，它将在下一切削行程、刀具或工件转动的下一周里被切除，或者由下一切削刃切除。例如，车外圆时工件上的三个表面如图5.1(a)所示。

## 5.1.3 切削用量

切削用量是指切削过程中各个运动参数的取值，一般用切削速度 $v_c$、进给量 $f$（或进给速度 $v_f$）和背吃刀量 $a_p$ 表示。常用机械加工方法的切削用量如图5.1所示。切削用量的合理选择对生产效率和加工质量的影响很大。

1. 切削速度

切削速度（$v_c$）是指刀具切削刃上选定点相对于工件主运动的瞬时速度(m/s)。切削速度是衡量主运动速度高低的参数。例如，车外圆时的切削速度计算公式为

$$v_c=\frac{\pi dn}{60\times 1000} \tag{5-1}$$

式中，$d$ 为车刀切削刃上选定点处所对应的工件回转直径(mm)；$n$ 为工件的转速(r/min)。

由于刀具切削刃上不同选定点相对于工件主运动的瞬时速度的大小和方向可能不相同，因此，切削刃上不同选定点所对应的切削速度也不相同。在切削速度的计算和选择时，应取最大值，以便于考虑切削速度对刀具磨损和已加工表面质量的影响。例如车外圆时，应取工件过渡表面或待加工表面的最大回转直径处所对应的切削速度。

2. 进给量和进给速度

进给量($f$)是指刀具在进给运动方向上相对工件的位移量，可用刀具或工件每转或每行程的位移量来表述和度量。例如，车削加工时，进给量是指工件每旋转一周，车刀沿进给运动方向的位移量(mm/r)；钻削加工时，进给量是指钻头每旋转一周，钻头沿进给运动方向的位移量(mm/r)；在牛头刨床刨削时，进给量是指刨刀每往复一次，工件沿进给运动方向间歇移动的位移量(mm/行程)。

进给速度($v_f$)是指切削刃上选定点相对工件进给运动的瞬时速度(mm/s)。

3. 背吃刀量 $a_p$

背吃刀量是指在通过切削刃选定点并垂直于工作平面的方向上测量的吃刀量，一般指待加工表面与已加工表面之间的垂直距离(mm)。例如，车外圆和实体钻孔时的背吃刀量计算公式分别为

$$a_p = \frac{d_w - d_m}{2} \quad (5-2)$$

$$a_p = \frac{d_m}{2} \quad (5-3)$$

式中，$d_w$ 为待加工表面直径(mm)；$d_m$ 为已加工表面直径(mm)。

## 5.2 刀 具 材 料

在切削过程中，刀具切削部分直接担负切削工作。刀具切削性能的好坏，取决于构成刀具切削部分的材料、切削部分的几何参数及刀具结构的选择和设计是否合理。刀具材料一般是指刀具切削部分的材料。

### 5.2.1 刀具材料应具备的性能

在切削过程中，刀具要承受很大的压力，同时，由于切削时产生的塑性变形以及刀具、切屑与工件接触表面之间产生的强烈摩擦，使切削区产生很高的温度和承受很大的应力，当切削余量不均匀或断续切削时，刀具还会承受很大的冲击和振动。因此，刀具材料应满足以下一些性能要求：

(1) 高硬度。硬度是指材料抵抗其他物体压入其表面的能力。刀具要从工件上切除多余材料，其硬度必须大于工件材料硬度。一般刀具材料的常温硬度应在 60HRC 以上。

(2) 好的耐磨性。耐磨性是指材料抵抗磨损的能力，是刀具材料的力学性能、组织结构和化学性能的综合反映。一般来说，刀具材料的硬度越高，则耐磨性越好。

(3) 足够的强度和韧性。强度是指刀具抵抗塑性变形和破坏的能力，一般用抗弯强度

来表示。韧性是指刀具抵抗冲击载荷的能力。要使刀具在承受很大的压力以及在切削过程中存在冲击和振动的条件下不产生崩刃和折断，刀具材料必须具有足够的强度和韧性。

(4) 高的耐热性。耐热性又称为红硬性、热硬性，是指刀具材料在高温下保持硬度、耐磨性、强度和韧性的能力，一般用维持切削性能的最高温度(又称为红硬温度)来表示。刀具材料的红硬温度越高，刀具的切削性能越好，允许的切削速度越高。耐热性是衡量刀具材料性能的主要指标之一。

(5) 良好的工艺性能。为了便于刀具制造，刀具材料应具有良好的工艺性能，如锻造工艺性能、焊接工艺性能、切削加工工艺性能和热处理工艺性能等。

此外，刀具材料还应具有良好的热物理性能、耐热冲击性能和经济性等。

### 5.2.2 常用的刀具材料

常用的刀具材料有碳素工具钢、合金工具钢、高速钢和硬质合金。碳素工具钢和合金工具钢的耐热性较差，仅适用于手工工具及一些切削速度较低的刀具。目前，用得最多的刀具材料是高速钢和硬质合金。

1) 碳素工具钢

碳质量分数为 0.65%～1.35% 的优质高碳钢，淬火后硬度不小于 62HRC。碳素工具钢的耐热性较差，红硬温度仅为 200～300℃，且淬火后易变形和开裂。常用于制造手工工具及切削速度较低的刀具，如锉刀、手用锯条、刮刀等。碳素工具钢按冶金质量等级分为优质钢和高级优质钢。常用的牌号有 T10、T12、T13 等，高级优质钢在牌号后加 A。

2) 合金工具钢

在碳素工具钢中，加入少量的硅、锰、铬、钨等合金元素即成为合金工具钢。加入合金元素后其硬度和耐磨性得到提高，热处理变形减小，红硬温度为 300～400℃。常用于制造形状复杂、要求淬火变形小的刀具，如铰刀、板牙、丝锥等。常用的牌号有 9SiCr、Cr12MoV、CrWMn 等。

3) 高速钢

高速钢是一类加入了较多的钨、钼、铬、钒等合金元素的高合金工具钢，具有高的强度(抗弯强度为一般硬质合金的 2～3 倍，为陶瓷的 5～6 倍)和韧性，一定的硬度(62～67HRC)和耐磨性。在切削温度达 500～650℃时，仍具有较高的切削性能。高速钢刀具制造工艺简单，容易磨成锋利的切削刃，可以进行锻造。高速钢除以条状刀坯直接刃磨成切削刀具外，还广泛地用于制造形状较为复杂的刀具，如钻头、丝锥、铣刀、拉刀、齿轮刀具和成形刀具等。按照用途不同，高速钢可分为通用型高速钢和高性能高速钢；按照制造工艺方法不同，高速钢可分为熔炼高速钢和粉末冶金高速钢。

(1) 通用型高速钢。适用于加工碳素结构钢、合金结构钢和普通铸铁等材料，主要有钨系和钨钼系高速钢两类。

① 钨系高速钢的典型牌号为 W18Cr4V(简称为 W18 或 18-4-1)，其特点是淬火加热范围宽，磨削加工性能好，常用于制造各种精加工刀具。W18 钢的缺点是碳化物分布通常不均匀，热塑性较差，不适合做热轧刀具。由于上述缺点和国际市场上钨价较高，W18 逐渐被新钢种代替。W14Cr4VMnRe 是我国生产的加入少量锰和稀土元素的另一种钨系高速钢。含钨量的减少和稀有元素的加入，改善了碳化物分布状况，并增大了热塑性，锻造和轧制工艺性能好，磨削加工性能良好，热处理温度范围较宽，过热敏感性和氧化脱碳倾向

较小，适用于制造热轧刀具，如麻花钻等。

② 钨钼系高速钢的典型牌号为 W6Mo5Cr4V2（简称为 W6 或 6-5-4-2，对应于美国牌号 M2），其特点是热塑性、碳化物分布和淬火后的机械性能比 W18 好，但磨削加工性能略差，尤其适合于制造轧制或扭制钻头等热成形刀具，是目前各国使用较多的一种高速钢。W9Mo3Cr4V（简称为 W9）是一种含钨量较多、含钒量较少的钨钼系高速钢。其碳化物不均匀性介于 W18 和 M6 之间，但抗弯强度和冲击韧度高于 M6，具有较好的硬度和韧性，其热塑性也很好，热处理时氧化脱碳倾向比 M6 小。由于含钒量少，其磨削加工性能比 M6 好，适用于制造各种刀具，如锯条、钻头、拉刀、铣刀和齿轮刀具等。

(2) 高性能高速钢。高性能高速钢是在通用型高速钢的基础上，通过调整其基本化学成分和添加一些其他合金元素（如钒、钴、铅、硅、铌等）的办法，以提高其耐热性和耐磨性。主要适用于加工不锈钢、耐热钢、高温合金和超高强度钢等难切削加工材料，主要有高碳高速钢、含铝高速钢、钴高速钢和高钒高速钢四类。

① 高碳高速钢的典型牌号为 9W18Cr4V（简称为 9W18）和 9W6Mo5Cr4V2（简称为 CM2），常用于制造耐磨性要求高的铰刀、锪钻、丝锥以及加工较硬材料（220～250HBS）的刀具，也可用于切削不锈钢、奥氏体材料及钛合金。其耐磨性比通用型高速钢高 2～3 倍，但韧性降低，不能承受大的冲击。

② 含铝高速钢的典型牌号为 W6Mo5Cr4V2Al（简称为 501）和 W10Mo4Cr4V3Al（简称为 5F-6）。其常温硬度为 67～69HRC，600℃时的高温硬度为 54～55HRC，切削性能相当于钴高速钢 M42，刀具寿命比 W18 显著提高（至少提高 1～2 倍），而价格却相差不多。但由于含钒量较多，磨削加工性能较差，且过热敏感性强，氧化脱碳倾向较大，应严格控制热处理工艺。

③ 钴高速钢的典型牌号为 W2Mo9Cr4VCo8（对应于美国牌号 M40 系列中 M42）。其常温硬度为 67～70HRC，600℃时的高温硬度为 54～55HRC，在高温切削时显示出其优越性。高速钢中加入钴可提高钢的热稳定性、常温和高温硬度及抗氧化能力。但钴高速钢碳化物不均匀性增加，强度和韧性有所降低，不宜制造薄刃刀具或在较大冲击条件下切削。由于我国钴资源有限，目前生产和使用不多。

④ 高钒高速钢的典型牌号为 W6Mo5Cr4V3 和 W12Cr4V4Mo，适用于加工对刀具磨损严重的材料，如硬橡胶、塑料等。高钒高速钢耐磨性好，过热敏感性低，但磨削加工性能差。

(3) 粉末冶金高速钢。其工艺方法是用高压惰性气体（氩气）或高压水雾化高速钢钢水，获得极细的高速钢粉末，再经高温、高压制成刀具形状的毛坯。碳化物晶粒细小，分布均匀，热处理变形小，硬度、耐热性、耐磨性显著提高，磨削加工性能好，但成本高。主要适用于制造断续切削刀具和精密刀具，如齿轮滚刀、拉刀和成形铣刀等。

4) 硬质合金

硬质合金是由高耐热性的金属碳化物（WC、TiC 等）和金属粘结剂（Co、Mo、Ni 等）用粉末冶金方法制成的。其硬度极高（为 89～93HRA），耐磨性和耐热性好，允许的工作温度可达 850～1000℃，甚至更高。允许的切削速度比高速钢高 4～7 倍，是目前切削加工中用量仅次于高速钢的主要刀具材料。硬质合金的缺点是抗弯强度较低，冲击韧性较差，工艺性能也较高速钢差。因此，硬质合金主要适用于制造形状简单的高速切削刀具，用粉末冶金工艺制成一定规格的刀片镶嵌于或焊于刀体上。目前，车削刀具大都采用硬质合金，其他刀具采用硬质合金的也日益增多，如硬质合金端铣刀、立铣刀、镗刀、拉刀和铰刀等。

根据切削加工对象(即被加工材料)，可将切削工具用硬质合金分成 P、M、K、N、S 和 H 等共 6 类。按照硬质合金材料的耐磨性和韧性的不同，以及为满足不同的使用要求，在类别后面添加两位数字组 01、10、20、30、……构成组别号以示区别，同时，根据需要也可在相邻两个组别中间插入中间数字进行细分区间，以 05、15、25、35、……表示。分组代号数字越大，韧性越高而耐磨性越低。GB/T 18376.1—2008《硬质合金牌号第 1 部分：切削工具用硬质合金牌号》标准中规定了各分类分组代号的推荐作业条件。

(1) P 类硬质合金是以 TiC、WC 作为基体，以 Co(Ni+Mo、Ni+Co)作为粘结剂的合金/涂层合金。适用于加工长切屑的黑色金属，如钢、铸钢等。其代号有 P01、P10、P20、P30、P40 等，该类硬质合金相当于被替换标准 YS/T 400—1994《硬质合金牌号》中钨钛钴合金，其代号为 YT，常用牌号有 YT5、YT15、YT30 等。牌号中的 T 代表 TiC，数字表示碳化钛的质量分数。

(2) M 类硬质合金是以 WC 作为基体，以 Co 作为粘结剂并添加少量 TiC(TaC，NbC) 的合金/涂层合金。适用于加工长切屑或短切屑的金属材料，如钢、铸钢、不锈钢、锰钢、合金钢、合金铸铁和可锻铸铁等难切削加工材料。其代号有 M01、M10、M20、M30、M40 等。该类硬质合金相当于被替换标准 YS/T 400—1994《硬质合金牌号》中钨钛钽(铌)钴合金，其代号为 YW，常用牌号有 YW1、YW2、YW3 等。

(3) K 类硬质合金是以 WC 作为基体，以 Co 作为粘结剂，或添加少量 TaC，NbC 的合金/涂层合金。适用于加工短切屑的金属，如铸铁、短切屑可锻铸铁等。其代号有 K01、K10、K20、K30、K40 等。该类硬质合金相当于被替换标准 YS/T 400—1994《硬质合金牌号》中钨钴合金，其代号为 YG，常用牌号有 YG3、YG6、YG8、YG3X 等。牌号中的数字表示钴的质量分数，X 表示细晶粒合金。

(4) N、S、H 等三类硬质合金都是以 WC 为基体，以 Co 作粘结剂，或添加少量 TaC、NbC 或 CrC 的合金/涂层合金。其组别号分别为 01、10、20 和 30。其中，N 类硬质合金适用于加工有色金属合金和非金属材料；S 类硬质合金适用于加工耐热合金和优质合金，如含镍、钴、钛的各类合金材料；H 类硬质合金适用于加工淬硬钢、冷硬铸铁。

### 5.2.3 其他新型刀具材料

1. 陶瓷材料

陶瓷的主要成分是 $Al_2O_3$，加入少量添加剂，经压制成形后烧结而成，其硬度、耐磨性和耐热性均优于硬质合金。用陶瓷材料制成的刀具，适用于加工高硬度的材料。刀具硬度为 91～95HRA，在 1200℃的高温下仍能继续切削。陶瓷与金属的亲和力小，用陶瓷刀具切削不易粘刀，不易产生积屑瘤，被切削工件表面粗糙度小。但陶瓷刀片性脆，抗弯强度与冲击韧性低，一般适用于钢、铸铁以及高硬度材料的半精加工和精加工。

陶瓷刀片典型牌号有 AM、AMF、AT6、SG3 和 SG4 等。

2. 人造聚晶金刚石

人造聚晶金刚石(PCB)是由石墨在高温、高压条件下转变而成的，具有极高的硬度(显微硬度可达 10000HV)和耐磨性。金刚石刀具适用于有色金属合金、陶瓷等高硬度、高耐磨性材料的精密切削。但因其与铁元素的化学亲和力很强，不适合加工钢铁件，热稳定性也较差，当温度达到 700～800℃时，在空气中金刚石刀具即发生碳化，刀具磨损加剧。

### 3. 聚晶立方氮化硼

聚晶立方氮化硼（PCBN）是由六方氮化硼在高温、高压下加入催化剂条件转变而成的。其硬度很高（可达 8000～9000HV），有很高的耐热性（可达 1300～1400℃），在 1200～1300℃的高温时，也不会与铁元素发生反应。因此，适用于淬火钢和冷硬铸铁的粗车和精车，还可以高速切削高温合金、热喷涂材料、硬质合金及其他难切削加工材料。

### 4. 涂层刀具

涂层刀具是在韧性较好的硬质合金或高速钢刀具基体上，涂覆一薄层耐磨性高的难熔金属化合物（如 TiC 或 TiN）。涂层的硬度高，摩擦系数小，使刀具的耐磨性提高；涂层还具有抗氧化和抗粘结的特点，延迟了刀具的磨损。因此，涂层刀具的切削速度可提高 30%～50%，刀具耐用度提高数倍。

## 5.3 金属切削机床的基础知识

金属切削机床（简称为机床）是用切削、特种加工等方法加工机械零件，并使之获得所要求的几何形状、尺寸精度和表面质量的机器。金属切削机床是加工机器零件的主要设备，它所担负的工作量占机器制造总工作量的 40%～60%，机床的技术水平直接影响机械制造工业的产品质量和生产效率。

### 5.3.1 机床的分类和型号编制

#### 1. 机床的分类

机床的种类繁多，为了便于设计、制造、使用和管理，有必要对机床进行分类。根据需要，有不同的分类方法。

1）按照机床的工作原理分类

可分为车床、钻床、镗床、磨床、齿轮加工机床、螺纹加工机床、铣床、刨插床、拉床、锯床和其他机床等共 11 类。必要时，每类可分为若干分类。每类机床划分为 10 个组，每个组又划分为 10 个系（系列）。这是主要的机床分类方法。

2）按照机床的通用性程度分类

可分为通用机床、专用机床和专门化机床等三类。

(1) 通用机床可以完成多种工件及每种工件多种工序加工，如卧式车床、卧式铣镗床和立式升降台铣床等。通用机床的加工范围较广，结构比较复杂，主要适用于单件小批量生产。

(2) 专用机床用于完成特定工件的特定工序加工，如加工箱体某几个孔的专用镗床。专用机床是根据特定工艺要求而专门设计、制造和使用的，一般来说，生产效率较高，结构比通用机床简单，适用于大批大量生产。

(3) 专门化机床用于完成形状类似而尺寸不同的工件的某一种工序加工，如凸轮轴车床、曲轴连杆颈车床和精密丝杠车床等。专门化机床介于通用机床和专用机床之间，既有加工尺寸的通用性，又有加工工序的专用性，生产效率较高，适用于成批生产。

3) 按照机床的工作精度分类

在同一种机床中，根据加工精度不同，可分为 P 级（普通级，P 一般省略）、M 级（精密级）和 G 级（高精度级）等三类。

2. 机床的型号编制

根据 GB/T 15375—2008《金属切削机床型号编制方法》，机床型号由基本部分和辅助部分组成，中间用"/"隔开，读作"之"，如图 5.2 所示。基本部分需要统一管理，辅助部分纳入型号与否由企业自定。图中，△表示阿拉伯数字；○表示大写的汉语拼音字母；括号中表示可选项，当无内容时则不表示，有内容时则不带括号；◎表示大写的汉语拼音字母或阿拉伯数字，或二者兼有之。机床型号可以简明扼要地表示机床类型、通用特性和结构特性、主要技术参数等内容。

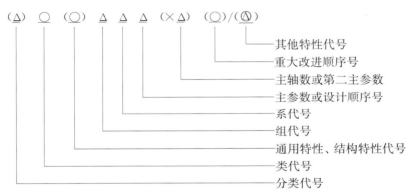

图 5.2　机床型号的表示方法

1) 机床的类代号和分类代号

机床按照工作原理不同划分为 11 类。机床的类代号，用大写的汉语拼音字母表示。必要时，每类可分为若干分类。分类代号在类代号之前，作为型号的首位，并用阿拉伯数字表示。第一分类代号前的 1 省略，第二、三分类代号前的 2、3 则应表示出来。例如，第三分类磨床在 M 前应加 3，即 3M。机床的类代号，按其相对应的汉字字意读音。机床的类代号及分类代号见表 5-1。

表 5-1　机床的类代号和分类代号

| 类别 | 代号 | 读音 | 类别 | 代号 | 读音 |
|---|---|---|---|---|---|
| 车　床 | C | 车 | 螺纹加工机床 | S | 丝 |
| 钻床 | Z | 钻 | 铣　床 | X | 铣 |
| 镗床 | T | 镗 | 刨插床 | B | 刨 |
| 磨　床 | M | 磨 | 拉床 | L | 拉 |
|  | 2M | 二磨 | 锯　床 | G | 割 |
|  | 3M | 三磨 | 其他机床 | Q | 其 |
| 齿轮加工机床 | Y | 牙 |  |  |  |

2) 机床的通用特性、结构特性代号

(1) 通用特性代号。通用特性代号有统一规定的含义,它在各类机床的型号中,表示的意义相同。当某类机床除了有普通型之外,还有下列某种通用特性时,应在类代号之后加上通用特性代号予以区分。例如,数控车床,在"C"后面加"K"。机床的通用特性代号,应按照其相对应的汉字字意读音。机床的通用特性代号见表5-2。

表5-2 机床的通用特性代号

| 通用特性 | 代号 | 读音 | 通用特性 | 代号 | 读音 |
| --- | --- | --- | --- | --- | --- |
| 高精度 | G | 高 | 仿形 | F | 仿 |
| 精密 | M | 密 | 轻型 | Q | 轻 |
| 自动 | Z | 自 | 加重型 | C | 重 |
| 半自动 | B | 半 | 柔性加工单元 | R | 柔 |
| 数控 | K | 控 | 数显 | X | 显 |
| 加工中心(自动换刀) | H | 换 | 高速 | S | 速 |

(2) 结构特性代号。对于主参数值相同而结构、性能不同的机床,应在型号中加上结构特性代号予以区分。结构特性代号没有统一规定的含义,只起在同类机床中区分机床结构、性能不同的作用。当型号中已有通用特性代号时,结构特性代号应排在通用特性代号之后。结构特性代号,用汉语拼音字母(通用特性代号已用的字母和I、O两个字母不得选用)A、B、C、D、E、L、N、P、T、Y表示。

3) 机床的组、系代号

每一类机床按照用途、性能、结构等划分为10个组,每个组用一位阿拉伯数字表示,位于类代号或通用特性、结构特性代号之后。每个组又划分为10个系(系列),每个系列用一位阿拉伯数字表示,位于组代号之后。

4) 机床的主参数或设计顺序号

机床型号中主参数用折算值(一般为机床主参数实际数值或实际数值的1/10或1/100)表示,位于系代号之后。当折算值大于1时,则取整数,前面不加0,当折算值小于1时,则取小数点后第一位数,并在前面加0。主参数反映机床的主要技术规格,当主参数表示尺寸时,单位为mm。如C6140车床,主参数折算值为40,折算系数为1/10,即主参数(床身上最大回转直径)为400mm。

某些通用机床,当无法用一个主参数表示时,则在型号中用设计顺序号表示。设计顺序号从1起始,当设计顺序号小于10时,由01开始编号。

5) 机床的主轴数和第二主参数

对于多轴车床、多轴钻床等机床,其主轴数应以实际数值列入型号,置于主参数之后,用"×"分开,读作"乘"。单轴可省略,不予表示。如C2150×6表示最大棒料直径为50mm的卧式六轴自动车床。

第二主参数,一般不予表示,如果有特殊情况,则需在型号中表示。第二主参数一般是指最大跨距、最大工作长度、工作台工作面长度等,也用折算值表示。一般以折算成两位数为宜,最多不超过三位数。

6) 机床的重大改进顺序号

当机床的结构、性能有更高的要求，并需要按照新产品重新设计、试制和鉴定时，才依据改进的先后顺序，在型号基本部分的尾部加 A、B、C 等汉语拼音字母（I、O 两个字母不得选用），以区别于原有机床型号。例如，C6150A 表示是 C6150 型车床经过第一次重大改进的车床。

### 5.3.2 机床的传动

机床的传动有机械、液压、气动、电气等多种形式，其中最常用的传动形式是机械传动和液压传动。机床上的回转运动多为机械传动，而直线运动则是机械传动和液压传动都有应用。

1. 机械传动

1) 常用的机械传动形式

机床的原动力一般来自于电动机，机床的主运动和进给运动要求有不同的运动形式，如回转运动和直线运动，因此，机床上有必要采用多种传动形式。常用的机械传动形式有带传动、齿轮传动、蜗杆传动、齿轮齿条传动和丝杠螺母传动等。

（1）带传动。

带传动是利用传动带与带轮之间的摩擦作用，将主动轮上的动力与运动传递至从动轮上。机床上一般采用 V 带传动，如图 5.3 所示。

如果不考虑传动带与带轮之间的弹性滑动，其传动比的计算公式为

$$i=\frac{n_1}{n_2}=\frac{d_2}{d_1} \tag{5-4}$$

式中，$n_1$、$n_2$ 分别为主动轮、从动轮的转速（r/min）；$d_1$、$d_2$ 分别为主动轮、从动轮的直径（mm）。

如果考虑传动带与带轮之间的弹性滑动，其传动比的计算公式为

$$i=\frac{n_1}{n_2}=\frac{d_2}{(1-\varepsilon)d_1} \tag{5-5}$$

式中，$\varepsilon$ 为滑动率，一般取 1%～2%。

带传动结构简单，传动平稳，无需润滑，能缓冲、吸振。当过载时，带在带轮上打滑，可防止其他零件损坏，起到安全保护作用，适用于中心距较大的传动，但带传动不能保证准确的传动比，并且摩擦损失大，传动效率较低。

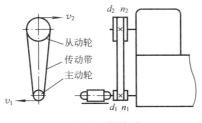

图 5.3 带传动

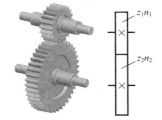

图 5.4 齿轮传动

（2）齿轮传动。

齿轮传动是最常用的机械传动形式之一，其中，以直齿圆柱齿轮传动（如图 5.4 所示）和斜齿圆柱齿轮传动的应用最为广泛。在机床的齿轮传动系统中，齿轮有固定齿轮、滑移

齿轮和交换齿轮三种,其中,滑移齿轮和交换齿轮用于改变机床部件的运动速度。

齿轮传动的传动比计算公式为

$$i=\frac{n_1}{n_2}=\frac{z_2}{z_1} \tag{5-6}$$

式中,$n_1$、$n_2$ 分别为主动、从动齿轮的转速(r/min);$z_1$、$z_2$ 分别为主动、从动齿轮的齿数。

齿轮传动结构紧凑,传动比准确,可传递较大的圆周力,传动效率高,但加工比较复杂,且加工精度不高时,振动、冲击和噪声较大,不宜用于中心距过大的传动。

(3) 蜗杆传动。

蜗杆传动由蜗杆和蜗轮组成,如图 5.5 所示,用于传递空间两交错轴之间的运动和动力,两轴间的交错角通常为 90°。蜗杆为主动件,将运动传给蜗轮。如果蜗杆为单头蜗杆(相当于单线螺纹),蜗杆每转动一周,则蜗轮转动一个齿;如果蜗杆为多头蜗杆(头数为 $z_1$),蜗杆每转动一周,则蜗轮转动 $z_2$ 个齿,其传动比的计算公式为

$$i=\frac{n_1}{n_2}=\frac{z_2}{z_1} \tag{5-7}$$

式中,$n_1$、$n_2$ 分别为蜗杆、蜗轮的转速(r/min);$z_2$ 为蜗轮的齿数。

蜗杆传动可以获得较大的减速比(因为 $z_1$ 比 $z_2$ 小很多),结构紧凑,且传动平稳,振动、冲击和噪声小,但传动效率低,需要良好的润滑条件。

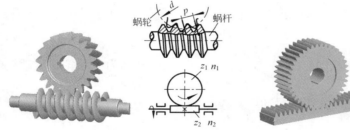

图 5.5 蜗杆传动

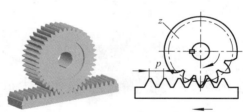

图 5.6 齿轮齿条传动

(4) 齿轮齿条传动。

齿轮齿条传动是将旋转运动转换为直线运动(齿轮为主动件时)或直线运动转换为旋转运动(齿条为主动件时)的一种机械传动形式。如图 5.6 所示,如果齿轮按照箭头所指方向旋转,则齿条向左作直线移动,其移动速度的计算公式为

$$v=\frac{pzn}{60}=\frac{\pi mzn}{60} \tag{5-8}$$

式中,$v$ 为齿条的直线移动速度(mm/s);$z$ 为齿轮的齿数;$n$ 为齿轮的转速(r/min);$p$ 为齿条的齿距,$p=\pi m$(mm);$m$ 为齿轮、齿条的模数(mm)。

齿轮齿条传动的传动效率较高,但制造精度不高时,传动的平稳性和准确性较差。

(5) 丝杠螺母传动。

丝杠螺母传动多用于机床传动系统中,如图 5.7 所示。它以丝杠作为主动件,将丝

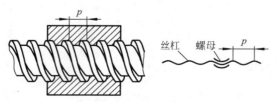

图 5.7 丝杠螺母传动

杠的旋转运动转换为螺母的直线运动。如果丝杠旋转，则螺母沿轴向移动的速度计算公式为

$$v = \frac{npk}{60} \tag{5-9}$$

式中，$v$ 为螺母的直线移动速度(mm/s)；$n$ 为丝杠的转速(r/min)；$p$ 为丝杠、螺母的螺距(mm)；$k$ 为丝杠的螺纹线数(mm)。

丝杠螺母传动传动平稳，无噪声，可达到较高的传动精度，但传动效率较低。

2) 传动链及其传动比

传动链是构成一个传动联系的一系列传动件。其中，传动联系将动力源与执行件或执行件与执行件之间连接起来。为了便于分析传动链中的传动关系，可将各种传动件进行简化，并规定了一些简图符号来表示各种传动件，传动系统中常用的符号见表 5-3。

表 5-3 传动系统中常用的符号

| 名称 | 图形 | 符号 | 名称 | 图形 | 符号 |
| --- | --- | --- | --- | --- | --- |
| 轴 | 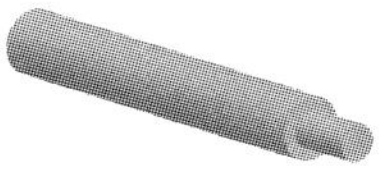 | | 普通轴承 | 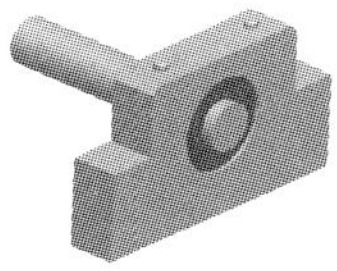 | 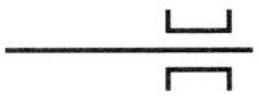 |
| 滚动轴承 | 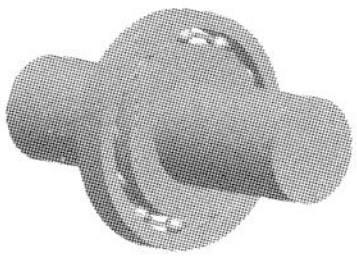 | 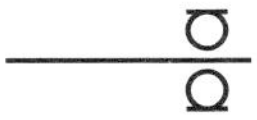 | 推力滚动轴承 | 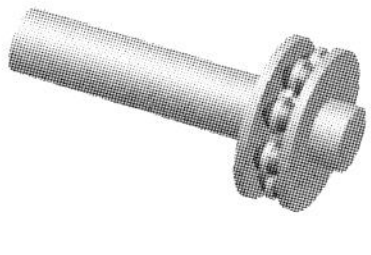 | 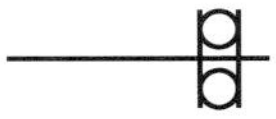 |
| 摩擦离合器（双向式） | 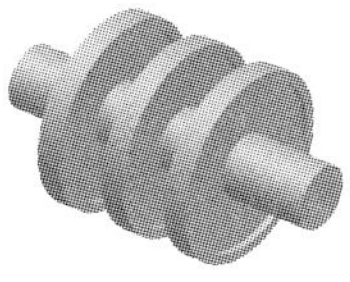 | 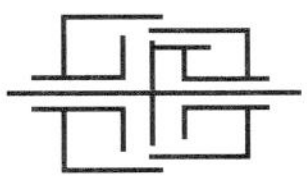 | 双向滑移齿轮 | 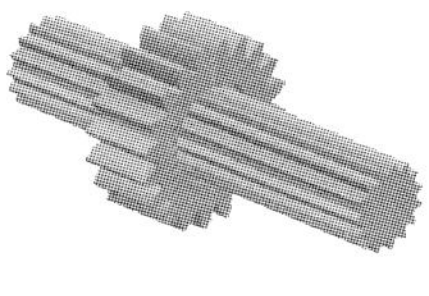 | 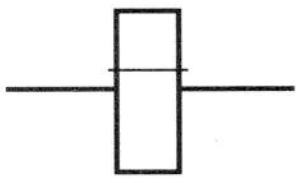 |
| 整体螺母传动 | 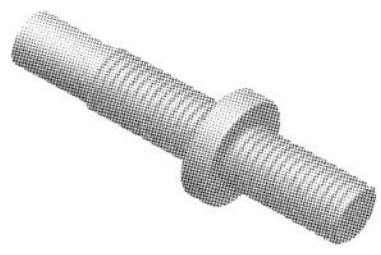 |  | 开合螺母传动 | 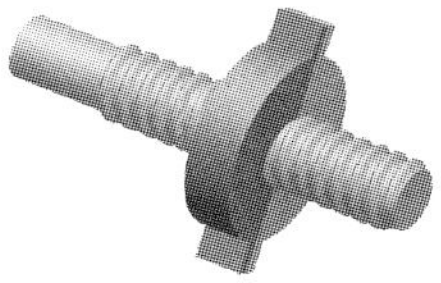 |  |
| 平带传动 | 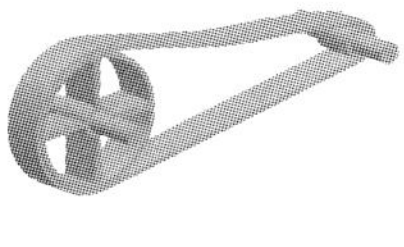 | 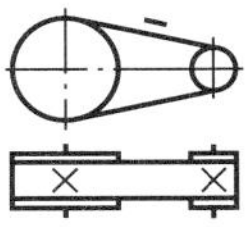 | V带传动 |  | 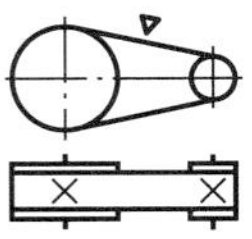 |

| 名称 | 图形 | 符号 | 名称 | 图形 | 符号 |
|---|---|---|---|---|---|
| 齿轮传动 | | | 蜗杆传动 | | |
| 齿轮齿条传动 | | | 锥齿轮传动 | | |

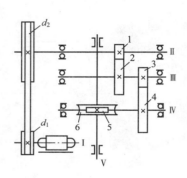

图 5.8 传动链图例

如图 5.8 所示，运动由电动机轴 Ⅰ 输入，经带轮 $d_1$、传动带和带轮 $d_2$ 传至轴 Ⅱ。再经圆柱齿轮 1、2 传至轴 Ⅲ，经圆柱齿轮 3、4 传至轴 Ⅳ，最后经蜗杆 5 及蜗轮 6 传至轴 Ⅴ，并将运动输出。

如果已知电动机的转速 $n_1$，带轮直径 $d_1$、$d_2$，各齿轮的齿数 $z_1$、$z_2$、$z_3$、$z_4$，蜗杆头数 $z_5$，蜗轮齿数 $z_6$，则可以确定传动链中任何一轴的转速。例如，输出轴转速的计算公式为

$$n_V = n_1 \frac{d_1}{d_2}(1-\varepsilon)\frac{z_1}{z_2}\frac{z_3}{z_4}\frac{z_5}{z_6} = \frac{n_1}{i_1 i_2 i_3 i_4} \quad (5-10)$$

式中，$i_1 \sim i_4$ 分别为传动链中各组传动件的传动比。

传动链的总传动比 $i_总$ 等于链中各组传动件的传动比的连乘积，即

$$i_总 = \frac{n_1}{n_V} = i_1 i_2 i_3 i_4 \quad (5-11)$$

3）机械传动的特点

与液压传动、电气传动相比，机械传动的优点是传动比准确，适用于定比传动；实现回转运动的结构简单，并能传递较大的扭矩；容易发现故障，便于维修。但是机械传动一般情况下不够平稳；制造精度不高时，振动、冲击和噪声较大；实现无级变速的机构成本高。因此，机械传动主要适用于速度不太高的有级变速传动。

2. 液压传动

机床的液压传动系统主要由动力元件、执行元件、控制元件和辅助元件等组成。其中，动力元件（液压泵）将电动机输入的机械能转换为液体的压力能；执行元件（液压缸或液压马达）将油泵输入的流体压力能转换为工作部件的机械能；控制元件（各种阀类）控制和调节油液的压力、流量（速度）及流动方向，以满足工作需要；辅助元件（如油箱、油管、滤油器、压力表等）为液压传动创造必要的条件，以保证液压系统正常工作；工作介质（液压油）是传递能量的介质。

与机械传动和电气传动相比,液压传动的主要优点是在功率相同的情况下,体积小、重量轻、结构紧凑;运动平稳,吸振能力强;易于实现快速启动、制动、频繁换向以及无级调速;操作简单、方便,易于实现自动化,当其与电气联合控制时,能够实现复杂的自动工作循环和远距离控制;布局安装灵活;液压元件易于实现系列化、标准化、通用化。但是由于泄漏和液压油的可压缩性,液压传动不能保证严格的传动比。此外,液压传动对温度变化敏感,液压元件制造精度要求较高。

例如,磨床工作台往复运动液压传动系统如图 5.9 所示。液压泵由电动机带动,从油箱中吸油,然后将具有压力能的油液输送至管路,液压油通过节流阀和管路流至换向阀。换向阀的阀芯有三个不同工作位置,以对应三种不同的通路情况:当阀芯处于中间位置时,阀口 P、A、B、T 互不相通,通向液压缸的油路被堵死,液压油无法流入液压缸,因此,工作台停止不动;如果将换向阀的阀芯向右推(处于右端工作位置),此时,阀口 P 与 A、B 与 T 相通,液压油经 P 口流入换向阀,经 A 口流入液压缸的左腔,活塞在液压缸左腔内的液压油的推动下带动工作台向右移动,液压缸右腔内的液压油通过换向阀的 B 口流至换向阀,又经回油口 T 流回油箱;如果将换向阀的阀芯向左推(处于左端工作位置),活塞带动工作台向左移动。因此,只需不断改变换向阀的工作位置,就能不断地改变液压油的通路,使液压缸不断换向,以实现工作台所需要的往复直线运动。

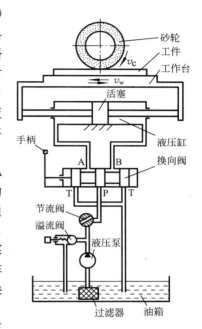

图 5.9 磨床工作台往复运动液压传动系统示意图

工作台的移动速度可通过节流阀来调节。改变节流阀的开启程度,可以调节通过节流阀的液压油流量,从而控制工作台的运动速度。

工作台运动时,由于工作情况不同,需要克服的阻力也不同,不同的阻力都是由液压泵输出液压油的压力能来克服的,系统的压力可通过溢流阀调节。当系统中的油压升高至稍高于溢流阀的调定压力时,溢流阀上的钢球被顶开,液压油经溢流阀流回油箱。此时,油压不再升高,维持定值。

为了保持液压油的清洁,设置有过滤器,可将油液中的污物杂质去掉,保证系统正常工作。

## 5.4 常用量具

在加工过程中,为了保证零件的加工精度,需要使用量具进行检测。根据不同的检测要求,所用的量具也不同。在生产中常用的量具有游标卡尺、千分尺和百分表等。

### 5.4.1 游标卡尺

游标卡尺是一种比较精密的量具,其结构简单,可以直接测量出工件的外径、内径、长度和深度尺寸,如图 5.10 所示。游标卡尺按照测量精度可分为 0.02mm、0.05mm、0.1mm 等三个量级,其测量尺寸范围有 0~125mm、0~150mm、0~200mm、0~300mm 等多种规格,使用时应根据零件的形状、尺寸及质量要求进行合理选择。

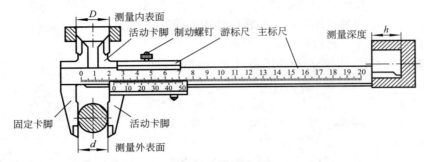

图 5.10 游标卡尺

游标卡尺上的游标尺可沿主标尺移动,与主标尺配合构成两个量爪(即活动卡脚和固定卡脚)进行测量。制动螺钉可用于固定游标尺在主标尺上的位置,以便于正确读数。

1. 游标卡尺的刻线原理及读数方法

游标卡尺利用主标尺与游标尺刻度之间的差值来读小数。主标尺的格距为 1mm,游标尺的格距按照测量精度的不同,常用的有 0.98mm 和 0.95mm 两种规格,即主标尺与游标尺每格之差是 0.02mm 和 0.05mm,因此,其测量精度分别为 0.02mm 和 0.05mm。两种游标卡尺的刻线原理和读数方法见表 5-4。

表 5-4 游标卡尺的刻线原理及读数方法

| 精度值 | 刻 线 原 理 | 读数方法及示例 |
|---|---|---|
| 0.02 | 主标尺 1 格=1mm<br>游标尺 1 格=0.98mm,共 50 格<br>主标尺、游标尺每格之差=1-0.98=0.02(mm) | 读数=游标尺 0 位置指示的主标尺整数+游标尺与主标尺重合线数×精度值<br>示例:<br>读数=32+9×0.02=32.18(mm) |
| 0.05 | 主标尺 1 格=1mm<br>游标尺 1 格=0.95mm,共 20 格<br>主标尺、游标尺每格之差=1-0.95=0.05(mm) | 读数=游标尺 0 位置指示的主标尺整数+游标尺与主标尺重合线数×精度值<br>示例:<br>读数=30+11×0.05=30.55(mm) |

使用游标卡尺测量尺寸时,应注意以下事项:
(1) 使用前,应将量爪擦拭干净,检查零位是否对准。对准零位是指游标卡尺的两个量

爪紧贴时，主标尺与游标尺零线正好重合。如果不重合，则测量后应根据原始误差修正读数。

（2）测量时，先将固定卡脚贴紧被测表面，再缓慢移动活动卡脚，轻轻地接触另一被测表面。

（3）测量中，量爪与被测表面不能卡得过松或过紧，测量力过大会使量爪变形，同时，应注意使量爪与被测尺寸的方向一致，不得放斜，以免测量不准确，如图 5.11 所示。

（4）测量圆孔时，应使一个量爪接触孔壁不动，另一量爪轻轻摆动，取其最大值，以测量得到正确的直径尺寸。

（5）游标卡尺仅用于已加工的光滑表面，表面粗糙的工件或正在运动的工件都不得用其测量，以免量爪磨损过快。

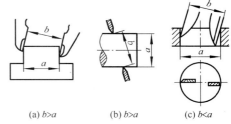

图 5.11 游标卡尺测量不准的示例

2. 游标高度卡尺与游标深度卡尺

游标高度卡尺主要用于测量高度尺寸，还可用于精密划线，但测量或划线都必须在平板上进行。当量爪的工作面与底座工作面都接触到平板平面时，主标尺和游标尺的零线应相应对准，如图 5.12 所示。测量高度时，量爪的工作面距底座工作面的高度即是被测量的尺寸，其读数方法与游标卡尺相同。划线时，应将量爪换成划线量爪，先调整好划线高度，再进行划线。

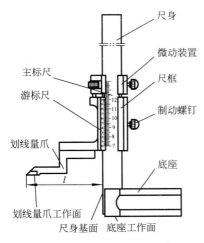

图 5.12 游标高度卡尺

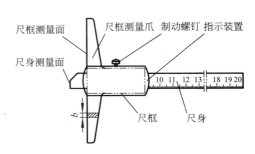

图 5.13 游标深度卡尺

游标深度卡尺（见图 5.13）用于测量阶梯孔、盲孔和凹槽的深度，带有弯头的游标深度卡尺可以测量阶梯形尺寸。游标深度卡尺的读数方法与游标卡尺相同，当尺框测量面与尺身测量面处于同一平面时，游标深度卡尺上的读数应为零。

### 5.4.2 千分尺

千分尺（又称为分厘卡尺或百分尺）是比游标卡尺更为精确的测量工具。按照用途可分为外径千分尺、内径千分尺和深度千分尺等。外径千分尺按照测量精度可分为 0.01mm、0.001mm、0.002mm 等量级，其测量尺寸范围有 0～25mm、25～50mm、50～75mm 等多种规格。

测量范围为 0～25mm、测量精度为 0.01mm 的外径千分尺的外形如图 5.14 所示。弓形尺架的左端装有测砧,右端的固定套筒在轴线方向上标有一条中线(基准线),上、下两排刻线相互错开 0.5mm,形成主尺。微分筒左端圆周标有 50 条刻线,形成副尺。微分筒与测微螺杆固定在一起,螺杆的外螺纹与固定套筒的内螺纹相配,当转动微分筒时,螺杆与微分筒一起转动并沿轴向移动。由于螺杆的螺距为 0.5mm,因此,微分筒每转动一周,螺杆沿轴向移动的距离为 0.5mm。同理,微分筒每转动一格,螺杆沿轴向移动的距离为 0.5/50＝0.01mm。当千分尺的测微螺杆与测砧接触时,微分筒的边缘应与轴向刻度的零线重合。

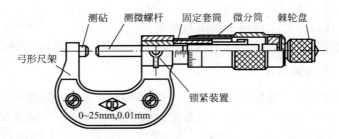

图 5.14　外径千分尺

测量时,应先读出距离微分筒边缘最近的轴向刻度数值(应为 0.5mm 的整数倍),然后读出与轴向刻度中线重合的微分筒圆周刻度数值(刻度数×0.01mm),将两部分读数相加即为测量尺寸,如图 5.15 所示。

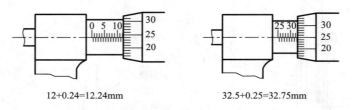

12+0.24=12.24mm　　　　　　32.5+0.25=32.75mm

图 5.15　千分尺读数示例

使用千分尺测量尺寸时,应注意以下事项:

(1) 使用前,应将测砧和测微螺杆擦试干净。检查零位是否对准,即观察测微螺杆与测砧接触时,微分筒的边缘与固定套筒刻度的零线是否重合。如果重合,再观察圆周刻度的零线是否与轴向刻度的中线重合。如果二者都不重合,则测量后应根据原始误差修正读数。

(2) 应将工件被测量表面擦试干净,并正确放置于千分尺的两测量面之间,不得偏斜。千分尺不得用于粗糙表面的测量。

(3) 当测微螺杆将要与工件接触时,必须使用端部棘轮。当棘轮发出"嘎嘎"打滑声时,表示压力适当,应停止拧动,进行读数。读数时,应尽量不要将千分尺从工件上取下,以减少测量面的磨损。如果必须取下来读数,应先用锁紧装置锁紧测微螺杆,以免因螺杆移动而造成读数不准确。

(4) 测量时,不得先锁紧螺杆,然后用力卡过工件,以免造成螺杆弯曲或测量面磨损,从而降低测量精度。

### 5.4.3 百分表

百分表是一种精度较高的比较量具,其测量精度为 0.01mm,量程为 10mm。百分表只能测量出尺寸的相对数值,而不能测量出绝对数值,主要用于测量零件的形状误差和位置误差。也可用于在机床上安装工件时的精密划正。

如图 5.16(a)所示为百分表的外形。刻度盘上标有 100 格刻度,转数指示盘上标有 10 格刻度。当大指针转动一格时,相当于测量头移动 0.01mm。当大指针转动一周时,则小指针转动一格,相当于测量头移动 1mm。测量时,两指针所示读数之和,即为尺寸的变化量。

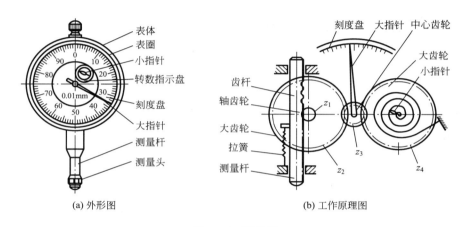

(a) 外形图　　　　　　　　　(b) 工作原理图

**图 5.16　百分表**

百分表是一组精密传动机构,其工作原理如图 5.16(b)所示。齿杆和轴齿轮的齿距(周节)都为 0.625mm。当齿杆上升 16 齿时(正好是 10mm),16 齿的齿轮 $z_1$ 转动一周。同轴上 100 齿的大齿轮 $z_2$ 也转动一周,10 齿的中心齿轮 $z_3$ 与同轴上的大指针转动 10 周。即齿杆上升 1mm 时,大指针转动一周,而百分表表面刻度盘上为 100 格,因此,齿杆上升 0.01mm 时,大指针在表面刻度盘上转动一格。

百分表使用时,通常是装于与其配套的附件或表架上,如图 5.17 所示。测量时,应使测量杆与被测表面垂直,并且让测量杆压下一点,使大指针转过半圈左右,然后,转动表圈,使刻度盘的零位刻线对准大指针。轻轻拉动手提测量杆的圆头,并拉起和放松几次来检查大指针所指的零位有无改变。当大指针的零位稳定后,再开始转动零件,并观察大指针的摆动,以确定被测量零件的精确度。

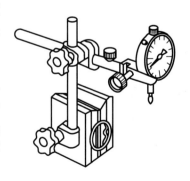

**图 5.17　百分表表架**

### 5.4.4　量规

在成批大量生产中,为便于测量和减少精密量具的损耗,常使用量规进行测量。量规分塞规和卡规两种,如图 5.18 所示。

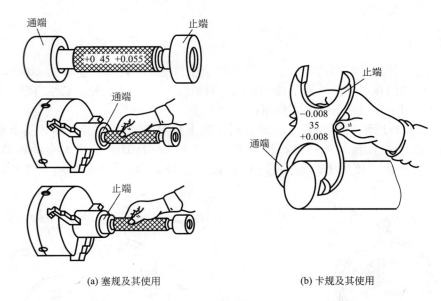

(a) 塞规及其使用　　　　　　(b) 卡规及其使用

图 5.18　量规

(1) 塞规用于检测孔径或槽宽。塞规的一端圆柱较长，尺寸等于工件的最小极限尺寸，称为通端；另一端圆柱较短，尺寸等于工件的最大极限尺寸，称为止端，如图 5.18(a)所示。测量时，只有当通端能通过，而止端不能通过时，才表明工件的实际尺寸在最大与最小极限尺寸之间，是合格产品。

(2) 卡规用于检测轴径或厚度。卡规也有通端和止端，使用方法与塞规相同，如图 5.18(b)所示。与塞规不同的是卡规的通端尺寸等于工件的最大极限尺寸，而止端的尺寸等于工件的最小极限尺寸。

使用量规检测工件时，只能检测工件合格与否，而不能测量出工件的实际尺寸。量规在使用时省去了读数的麻烦，制作极为方便。

## 5.5　工艺和夹具的基础知识

### 5.5.1　工艺

工艺是使各种原材料、半成品成为产品的方法和过程。机械制造工艺过程一般是指零件的机械加工工艺过程(简称为工艺过程)和机器的装配工艺过程。

1. 工序、工步和走刀

(1) 工序是组成工艺过程的基本单元，是指一个或一组工人在一个工作地对同一个或同时对几个工件所连续完成的那一部分工艺过程。一般将仅列出主要工序名称的简略工艺过程称为工艺路线。

(2) 工步是指在加工表面(或装配时的连接表面)和加工(或装配)工具不变的情况下，所连续完成的那一部分工序。

(3) 走刀是指在加工表面上切削一次所完成的那一部分工步。

整个工艺过程由若干个工序组成。每一个工序可包括一个工步或几个工步。每一个工步通常包括一次走刀，也可包括几次走刀。

2. 工件的装夹

为了在工件的某一部位加工出符合规定技术要求的表面，必须在加工前将工件装夹于机床上或夹具中。工件的装夹是指将工件在机床上或夹具中定位和夹紧的过程。定位是指确定工件在机床上或夹具中占有正确位置的过程；夹紧是指工件定位后将其紧固，使其在加工过程中保持定位位置不变的过程。

采用转位(或移位)夹具、回转工作台或在多轴机床上加工时，工件在机床上安装后需要经过若干个位置依次进行加工，工件在机床上所占有的每一个待加工位置称为工位。

### 5.5.2 夹具

工件的装夹方法包括直接找正法、划线找正法和机床夹具装夹法等三种。成批大量生产时常用机床夹具装夹法。机床夹具(简称为夹具)是在机床上用以装夹工件或引导刀具的装置，其作用是将工件定位并可靠地夹紧，以保证工件在机床上或夹具中占有正确位置。

1. 夹具的分类

按照通用程度可分为通用夹具、专用夹具、可调夹具、随行夹具和组合夹具等。

按照使用的机床可分为车床夹具、铣床夹具、钻床夹具、镗床夹具、磨床夹具、齿轮加工机床夹具和其他机床夹具等。

按照动力来源的不同可分为手动夹具、气动夹具、液压夹具、电力和磁力夹具以及真空夹具等。

2. 夹具的组成

夹具结构千差万别，但从夹具组成元件的基本功能来看，一般由定位元件、夹紧元件、导向元件和夹具体等部分组成。下面以图5.19所示轴套零件的钻床夹具为例进行介绍。

(1) 定位元件。用于确定工件在夹具中正确加工位置的夹具元件。与定位元件相接触的工件表面称为定位表面。工件以内孔和端面在定位销上定位，如图5.20所示。

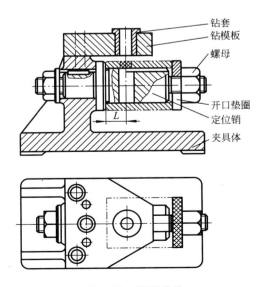

图 5.20 钻床夹具

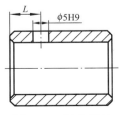

图 5.19 轴套零件

(2) 夹紧元件。用于保证工件定位后的正确位置，以免在加工过程中由于自重或受到切削力、振动等外力作用而产生位移的夹具元件。旋紧螺母，即可将工件夹紧。

(3) 导向元件。用于保证刀具进入正确加工位置的夹具元件。对于钻头、扩孔钻、铰刀、镗刀等孔加工刀具用钻套作为导向元件，对于铣刀、刨刀等需用对刀块进行对刀。

(4) 夹具体。用于连接夹具上各种元件及装置，使其成为一个整体的夹具基础元件。一般通过夹具体与机床有关部位连接，以确定夹具相对于机床的位置。

按照工件的规定技术要求以及所选用机床的不同，有些夹具还有分度机构、导向键和平衡块等。对于铣床、镗床夹具还可以由定位键与工作台上的T形槽配合定位，然后用螺栓进行紧固。

## 5.6 切削加工后零件的质量

工件经切削加工后，由加工精度和表面质量两方面评定其加工质量。

### 5.6.1 加工精度

加工精度是指工件经切削加工后，测得其尺寸、形状及各部位之间相互位置的实际参数与零件图上的理论参数相符合的程度。符合程度越高，则加工精度越高。二者之间的差值即为加工误差。加工误差越小，加工精度越高，但一般加工成本也越高。

加工出没有误差的零件是不可能的。在完全相同的加工条件下，加工一批相同零件的同一个部位，其实际参数彼此也不完全相同，即加工误差的大小不一样。为了满足使用要求，零件的加工误差应予以限制。加工误差的允许变动量称为公差。

设计时，应根据零件的功能要求，提出合理的加工精度，包括尺寸精度、形状精度和位置精度。

1. 尺寸精度

尺寸精度是指零件的直径、长度、表面之间距离等尺寸的实际数值与理想数值的接近程度。尺寸精度是用尺寸公差来控制的。根据 GB/T 1800.2—1998《极限与配合 基础 第2部分：公差、偏差和配合的基本规定》，尺寸公差分为 20 个等级，用符号 IT 和阿拉伯数字组成的代号表示，即 IT01、IT0、IT1 至 IT18，其中 IT01 级最高，IT18 级最低。对于同一基本尺寸，公差等级越高，公差值越小；而公差等级越低，公差值越大。

例如，一外圆直径的标注尺寸为 $\phi 50_{-0.06}^{-0.02}$，则 $\phi 50$ 表示其基本尺寸为 50mm；$-0.02$ 表示其上偏差为 $-0.02$mm，$-0.06$ 表示其下偏差为 $-0.06$mm；其最大极限尺寸为 $50-0.02=49.98$(mm)，其最小极限尺寸为 $50-0.06=49.94$(mm)；上偏差与下偏差之差或最大极限尺寸与最小极限尺寸之差即为尺寸公差，$-0.02-(-0.06)=49.98-49.94=0.04$(mm)。

2. 形状精度

形状精度是指加工后零件上的点、线、面的实际形状与理想形状的符合程度。构成零件的这些点、线、面称为要素，给出了形状公差的要素称为单一要素。形状精度用形状公差来控制。GB/T 1182—2008《产品几何技术规范(GPS)几何公差 形状、方向、位置和跳动公差标注》规定评定形状精度的项目有 6 项，其几何特征符号见表 5-5。

表 5-5 形状和位置公差几何特征符号

| 公差类型 | | 几何特征 | 符号 | 有或无基准要求 |
|---|---|---|---|---|
| 形状公差 | 形状误差 | 直线度 | — | 无 |
| | | 平面度 | ▱ | 无 |
| | | 圆度 | ○ | 无 |
| | | 圆柱度 | ⌭ | 无 |
| | 轮廓误差 | 线轮廓度 | ⌒ | 无 |
| | | 面轮廓度 | ⌓ | 无 |
| 位置公差 | 定向误差 | 平行度 | ∥ | 有 |
| | | 垂直度 | ⊥ | 有 |
| | | 倾斜度 | ∠ | 有 |
| | | 线轮廓度 | ⌒ | 有 |
| | | 面轮廓度 | ⌓ | 有 |
| | 定位误差 | 位置度 | ⌖ | 有或无 |
| | | 同轴度(或同心度) | ◎ | 有 |
| | | 对称度 | ≡ | 有 |
| | | 线轮廓度 | ⌒ | 有 |
| | | 面轮廓度 | ⌓ | 有 |
| | 跳动 | 圆跳动 | ↗ | 有 |
| | | 全跳动 | ⌰ | 有 |

3. 位置精度

位置精度是指加工后零件上的点、线、面的实际位置与理想位置相符合的程度。位置精度用位置公差来控制。给出了位置公差的要素称为关联要素。根据关联要素对基准的功能要求，位置公差分为定向公差、定位公差和跳动公差共三类，评定位置精度的项目有 12 项，其几何特征符号见表 5-5。

在技术图样中，形位和位置公差(简称为形位公差)一般采用代号(公差框格)标注。标注示例如图 5.21 所示。

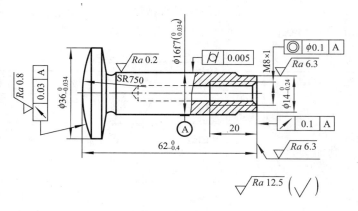

图 5.21 形位公差标注示例

## 5.6.2 表面质量

表面粗糙度是评定表面质量的主要参数之一。在切削加工中，由于切削用量、切削刀痕、工艺系统的高频振动以及刀具与被加工表面之间的摩擦等因素，总会在加工表面上产生微小的峰谷。表面粗糙度是指加工表面所具有的较小间距和微小峰谷的一种微观几何形状误差。表面粗糙度与零件的配合性质、耐磨性、工作准确度、耐蚀性都有着密切的关系。

GB/T 1031—1995《表面粗糙度 参数及其数值》规定了表面粗糙度代（符）号、各种参数及其数值系列，GB/T 131—2006《产品几何技术规范（GPS）技术产品文件中表面结构的表示法》规定了表面粗糙度的标注方法。一般采用轮廓算术平均偏差 $Ra$ 来评定表面粗糙度。不同加工方法所能获得的表面粗糙度见表 5-6。

表 5-6 不同加工方法所能获得的表面粗糙度

| 加工方法 | | $Ra/\mu m$ | 加工方法 | | $Ra/\mu m$ | 加工方法 | | $Ra/\mu m$ |
|---|---|---|---|---|---|---|---|---|
| 砂型铸造 | | 80～20* | 铰孔 | 粗铰 | 40～20 | 齿轮齿形加工 | 插齿 | 5～1.25* |
| 模型锻造 | | 80～10 | | 半精、精铰 | 2.5～0.32* | | 滚齿 | 2.5～1.25* |
| 车外圆 | 粗车 | 20～10 | 拉削 | 半精拉 | 2.5～0.63 | | 剃齿 | 1.25～0.32* |
| | 半精车 | 10～2.5 | | 精拉 | 0.32～0.16 | 螺纹加工 | 板牙 | 10～2.5 |
| | 精车 | 1.25～0.32 | 刨削 | 粗刨 | 20～10 | | 铣 | 5～1.25* |
| 镗孔 | 粗镗 | 40～10 | | 精刨 | 1.25～0.63 | | 磨削 | 2.5～0.32* |
| | 半精镗 | 2.5～0.63* | 钳工 | 粗锉 | 40～10 | | 珩磨 | 0.32～0.04 |
| | 精镗 | 0.63～0.32 | | 细锉 | 10～2.5 | | 研磨 | 0.63～0.16 |
| 周铣和端铣 | 粗铣 | 20～5* | | 刮削 | 2.5～0.63 | | 精研磨 | 0.08～0.02 |
| | 精铣 | 1.25～0.63* | | 研磨 | 1.25～0.08 | 抛光 | 一般抛 | 1.25～0.16 |
| 钻孔，扩孔 | | 20～5 | 插削 | | 40～2.5 | | 精抛 | 0.08～0.04 |
| 锪孔，锪端面 | | 5～1.25 | 磨削 | | 5～0.01* | | | |

注：1. 表中数据系指钢材加工而言；2. *为该加工方法可达到的 $Ra$ 极限值。

# 小　结

切削是利用切削工具将坯料或工件上多余材料切除，以获得所要求的几何形状、尺寸精度和表面质量的加工方法。目前，除了用精密铸造、精密锻造等方法可直接获得零件成品外，绝大多数零件都必须经过切削加工。

任何切削加工都需要刀具与工件之间具有一定的切削运动，切削运动可分为主运动和进给运动两种。切削用量是指切削过程中各个运动参数的数值，切削用量的合理选择与生产效率和加工质量有着密切的关系。

刀具材料必须满足一定的性能要求。常用的刀具材料有碳素工具钢、合金工具钢、高速钢和硬质合金。目前用得最多的刀具材料是高速钢和硬质合金。

机床按照工作原理可分为11大类，机床型号简明地表示了机床的类型、通用特性和结构特性、主要技术参数等内容。为了实现机床的运动，需要建立机床各有关执行件(或动力源与执行件)之间的传动联系，其中最常用的传动形式是机械传动和液压传动。

在加工过程中，为了保证零件的加工精度，需要使用量具进行检测。常用的量具有游标卡尺、千分尺、百分表和量规等。

工艺是使各种原材料、半成品成为产品的方法和过程。工艺过程由若干个工序组成，每一个工序可包括一个工步或几个工步。机床夹具是在机床上用以装夹工件或引导刀具的一种装置，其作用是将工件正确地定位并可靠地夹紧，保证工件在机床上或夹具中占有正确位置。

工件经切削加工后，由加工精度和表面质量两方面评定其加工质量。加工精度包括尺寸精度、形状精度和位置精度，表面粗糙度是评定表面质量的主要参数。

# 复习思考题

**1. 判断题**

5-1　计算车外圆的切削速度时，应按照已加工表面的直径数值，而不应按照待加工表面的直径数值进行计算。

5-2　在切削运动中，主运动速度最高，消耗的功率最大。

5-3　高速钢刀具允许的切削速度比硬质合金高。

5-4　硬质合金受制造方法的限制，目前主要用于制造形状比较简单的切削刀具。

5-5　CA6140型车床是最大工件回转直径为140mm的卧式车床。

5-6　机床液压传动中液压泵的作用是将电动机输入的机械能转换为液体的压力能。

5-7　千分尺又称为分厘卡，可以测量工件的内径、外径和深度等。

5-8　一般圆柱塞规长的一端是止端，短的一端是通端。

5-9　尺寸精度是用尺寸公差来控制的，对同一基本尺寸，公差等级越高，公差值越大。

5-10　形状精度用形状公差来控制，形状公差都没有基准。

## 2. 填空题

5-11 切削用量一般指_____、_____和_____。

5-12 指出下列切削方式条件下机床的主运动与进给运动。

车削加工：_____。

铣削加工：_____。

刨削加工(牛头刨床)：_____。

钻削加工：_____。

外圆磨削：_____。

5-13 刀具材料应具有_____、_____、_____、_____和_____等性能。

5-14 常用刀具材料有_____、_____、_____和_____等。

5-15 机床按照工作原理可分为_____、_____、_____、_____、齿轮加工机床、螺纹加工机床、_____、_____、拉床、锯床和其他机床11类。

5-16 常用的机械传动形式有_____、_____、_____、_____和_____等，能获得最大减速比的传动形式是_____。

5-17 游标卡尺可直接测量出工件的_____、_____和_____尺寸，测量精度有_____、_____、_____等三个量级。

5-18 百分表是一种精度较高的比较量具，它只能测量出_____，主要用于测量零件的_____误差和_____误差。在机床上安装工件时，也可用于_____。

5-19 机床夹具一般由_____、_____、_____、_____等几部分组成。

5-20 加工精度包括_____、_____和_____。

## 3. 计算题

5-21 在车床上车削 $\phi 40$ mm 轴的外圆，选用主轴转速 $n=600$ r/min，如果用同样的切削速度车削 $\phi 15$ mm 的外圆，主轴转速应选多少？

## 4. 综合题

5-22 图 5.22 所示的传动链，试计算轴Ⅱ、轴Ⅲ和轴Ⅳ的转速以及齿条的移动速度。

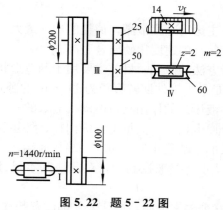

图 5.22　题 5-22 图

# 第 6 章 钳 工

本章教学要点

| 知识要点 | 掌握程度 | 相关知识 |
| --- | --- | --- |
| 钳工概述 | 了解钳工基本操作范围；<br>了解钳工常用设备；<br>熟悉钳工在机械制造和修理中的作用 | 钳工常用设备；钳工的工艺特点及应用范围 |
| 钳工基本操作 | 掌握划线、锯削、锉削、攻螺纹与套螺纹的方法和应用；<br>了解刮削的方法和应用；<br>掌握钳工常用工具、量具的使用方法 | 划线、锯削、锉削、攻螺纹与套螺纹、刮削等的工具及操作方法 |
| 装配 | 了解机械部件装配的基础知识 | 装配基础知识；装配工艺过程；典型连接件的装配方法 |

# 6.1 概　　述

钳工是手持工具按照技术要求对工件进行切削加工的方法。加工时，工件一般被装夹于钳工工作台的台虎钳（也称为虎钳）上。

钳工基本操作包括划线、錾削、锯削、锉削、钻孔、扩孔、铰孔、攻螺纹、套螺纹、刮削、研磨、装配和修理等。钳工的常用设备有钳工工作台、台虎钳和砂轮机等。

## 6.1.1 钳工的常用设备

### 1. 钳工工作台

钳工工作台（简称为钳台）用于安装台虎钳，以便于进行钳工操作。钳台一般由硬质木材或钢材制成，有单人用和多人用两种。钳台要求坚实和平稳，台面高度为800～900mm（以操作者手肘与台虎钳钳口处于同一水平面为宜），台上装有防护网，如图6.1所示。

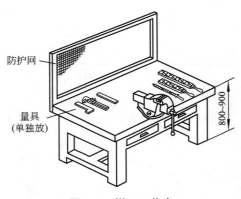

图 6.1　钳工工作台

### 2. 台虎钳

台虎钳是夹持工件的主要夹具，安装于钳台上。根据 QB/T 1558.1—1992《台虎钳　通用技术条件》和 QB/T 1558.2—1992《台虎钳　普通台虎钳》，台虎钳有普通台虎钳、槽钢台虎钳、导杆台虎钳、多用台虎钳和燕尾台虎钳等五种类型，其中，普通台虎钳又分为固定式和回转式两种形式（按照夹紧能力不同有轻型和重型两种等级）。回转式台虎钳主要由固定钳体、活动钳体、螺杆、螺母、底座和夹紧盘等组成，如图6.2所示。台虎钳规格以钳口宽度表示，有75、90、100、115、125、150 和 200 等多种规格，常用的规格为100～150。

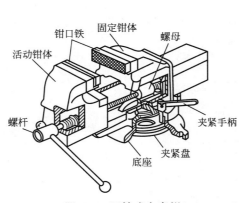

图 6.2　回转式台虎钳

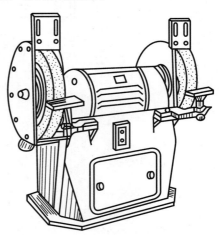

图 6.3　砂轮机

3. 砂轮机

砂轮机用于刃磨錾子、钻头和刮刀等刀具或其他工具，也可用于去除工件或材料上的毛刺、锐边和氧化皮等。砂轮机主要由砂轮、电动机和机体等组成，如图6.3所示。砂轮的质地硬而脆，工作转速较高，因此，使用砂轮机时，应遵守安全操作规程，严防发生砂轮碎裂，造成安全事故。

### 6.1.2 钳工的工艺特点

钳工是目前机械制造和修理工作中不可缺少的重要工种。与机械加工相比，钳工具有以下特点：

(1) 工具简单，制造刃磨方便，材料来源充足，成本低。
(2) 大部分操作是手持工具进行的，加工灵活方便，能够加工形状复杂、质量要求较高的零件。
(3) 劳动强度大，生产效率低，对工人技术水平要求高。

### 6.1.3 钳工的应用范围

钳工的种类繁多，应用范围很广。目前，某些机械设备不能加工或不适于机械加工的零件均可由钳工加工完成。随着生产的发展，钳工已经有了明显的专业分工，如普通钳工、划线钳工、工具钳工、模具钳工、装配钳工和修理钳工等。

普通钳工的主要应用范围如下：
(1) 在单件小批量生产中，进行加工前的准备工作，如毛坯的清理、工件的划线等。
(2) 完成一般零件的某些加工工序，如钻孔、攻螺纹及去毛刺等。
(3) 某些精密零件的精加工，如锉削样板、精密量具、夹具和模具等。
(4) 机械设备的维护和修理。
(5) 装配时，互相配合零件的修整，机器的组装、试车和调整。

## 6.2 钳工的基本操作

### 6.2.1 划线

根据图纸要求或实物，在毛坯或半成品工件的表面上划出加工图形、加工界限或加工时找正用辅助线的操作方法称为划线。划线精度较低，一般为0.25～0.5mm，高度尺划线精度为0.1mm。划线主要适用于单件小批量生产，新产品试制，以及工具、夹具和模具的制造。

1. 划线的作用

(1) 作为工件找正、定位和加工的依据。
(2) 检查毛坯形状和尺寸是否符合图纸要求，及时发现和剔除不合格的毛坯，以免不合格毛坯投入机械加工而造成不必要的浪费。
(3) 合理分配加工余量(即借料)，尽量减少废品或不出现废品。

2. 划线的种类

按照工件形状的不同，划线可分为平面划线和立体划线，如图 6.4 所示。平面划线是在工件的一个平面或几个相互平行的平面上划线。立体划线是在工件的几个相互垂直或倾斜的平面上划线，即在工件长、宽、高三个方向上划线。立体划线实质上是平面划线的综合。

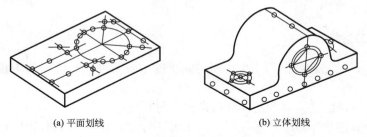

(a) 平面划线　　　　　　　　　　(b) 立体划线

图 6.4　划线

3. 划线工具

划线工具包括基准工具、支承工具、划线工具和量具等。

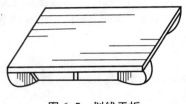

图 6.5　划线平板

1) 基准工具

划线的基准工具是划线平板（又称为划线平台），如图 6.5 所示。划线平板由铸铁制成，并经时效处理，其上平面是划线的基准平面，经过精密加工，平整而光洁。

使用划线平板时，应注意保持上平面水平，各处均匀使用，防止碰撞及锤击，并保持清洁。如果长期不用，应涂油防锈并用木板护盖。

2) 支承工具

常用的支承工具有方箱、V 形铁和千斤顶等。

(1) 方箱。方箱为空心长方体或立方体，由铸铁经过精密加工制成，其相对平面相互平行，相邻平面相互垂直，上有 V 形槽和压紧装置，如图 6.6 所示。方箱用于夹持尺寸较小而加工面较多的工件，通过翻转方箱可在工件表面上划出相互垂直的线，垫上角度垫板可划出斜线。V 形槽用于夹持轴类、套类和盘类工件，以便于找正中心或划中心线。

(2) V 形铁。V 形铁由中碳钢淬火后经磨削加工制成（大型 V 形铁由铸铁制成），相邻平面相互垂直，V 形槽的夹角为 90°或 120°，如图 6.7 所示。V 形铁主要用于夹持轴类等

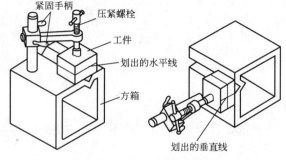

图 6.6　方箱及其应用

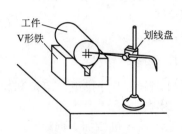

图 6.7　V 形铁及其应用

工件，使工件轴线与划线平板平行。如果工件较长，还必须将工件支承于两个等高的V形铁上，以保证工件轴线与划线基准面平行。

（3）千斤顶。在较大的或形状不规则的工件上划线时，不适合用方箱夹持，此时可以用三个千斤顶来支承工件，并通过千斤顶调整高度，以便于找正工件，如图6.8所示。

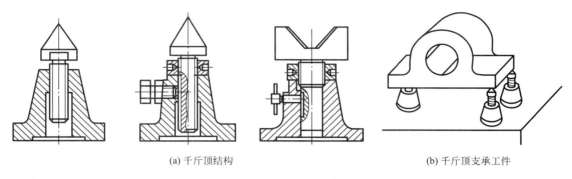

图 6.8 千斤顶及其应用

3）划线工具

常用的划线工具有划针、划卡、划规、划线盘、游标高度卡尺、直角尺和样冲等。

（1）划针。划针是在工件上直接划线的工具，有直头划针和弯头划针两种，如图6.9所示。划针由工具钢或高速钢淬硬后将尖磨锐或焊上硬质合金尖头制成。划针划线时，必须将针尖紧贴钢直尺或样板。

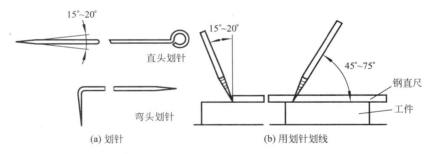

图 6.9 划针及其应用

（2）划卡和划规。划卡又称为单脚规，用于确定轴和孔的中心位置，也可用于划平行线，如图6.10所示。划规外形与绘图用的圆规相似，用于划圆周与圆弧线、量取尺寸及

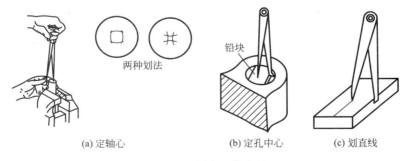

图 6.10 划卡及其应用

等分线段,如图6.11所示。

(3) 划线盘。划线盘是立体划线和找正工件时的常用工具。将划针调节至一定高度,并在划线平板上移动划线盘,即可在工件上划出与平板平行的线,如图6.12所示。

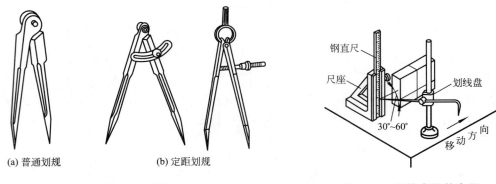

图6.11 划规  　　　　　图6.12 划线盘及其应用

(4) 量高尺和游标高度卡尺。量高尺是用来校核划线盘划针高度的量具,尺座上装夹钢直尺,钢直尺零线紧贴划线平板,如图6.12所示。游标高度卡尺是量高尺与划线盘的组合,其划线量爪(即划线脚)与游标尺连成一个整体,前端镶有硬质合金,如图5.12所示。游标高度卡尺一般用于已加工表面的划线。

(5) 直角尺(90°角尺)。直角尺简称为直尺,既是划线工具,又是精密量具,其两个工作面经精磨或研磨后呈精确的直角。有扁直角尺和宽座直角尺两种类型,前者用于平面划线,在没有基准面的工件上划垂直线,如图6.13(a)所示;后者用于立体划线或找正工件的垂直线或垂直面,如图6.13(b)所示。

(6) 样冲。样冲是在所划的线上打出样冲眼的工具,样冲眼便于在所划线模糊后仍能找到原线位置。打样冲眼时,开始样冲向外倾斜,使样冲尖头与线对正(对准),然后摆正样冲,用小锤轻击样冲顶部即可,如图6.14所示。钻孔前,应在孔的中心打样冲眼,以便于钻孔时钻头定心。

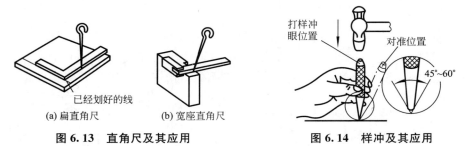

图6.13 直角尺及其应用  　　　　　图6.14 样冲及其应用

4) 量具

划线时,常用的量具有钢直尺、直角尺、游标卡尺、游标高度卡尺和千分尺等。

4. 划线基准及其选择

1) 划线基准

划线时,应在工件上选定一个或几个点、线、面作为划线依据,以便于确定工件的各部尺寸、几何形状和相对位置，这些作为依据的点、线、面称为划线基准。有了合理的划线基准，才能保证划线准确，因此，正确地选择基准是划线的关键。

2）划线基准的选择原则

划线基准的选择原则是与设计基准保持一致。选择划线基准时，应根据工件的形状和加工情况综合考虑。一般按照以下顺序考虑：如果工件上有已加工表面，应尽量以已加工表面为划线基准；如果工件为毛坯，则应选重要孔的中心线为划线基准；如果毛坯上没有重要孔，则应选较大的平面为划线基准。每一个方向上的尺寸都应确定一个划线基准，如图 6.15 所示。

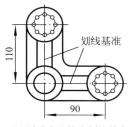 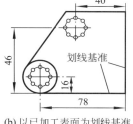 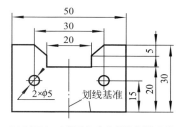

(a) 以孔中心线为划线基准　　(b) 以已加工表面为划线基准　　(c) 以已加工表面和中心线为划线基准

图 6.15 划线基准的选择

3）划线基准的几种类型

(1) 以两条中心线为划线基准，如图 6.15(a)所示。

(2) 以两个相互垂直的外平面(或线)为划线基准，如图 6.15(b)所示。

(3) 以一个平面和一条中心线为划线基准，如图 6.15(c)所示。

5．划线操作

1）平面划线的方法与步骤

平面划线与机械制图相似，所不同的是前者是使用划线工具，根据图纸要求，将图样按照实物大小 1∶1 划到工件表面上去。平面划线的具体步骤如下：

(1) 选择划线基准。根据图纸要求，选定划线基准。

(2) 划线前的准备。毛坯工件在划线前需进行清理，以使划出的线条明显、清晰；检查毛坯或半成品的尺寸和质量，剔除不合格件；划线表面需涂上一层薄而均匀的涂料，毛坯面用大白浆，已加工表面用紫色涂料(龙胆紫加虫胶和酒精)或绿色涂料(孔雀绿加虫胶和酒精)；用铅块或木块堵孔，以便于确定孔的中心。

(3) 划线。划线要求线条清晰，尺寸准确。如果划线错误，将会导致工件报废。由于划出的线条有一定宽度，划线误差约为 0.25～0.5mm，因此，一般不能以划线来确定最后尺寸，应在加工过程中依靠检测来控制尺寸。

(4) 打样冲眼。在划出的线上打出样冲眼。

2）立体划线的方法与步骤

立体划线实质上是平面划线的综合，与平面划线有许多相同之处，例如，划线基准一经确定，其后的划线步骤大致相同。不同之处在于一般平面划线应选择两个基准，而立体划线则应选择三个基准。立体划线时，应注意以下事项：

(1) 工件支承应稳定，以免滑倒或移位。

(2) 在一次支承中，应将需要划出的平行线划全，以免再次支承补划时，费工费时，且易于造成误差。

(3) 正确使用划线工具，以免产生误差。

### 6.2.2 锯削

利用手锯切割材料或在工件上切槽的操作方法称为锯削，锯削是钳工最基本的操作方法之一。锯削具有方便、简单和灵活的特点，在单件小批量生产及切割异形工件、切槽和修整等场合应用广泛。但锯削加工精度低，加工工件还需要进一步加工。

**1. 手锯**

手锯是锯削的基本工具，由锯弓和锯条组成，锯弓用于安装锯条，锯条起切削作用。

1) 锯弓

锯弓有固定式和可调式两种，如图6.16所示。可调式锯弓的弓架分成前、后两段，前段可以在后套内伸缩，以便于安装不同规格的锯条，应用非常广泛。

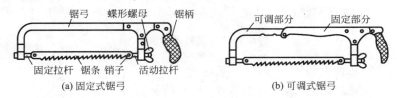

图 6.16 手锯

2) 锯条

锯条一般由碳素工具钢或合金工具钢经淬火和低温回火处理而制成。其规格以锯条两端安装孔之间的距离来表示。常用锯条有 250mm 和 300mm 两种规格。锯齿形状如图6.17所示，每个齿都有切削作用，锯齿的楔角 $\beta_o=46°\sim58°$，后角 $\alpha_o=30°\sim46°$，前角 $\gamma_o=-2°\sim2°$。有关刀具角度定义的内容见本书7.3.2节。

按照锯齿齿距 $p$ 大小(标准齿距有 0.8、1.0、1.2、1.4、1.5 和 1.8 等多种规格)，锯条分为粗齿、中齿和细齿等三种类型。粗齿锯条适用于锯削铜、铝等低硬度有色金属合金及较大截面工件，中齿锯条适用于锯削普通钢、铸铁及中等厚度工件，细齿锯条适用于锯削硬材料及薄壁工件。

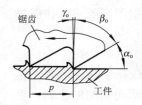

图 6.17 锯齿形状

**2. 锯削操作**

1) 锯条的选择和安装

根据工件材料的软硬和厚度选择锯条，如图6.18所示。

锯条安装于锯弓上，锯齿应向前，如图6.16所示。锯条安装的松紧程度应适当，一般用两手指的力旋紧即可。锯条安装好后，不能有歪斜和扭曲，否则，锯削时锯条容易折断。

2) 工件的装夹

装夹工件时，锯削部位应尽量靠近钳口，以免产生振动。锯削方向应与钳口边缘平行，并装夹于台虎钳的左边，以便于操作。工件应夹紧，并防止变形和夹坏已加工表面。

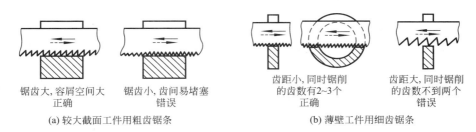

图 6.18 锯条的选择

3) 手锯的握法

手锯握法如图 6.19(b)所示,右手握住锯柄,左手轻扶锯弓前端。

4) 锯削操作及注意事项

(1) 起锯。用左手拇指指甲靠紧锯条,控制锯缝位置,右手稳推手柄。起锯角度 $\alpha$ 约为 $10°\sim15°$,如图 6.19(a)所示。锯弓往复行程要短,压力要小,速度要慢。起锯至槽深为 $2\sim3$mm 后,逐渐将锯弓调整为水平方向,进行正常锯削。

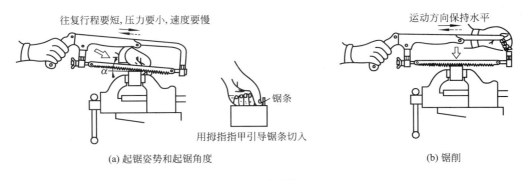

图 6.19 锯削操作

(2) 锯削。右手握住锯柄,控制推力和压力,左手扶在锯弓前端,如图 6.19(b)所示。前推时加压应均匀,返回时不应施加压力,锯条从工件上轻轻滑过,以免锯齿磨损。锯削速度不宜过快,一般往复(20~40 次)/min 为宜,如果过快,则锯条容易发热而加剧磨损。在整个锯削过程中,锯条应保持直线往复运动,不可左右晃动。锯削时,应尽量使用锯条全长,以免中间部分迅速磨钝,一般往复长度不应小于锯条全长的 2/3。锯缝如果歪斜,不可强扭,可将工件翻转 90°后重新起锯。为了减轻锯条磨损,必要时可加注乳化液或机油等切削液润滑。

(3) 结束。工件快锯断时,速度要慢,用力要轻,行程要短,以免碰伤手臂。

5) 锯削示例

锯削不同的工件,应采用不同的锯削方法。

(1) 锯削扁钢。应由宽面起锯,以保证锯缝浅而齐整,如图 6.20 所示。

(2) 锯削圆管。管壁快锯断时,应先将圆管向推锯方向转动一定角度,由原锯缝处下锯,然后不断依次转动,直至锯断为止,如图 6.21 所示。

(3) 锯削深缝。锯削深缝时,应将锯条翻转 90°安装,平放锯弓作推锯。

图 6.20 锯削扁钢　　　　　　图 6.21 锯削圆管

### 6.2.3 锉削

利用锉刀对工件表面进行切削加工的操作方法称为锉削,锉削是钳工最基本的操作方法之一。锉削加工简单,应用范围广,可以加工平面、曲面、内孔、沟槽及其他各种形状复杂的表面。锉削加工的尺寸精度可达 IT8~IT7,表面粗糙度可达 $Ra3.2\sim0.8\mu m$。

**1. 锉刀**

锉刀又称为钢锉,是锉削加工的基本工具,由碳素工具钢经淬火和低温回火处理而制成,硬度可达 62~67HRC。

1) 锉刀的结构

锉刀的结构如图 6.22 所示,由工作部位(包括锉面、锉边、锉齿和锉舌等)和锉柄组成。锉刀的锉齿由剁锉机剁出,齿形交叉排列构成刀齿,具有容屑槽,如图 6.23 所示。

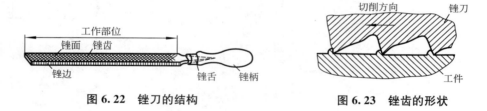

图 6.22 锉刀的结构　　　　　　图 6.23 锉齿的形状

2) 锉刀的种类和用途

根据 GB/T 5806—2003《钢锉通用技术条件》和 QB/T 2569.1—2002《钢锉 钳工锉》,钢锉产品编号由类别代号、形式代号、其他代号、规格和锉纹号组成。

钢锉按照用途分为钳工锉、锯锉、整形锉、异形锉、钟表锉、特殊钟表锉和木锉 7 类,类别代号分别为 Q、J、Z、Y、B、T 和 M。不同类别代号的钢锉又有不同形式,如钳工锉有齐头扁锉、尖头扁锉、半圆锉、三角锉、方锉和圆锉等形式,形式代号分别为 01、02、03、04、05 和 06。钢锉的其他代号有普通型、薄型、厚型、窄型、特窄型和螺旋型,代号分别为 p、b、h、z、t 和 l。钢锉规格以工作部分的长度来表示,如齐头扁锉有 100、125、150、200、250、300、350、400 和 450 等多种规格。钢锉的锉纹号以每 10mm 轴向长度内锉面上的锉纹条数的多少来确定,如钳工锉的锉纹号有 1、2、3、4、5 等五种。

编号示例:Q-03h-250-1 表示钳工锉类的半圆锉,厚型,规格为 250mm,1 号锉纹。

不同形式钳工锉的应用示例如图 6.24 所示。

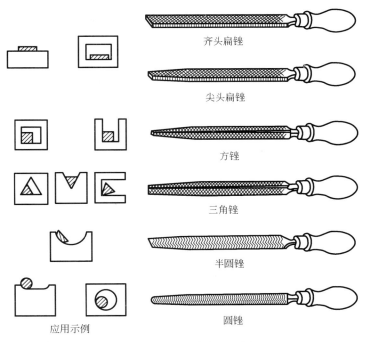

图 6.24 钳工锉应用示例

整形锉（又称为什锦锉）用于加工各种工件的特殊表面，除了有齐头扁锉、尖头扁锉、半圆锉、三角锉、方锉和圆锉等形式外，还有单面三角锉、刀形锉、双半圆锉、椭圆锉、圆边扁锉和菱形锉等形式，分别对应不同的截面形状。

实际应用中，一般根据钢锉每 10mm 轴向长度内锉面上的锉纹条数的多少将其分为粗齿锉、中齿锉、细齿锉和油光锉，其特点和用途及适用条件见表 6-1。

表 6-1 锉刀刀齿粗细的划分、特点和用途及适用条件

| 锉刀 | 每 10mm 轴向长度内锉纹条数 | 特点和用途 | 适用条件 | | |
|---|---|---|---|---|---|
| | | | 加工余量 /mm | 尺寸精度 /mm | 表面粗糙度 $Ra/\mu m$ |
| 粗齿锉 | 4～12 | 刀齿齿距大，不易堵塞，适于粗加工或锉削铜、铝等有色金属合金 | 0.5～2 | 0.2～0.5 | 100～25 |
| 中齿锉 | 13～23 | 刀齿齿距适中，适于粗锉后的加工 | 0.2～0.5 | 0.05～0.2 | 12.5～6.3 |
| 细齿锉 | 30～40 | 适于锉光表面或锉硬材料 | 0.05～0.2 | 0.01～0.05 | 6.3～3.2 |
| 油光锉 | >50 | 适于精加工时修光表面 | 0.05 以下 | 0.01 以下 | 3.2 以下 |

2. 锉削操作

1）锉刀的选择

锉削时，应先根据工件加工余量、精度或表面粗糙度等选择锉刀（其选择方法见

表 6-1），再根据工件加工表面的形状选择锉刀的截面形状。

2）工件的装夹

锉削时，工件应牢固地装夹于台虎钳钳口中部，锉削表面略高于钳口。夹持已加工表面时，应在钳口与工件之间垫上铜、铝等软材料的垫板；夹持有色金属合金或玻璃等工件时，则应采用木板、橡胶垫等；夹持圆形薄壁工件应采用 V 形或圆弧形垫块。

3）锉刀的使用与锉削方法

（1）锉刀的使用。锉削时，应正确掌握锉刀握法及施力变化。右手握住锉柄，左手压在锉刀前端，使其保持水平。使用不同大小的锉刀，其握法不同，如图 6.25 所示。

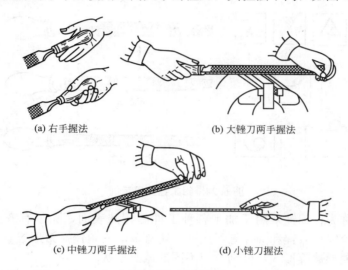

图 6.25　锉刀握法

锉削力分为水平推力和垂直压力，推力主要由右手控制，压力则由两手控制。两手施力变化如图 6.26 所示，返回时不加压力，以减少刀齿磨损。如果锉削时两手施力不变，则起始时锉柄会下垂，而锉削终了时前端又会下垂，结果平面将被锉成两端低、中间凸起的鼓形表面。

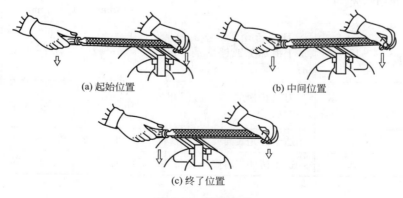

图 6.26　施力变化

（2）锉削方法。常用的锉削方法有交叉锉法、顺向锉法、推锉法和滚锉法。其中，前三种锉削方法适用于平面锉削，后一种适用于圆弧面锉削。

① 交叉锉法。锉削时，先沿第 1 锉向锉削一层，然后沿第 2 锉向（与第 1 锉向相差约 90°）锉削，如此反复，如图 6.27(a)所示。交叉锉法由于锉痕交叉，去屑较快，因此，易于判断锉削平面的不平程度，有利于将表面锉平。粗锉时，一般采用交叉锉法。

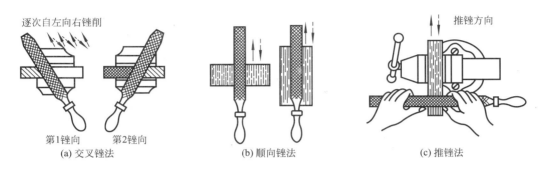

图 6.27 锉削方法

② 顺向锉法。锉削时，始终沿一个锉向锉削平面，如图 6.27(b)所示。顺向锉法的锉纹为直线，锉削的平面较为整齐美观。一般在交叉锉削后，再用顺向锉法进一步锉光平面。

③ 推锉法。锉削时，锉刀的运动方向（推锉方向）与其长度方向垂直，如图 6.27(c)所示。平面基本锉平后，在加工余量很小的情况下，为了降低工件表面粗糙度值和修正尺寸，用推锉法较好。推锉法尤其适合于较窄平面的锉光。

4）检验

锉削时，工件尺寸可用钢直尺、游标卡尺和千分尺等进行检查；直角和平面可用直角尺根据是否能透过光线来检查，平面也可用钢直尺或刀口尺根据是否能透过光线来检查，如图 6.28 所示。

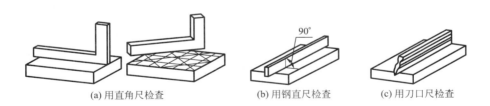

图 6.28 锉削平面的检验

5）锉削操作注意事项

（1）锉刀必须装柄使用，以免刺伤手心。

（2）不得用一般锉刀锉削带有氧化皮的毛坯及工件淬火表面。由于台虎钳钳口（经过淬火处理）表面硬度较高，注意不得锉到钳口上，以免磨钝锉刀和损坏钳口。

（3）锉刀不得沾油，不得用手去摸锉刀面或工件，以免锐棱刺伤，同时，应防止手上油污沾上锉刀或工件表面，使锉刀打滑，造成安全事故。

（4）锉下来的屑末应用毛刷清除，不得用嘴吹，以免切屑进入眼内。

（5）锉面堵塞后，应用钢丝刷顺着锉纹方向刷去屑末。

（6）锉刀放置时，不得伸出工作台之外，以免碰落摔断或砸伤脚背。

### 6.2.4 孔及螺纹加工

工件上孔的加工，除了一部分由车削、铣削和磨削等加工方法完成之外，大部分由钻削加工完成。钻削加工是用刀具对工件实体部位进行钻孔加工的方法（包括对已有孔进行扩孔、铰孔、锪孔及攻螺纹等二次加工），主要在钻床上进行。钻削加工既属于钳工的范畴，也属于机械加工的范畴，二者之间没有明显的界限。

有关钻孔、扩孔、铰孔和锪孔的方法和操作的内容见本书 10.1 节，下面只介绍螺纹加工。螺纹加工的方法很多，钳工加工螺纹的方法主要有攻螺纹和套螺纹两种。

1. 攻螺纹

利用丝锥加工出内螺纹的操作方法称为攻螺纹，也称为攻丝。

1) 丝锥和铰杠

(1) 丝锥是攻螺纹的刀具，如图 6.29 所示，丝锥由螺纹部分、颈部和柄部组成，颈部（图中未画出）是位于螺纹部分与柄部之间的过渡部分。

螺纹部分(长度为 $L_1$)为丝锥的工作部分。其前部为切削锥，后部为校准部分。切削锥长度为 $l_0$，切削锥角用导角 $\alpha$（即切削锥任一母线与其轴线之间形成的夹角）表示，切削锥担负主要切削工作；校准部分长度为 $l_1$，校准部分具有完整的螺纹牙型，用以校准被加工螺纹牙型，并在丝锥轴向进给时起导向作用。丝锥的柄部(长度为 $L_2$)制有方头，方头长度为 $l_2$，用于铰杠夹持丝锥，并传递扭矩，以便于进行攻螺纹操作。

丝锥沿轴向开设有 3～4 条螺旋槽（即容屑槽），以形成切削刃和前角（有关刀具几何参数的定义的内容见本书 7.3.2 节），校准部分的螺旋角为 $\beta$。槽数越少，容屑空间越大，切屑不易堵塞；槽数越多，导向作用越好。切削锥一般经径向铲背以形成后角。丝锥公称切削角度一般前角 $\gamma_p$ 为 $8°\sim10°$，后角 $\alpha_p$ 为 $4°\sim6°$（在背平面，即径向平面内测量）。有关螺纹基本要素的定义的内容见本书 7.5.2 节。

按照用途和使用方法，丝锥可分为机用丝锥与手用丝锥，单支丝锥与成组丝锥（由两支或两支以上丝锥组成一组）。其中，成组丝锥又可分为等径成组丝锥和不等径成组丝锥两种。等径成组丝锥各支丝锥的大径、中径和小径均相等，仅切削锥长度或切削锥角不等，分为初锥、中锥和底锥三种，适用于螺距 $p \leqslant 2.5 \mathrm{mm}$ 的内螺纹加工；等径成组丝锥各支丝锥的校准部分都具有完整螺纹牙型，在通孔中攻丝，可一次加工完成螺纹成品尺寸。不等径成组丝锥各支丝锥的大径、中径、小径以及切削锥长度或切削锥角均不相等，分为头锥、二锥和精锥三种，由头锥（粗加工）、二锥（二次粗加工）和精锥（精加工）共同完成螺纹的完整加工，适用于螺距 $p > 2.5 \mathrm{mm}$ 的内螺纹加工。

(2) 铰杠是夹持手用丝锥并带动其旋转的工具，有固定式和活动式两种，如图 6.30 所

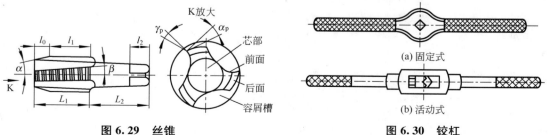

图 6.29 丝锥　　　　　　　　　图 6.30 铰杠

示。对于活动式铰杠,转动活动手柄可以调节夹持孔的大小,以便于夹持不同尺寸规格的丝锥。

2) 螺纹底孔直径的确定

攻螺纹前,应先钻出螺纹底孔。攻螺纹时,丝锥除了切削作用外,还会挤压材料,材料塑性越好,挤压越明显。被挤出的材料嵌于丝锥牙间,甚至将丝锥卡住。因此,螺纹底孔直径 $D_0$(等于钻头直径)应稍大于内螺纹基本小径 $D_1$,根据工件材料性质确定,生产中可以查手册或通过经验公式计算。攻普通螺纹时,其底孔直径计算的经验公式为

$$D_0 = D - p \quad \text{(加工钢材及塑性较好的材料)} \tag{6-1}$$

$$D_0 = D - (1.05 \sim 1.1)p \quad \text{(加工铸铁及塑性较差的材料)} \tag{6-2}$$

式中,$D_0$ 为螺纹底孔直径(mm);$D$ 为内螺纹公称直径(即大径,mm);$p$ 为螺距(mm)。

对于盲孔,由于丝锥无法攻丝至孔底,因此,钻孔深度 $h$ 应大于有效螺纹长度 $l$。钻孔深度的计算公式为

$$h = l + 0.7D \tag{6-3}$$

3) 攻螺纹操作

(1) 钻削螺纹底孔。根据工件材料、螺纹公称直径和螺距确定螺纹底孔直径和钻孔深度,按照钻孔基本操作钻削螺纹底孔。

(2) 螺纹底孔孔口倒角。通孔螺纹两端都要倒角,这样可以使丝锥开始切削时容易切入,以免孔口螺纹牙崩裂。

(3) 用初锥攻螺纹。对于螺距 $p \leq 2.5$ mm 的内螺纹,应先用成组丝锥的初锥攻螺纹。开始时,将初锥垂直插入工件孔内,轻压铰杠旋入 1~2 周,用直角尺(或目测)校正后,继续轻压旋入,待丝锥的切削锥切入工件底孔后,即可只转动、不施压。丝锥每转动一周应反转 1/4 周,以便于断屑,如图 6.31 所示。必要时,还应退出丝锥,清除切屑。

(4) 二攻和三攻。由于初锥校准部分具有完整螺纹牙型,可以一次加工完成螺纹成品尺寸,如果有必要才进行二攻和三攻。将中锥和底锥放入工件孔内,旋入几扣后,再用铰杠转动,转动时无需加压。二攻时用中锥,三攻时用底锥,底锥只起修短螺尾作用。

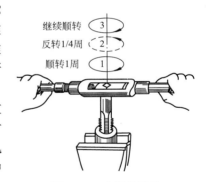

图 6.31 攻螺纹操作

4) 攻螺纹操作注意事项

(1) 正确装夹工件。应尽量使螺孔中心线处于垂直(或水平)位置,以便于攻螺纹时判断丝锥轴线是否垂直于螺纹孔口平面。

(2) 根据工件材料合理选用润滑剂。铸铁件攻螺纹应加注煤油润滑,钢件攻螺纹应加注切削液润滑,以减少摩擦,提高螺纹表面质量。

(3) 机攻时,丝锥与螺纹孔应保持同轴,丝锥的校准部分不能全部出头,否则,倒车退出丝锥时会产生乱扣。

2. 套螺纹

利用板牙加工出外螺纹的操作方法称为套螺纹,也称为套扣或套丝。

1) 板牙和板牙架

(1) 板牙。板牙是套螺纹的刀具,如图 6.32 所示。圆板牙适用于加工普通螺纹,其外形结构与圆螺母相似,在上面制有几个容屑孔并形成切屑刃。板牙两端有切削锥,中间一段是校准部分,用以校准被加工螺纹牙型,并在板牙轴向进给时起导向作用。

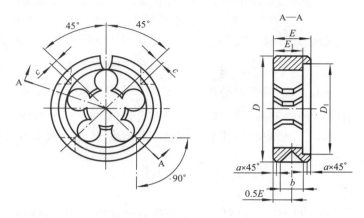

图 6.32 圆板牙

直径 $D \geqslant 25\text{mm}$(即 M7 以上)的圆板牙外圆上有四个调整螺钉锥坑和一个 V 形槽。下面两个锥坑通过紧固螺钉将圆板牙固定于板牙架上,用于传递扭矩;上面两个锥坑通过调整螺钉调整板牙在板牙架上的位置,如图 6.33 所示。当圆板牙校准部分因磨损而导致螺纹尺寸变大,以至于超出公差范围时,可以用锯片砂轮沿圆板牙 V 形槽将板牙锯开,由板牙架上的调整螺钉将圆板牙的尺寸缩小,调节范围为 0.1～0.25mm。

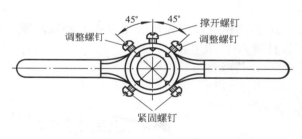

图 6.33 圆板牙架

(2) 板牙架。板牙架是夹持板牙并带动板牙旋转的工具。直径 $D \geqslant 25\text{mm}$ 的圆板牙所对应的圆板牙架结构如图 6.33 所示。

2) 套螺纹前圆杆直径的确定

圆杆直径过大,则圆板牙难以套入;圆杆直径过小,则套出的螺纹牙型不完整。圆杆直径计算的根据经验公式为

$$d_0 = d - 0.13p \tag{6-4}$$

式中,$d_0$ 为圆杆直径(mm);$d$ 为外螺纹公称直径(即大径,mm);$p$ 为螺距(mm)。

3) 套螺纹操作

(1) 圆杆加工。应根据式(6-4)确定圆杆直径并加工。圆杆头部应倒角,以便于圆板牙容易对准圆杆中心和切入,如图 6.34 所示。

(2) 套螺纹。开始时,保持板牙端面与圆杆轴线垂直,轻压板牙架旋入 1～2 周,用直角尺(或目测)校正后,继续轻压旋入,待板牙切入 3～4 周后,即可只转动、不施压,以免损坏螺纹和板牙,而且还应经常反转,以便于断屑,如图 6.35 所示。

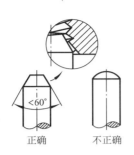
图 6.34 圆杆倒角

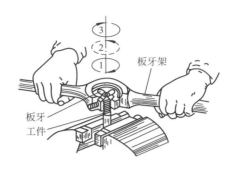
图 6.35 套螺纹操作

### 6.2.5 刮削

用刮刀从工件表面切除很薄一层金属的操作方法称为刮削。刮削是钳工中的精密加工方法。

刮削可以消除机械加工时留下的刀痕和微观不平，提高工件表面质量及耐磨性，获得美观外表。刮削时，刮刀对工件有切削作用和压光作用。刮削后的表面具有较高的平面度，表面粗糙度 $Ra$ 值可达 $0.4\sim0.1\mu m$。但刮削加工的劳动强度大，生产效率低，因此，一般加工余量小于 $0.1mm$。零件上相互配合的滑动表面，例如，机床导轨、滑动轴承和检验平板等，为了达到配合精度，增加接触面积，改善润滑性能，减少摩擦磨损，提高使用寿命，一般需经过刮削加工。

1. 刮削工具

1) 刮刀

刮刀是刮削加工的主要工具，一般由碳素工具钢或轴承钢制成。刮削硬材料时，也可焊上硬质合金刀片。

刮刀分为平面刮刀和曲面刮刀，如图 6.36 所示为普通平面刮刀。平面刮刀适用于平面刮削和外曲面刮削，在不同精度等级（粗刮、细刮和精刮）的刮削加工中，分别有对应的平面刮刀。曲面刮刀适用于刮削内曲面，例如，刮削圆孔时一般使用三角刮刀，刮削圆弧面时一般使用蛇头刮刀或半圆弧刮刀。

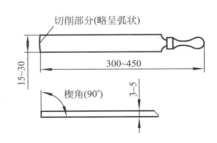
图 6.36 普通平面刮刀

2) 校准工具

校准工具是用来研磨点和检验刮削质量的工具，有时也称为研具。常用的研具有检验平板、校准直尺和角度直尺。

2. 刮削方法

以平面刮削为例，刮削方法可以分为粗刮、细刮、精刮和刮花等，应根据不同的加工要求进行选择。

(1) 粗刮。采用长柄刮刀重刮法；刮削方向应与切削加工刀痕方向交叉约 45°；在 $25mm\times25mm$ 面积内应达到 3～4 个研点，研点的分布应均匀。

(2) 细刮。采用短柄刮刀轻刮法；每一遍的刮削方向应相同，并与前一遍刮削方向交叉；在25mm×25mm面积内应达到12~15个研点，研点的分布应均匀。

（3）精刮。采用短而窄的精刮刀点刮法，每个研点只刮一刀且不重复；大的研点全刮去，中等研点刮去一部分，小而虚的研点不刮；在25mm×25mm面积内出现的研点数达到刮削要求即可。

（4）刮花。精刮后的刮花是为了使刮削表面美观，保证良好的润滑，并可借刀花在使用过程中的消失来判断平面的磨损程度。常见的刮花花纹如图6.37所示。

(a) 斜纹花　　(b) 鱼鳞花　　(c) 半月花　　(d) 燕尾花

图6.37　常见的刮花花纹

3. 刮削质量的检验

刮削表面质量一般以25mm×25mm面积内均匀分布的研点数来表示，并用研点法检验。

用研点法检验时，首先应将检验平板及工件擦拭干净，并在刮削表面均匀涂上一层很薄的红丹油（铅丹油）或蓝油，然后与校准平板配研。其中，红丹油用于铸铁和钢材的刮削检验，蓝油用于铜、铝等有色金属合金材料的刮削检验。配研后，工件刮削表面上的高点（即与检验平板的贴合点）因被磨去红丹油而显出亮点，即研点。

在25mm×25mm面积内均匀分布的研点数越多，研点越小，则刮削质量越好。

### 6.2.6　钳工加工工艺示例

如图6.38所示为钳工加工錾口榔头零件图。毛坯材料为45钢，毛坯尺寸为19mm×19mm×115mm，毛坯类型为锻件（经刨削加工），生产数量为10件。其钳工加工工艺过程见表6-2。

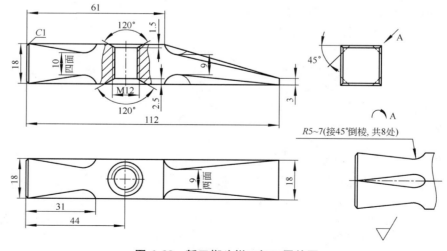

图6.38　錾口榔头钳工加工零件图

表 6-2 錾口榔头钳工加工工艺

| 序号 | 加工内容 | 加工简图 | 加工说明 | 刀具/量具 |
|---|---|---|---|---|
| 1 | 锉基准面 A | | 采用台虎钳装夹工件，按照锉削平面的操作步骤锉削平面 A | 齐头扁锉/尖头扁锉、刀口尺 |
| 2 | 划线；打样冲眼 | | 在 C、D 面上划斜线；在 B 面上划螺纹孔中心线及其他加工界线；打样冲眼 | 划线平板、划针、游标高度卡尺、钢直尺、直角尺、样冲、钢锤/榔头 |
| 3 | 钻螺纹底孔；锯斜面；锉平面 | | 选择 $\phi 10.2$mm 麻花钻钻削底孔；锯斜面，留 1mm 锉削余量；锉削平面 B、C、D 及斜面 | $\phi 10.2$mm 麻花钻、手锯、直角尺、游标卡尺、齐头扁锉/尖头扁锉 |
| 4 | 锉平面；锉两端面；螺纹孔孔口倒角 | | 锉平面 C、D 与 A 垂直至尺寸 18；锉平面 B 与 C、D 垂直至尺寸 18；锉两端面与 A、B、C、D 垂直至尺寸 112；孔口倒角 | 齐头扁锉/尖头扁锉、锪钻、麻花钻、直角尺、游标卡尺 |
| 5 | 划线 | | 倒角、倒棱划线 | 划针、钢直尺、直角尺 |
| 6 | 倒棱；倒角 | | 倒棱（共 8 处）；倒角 C1（共 4 处） | 圆锉、齐头扁锉/尖头扁锉 |
| 7 | 攻螺纹 | （图略） | 按照攻螺纹的操作攻螺纹 M12 | 丝锥 M12（螺距 $p=1.75$）、铰杠 |
| 8 | 精锉、打光 | （图略） | 精锉、修光各部达图纸要求 | 细齿锉、砂布 |
| 9 | 打实习号 | （图略） | 在 C 面打实习号 | 字头、钢锤/榔头 |
| 10 | 热处理 | （图略） | 淬火、低温回火 | |

## 6.3 装　　配

任何机器都是由若干零件组成的。将零件按照规定的技术要求及装配工艺组装起来，经过调整和试验，使之成为合格产品的工艺过程称为装配。

装配是机器产品制造过程的最后一个环节。产品质量的好坏，不仅取决于零件的加工质量，而且取决于装配质量。即使零件的加工质量很好，如果装配工艺不正确，也不能获得高质量的产品。装配是一项重要而细致的工作，在机械制造业中占有很重要的地位。

### 6.3.1 装配基础知识

1. 装配方法

为了保证机器产品的精度，使装配的产品符合规定的技术要求，应根据产品结构、批量及零件精度等情况进行装配。装配方法有完全互换法、选配法、修配法和调整法等四种。

(1) 完全互换法。装配时，在同类零件中任取一件，无需加工和修配，即可装配成符合规定技术要求的产品，装配精度由零件的加工精度保证。完全互换法操作简单，生产效率高，但对零件的加工质量要求较高，适用于大批大量生产，如自行车的装配等。

(2) 选配法(不完全互换法)。装配时，将零件的制造公差适当放大，并按照公差范围将零件分成若干组，再将对应的各组进行装配，以达到规定的配合要求。选配法降低了零件的制造成本，但增加了分组时间，适用于装配精度高、配合件组数少的成批生产，如车床尾座与套筒的装配。

(3) 修配法。装配时，根据实际情况修去某配合件上的预留量，消除积累误差，以达到规定的配合要求。修配法对零件加工精度的要求不高，能降低制造成本，但装配的难度增加，适用于单件小批量生产，如当车床两顶尖不等高时，可以通过修刮尾座底板达到装配要求。

(4) 调整法。装配时，通过调整一个或几个零件的位置，消除相关零件的积累误差，以达到规定的配合要求，适用于单件小批量生产或由于磨损引起配合间隙变化的结构，如可以采用楔铁调整机床导轨间隙。

2. 零件装配的配合种类

零件装配的配合种类有间隙配合、过渡配合和过盈配合等三种。

(1) 间隙配合。配合面有一定的间隙，以保证配合零件符合相对运动的要求，如滑动轴承与轴之间的配合。

(2) 过渡配合。配合面有较小的间隙或过盈，以保证配合零件有较高的同轴度，且装拆容易，如齿轮、带轮与轴之间的配合。

(3) 过盈配合。装配后，轴和孔的过盈量使零件配合面产生弹性压力，形成紧固连接，如滚动轴承内孔与轴之间的配合。

3. 零件装配的连接方式

按照零件的连接要求，连接方式可分为固定连接和活动连接两种。固定连接后，连接零件之间没有相对运动，如螺纹连接、销连接和粘接等。活动连接后，连接零件之间能按规定的要求作相对运动，如丝杠螺母副和轴承连接等。

按照零件连接后能否拆卸，连接方式可分为可拆连接和不可拆连接两种。可拆连接在拆卸时零件不损坏，如螺纹连接、键连接等。不可拆连接拆卸时会损坏其中一个或几个零件，如焊接、铆接和粘接等。

4. 装配的组合形式

装配的组合形式分为组件装配、部件装配和总装配。

（1）组件装配。将若干个零件安装于一个基础零件上组合成为组件的装配，如由轴、齿轮等零件组成的传动轴的装配。

（2）部件装配。将若干个零件、组件安装于另一个基础零件上构成部件的装配，如车床床头箱、进给箱等的装配。

（3）总装配。将部件、组件和零件连接组合成为整台机器的装配。

### 6.3.2 装配工艺过程

1. 装配前的准备

1）制定装配工艺

研究和熟悉产品装配图及技术要求，了解产品结构、工作原理和零部件的作用及相互连接关系，确定装配方法和工艺。

2）准备装配工具

常用的装配工具有旋具、卡环钳、扳手、拔销器、拉出器、铜棒和木锤等。

（1）旋具。有一字或十字旋具、快速旋具和电动旋具等。

（2）卡环钳。有孔用卡环钳和轴用卡环钳（见图6.39）两种，用于装卸弹性挡圈。

（3）拔销器。用于拉出带有螺纹的圆锥销，如图6.40所示。使用时，将拔销器头部的拔头螺纹旋入圆锥销的螺纹孔，利用快速滑动的重锤的惯性将圆锥销拔出。

（4）拉出器。用于拉出具有过盈配合或过渡配合的轴承、齿轮和带轮等，如图6.41所示。

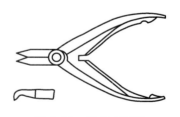

图6.39 轴用卡环钳

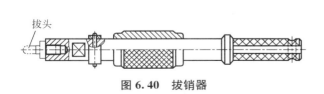

图6.40 拔销器

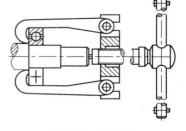

图6.41 拉出器

（5）扳手。有活动扳手、呆扳手、内六角扳手、套筒扳手、梅花扳手、钩形扳手、钳形扳手和力矩扳手等，如图6.42所示。

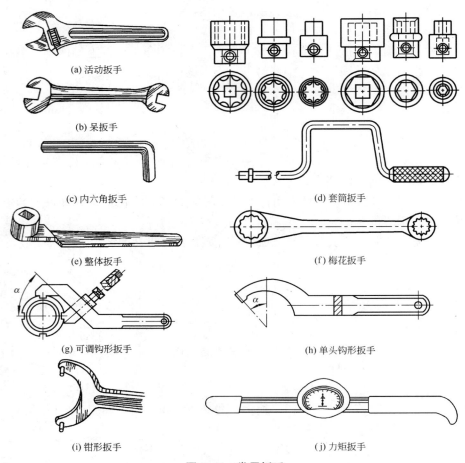

图 6.42 常用扳手

3) 清理零件

对即将进行装配的零件进行清理,去除水分、锈迹、油污和毛刺等,同时,检查零件形状和尺寸。

2. 装配操作过程

根据规定的技术要求及装配工艺,按照组件装配、部件装配和总装配的次序依次进行装配工作。

3. 调整、检验和试车

产品装配完成后,首先应对零件之间的相互位置、配合间隙等进行调整,然后进行全面的精度检验,最后进行试车,检查各运动件的灵活性、密封性,工作时的转速、温升和功率等性能。

4. 油漆、涂油、装箱和入库

为了防止锈蚀,产品装配完成后,应在外露的非加工表面上涂油漆,在外露的加工表面上涂防锈油,然后进行装箱和入库。

5. 装配操作注意事项

（1）装配前，应检查零件装配尺寸和形状是否正确，有无变形和损坏，并注意标记，以免装配时出错。

（2）装配顺序一般为从里到外、由下至上、先难后易。应先装配保证机器精度的部分，后装配一般部分。

（3）高速旋转零件必须进行平衡试验，以免因高速旋转后的离心作用而产生振动。螺钉、销等不得凸出在旋转体的外表面。

（4）固定连接的零部件连接可靠，零部件之间不得有间隙。活动连接的零件在正常间隙下能够按照规定的要求作相对运动。

（5）运动零部件表面必须保证有足够的润滑。各种密封件、管道和接口处不渗油、不漏气。

（6）试车时，应先低速、后高速，并根据试车情况逐步调整，使其达到正常的运动要求。

### 6.3.3 典型连接件的装配方法

1. 键连接

传动轮（如齿轮、皮带轮和蜗轮等）与轴一般采用键连接来传递运动及扭矩，其中，以普通平键连接最为常见，如图 6.43 所示。装配时，选取键长应与轴上键槽相配，键底面与键槽底面接触，键两侧为工作面，采用过渡配合。装配传动轮时，键顶面与轮毂之间应留有一定间歇，但键两侧配合不允许松动。

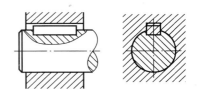

图 6.43 普通平键连接

2. 螺纹连接

螺纹连接具有装配简单、调整及更换方便、连接可靠等优点，在机械装配中最为常用。常见的螺纹连接形式如图 6.44 所示。

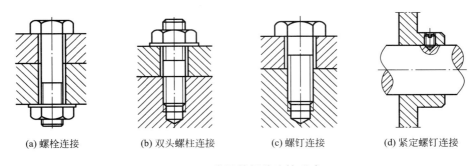

(a) 螺栓连接　　(b) 双头螺柱连接　　(c) 螺钉连接　　(d) 紧定螺钉连接

图 6.44 常见的螺纹连接形式

螺纹连接装配时，应注意以下事项：

（1）连接件的贴合面应平整光洁，与螺母、螺钉应接触良好。为了提高贴合质量，可加垫圈。

（2）连接件受力应均匀，贴合紧密，连接牢固。旋紧时，应注意松紧程度。对于特别

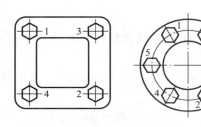

图 6.45 成组螺钉旋紧顺序

重要的螺纹连接件,可以用力矩扳手旋紧。

(3)装配成组螺钉螺母时,为了保证连接件贴合面受力均匀,应根据连接件的形状及螺钉螺母分布情况,按照一定顺序分 2~3 次,依次旋紧,如图 6.45 所示。

(4)在有振动或冲击的场合,为了防止螺栓或螺母松动,必须有可靠的防松装置,常用的螺纹连接防松装置如图 6.46 所示。

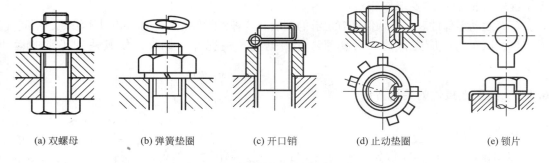

图 6.46 常见的螺纹连接防松装置

3. 滚动轴承

滚动轴承一般由外圈、内圈、滚动体和保持架组成,如图 6.47 所示。滚动轴承的种类很多,按照滚动体形状,可分为球轴承和滚子轴承(圆柱滚子、圆锥滚子、球面滚子和滚针)。

滚动轴承的配合多为较小的过盈配合,常采用压入法装配,为了使轴承圈受力均匀,可以采用轴套或垫套加压,如图 6.48 所示。如果轴承与轴的配合过盈较大,应采用加热装配,先将轴承悬吊于 80~90℃ 的热油中加热,使轴承膨胀,然后趁热装入。如果是装入孔座内的轴承,则需将轴承冷却后装入。

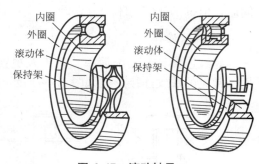

图 6.47 滚动轴承

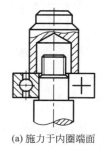
(a) 施力于内圈端面

(b) 施力于外圈端面

(c) 同时施力于内外圈端面

图 6.48 滚动轴承的装配

轴承装配后，应检查滚动体是否被咬住，间隙是否合理。

### 6.3.4 机器的拆卸与修理

机器经过长期使用，某些零件会产生磨损和变形，导致机器的精度和效率降低，此时，需要对机器进行检查和修理。修理时要对机器进行拆卸。拆卸工作的一般要求如下：

(1) 熟悉图纸。拆卸前，首先应熟悉图纸，对机器零部件的结构原理应了解清楚，弄清需排除的故障及部位，确定拆卸方法。防止盲目拆卸，猛敲乱拆，造成零件损坏。

(2) 拆卸顺序。拆卸是正确解除零件之间的相互连接，拆卸顺序应按照与装配相反的顺序进行，即先装的后拆，后装的先拆。可以按照先上后下、先外后里的顺序依次进行。

(3) 重要零部件应标记，以免装配时出错。拆卸时，应记住每个零件原来的位置，重要零部件(如配合件、不能互换的零件等)拆卸时应作好标记。零件拆卸后，应摆放整齐，尽量按照原来结构套装在一起。销子、止动螺钉和键等细小件，拆卸后，应立即拧上或插入孔内。丝杠、长细零件等应用布包好，并用绳索将其吊起放置，以免产生弯曲变形或碰伤。

(4) 使用专用拆卸工具。拆卸配合紧密的零部件时，应使用专用工具(如各种拉出器、扳手、卡环钳、钢锤、铜棒和销子冲头等)，以免损伤零部件。

(5) 更换紧固件防松装置。紧固件的防松装置在拆卸后一般应更换，以免再装上使用时拆断而造成安全事故。

### 6.3.5 装配新工艺

传统的手工或手工与机械结合的装配方法劳动强度大、生产效率低，仅适用于单件小批量生产。随着计算机技术与自动化技术的高速发展，装配工艺有了很大的发展。在大批大量生产中，广泛采用自动化装配工艺。

自动化装配的主体是装配机和装配线。装配机有单工位装配机、回转型自动装配机、直进式自动装配机和环行式自动装配机等类型。按照产品对象不同，装配线可分为带式装配线、板式装配线、辊道装配线和车式装配线等类型；按照装配节拍特性，装配线可分为刚性装配线和柔性装配线两种。

装配方法从手工或手工与机械相结合，到刚性装配线，再到柔性装配线，反映了由单件小批量生产，到追求规模效益时的大批大量生产，以及目前人们追求产品个性化时的中、小批量生产的时代发展历程。

## 小　　结

> 钳工是手持工具按照技术要求对工件进行切削加工的方法。钳工是机械制造和修理工作中不可缺少的重要工种，具有灵活、方便和机动等特点。但钳工的大部分操作是手持工具进行，劳动强度大，生产效率低，对工人技术水平要求高。

钳工基本操作包括划线、錾削、锯削、锉削、钻孔、攻螺纹、套螺纹、铰孔、刮削、研磨、装配和修理等。钳工的常用设备有钳工工作台、台虎钳和砂轮机等。

随着生产的发展，钳工有了明显的专业分工，如普通钳工、划线钳工、工具钳工、模具钳工、装配钳工和修理钳工等。

# 复习思考题

**1. 判断题**

6-1 划线是机械加工的重要工序，广泛用于成批和大量生产。

6-2 划线可以检查毛坯形状和尺寸是否符合图纸要求，及时发现和剔除不合格的毛坯，合理分配加工余量。

6-3 装夹时工件的锯削部位应尽量靠近钳口，以免产生振动。

6-4 锯削时尽量使用锯条全长，以免中间部分迅速磨钝，一般往复长度不应小于锯条全长的 2/3。

6-5 锉刀的截面形状应根据工件加工余量、精度或表面粗糙度进行选择。

6-6 锉削时两手施力不变，返回时不加压力，以减少刀齿磨损。

6-7 锉下来的屑末应用毛刷清除，不得用嘴吹，以免切屑进入眼内。

6-8 攻螺纹是利用丝锥加工出内螺纹的操作方法。

6-9 攻螺纹时，当丝锥的切削锥切入工件底孔后，即可只转动、不施压。丝锥每转动一周应反转 1/4 周，以便于断屑。必要时，还应退出丝锥清除切屑。

6-10 圆板牙两端有切削锥，中间一段是校准部分，用以校准被加工螺纹牙型，并在板牙轴向进给时起导向作用。

6-11 刮削能够消除机械加工时留下的刀痕和微观不平，提高工件表面质量及耐磨性，获得美观外表。

6-12 装配顺序一般为从里到外、由下至上、先难后易。应先装配保证机器精度的部分，后装配一般部分。

**2. 填空题**

6-13 台虎钳规格以_____来表示，有 75、90、100、115、125、150、200 等多种规格。

6-14 钳工基本操作包括_____。

6-15 按照工件形状的不同，划线分为平面划线和立体划线。其中，_____是_____的综合。

6-16 锯削速度不宜过快，一般往复(20～____次)/min 为宜，如果过快，则锯条容易发热而加剧磨损。

6-17 实际应用中，一般根据钢锉每 10mm 轴向长度内锉面上的锉纹条数的多少将其分为_____、_____、细齿锉和油光锉。

6-18 _____成组丝锥各支丝锥的校准部分都具有完整螺纹牙型，在通孔中攻丝可一次加工完成螺纹成品尺寸。

6-19 _____是夹持板牙并带动板牙旋转的工具。

6-20 以平面刮削为例，刮削方法可以分为_____、_____、_____和刮花等，应根据不同的加工要求选择。

6-21 根据规定的技术要求及装配工艺，按照_____、_____和总装配的次序依次进行装配工作。

**3. 简答题**

6-22 划线的作用是什么？划线基准有哪些？划线基准的选择原则是什么？

6-23 锉平工件的操作要领主要有哪些？

6-24 攻螺纹时螺纹底孔的确定方法是什么？

6-25 装配操作的注意事项主要有哪些？

# 第 7 章 车削加工

本章教学要点

| 知识要点 | 掌握程度 | 相关知识 |
| --- | --- | --- |
| 车削加工概述 | 熟悉车削加工的切削运动与切削用量；<br>了解车削加工典型加工范围和工艺特点 | 车削运动与车削用量；车削加工的工艺特点 |
| 卧式车床传动、调整 | 了解车床型号表示的含义；<br>熟悉卧式车床的组成、运动、传动系统及用途 | 车床的结构；车床的传动与调整 |
| 车刀 | 熟悉常用车刀的组成和结构、车刀的主要角度及其作用 | 车刀的种类及结构；车刀的刀具要素与刀具角度；车刀的刃磨和装夹 |
| 车床附件及工件装夹 | 了解常用车床附件的名称、结构和用途；<br>熟悉常用的工件装夹方法 | 三爪卡盘装夹、四爪卡盘装夹、顶尖装夹、心轴装夹、花盘装夹 |
| 车削加工的基本操作 | 掌握外圆、端面和孔的车削方法及基本操作；<br>重点掌握螺纹的车削方法；<br>了解车槽和切断、锥面和成形面的车削方法 | 车端面、车外圆及台阶、车槽及切断、孔加工、车圆锥面、车螺纹、车成形面、滚花 |

## 7.1 概 述

车削加工是在车床上利用工件的旋转与刀具的连续运动来加工工件的切削加工方法。车削加工的切削能主要由工件而不是刀具提供。车削是最基本、最常见的切削加工方法之一,在生产中占有十分重要的地位。车削适于加工回转表面,大部分具有回转表面的工件都可以用车削方法加工,如内外圆柱面、内外圆锥面、端面、沟槽、螺纹和回转成形面等,所用刀具主要是车刀。车削的典型加工范围如图 7.1 所示。

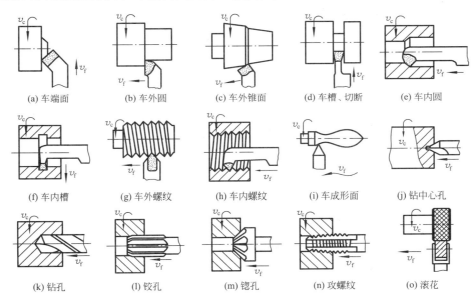

图 7.1 车削的典型加工范围

### 7.1.1 车削运动与车削用量

1. 车削运动

车削加工时,工件的旋转为主运动,刀具相对于工件的移动为进给运动。

2. 车削用量

车削加工时的切削用量,即车削用量,包括切削速度 $v_c$、进给量 $f$ 和背吃刀量 $a_p$。有关切削用量的内容见本书 5.1 节。

### 7.1.2 车削加工的工艺特点

与其他切削加工相比,车削加工具有以下特点:

(1) 加工质量较高。在一次装夹中,可以加工同一工件的内外圆柱面、内外圆锥面、端面及沟槽等表面,能够保证工件各回转表面之间的同轴度要求,以及各回转表面与端面之间的垂直度要求;除了车削断续表面之外,车削过程连续平稳。一般车削的加工精度可达 IT8～IT7，表面粗糙度可达 $Ra1.6～0.8\mu m$。

（2）生产效率较高。由于车削加工可以采用较大的车削用量，如高速切削（较大的切削速度）和强力切削（较大的进给量和背吃刀量），因此，具有较高的生产效率。

（3）生产成本较低。车刀是最简单的金属切削刀具之一，制造、刃磨和安装方便，刀具成本低。同时，车床附件较多，工件一般用通用夹具装夹，装夹和调整时间短，加之车削加工具有较高的生产效率，因此，生产成本较低。

（4）适合于车削加工的材料范围广泛。除了难以切削的高硬度淬火钢以外，可以车削钢铁、有色金属合金及非金属材料（如有机玻璃和橡胶等），尤其适用于有色金属合金件的精加工。

## 7.2 卧式车床

在各类金属切削机床中，车床是应用最广泛的一类，约占机床总数的 50%。车床既可用车刀对工件进行车削加工，也可用钻头、铰刀、丝锥和滚花刀进行钻孔、铰孔、攻螺纹和滚花等操作。按照工艺特点、布局形式和结构特性等的不同，车床可分为卧式车床、立式车床、落地车床、转塔车床以及仿形车床等多种类型，其中大部分为卧式车床。

下面以常用的 C6132 卧式车床为例进行介绍。在型号 C6132 中，C 为车床类别代号（车床类），61 为车床的组别和系列代号（卧式车床组系列），32 为主参数代号，表示床身上最大工件回转直径的 1/10，即最大回转直径为 320mm。

### 7.2.1 C6132 卧式车床的组成

C6132 卧式车床主要由床身、变速箱、主轴箱、进给箱、丝杠和光杠、溜板箱、刀架和尾座等部分组成，其外形如图 7.2 所示。卧式车床与立式车床的主要区别在于其主轴为水平布置。

（1）床身。床身 21 是车床的基础件，用于支承和连接各主要部件，并保证各部件之间相对位置的正确。床身有内、外两组平行的导轨，外侧导轨用于床鞍（溜板箱 29 与床鞍固定连接在一起）的运动导向和定位，内侧导轨用于尾座 16 的移动导向和定位。床身的左、右两端分别支承于左、右床腿 23 上，床腿固定于地基上。变速箱和电气箱分别安装于左右床腿内。

（2）变速箱。电动机的运动通过变速箱内的变速齿轮，使变速箱输出轴获得 6 级不同的转速，并通过皮带传动传至主轴箱 9。车床主轴的变速主要在其内部进行。变速箱远离车床主轴，可以减小机械传动中产生的振动和热量对主轴的不利影响，提高切削加工质量。

（3）主轴箱。主轴箱 9 安装于床身的左上端。空心主轴及部分变速机构安装于主轴箱内。变速箱传来的转速（共 6 级）通过主轴箱内的变速机构，可使主轴获得 12 级不同的转速。主轴右端外锥面用于装夹卡盘等附件，内锥面用于装夹前顶尖或心轴。主轴的通孔中可以放入长的工件棒料或穿入钢棒敲出顶尖。工件由主轴带动旋转，以实现主运动。

（4）进给箱。主轴通过齿轮传动（经过挂轮箱 4）将运动和动力传至进给箱 5，并经过进给箱内进给变速机构带动丝杠 19 或光杠 20 以不同的转速转动，最终，刀具由溜板箱 29 带动移动，以实现进给运动。

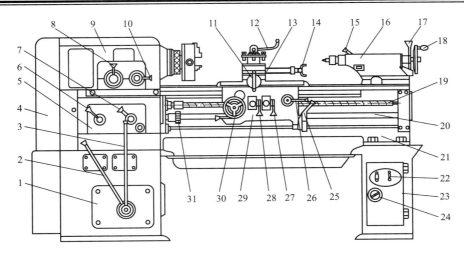

**图 7.2　C6132 车床的组成**

1—变速箱；2—主轴变速短手柄；3—主轴变速长手柄；4—挂轮箱；5—进给箱；6、7—进给量调整手柄；8—换向手柄；9—主轴箱；10—主轴变速手柄；11—中滑板手柄；12—刀架锁紧手柄；13—刀架；14—小滑板手柄；15—尾座套筒锁紧手柄；16—尾座；17—尾座锁紧手柄；18—尾座手轮；19—丝杠；20—光杠；21—床身；22—切削液泵开关；23—床腿；24—总电源开关；25—主轴正反转及停止手柄；26—开合螺母手柄；27—横向自动手柄；28—纵向自动手柄；29—溜板箱；30—床鞍手轮；31—丝杠光杠传动变换手柄

（5）丝杠与光杠。丝杠19与光杠20可将进给箱的运动传至溜板箱。车螺纹时，用丝杠传动；自动进给车内外圆柱面和端面等时，用光杠传动。丝杠的传动精度比光杠高。应注意的是丝杠和光杠不得同时使用。

（6）溜板箱。溜板箱29与床鞍固定连接在一起，如图7.3所示，可将光杠或丝杠传来的旋转运动，通过齿轮齿条机构(纵向)或丝杠螺母机构(横向)带动刀架上的刀具作直线进给运动。

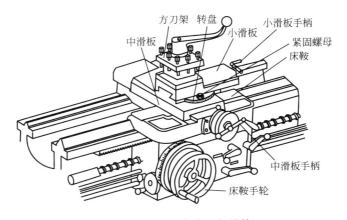

**图 7.3　C6132 车床刀架结构**

（7）刀架。刀架13用于装夹车刀，并带动车刀作纵向、横向或斜向的进给运动。刀架一般为多层结构，如图7.3所示，从下往上分别是床鞍、中滑板、转盘、小滑板和方刀

架。床鞍可以带动车刀沿床身导轨作纵向移动。中滑板可以带动车刀沿床鞍导轨(与床身导轨垂直)作横向运动。转盘与中滑板用螺栓连接，松开紧固螺母，转盘可以在水平面内转动任意角度。小滑板可以沿转盘上的导轨短距离移动。当转盘转过一个角度，其上导轨也转过相同角度，此时，小滑板可以带动车刀沿相应的方向作斜向进给运动。方刀架专门用于夹持车刀，最多可装夹四把车刀。逆时针松开锁紧手柄，可带动方刀架旋转，选择所用车刀；顺时针旋转时方刀架不动，但可以将其锁紧，以承受切削加工过程中各向切削力对刀具的作用。

（8）尾座。尾座16安装于床身内侧导轨上，可以沿导轨移动至所需位置。尾座由底座、尾座体和套筒等部分组成，如图7.4所示。套筒安装于尾座体上，前端有莫氏锥孔，用于安装顶尖、钻头、铰刀或钻夹头等。套筒后端有一螺母与轴向固定的丝杠连接，转动尾座手轮可使丝杠旋转，以带动套筒伸出或退入。当套筒退至终点位置时，丝杠头部可将装于套筒锥孔中的顶尖或刀具顶出。移动尾座及其套筒前，应松开各自锁紧手柄，待移至所需位置后再锁紧。松开尾座体与底座的固定螺钉，用调节螺钉可调整尾座体的横向位置，使尾座顶尖中心与主轴顶尖中心对正，也可以使其偏离一定距离，用于车削小锥度的长锥面。

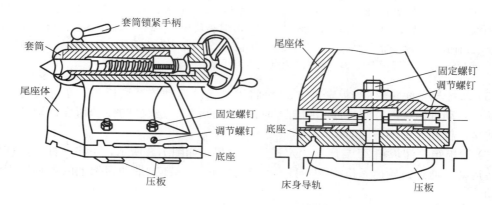

图 7.4　C6132 车床尾座结构

### 7.2.2　C6132 卧式车床的传动

机床的运动是通过传动系统实现的。C6132 卧式车床的传动系统图如图 7.5 所示，它表示了机床全部运动的传动关系。图中各传动件以展开图的形式画出，各传动轴基本按照运动传递的先后顺序用罗马数字Ⅰ、Ⅱ、Ⅲ、Ⅳ等编号；在传动系统图中标出了电动机功率和转速、带轮直径、齿轮齿数、蜗杆头数和蜗轮齿数以及丝杠导程等，以便于计算传动件之间的相对传动关系；应特别注意齿轮、离合器等传动件与传动轴之间的连接关系(如固定、空套和滑移)，从而正确分析运动的传递关系。例如，轴Ⅵ上齿数为58的齿轮与轴之间为固定连接，轴Ⅴ上齿数为63的齿轮空套于轴上，轴Ⅹ上齿数为39的齿轮可以在轴上沿轴向滑移。

C6132 卧式车床的传动系统主要由主运动传动系统和进给运动传动系统组成，如图7.6所示。其中，主运动传动系统是联系电动机至主轴之间的传动系统，进给运动传动系统是联系主轴至刀架之间的传动系统。

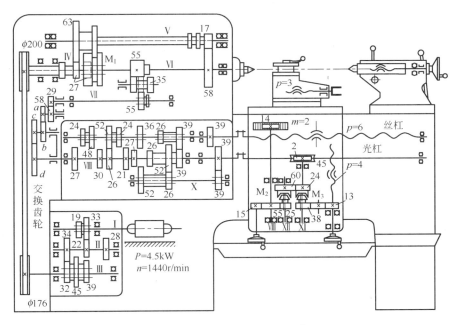

图 7.5  C6132 车床的传动系统图

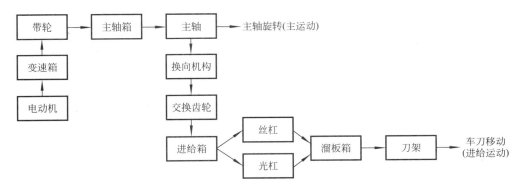

图 7.6  C6132 车床传动框图

**1. 主运动传动系统**

C6132 卧式车床主运动传动路线表达式为

$$\text{电动机}(1440\text{r/min}) - \text{I} - \begin{bmatrix} \dfrac{33}{22} \\ \dfrac{19}{34} \end{bmatrix} - \text{II} - \begin{bmatrix} \dfrac{34}{32} \\ \dfrac{28}{39} \\ \dfrac{22}{45} \end{bmatrix} - \text{III} - \dfrac{\phi 176}{\phi 200} - \text{IV} - \begin{bmatrix} \dfrac{27}{63} - \text{V} - \dfrac{17}{58} \\ M_1(\text{右}) \\ \dfrac{27}{27} \\ M_1(\text{左}) \end{bmatrix} - \text{VI}(\text{主轴})$$

主轴可以获得 12 级正转转速,分别为 43、66、94、120、173、248、360、530、750、958、1380、1980(r/min),这些转速可根据传动路线表达式由运动平衡式计算得出。例如,如图 7.5 所示位置主轴转速的运动平衡式为

$$n=1440\times\frac{33}{22}\times\frac{34}{32}\times\frac{176}{200}\times(1-\varepsilon)\times\frac{27}{63}\times\frac{17}{58}$$

式中，$\varepsilon$ 为带传动的滑动率，取 $\varepsilon=0.02$，则 $n\approx 248\text{r/min}$。

$M_1$ 为内齿离合器。主轴反转是通过电动机的反转来实现的。

2. 进给运动传动系统

车床的进给量以工件(主轴)每转动一周，刀具移动的距离来表示(mm/r)。C6132 卧式车床进给运动传动路线表达式为

$$\text{VI(主轴)}-\begin{bmatrix}\frac{55}{55}\\ \frac{55}{35}\times\frac{35}{55}\end{bmatrix}-\text{VII}-\frac{29}{58}-\frac{a}{b}\times\frac{c}{d}-\text{VIII}-\begin{bmatrix}\frac{27}{24}\\ \frac{30}{48}\\ \frac{26}{52}\\ \frac{21}{24}\\ \frac{27}{36}\end{bmatrix}-\text{IX}-\begin{bmatrix}\frac{26}{52}\times\frac{26}{52}\\ \frac{39}{39}\times\frac{26}{52}\\ \frac{26}{52}\times\frac{52}{26}\\ \frac{39}{39}\times\frac{52}{26}\end{bmatrix}-\text{X}-$$

$$\begin{bmatrix}\frac{39}{39}-\text{光杠}-\frac{2}{45}-\text{XI}-\begin{bmatrix}\frac{24}{60}-\text{XII}-M_2-\frac{25}{55}-\text{XIII}-\text{齿轮、齿条}-\text{刀架(纵向进给)}\\ M_3-\frac{38}{47}\times\frac{47}{13}-\text{丝杠、螺母}-\text{刀架(横向进给)}\end{bmatrix}\\ \frac{39}{39}-\text{丝杠、开合螺母}-\text{刀架(车削螺纹)}\end{bmatrix}$$

$a$、$b$、$c$、$d$ 为挂轮箱内交换齿轮齿数。$M_2$、$M_3$ 为锥形离合器。$M_2$ 接合时，实现纵向进给运动；$M_3$ 接合时，实现横向进给运动。

对于给定的一组交换齿轮，传入进给箱的转速可以获得 20 级不同的输出转速。当用光杠传动时，可以获得 20 种不同的纵向或横向进给量。当用丝杠传动时，可以实现车螺纹的精确传动。VII轴上齿数为 55 的滑移齿轮为换向齿轮(通过图 7.2 中换向手柄 8 控制)，它可以改变光杠或丝杠的转动方向，从而实现与上述 20 种进给量相对应的、反向进给的进给量，或实现车削右旋螺纹与左旋螺纹的变换。

对于车削加工操作者而言，无需按照传动路线表达式计算进给量或螺距，只需按照车床上进给量和螺距的标牌指示，调整进给箱上各操作手柄位置和更换挂轮箱内的交换齿轮(如果需要)即可。操作时，一般无需更换交换齿轮。

### 7.2.3　C6132 卧式车床的调整及手柄的使用

C6132 卧式车床的调整主要是通过改变各操作手柄的位置来实现的，如图 7.2 所示。

(1) 主轴变速。通过改变手柄 2、3、10 的位置来实现。按照标牌指示，将手柄扳转至所需位置。其中，手柄 2、3 分别改变变速箱内 I 轴上的双联滑移齿轮和 III 轴上的三联滑移齿轮的位置，手柄 10 改变离合器 $M_1$ 的位置。

(2) 进给换向。通过改变换向手柄 8 的位置来实现。按照标牌指示，将手柄扳转至所需位置。改变换向手柄 8 的位置实际上是改变VII轴上齿数为 55 的滑移齿轮的位置。

(3) 进给量(或螺距)调整。通过改变手柄 6、7 的位置,从而改变变速箱内各滑移齿轮的位置来实现。按照标牌指示,将手柄扳转至所需位置。手柄 6 可处于 5 个不同位置,分别对应 5 级不同传动比的齿轮啮合;手柄 7 可处于 4 个不同位置,分别对应 4 级不同传动比的齿轮啮合。两手柄配合使用可以获得 20 种进给量。更换挂轮箱内的交换齿轮(如果需要)还可以获得更多种进给量。

(4) 丝杠光杠传动变换。通过改变手柄 31 的位置,从而改变 X 轴上齿数为 39 的滑移齿轮的位置来实现。将手柄 31 向右拉,使其处于右边位置即为光杠传动;将手柄 31 向左推,使其处于左边位置即为丝杠传动。

(5) 开合螺母手柄。只有开合螺母手柄 26 处于闭合状态时,通过丝杠传动的运动才能带动刀架移动以车削螺纹。向上扳转手柄即打开,向下扳转即闭合。

(6) 主轴正反转及停止手柄。主轴正反转及停止手柄 25 向上扳转则主轴正转,向下扳转则主轴反转,处于中间位置则主轴停止转动。

(7) 自动手柄。刀架纵向自动手柄 28,横向自动手柄 27,向上扳转为自动进给,向下扳转为停止。改变刀架纵向自动手柄和横向自动手柄的位置实际上是改变锥形离合器 $M_2$、$M_3$ 的位置。

(8) 手动手柄(轮)。转动手轮 30 和手柄 11 可以分别实现手动纵向进给和手动横向进给。转动手柄 14 可以实现短距离手动纵向进给;当刀架转盘转过一定角度后,转动手柄 14 可以实现手动斜向进给。

(9) 锁紧手柄。手柄 12、15 和 17 分别用于锁紧方刀架、尾座套筒和尾座。

## 7.3 车 刀

车刀是最简单、最常用的切削刀具之一。用于不同切削加工方法的刀具种类很多,但其切削部分在几何特征上有共性。外圆车刀的切削部分可以看作各类刀具切削部分的基本形态,而其他各类刀具都是在这个基本形态上演变出各自特点的。

### 7.3.1 车刀的种类及结构

车刀的种类很多,如图 7.7 所示。应根据工件的材料、形状、尺寸、质量要求和生产类型,合理选择不同种类车刀,以保证加工质量,提高生产效率,降低生产成本及提高刀具耐用度。

按照结构形式的不同,车刀有整体式、焊接式和机夹式等三种类型,其结构如图 7.8 所示。车刀的结构形式对其切削性能、生产效率和经济性等都有着重要影响。

(1) 整体式。整体式车刀多由高速钢制成,刀体的切削部分靠刃磨磨出,切削刃刃口可以磨得较锋利。一般适用于低速精车或加工有色金属。

(2) 焊接式。焊接式车刀的刀体和刀柄一般由碳素结构钢(如 45 钢等)制成,在刀体上按照刀具角度的要求开出刀槽,用硬钎料将刀片(如硬质合金刀片)焊接于刀槽内,并刃磨出所需要的刀具表面和刀具角度。焊接式车刀的刀体可以反复使用,能节省贵重的刀具材料,具有结构简单、紧凑、刚性好和适应性强等特点。但刀片经过高温焊接和刃磨后会产生应力和裂纹,导致切削性能下降。硬质合金焊接车刀片型号已经标准化,

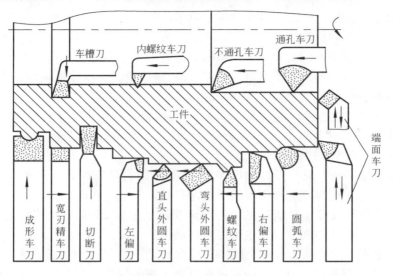

图 7.7 车刀的种类和用途

 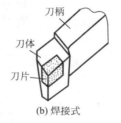 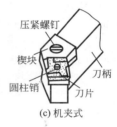

图 7.8 车刀的结构

可根据需要选用。

(3) 机夹式。机夹式车刀是将刀片压制成各种形状和尺寸，用机械夹固方法将刀片装夹于刀体上而制成。刀片和刀夹(包括刀体)型号已经标准化，可根据需要选用。机夹可转位车刀的刀片多制成多边形(或圆形)，当某一刀刃磨钝(达到磨钝标准)后，只需将刀片转位换成新的切削刃，不必重新刃磨便可继续使用，从而可以减少刀具刃磨和装卸时间，提高生产效率；同时，采用机械夹固方法，避免了因焊接而引起的缺陷，刀具切削性能得到提高。

## 7.3.2 车刀的刀具要素与刀具角度

下面以外圆车刀为例，介绍车刀的刀具要素和刀具角度。其他刀具的刀具要素和刀具角度可以类似得到。

### 1. 车刀的刀具要素

刀具要素是指刀具的各组成部分。车刀由刀体(包括切削部分)和刀柄两部分组成。其中刀体是指刀具上夹持刀条和刀片的部分(或由其形成切削刃的部分)，刀柄是指刀具上的夹持部分，如图 7.9 所示。图中，安装面指刀具刀柄上平行或垂直于刀具的基面，是供刀具在制造、刃磨及测量时作安装或定位用的表面。

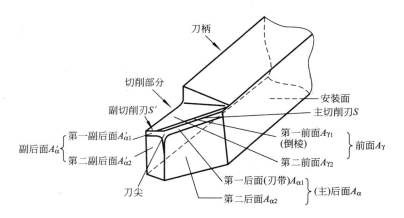

图 7.9 车刀的刀具要素

车刀的切削部分由三面(前面、主后面和副后面)、两刃(主切削刃、副切削刃)和一尖(刀尖)组成。

(1) 前面。也称为前刀面,指刀具上切屑流过的表面,表示为 $A_\gamma$。

(2) 主后面。指刀具上与前面相交形成主切削刃的后面,表示为 $A_\alpha$。其中,后面(也称为后刀面)指与工件上切削中产生的表面相对的表面。

(3) 副后面。指刀具上与前面相交形成副切削刃的后面,表示为 $A_\alpha'$。

(4) 主切削刃。起始于切削刃上主偏角为零的点,并至少有一段切削刃拟用于工件上切出过渡表面的那个整段切削刃,表示为 $S$。主切削刃承担主要的切削工作。

(5) 副切削刃。指切削刃上除主切削刃以外的切削刃,也是起始于切削刃上主偏角为零的点,但其背离主切削刃的方向延伸,表示为 $S'$。副切削刃承担少量的切削工作,并起一定的修光作用。

(6) 刀尖。指主切削刃与副切削刃的连接处相当少的一部分切削刃。刀尖具有切削刃实际交点、修圆刀尖和倒角刀尖等不同形式,如图 7.10 所示。其中,$r_\varepsilon$ 为刀尖圆弧半径,$b_\varepsilon$ 为倒角刀尖长度。

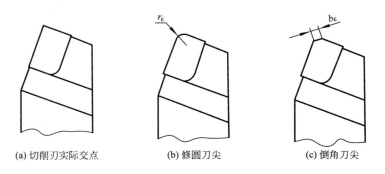

(a) 切削刃实际交点  (b) 修圆刀尖  (c) 倒角刀尖

图 7.10 车刀的刀尖结构(在基面上的视图)

2. 车刀的刀具角度

刀具角度是将刀具作为一个实体来定义其角度时所需的一套角度,即刀具在静止参考系中的一套角度，这些角度在设计、制造、刃磨及测量刀具时都是必需的。确定刀具角度实际上就是确定刀具切削部分点、线、面的空间位置。

1）平面和参考系

由于刀具角度是在一定参考系和平面内测量的，因此，必须首先定义一些辅助平面和参考系，如图 7.11 所示。

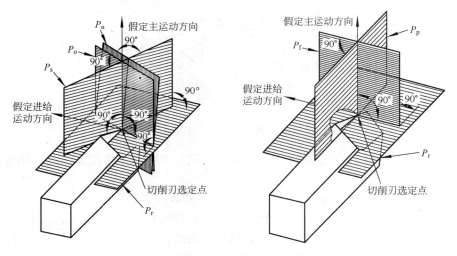

图 7.11　刀具静止参考系的平面

（1）基面。指通过切削刃选定点的平面，它应平行于或垂直于刀具在制造、刃磨及测量时适合于安装或定位的一个平面或轴线，一般垂直于假定的主运动方向，表示为 $P_r$。

（2）主切削平面。指通过切削刃选定点与主切削刃相切并垂直于基面的平面，表示为 $P_s$。

（3）正交平面。指通过切削刃选定点并同时垂直于基面和切削平面的平面，表示为 $P_o$。

（4）法平面。指通过切削刃选定点并垂直于切削刃的平面，表示为 $P_n$。

（5）假定工作平面。指通过切削刃选定点并垂直于基面的平面，它平行于或垂直于刀具在制造、刃磨及测量时适合于安装或定位的一个平面或轴线，一般平行于假定的进给运动方向，表示为 $P_f$。

（6）背平面。指通过切削刃选定点并垂直于基面和假定工作平面的平面，表示为 $P_p$。

刀具静止参考系对于切削刃同一选定点来说可以有三种，分别为正交平面参考系、法平面参考系和背平面及假定工作平面参考系。其中，正交平面参考系的三个平面分别为基面、主切削平面和正交平面；法平面参考系的三个平面分别为基面、主切削平面和法平面；背平面及假定工作平面参考系的三个平面分别为基面、背平面和假定工作平面。

2）刀具角度

刀具角度可以在上述三种静止参考系内定义。在正交平面参考系内主要有主偏角、副偏角、刃倾角、前角、后角和副后角等六个角度，如图 7.12 所示。

（1）主偏角。指主切削平面与假定工作平面之间的夹角，在基面内测量，表示为 $\kappa_r$。主偏角减小，刀尖强度提高，刀尖散热体积增大，参与切削的主切削刃长度增加，单位

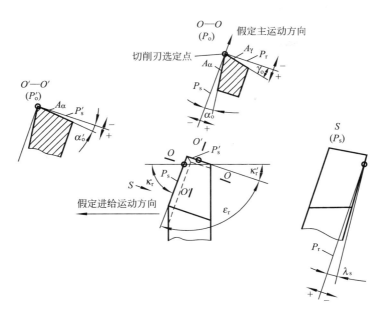

图 7.12 车刀的主要角度

长度切削刃的负荷减轻,散热条件得到改善,从而使刀具耐用度得以提高。但是,主偏角减小会使背向力增大,切削时工件产生较大挠度,降低加工精度;在工艺系统刚性不足的情况下会引起振动,导致刀具耐用度显著下降,工件已加工表面粗糙度值显著增大。一般车刀的 $\kappa_r$ 为 45°、60°、75° 或 90°,其中主偏角为 90° 的车刀(称为 90°偏刀)最为常用。

(2) 副偏角。指副切削平面与假定工作平面之间的夹角,在基面内测量,表示为 $\kappa_r'$。其中,副切削平面指通过副切削刃选定点与副切削刃相切并垂直于基面的平面,表示为 $P_s'$。在相同背吃刀量的情况下,减小副偏角可以减小车削后的残留面积,使表面粗糙度值减小。但是,副偏角减小会增大副后面与已加工表面的摩擦,过小的副偏角也容易引起振动。一般情况下 $\kappa_r'$ 取 5°~15°,精加工时取较小值,粗加工时取较大值。

(3) 刃倾角。指主切削刃与基面之间的夹角,在主切削平面内测量,表示为 $\lambda_s$。刃倾角大小主要影响切屑的流出方向和刀尖强度。一般情况下 $\lambda_s$ 取 −5°~5°,精加工时取正值或零,粗加工时取负值。

(4) 前角。指前面与基面之间内夹角,在正交平面内测量,表示为 $\gamma_o$。前角大小影响切削刃的锋利程度和强度。增大前角可使切削刃刃口锋利,切削力减小,提高已加工表面质量。但是,前角过大会降低切削刃强度,容易崩刃。一般情况下 $\gamma_o$ 取 5°~20°,加工塑性材料和精加工时取较大值,加工脆性材料和粗加工时取较小值。

(5) 后角。指主后面与切削平面之间的夹角,在正交平面内测量,表示为 $\alpha_o$。后角大小影响刀具主后面与过渡表面之间的摩擦、作用在主后面上的力、主后面与工件过渡表面的接触长度以及主后面的磨损强度,从而影响刀具耐用度和已加工表面质量。一般情况下 $\alpha_o$ 取 6°~12°,精加工时取较大值,粗加工时取较小值。

(6) 副后角。指副后面与副切削平面之间的夹角,在副正交平面内测量,表示为 $\alpha_o'$。

其中，副正交平面指通过副切削刃选定点并垂直于基面和副切削平面的平面，表示为 $P_o'$。

刀具进行切削加工的工作角度（在考虑进给运动的刀具工作参考系内测量）相对于静止参考系内的刀具角度有一些变化。

### 7.3.3 车刀的刃磨

未经使用的新刀或用钝后（达到磨钝标准）的车刀需要进行刃磨，以形成或恢复正确合理的切削部分形状和刀具角度。车刀刃磨可分为机械刃磨和手工刃磨两种。机械刃磨在工具磨床上进行，刃磨效率高；手工刃磨一般在砂轮机上进行，对设备要求低，操作灵活方便，一般工厂仍普遍采用。车刀刃磨质量的好坏直接影响到车削加工的质量。

1. **刃磨操作**

高速钢车刀和硬质合金车刀的刃磨有所不同，刃磨高速钢车刀应选用磨料为刚玉的砂轮，刃磨硬质合金车刀应选用磨料为碳化硅的砂轮（有关砂轮特性的内容见本书 10.2.2）。下面以高速钢车刀为例，介绍手工刃磨车刀的操作过程。

(1) 磨主后面。磨出车刀的主偏角 $\kappa_r$ 和后角 $\alpha_o$，如图 7.13(a)所示。

(2) 磨副后面。磨出车刀的副偏角 $\kappa_r'$ 和副后角 $\alpha_o'$，如图 7.13(b)所示。

(3) 磨前面。磨出车刀的前角 $\gamma_o$ 和刃倾角 $\lambda_s$，如图 7.13(c)所示。

(4) 磨刀尖。磨出车刀的切削刃实际交点、修圆刀尖和倒角刀尖等不同形式，如图 7.13(d)所示。

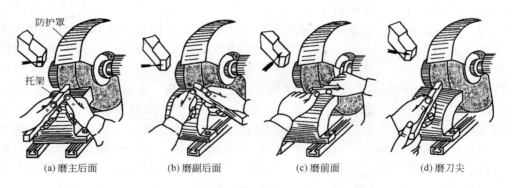

图 7.13　车刀的刃磨

(5) 精磨。在磨料粒度号较大、硬度较硬的砂轮上仔细修磨车刀切削部分各面，使形状和刀具角度符合要求，并减小车刀的表面粗糙度值。

(6) 研磨。有精确刀具角度的车刀，需要进行研磨。研磨时，用平整的、磨料为刚玉的油石，轻研车刀后面和刀尖，去除切削刃上留下的毛刺，或研磨棱面及断屑槽，进一步减小各切削刃及各面的表面粗糙度值。

(7) 检查。车刀刃磨好后，必须检查刃磨质量和刀具角度是否符合要求。检查刃磨质量时，主要是观察切削刃是否锋利、表面是否存在裂纹等缺陷。一般采用样板、专用量角台或万能游标量角器来测量刀具角度。

2. **刃磨操作注意事项**

(1) 启动砂轮机或刃磨车刀时，操作者应站立于砂轮的侧面，以免砂轮屑末飞出或砂轮碎裂，造成安全事故，并最好戴上防护眼镜。

（2）两手握住车刀，刀具应轻轻接触砂轮，以免手滑触及砂轮而受伤，接触过猛可能会导致砂轮碎裂或手握不住车刀而飞出，造成安全事故。

（3）刃磨时，车刀应在砂轮圆周上左右移动，使砂轮磨损均匀，不至于磨出沟槽。应避免在砂轮侧面上用力粗磨车刀。

（4）砂轮必须有防护罩，砂轮未转稳时不得进行刃磨，刃磨车刀所用的砂轮不准磨削其他物件。托架与砂轮之间的空隙应小于3mm，以免车刀嵌入空隙，造成安全事故。

（5）刃磨高速钢车刀时，应经常蘸水冷却。刃磨硬质合金车刀时，则不得蘸水冷却。

### 7.3.4 车刀的装夹

使用前，车刀应正确装夹。对于一般车削加工，装夹车刀应遵守以下基本原则：

（1）车刀刀杆伸出刀架不宜过长，一般长度不应超过刀杆高度的1.5倍（车孔、槽等除外），否则，刀具刚性下降，车削加工时容易产生振动。

（2）车刀刀杆中心线应与走刀方向垂直或平行，否则，将会改变车刀主偏角和副偏角的大小。

（3）车端面及圆锥面、车螺纹、成形车削、切断实心工件时，刀尖高度一般应调整为与工件中心线等高。

粗车一般外圆、精车孔时，刀尖高度一般应调整为比工件中心线稍高或等高。

粗车孔、切断空心工件时，刀尖高度一般应调整为比工件中心线稍低。

（4）螺纹车刀刀尖角的平分线应与工件中心线垂直。

（5）装夹车刀时，刀杆下面的垫片应少而平，一般为2~3片，压紧车刀的螺钉至少两个，并应交替拧紧。

（6）车刀装夹好后，应检查车刀在工件加工极限位置时是否会产生运动干涉或碰撞。

## 7.4 工件装夹及所用附件

车削加工前，工件应正确装夹。由于工件形状、大小、加工表面和生产批量等不同，工件的装夹方法也不同。装夹工件的主要要求是定位准确、夹紧牢固，以保证工件的加工质量和必要的生产效率。卧式车床上常用的工件装夹附件有三爪卡盘、四爪卡盘、顶尖、心轴、花盘、跟刀架和中心架等。

### 7.4.1 三爪卡盘装夹

三爪卡盘是卧式车床上最常用的工件装夹附件，其结构如图7.14所示。将卡盘扳手（方头）插入卡盘三个方孔中的任意一个并转动，小锥齿轮将带动大锥齿轮转动，大锥齿轮背面的平面螺纹使三个卡爪同时作径向移动，从而卡紧或松开工件。由于三个卡爪同时移动，因此，夹持圆形截面工件时三个卡爪可自行定心，定心精度约为0.05~0.15mm。

用三爪卡盘装夹工件可以自动定心，装夹方便，但定心精度不高，重复定位精度较低，夹紧力较小。因此，三爪卡盘适用于装夹截面为圆形、正三边形、正六边形等的中、小型轴类和盘套类等工件。当工件直径较小时，可采用正爪装夹；对于内孔较大的盘套类工件，可采用正爪反撑装夹；当工件外圆直径较大时，可采用反爪装夹，如图 7.15 所示。

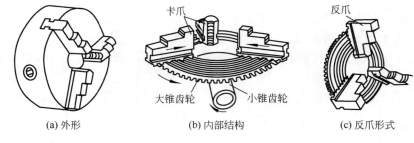

图 7.14 三爪卡盘的结构

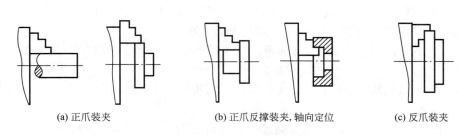

图 7.15 三爪卡盘装夹工件

用三爪卡盘装夹工件时，工件必须装正夹牢，夹持长度一般不小于 10mm。如果工件直径小于或等于 30mm，其悬伸长度应不大于直径的 5 倍；如果工件直径大于 30mm，其悬伸长度应不大于直径的 3 倍。

### 7.4.2 四爪卡盘装夹

四爪卡盘的结构如图 7.16 所示。4 个卡爪分别安装于卡盘体的 4 个径向滑槽内，每个卡爪后面有半瓣内螺纹，当卡盘扳手插入卡盘上某一方孔内（螺杆头部有方孔）转动时，将带动该卡爪作径向移动，各卡爪的径向移动相互独立。

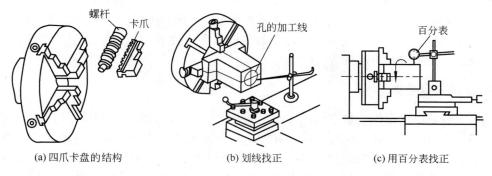

图 7.16 四爪卡盘装夹工件

用四爪卡盘装夹工件时，4 个卡爪需要分别进行调整，安装调整困难。但是调整好时精度高于三爪卡盘装夹，而且四爪卡盘比三爪卡盘夹紧力大。因此，四爪卡盘适用于装夹方形、椭圆形、偏心及形状不规则的较大工件。安装工件时需要仔细找正,常用的找正方法有划线找正或用百分表找正两种。用百分表找正时,定位精度可达 0.01mm。

用四爪卡盘装夹不规则较大工件时,必须添加配重进行平衡,以减少旋转时的振动。

### 7.4.3 顶尖装夹

在车床上加工较长或工序较多的轴类工件时,为了保证同轴度,一般采用顶尖装夹。将工件装夹于前、后顶尖之间,前顶尖安装于主轴锥孔内,后顶尖(尾座顶尖)安装于尾座套筒内,拨盘安装于主轴端部,卡箍(鸡心夹头)套装于工件的一端,并有夹紧螺钉夹紧工件,由拨盘、卡箍(靠摩擦力)带动工件旋转,如图 7.17 所示。用双顶尖装夹工件,既可减小工件的弯曲变形,又可以很好地保证工件上各表面之间的同轴度,是高精度轴类工件加工的典型装夹方法。

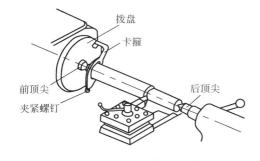

图 7.17 用顶尖装夹工件

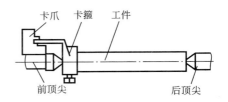

图 7.18 三爪卡盘代替拨盘装夹工件

有时,也可用三爪卡盘代替拨盘带动工件旋转,如图 7.18 所示。此时,前顶尖可用一般钢料自行车制。对于较重或一端有内孔的工件可以采用一端卡盘、一端顶尖的装夹方法,如图 7.24 所示。

顶尖有固定顶尖(死顶尖)和回转顶尖(活顶尖)两类,如图 7.19 所示。固定顶尖的定位精度较高,但固定顶尖与工件中心孔易摩擦发热,一般适用于低速精车;回转顶尖跟随工件一起旋转,适用于高速车削,但其定位精度低于固定顶尖。由于固定顶尖磨损较大,因此,也有采用镶硬质合金的顶尖。

图 7.19 顶尖类型及结构

用顶尖装夹工件之前,应先车平工件的端面,并在工件的端面上用中心钻钻出中心孔。由于中心钻刚度较小,强度差,易折断,因此,钻中心孔时应选用较高的主轴转速和较低的轴向进给,并应加注切削液。中心孔是工件的定位基准,中心孔的轴线应与工件毛坯的轴线重合。常用的中心孔有 A 型和 B 型两种,如图 7.20 所示。

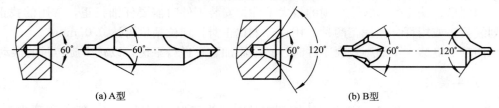

(a) A型　　　　　　　　　(b) B型

图 7.20　中心孔与中心钻

中心孔的60°锥面是与顶尖的配合面，要承受工件自身重量和切削力。因此，中心孔的尺寸应符合《GB/T 145—2001 中心孔》的要求，不能钻得过浅。中心孔底部的圆柱孔部分，一方面用于容纳润滑油，另一方面不使顶尖尖端接触工件，以保证锥面配合可靠。B型中心孔120°锥面主要为了防止60°锥面被碰伤而影响与顶尖的配合，同时，也便于工件装夹后仍可进一步车削工件端面。

在两顶尖之间加工轴类工件时，应注意以下事项：

（1）车削前，应调整尾座顶尖中心与车床主轴中心线重合。

（2）车削前，应将刀架移至车削行程最左端，用手转动拨盘（或卡盘）及卡箍等，检查是否会产生运动干涉或碰撞。

（3）在两顶尖之间加工细长轴时，应使用跟刀架或中心架（有关跟刀架和中心架的内容见本书7.4.6）。在加工过程中应注意调整顶尖的夹紧力，固定顶尖和中心架应注意润滑。

### 7.4.4　心轴装夹

盘套类零件的外圆面和端面对内孔常有同轴度和垂直度的要求，如果在三爪卡盘的一次装夹中，不能完成全部相关外圆面、端面和内孔的精加工，则应先精加工内孔，再以内孔定位，将工件装夹于心轴上加工其他有关表面，以保证加工精度的要求。作为定位基准，内孔表面的加工精度为IT9～IT7，表面粗糙度值应不大于 $Ra1.6\mu m$。

心轴在车床上用顶尖装夹的方法如同用顶尖装夹轴类零件。心轴的种类很多，应根据工件的形状、尺寸、质量要求和生产类型的不同，选择不同结构的心轴。最常用的心轴有圆柱心轴和锥度心轴两种，如图 7.21 所示。

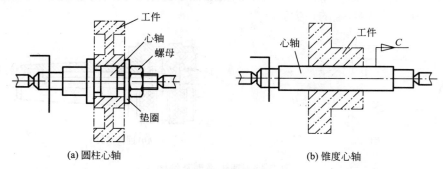

(a) 圆柱心轴　　　　　　　　(b) 锥度心轴

图 7.21　心轴装夹工件

#### 1. 圆柱心轴

当工件的长度比孔径小时，一般用圆柱心轴装夹。装夹时，工件左端与心轴轴肩接触，右端由螺母和垫圈压紧，夹紧力较大。由于孔与心轴之间有一定的配合间隙，对中性较差，因此，应尽量减小孔与心轴的配合间隙，提高加工精度。圆柱心轴可以一次装夹多个工件，从而实现多件加工。

2. 锥度心轴

当工件的长度大于孔径时，常用锥度心轴装夹。孔径为 8～100mm 标准锥度心轴的锥度 $C$ 为 1∶3000、1∶5000 或 1∶8000。由于锥度很小，锥度心轴对中准确，装卸方便。但由于切削力是靠心轴锥面与工件孔壁压紧后的摩擦力来传递的，因此，切削加工的背吃刀量不宜过大。锥度心轴主要适用于精车盘套类工件的外圆面和端面。

### 7.4.5 花盘装夹

对于某些形状不规则的或刚性较差的工件，为了保证加工表面与安装基面平行或者加工回转面轴线与安装基面垂直，可以用螺栓（或螺钉）和压板等将工件直接压于花盘上加工，如图 7.22 所示。用花盘装夹工件时，需要仔细找正。

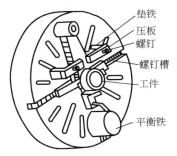

图 7.22 在花盘上装夹工件

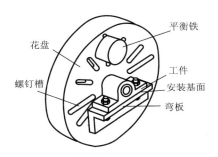

图 7.23 在花盘、弯板上装夹工件

有些复杂的零件要求加工孔的轴线与安装基面平行，或者要求加工孔的轴线垂直相交时，可用花盘、弯板装夹工件，如图 7.23 所示。弯板安装于花盘上需要仔细找正，工件安装于弯板上也需找正。

用花盘或花盘、弯板装夹工件时，由于重心偏向一边，必须在花盘的另一边添加配重（平衡铁）进行平衡，以减少旋转时的振动。加工时，工件的旋转速度不宜过高，以免离心力的影响，造成安全事故。

### 7.4.6 跟刀架和中心架的使用

跟刀架和中心架是切削加工时的辅助支承。加工细长轴时，为了防止工件被车刀顶弯或防止工件振动，需要使用中心架或跟刀架以增加工件的刚性，减少工件的变形。

1. 跟刀架的使用

跟刀架紧固于床鞍上，车削时，随床鞍和刀架一起作纵向移动。按照支承爪数量有二爪跟刀架和三爪跟刀架两种。跟刀架一般适用于细长光轴和长丝杠等的加工，如图 7.24 所示。

2. 中心架的使用

中心架紧固于车床导轨上，三个支承爪支承于工件预先加工的外圆面上。中心架一般适用于阶梯轴、长轴端面、中心孔及内圆等的加工，如图 7.25 所示。

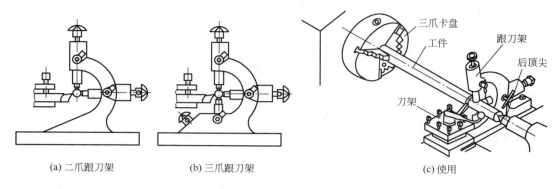

图 7.24 跟刀架的使用

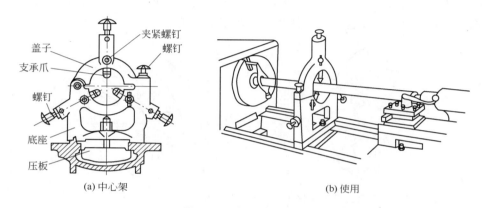

图 7.25 中心架的使用

使用跟刀架和中心架时,工件被支承部分应是加工过的外圆表面,并应加注润滑油,工件的转速不能过高,以免工件与支承爪之间摩擦过热而烧坏或磨损支承爪。

## 7.5 车削加工的操作方法及基本操作

### 7.5.1 车削加工的操作方法

1. 操作过程

车削加工的一般操作过程如下:

(1) 调整车床。根据工件的加工要求和选定的切削用量,调整车床主轴转速和进给量。车床的调整必须在停车时进行(有关调整车床的内容见本书 7.2.3)。

(2) 选择和装夹车刀。根据工件材料、加工表面及其技术要求等,将选好的车刀正确地装夹于刀架上(有关装夹车刀的内容见本书 7.3.4)。

(3) 装夹工件。根据工件形状、大小、加工表面和生产批量等合理选择工件装夹方法,并正确装夹工件(有关装夹工件的内容见本书 7.4 节)。

(4) 试切。下面以车外圆为例,介绍试切的方法与步骤,如图 7.26 所示。

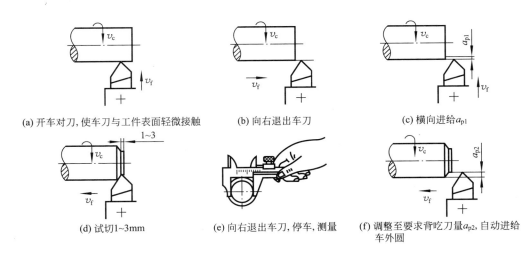

图 7.26 试切的方法与步骤

(5) 切削。在试切获得合格尺寸后，向上扳动自动手柄，进行自动进给。当车刀纵向进给至距最终行程 3～5mm 时，改自动进给为手动进给，以免走刀超过要求行程。合理确定走刀次数，如此循环完成工件被加工表面的切削加工。

(6) 检测。加工好的零件，应进行检测，以确保加工质量。

## 2. 刻度盘的使用

在车削加工过程中，为了迅速而准确地控制尺寸，必须正确掌握中滑板和小滑板刻度盘的使用，并熟悉其刻度值。以中滑板为例，刻度盘紧固于丝杠轴头上，当用手转动手柄，带动刻度盘转动一周时，丝杠也转动一周，此时，丝杠螺母带动中滑板和刀架横向移动一个导程的距离。例如，C6132 卧式车床的中滑板丝杠导程为 4mm，刻度盘圆周等分成 200 格，则刻度盘每转过 1 格，中滑板和刀架横向移动的距离为 $4/200=0.02$mm，工件的直径变化量为 0.04mm。

调整刻度时，如果刻度盘手柄转过了头或者试切后发现尺寸不正确，不能直接将刻度盘退回至所需要刻度的位置，而应反转约 1 周后再转至所需刻度值的位置，以消除丝杠与螺母之间的间隙。

## 3. 粗车与精车

工件被切削表面的加工余量一般需要经过几次走刀才能切除，为了提高生产效率，保证加工质量，一般将车削加工分为粗车和精车。

粗车的目的是尽快去除被切削表面的大部分加工余量，留精车余量 0.5～5mm，使之接近最终的形状和尺寸，一般背吃刀量取 1～3mm，进给量取 0.3～1.5mm/r，中等或中等偏低的切削速度，其加工精度较低，表面粗糙度值较大。

精车的目的是去除粗车后的少部分加工余量，保证零件的加工精度和表面粗糙度，一般背吃刀量取 0.3～0.5mm，进给量取 0.1～0.3mm/r，较高的切削速度。也可以采用低速精车，此时的背吃刀量和进给量小于高速精车。

有时，根据需要在粗车和精车之间再加入半精车，其切削参数介于两者之间。

## 7.5.2 车削加工的基本操作

**1. 车端面**

端面往往是零件长度方向尺寸的测量基准,在车外圆、车圆锥面以及在工件端面上钻中心孔或钻孔之前,均应先车端面。一般采用端面车刀、弯头车刀或偏刀车端面。刀尖一般应与工件中心线等高,以免车出的端面中心留有凸台。车端面的方法及所用车刀如图7.27所示。

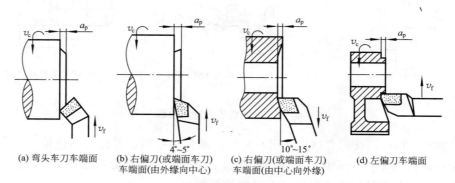

(a) 弯头车刀车端面　(b) 右偏刀(或端面车刀)车端面(由外缘向中心)　(c) 右偏刀(或端面车刀)车端面(由中心向外缘)　(d) 左偏刀车端面

图7.27　车端面

用右偏刀由外缘向中心进给车端面,当背吃刀量较大时,容易因"扎刀"而引起凹面,此时,用弯头车刀比较有利。但精车端面时,用右偏刀由中心向外缘进给,可以提高端面的加工质量。当零件结构不允许用右偏刀时,可用左偏刀车端面。

车削直径较大的端面时,为了使车刀准确地作横向进给而无纵向松动,应将床鞍紧固于床身上,而用小滑板调整背吃刀量。

由于端面由外缘至中心的直径是变化的,切削速度也随之变化,而切削速度的变化会影响到被加工表面的质量,因此,车端面时工件转速应比车外圆时选择得高一些。

**2. 车外圆及台阶**

车外圆是车削加工中最基本的操作之一,一般采用直头外圆车刀、弯头(外圆)车刀或偏刀。车外圆的方法和所用车刀如图7.28所示。

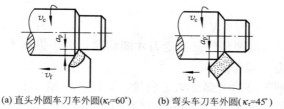

(a) 直头外圆车刀车外圆($\kappa_r=60°$)　(b) 弯头车刀车外圆($\kappa_r=45°$)　(c) 右偏刀车外圆($\kappa_r=90°$)

图7.28　车外圆

直头外圆车刀适用于粗车外圆和没有台阶(或台阶不大)的外圆;弯头车刀适用于车外圆、车端面和倒角;偏刀的主偏角为90°时,车外圆时的径向力很小,适用于车削有垂直台阶的外圆和细长轴。由于直头外圆车刀和弯头车刀的切削部分强度较高,一般适用于粗加工及半精加工;主偏角为90°的偏刀一般适用于精加工。

台阶是有一定长度的圆柱面和端面的组合,很多轴、盘和套类零件上都有台阶。车台阶是车外圆和车端面的组合加工,其加工方法如图 7.29 所示,与车外圆没有显著的区别。台阶高度小于 5mm 的台阶可以用 $\kappa_r = 90°$ 的偏刀在车外圆时同时车出;台阶高度大于 5mm 的台阶应分层进行切削,台阶最后用 $\kappa_r > 90°$ 的偏刀由径向向外切出。台阶长度的控制和测量方法如图 7.30 所示。

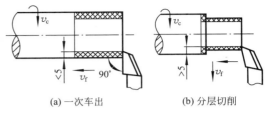

(a) 一次车出　　(b) 分层切削

图 7.29　车台阶

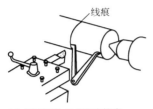
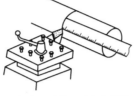
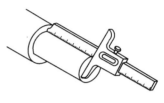

(a) 卡钳测量,刀尖车出线痕　　(b) 钢直尺测量,刀尖车出线痕　　(c) 游标深度卡尺测量

图 7.30　台阶长度的控制和测量

车削台阶轴时,为了保证工件的刚性,一般应先车直径较大部分,后车直径较小部分。

### 3. 车槽及切断

#### 1) 车槽

车槽所用刀具称为车槽刀,如图 7.31 所示。车槽刀有一条主切削刃和两条副切削刃,其前角 $\gamma_o = 25° \sim 30°$,后角 $\alpha_o = 8° \sim 12°$,副后角 $\alpha_o' = 0.5° \sim 1°$,副偏角 $\kappa_r' = 1° \sim 2°$。车槽的方法如图 7.32 所示。车槽与车端面很相似,相当于将左、右偏刀并在一起,同时车左、右两个端面。

轴上的外槽和孔的内槽多为退刀槽。用于车削螺纹或磨削加工时,便于退刀;用于槽内装配其他零件时,便于零件的轴向定位。端面槽主要用于减轻重量。有些槽还可用于安装弹簧或密封圈。

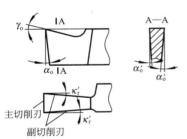

图 7.31　车槽刀及其角度

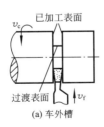
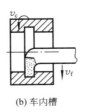
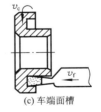

(a) 车外槽　　(b) 车内槽　　(c) 车端面槽

图 7.32　车槽

宽度不大于 5mm 的窄槽,可以采用与槽同宽的车槽刀一次车出。宽度大于 5mm 的宽槽,一般采用如图 7.33 所示的方法车出,精车则应按照图 7.33(c)中 1、2、3 的顺序进行。当工件上有几个同一类型的槽时,应将槽宽设计为一样,以便于用同一把刀具车出所有的槽。

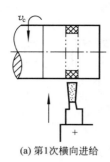 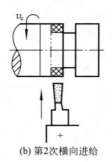 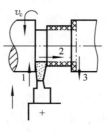

(a) 第1次横向进给　　　　(b) 第2次横向进给　　　　(c) 末次横向进给至尺寸后,再纵向进给精车槽底

图 7.33　车宽槽

轴类工件上的车槽,应在精车之前进行,以免工件变形。

2) 切断

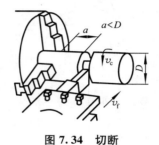

图 7.34　切断

切断所用刀具称为切断刀,用于将坯料或加工完毕的工件由夹持端上分离下来。切断刀的形状与车槽刀相似,但由于其刀体更加窄长,刚性更差,因此,切削时容易折断。切断的方法如图 7.34 所示。

切断时,应注意以下事项:

(1) 切断时,工件一般用卡盘装夹,工件的切断处应尽量靠近卡盘,以增加工件的刚性,减小切削时的振动。

(2) 切断刀必须正确安装。切断实心工件时,刀尖高度一般应与工件中心线等高,否则,切断处将留有凸台,也容易损坏刀具;切断空心工件时,刀尖高度一般应比工件中心线稍低。车刀刀杆伸出刀架不宜过长,以增加刀具的刚性,但必须保证切断时,刀架不会碰到卡盘。

(3) 切断时,应选择较低的切削速度,并采用缓慢均匀的手动进给。即将切断时,必须降低进给速度,以免刀体折断。

4. 孔加工

在车床上可以使用钻头、扩孔钻和铰刀等定尺寸刀具进行孔加工,也可以使用内孔车刀车(镗)孔。孔加工时,由于在观察、排屑、冷却、测量及尺寸控制等方面都比较困难,同时,刀具形状、尺寸受到孔尺寸的限制,因此,加工质量受到一定影响。下面仅介绍钻孔和镗孔。

1) 钻孔

在车床上钻孔与在钻床上钻孔的切削运动不同。在车床上钻孔时,工件的旋转运动为主运动,钻头装夹于尾座的套筒内,用手转动手轮使套筒带动钻头以实现进给运动,如图 7.35 所示。在钻床上进行钻孔时,钻头的旋转运动为主运动,并沿其轴线方向移动以实现进给运动,工件固定不动(有关钻削运动等内容见本书 10.1.1)。钻孔用刀具为麻花钻(有关钻头的类型及结构等内容见本书 10.1.2)。

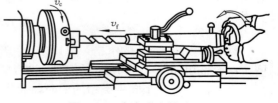

图 7.35　在车床上钻孔

车床上钻孔的操作过程如下：

(1) 车平端面。为了便于钻头定心，防止钻偏，应先将端面车平。

(2) 预钻中心孔。用中心钻在工件端面中心处先钻出中心孔，或用车刀在工件端面中心处车出定心小坑。

(3) 装夹钻头。选择与所钻孔直径相对应的麻花钻，麻花钻工作部分长度应略长于孔深。如果是直柄麻花钻，则用钻夹头装夹后，再将钻夹头的锥柄插入尾座套筒内；如果是锥柄麻花钻，则直接插入尾座套筒中；如果钻头直径过小，可加用过渡套筒。

(4) 调整尾座位置。松开尾座锁紧手柄，移动尾座，直至钻头接近工件，将尾座锁紧于床身上。此时，应考虑加工时套筒伸出不宜过长，以保证尾座的刚性。

(5) 开车钻孔。钻削时，切削速度不宜过大，以免钻头剧烈磨损。一般取 $v_c = (0.3 \sim 0.6)$ m/s。开始钻削时，进给速度应缓慢，以便于使钻头准确切入工件，然后以正常的进给速度进行切削。通孔钻削孔将钻通时，应减慢进给速度，以免钻头折断。盲孔钻削时，可以利用尾座套筒上的刻度来控制钻孔深度，也可以在钻头上作深度标记来控制孔深，或用游标深度卡尺测量。钻削至深度尺寸后，应先退出钻头，然后再停车。

钻深孔时，还应经常退出钻头，以便于排屑和冷却。钻削钢件时，应加注切削液。

2) 车孔

车孔是利用内孔车刀(镗刀)对工件上已铸出、锻出或钻出的孔作进一步的扩径加工，可以进行粗加工、半精加工和精加工。车孔的方法如图 7.36 所示。由于内孔车刀要进入孔内切削，刀体尺寸受到孔径的限制，刀杆较细，刚性差，因此，加工时的背吃刀量和进给量都应选得较小一些，走刀次数多，生产效率不高。但车孔具有较高的加工精度(接近车外圆的精度)，而且车孔可以纠正原来孔的轴线偏斜，提高孔的位置精度。

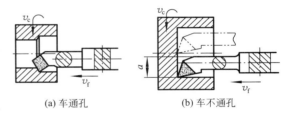

(a) 车通孔　　(b) 车不通孔

图 7.36　车孔

车床上车孔的操作过程如下：

(1) 选择和装夹车刀。车通孔应选通孔车刀，不通孔(盲孔)应选不通孔车刀。刀杆应尽量粗一些，伸出刀架的长度应尽量短一些，以减少振动，但不应小于车孔深度。粗车时，刀尖高度一般应调整为比孔中心线稍低；精车时，刀尖高度应调整为与孔中心线等高或略高，以减少车刀下部碰到孔壁的可能性。刀杆中心线应大致平行于纵向进给方向。车不通孔时，刀尖至刀杆背面的距离 $a$ 必须小于孔的半径，否则，孔底中心部位无法车平。

(2) 选择切削用量和调整机床。

(3) 试切。与车外圆的试切方法相似。在开动车床前，应使车刀在孔内手动走一遍，并确认是否会产生运动干涉或碰撞。

(4) 控制孔深。与车台阶和钻孔时的控制方法相似。

(5) 检测。一般用游标卡尺检测孔径和孔深；精度较高的孔用千分尺或内径百分表检测；大批大量生产中可用塞规检测。

5. 车圆锥面

在各种机械结构中，除了采用圆柱体与圆柱孔作为配合表面外，还广泛采用圆锥体与圆锥孔作为配合表面，如车床主轴的锥孔、顶尖的锥柄及锥销表面。圆锥面配合紧密，装拆方便，经多次拆卸后仍能保持精确的定心作用。

一般采用锥度 $C$ 或圆锥角来标注圆锥表面尺寸。在通过圆锥轴线的截面内，两条素线之间的夹角称为圆锥角；两个垂直圆锥截面的圆锥直径 $D$ 和 $d$ 之差与该两截面之间的轴向距离 $L$ 之比称为锥度。如图 7.39 所示，锥度与圆锥角之间可以相互换算：$C = \dfrac{D-d}{L} = 2\tan\left(\dfrac{\alpha}{2}\right) = 1:n$。GB/T 157—2001《产品几何量技术规范(GPS)圆锥的锥度与锥角系列》规定了一般用途的锥度系列及各系列锥度的圆锥角与锥度之间的换算值，其有效位数根据需要确定。

车圆锥面的常用方法有宽刀法、小滑板转位法、偏移尾座法和靠模法等。

1) 宽刀法

如图 7.37 所示，车刀直线形主切削刃与工件中心线之间的夹角等于圆锥面的圆锥半角 $\alpha/2$，车刀一般只需要横向进给即可切出所需圆锥面。宽刀法生产效率高，但在加工时的径向切削力大，容易引起振动，因此，适用于成批生产中加工长度较短的内、外圆锥面。

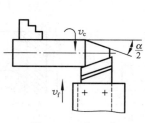

图 7.37 宽刀法

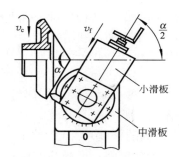

图 7.38 小滑板转位法

2) 小滑板转位法

如图 7.38 所示，先松开小滑板的紧固螺母，使小滑板随转盘转过圆锥面的圆锥半角 $\alpha/2$，然后拧紧螺母。加工时，转动小滑板手柄即可切出所需圆锥面。小滑板转位法操作简单，不受圆锥面锥度大小的限制，应用广泛，但由于受小滑板行程的限制而只能加工较短的圆锥面，且只能手动进给，劳动强度大，锥面表面质量不高，因此，适用于单件小批量生产中加工长度不大的内、外圆锥面。

3) 偏移尾座法

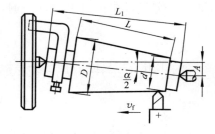

图 7.39 偏移尾座法

如图 7.39 所示，将工件装夹于前后顶尖上，松开尾座底板的紧固螺母，将尾座及后顶尖横向移动距离 $A$，使工件的旋转轴线与机床主轴轴线的夹角等于圆锥面的圆锥半角 $\alpha/2$，车刀纵向进给即可切出所需圆锥面。偏移尾座法能自动进给车削较长的圆锥面，但由于受尾座偏移量的限制，只能加工圆锥角较小的外圆锥面，而且精确调整尾座偏移量较费时，因此，适用于成批生产中加工锥角小、长度大且不带锥顶的外圆锥面。

尾座横向移动距离 $A$ 的计算公式为

$$A = L_1 \sin\left(\frac{\alpha}{2}\right) \quad (7-1)$$

当圆锥半角 $\frac{\alpha}{2}$ 很小时，可以近似计算为

$$A = L_1 \tan\left(\frac{\alpha}{2}\right) = \frac{L_1(D-d)}{2L} = L_1 \frac{C}{2} \quad (7-2)$$

式中，$L_1$ 为前后顶尖之间的距离(mm)；$L$ 为圆锥面长度(mm)；$C$ 为圆锥面锥度。

为了改善工件轴线偏移后其中心孔与顶尖接触不良的状况，可以采用球头顶尖。

4) 靠模法

如图 7.40 所示，靠模板装置(车床附件之一)的底座固定于车床床身的后面，底座上装有锥度靠模板，可绕心轴旋转，旋转的角度可由底座两端的刻度读出。滑块可自由地沿着靠模板滑动，连接板与滑块用紧固螺钉连接在一起，并固定于车床的中滑板上。脱开中滑板的丝杠和螺母，使中滑板可以自由地与连接板和滑块一起沿锥度靠模板滑动。小滑板转动 90°，用小滑板手柄调整背吃刀量。

将工件装夹于前后顶尖上，调整锥度靠模板与工件中心线的夹角等于圆锥面的圆锥半角 $\frac{\alpha}{2}$。加工时，当车床纵向进给(自动或手动)时，溜板箱带动中滑板沿着靠模板滑动，从而使车刀的运动平行于靠模板，车出所需圆锥面。

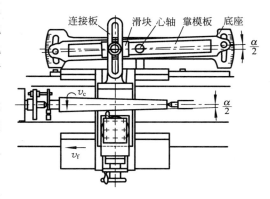

**图 7.40　靠模法**

靠模法加工进给平稳，工件的精度高、表面质量好，生产效率高，但靠模的制造成本高，因此，适用于大批大量生产中加工圆锥角小、长度大、精度高的内、外圆锥面。

**6. 车螺纹**

螺纹是指在圆柱或圆锥表面上，沿着螺旋线所形成的、具有规定牙型的连续(实体部分)凸起(又称为牙)。螺纹可以分为圆柱螺纹与圆锥螺纹、密封螺纹与非密封螺纹、机械紧固螺纹与传动螺纹、对称牙型螺纹与非对称牙型螺纹等。常用的普通螺纹是对称牙型机械紧固螺纹，牙型角(三角形牙型)为 60°，螺纹本身不具有密封功能。下面以车削普通螺纹为例进行介绍。

1) 螺纹的基本要素

普通螺纹的基本牙型和基本尺寸如图 7.41 所示，图中粗实线代表基本牙型。$D$ 为内螺纹的基本大径(公称直径)，$d$ 为外螺纹的基本大径(公称直径)，$D_1$ 为内螺纹的基本小径，$d_1$ 为外螺纹的基本小径，$D_2$ 为内螺纹的基本中径，$d_2$ 为外螺纹的基本中径，$H$ 为原始三角形高度，$p$ 为螺距。

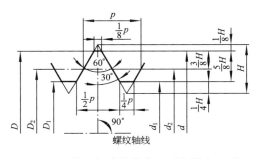

**图 7.41　普通螺纹的基本牙型和基本尺寸**

(1) 直径。国家标准 GB/T 196—2003《普通螺纹基本尺寸》规定了螺纹的公称直径（大径，$D$、$d$）、小径（$D_1$、$d_1$）、中径（$D_2$、$d_2$）和螺距等基本尺寸，其中，螺纹小径和中径按照下列公式计算（计算数值圆整到小数点后的第三位）。

$$D_1 = D - 1.0825p \tag{7-3}$$

$$d_1 = d - 1.0825p \tag{7-4}$$

$$D_2 = D - 0.6495p \tag{7-5}$$

$$d_2 = d - 0.6495p \tag{7-6}$$

为了使两个相互配合的内外螺纹能够正确旋合，国家标准 GB/T 197—2003《普通螺纹公差》规定了内外螺纹不同公差带各螺距对应的基本偏差，不同公差等级各螺距对应的内螺纹小径公差、外螺纹大径公差、内螺纹中径公差和外螺纹中径公差值，以及推荐的内外螺纹公差带组合。

(2) 牙型。普通螺纹的牙型为三角形对称牙型，牙型角为 60°。为了使车出的螺纹牙型准确，车刀切削刃的形状应与螺纹牙型吻合，其刀尖角 $\varepsilon_r$ 等于牙型角。刀尖角是指在基面内测量的主切削刃和副切削刃之间的夹角，$\varepsilon_r = 180° - (\kappa_r + \kappa_r')$，如图 7.12 所示。精加工螺纹车刀的前角 $\gamma_o = 0$，粗加工或质量要求较低的螺纹车刀的前角 $\gamma_o = 5° \sim 15°$，以便于切削。

安装螺纹车刀时，应保证刀尖高度与工件中心线等高，且螺纹牙型角的角平分线应与工件中心线垂直，一般用样板对刀校正，如图 7.42 所示。

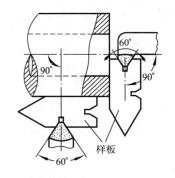

图 7.42 螺纹车刀的对刀

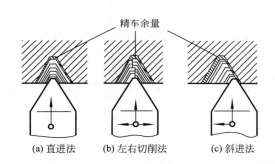

图 7.43 车螺纹的进给方式

螺纹的牙型是经过多次走刀而形成的，车螺纹的进给方式主要有直进法、左右切削法和斜进法等三种，如图 7.43 所示。直进法适用于车削小螺距螺纹和精车；左右切削法适用于粗车塑性材料螺纹和大螺距螺纹；斜进法适用于粗车。

(3) 导程和螺距。导程是指螺纹同一条螺旋线上的相邻两牙在中径线上对应两点之间的轴向距离，表示为 $p_h$。螺距是指螺纹相邻两牙在中径线上对应两点之间的轴向距离，表示为 $p$。导程与螺距之间的关系可以表示为

$$p_h = np \tag{7-7}$$

式中，$n$ 为螺纹线数。

车螺纹时，为了获得准确的导程，必须用丝杠带动刀架作纵向进给，使工件每转动一周，刀具移动的距离等于螺纹导程。车螺纹前，应根据工件螺纹的导程（对于单线螺纹为螺距），查机床上的进给量表，然后调整进给箱上的手柄位置或更换挂轮箱内的交换齿轮。

(4) 螺纹线数。沿一条螺旋线所形成的螺纹为单线螺纹,沿两条或两条以上的螺旋线所形成的螺纹为多线螺纹(其螺旋线在轴向等距分布)。车削线数为 $n$ 的多线螺纹时,当车好一条螺旋线上的螺纹后,将螺纹车刀退回至车削的起点位置,利用小滑板将车刀沿进给方向移动一个螺距(将百分表靠在刀架上测量该移动距离),再车另一条螺纹。

(5) 螺纹旋向。螺纹的旋向有右旋和左旋两种。顺时针旋转时旋入的螺纹为右旋螺纹,逆时针旋转时旋入的螺纹为左旋螺纹。螺纹旋向通过改变螺纹车刀的自动进给方向来实现。切削加工时,向左进给为右旋,向右进给为左旋。

2) 车螺纹操作

车床上车螺纹的操作过程如下:

(1) 根据工件螺纹的导程,查机床上的进给量表,然后调整进给箱上的手柄位置或更换挂轮箱内的交换齿轮。车削标准普通螺纹时,不需要更换交换齿轮。

(2) 根据工件螺纹的旋向,改变螺纹车刀的自动进给方向(有关进给换向的内容见本书 7.2.3)。一般情况下,螺纹旋向为右旋,因此,不需要改变车刀的自动进给方向。

(3) 脱开光杠进给机构,改由丝杠传动(有关丝杠光杠传动变换的内容见本书 7.2.3)。

(4) 调整中滑板导轨间隙和小滑板导轨间隙,以使车刀移动均匀、平稳。

(5) 按照图 7.44 所示的操作过程进行其他操作。

(6) 检测。

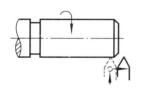
(a) 开车,使车刀与工件轻微接触,记下刻度盘读数。向右退出车刀

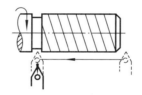
(b) 合上开合螺母,在工件表面上车出一条螺旋线。横向退出车刀,停车

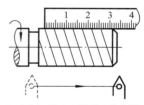
(c) 开反车,使车刀退至工件右端,用钢直尺检查螺距是否正确

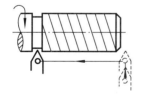
(d) 利用刻度盘调整背吃刀量,开车切削

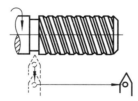
(e) 车刀将至行程终了时,应做好退刀和停车准备,先快速退出车刀,然后停车,开反车退回车刀

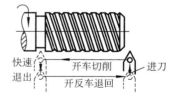
(f) 再次横向进给,继续切削,直至结束

**图 7.44 车螺纹的操作过程**

3) 车螺纹操作注意事项

(1) 安装螺纹车刀时,应保证刀尖高度与工件中心线等高,且螺纹牙型角的角平分线应与工件中心线垂直;保持车刀在刀架上的位置(包括车刀装夹位置和刀架相对于中滑板的位置)不变,如果必须中途卸下车刀刃磨,则需重新对刀。重新对刀时,应在合上丝杠开合螺母并移动刀架至工件的中间后停车进行。

(2) 工件和主轴的相对位置不得改变。

(3) 为了避免车刀与被切螺纹沟槽对不上而产生"乱扣"现象,在车削过程中和退刀时不得脱开传动系统中的任何齿轮或开合螺母。除非车床丝杠螺距是工件螺纹导程的整数倍，此时，在每次进给至行程终了时，可以抬起开合螺母，手动退刀，再次车削时，可以随时合上开合螺母。

(4) 车削内螺纹时，车刀横向进退方向与车外螺纹时相反。对于公称直径很小的外螺纹和内螺纹，可以在车床上分别用板牙套螺纹和丝锥攻螺纹。

(5) 车螺纹的每次背吃刀量应选择得小些，但总的背吃刀量可以根据计算的牙型高度 $h\left(h=\dfrac{5}{8}H\approx 0.5412p,\text{mm}\right)$，由刻度盘进行大致控制。

(6) 车螺纹时，应不断加注切削液，以冷却、润滑工件，并及时清除车刀上的切屑。

(7) 车螺纹时，严禁用手触摸工件以及用棉纱擦拭转动的螺纹。

4) 螺纹的检测

螺纹检测主要是测量螺距、牙型角和中径。螺距由车床的传动关系保证，用钢直尺检测；牙型角由车刀的刀尖角和正确装夹保证，用螺纹样板检测；外螺纹中径用螺纹千分尺检测。成批大量生产时，常用螺纹量规进行综合检测：使用环规和塞规分别对外螺纹和内螺纹的作用中径和单一中径进行检测；使用光滑极限量规对被测螺纹的实际顶径进行检测。当螺纹精度不高或单件生产且没有合适螺纹量规时，也可以用被加工螺纹的配合件进行检测。

用螺纹千分尺测量螺纹中径时，其V形测头和锥形测头分别安装于调零装置和测微螺杆的孔内，并经校对调零，将被测工件放置于弧形尺架的V形测头（与螺纹一侧的牙对齐）与锥形测头（与螺纹另一侧的螺纹槽对齐）之间，旋转测力装置，然后进行读数，从而测得螺纹中径，如图7.45所示。

螺纹塞规和环规都具有通端和止端，如图7.46所示。螺纹量规上标记有螺纹代号和中径公差带代号，以及螺纹量规代号。测量时，如果被测螺纹能够与螺纹量规通端旋合通过，且与止端旋合量不超过两个螺距，则被测螺纹中径合格，否则，则为不合格。使用时，需要注意的是被测螺纹公差等级、偏差代号与螺纹量规标识的公差等级、偏差代号应相同，错用后将会产生成批量的不合格品。

图7.45 螺纹千分尺

(a) 塞规

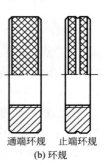

(b) 环规

图7.46 螺纹量规

## 7. 车成形面

在车床上可以车削各种以曲线为母线的回转体成形面，如手柄和手轮表面等。车成形面的方法主要有手动法、成形车刀法和靠模法等三种。

1) 手动法

手动法是利用双手同时转动中滑板和小滑板手柄，将刀架的纵向与车刀的横向进给运动合成为一个运动，使刀尖的运动轨迹与所加工成形面的曲线形母线相符合，如图 7.1(i)所示。加工时，也可以一个方向由车床自动进给，另一个方向的进给由手动控制。手动法加工简单方便，生产成本低，但对操作者技术要求高，而且生产效率低，加工精度低，因此，适用于单件小批量生产中加工形状简单、质量要求不高的成形面。

2) 成形车刀法

成形车刀法是利用切削刃形状与成形面轮廓相对应的成形车刀来加工成形面的。加工时，车刀一般只作横向进给。如图 7.37 所示的宽刀法车锥面即属于成形车刀法，只是切削刃形状为直线。成形车刀法操作方便，生产效率高，而且能获得准确的表面形状，但刀具制造成本高，刃磨困难，切削过程容易引起振动，因此，只适用于成批生产中加工较短的成形面。

3) 靠模法

靠模法车成形面的原理与靠模法车圆锥面是一样的。如图 7.40 所示，只要将靠模装置的滑块换成滚柱，锥度靠模板换成所需回转成形面母线的靠模板即可。靠模法操作简单，加工质量高，生产效率高，但需要制造专用模板，因此适用于成批大量生产中加工长度较大、形状较简单的成形面。

## 8. 滚花

滚花是用特制的滚花刀滚压工件，使其表面产生塑性变形而形成花纹的操作。为了美观和增加摩擦力，常在工件、零件的手握部分表面上进行滚花，如图 7.46 所示的环规外表面上就进行了滚花。一般用途的圆柱表面滚花型式有直纹滚花和网纹滚花，滚花刀也分为直纹滚花刀和网纹滚花刀。其中，直纹滚花刀为单滚轮，网纹滚花刀为双滚轮(左旋、右旋各一)或六滚轮，如图 7.47 所示。

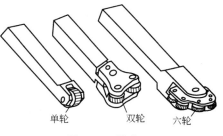

图 7.47 滚花刀

滚花时，应保证滚花刀的中心与工件中心线等高，将滚花刀表面与工件平行接触，首先让工件低速旋转，待滚花刀径向挤压一定深度后，再进行纵向进给，一般来回滚压 1~2 次，直至花纹滚好为止。滚花过程应充分加注切削液。由于滚花后工件直径大于滚花前直径，其差值 $\Delta \approx (0.8 \sim 1.6)m$，其中，$m$ 为滚花模数，$m = 0.2$、0.3、0.4 或 0.5mm。因此，滚花前，应将滚花部分的直径加工至比工件所要求直径小 $\Delta$mm。

## 7.6 典型零件的车削工艺

零件加工工艺是将毛坯或半成品加工成产品的方法和过程。由于零件都是由多个表面组成的,在生产中往往需要经过若干个加工步骤才能将毛坯或半成品加工成成品。零件形状越复杂,加工精度和表面质量要求越高,则需要的加工步骤越多。因此,在制定零件的加工工艺时,必须综合考虑,合理安排加工步骤。

### 7.6.1 制定零件加工工艺的内容和步骤

1. 确定毛坯的种类

根据零件的形状、结构、材料、数量和技术要求,确定毛坯的种类(如棒料、锻料、铸件等)。

2. 确定零件加工顺序

根据零件的精度、表面粗糙度等技术要求,以及所选毛坯的种类、结构和尺寸来确定零件的加工顺序,除粗、精加工外,还包括热处理方法的确定及安排。

3. 确定工艺方法及加工余量

确定每一工序所用的机床、工件装夹方法、加工方法、加工余量和检测方法。单件小批量生产时,中、小型零件的加工余量(单边余量),可参考下列原则确定:

(1) 总余量。手工造型铸件为 3~6mm;自由锻锻件为 3.5~7mm;圆钢料为 1.5~2.5mm。

(2) 工序余量。半精车为 0.8~1.5mm;高速精车为 0.4~0.5mm;低速精车为 0.1~0.3mm;磨削为 0.15~0.25mm。

(3) 毛坯尺寸大的,取大值;反之,则取小值。

4. 确定所用切削用量和工时定额

一般工厂在单件小批量生产中不规定切削用量,由操作人员自己选择,工时定额则多凭经验估算。

5. 填写工艺过程卡和工序卡

零件的机械加工工艺过程卡是以工序为单位说明零件的整个工艺过程如何进行的工艺文件。零件的机械加工工序卡是在工艺过程卡的基础上,按照每道工序所编制的一种工艺文件。在单件小批量生产中,一般只用比较简单的机械加工工艺过程卡。

### 7.6.2 车削加工的工艺过程示例

车床主要适用于加工盘套类和轴类等由回转表面组成的零件。下面介绍盘套类零件和轴类零件的车削工艺。

1. 盘套类零件

盘套类零件主要由外圆、孔和端面组成,除了尺寸精度、表面粗糙度要求外,一般必须保证外圆与孔的同轴度或径向圆跳动等。在加工过程中,应尽可能将有位置精度要求的外圆、孔、端面在一次装夹中加工出来。如果有位置精度要求的表面不可能在一次装夹中加工完成,则通常先将孔加工出来,然后以孔定位,将工件装夹于心轴上,加工外圆和端面。

## 2. 轴类零件

轴类零件主要由外圆、台阶和螺纹等组成，如传动轴、主轴和丝杠等，其表面的尺寸精度、形状和位置精度以及表面粗糙度要求高。为了保证零件的加工精度和装夹方便可靠，一般都以中心孔定位，双顶尖装夹。

如图 7.48 所示为车削加工短轴零件图。毛坯尺寸和类型为 $\phi 20 mm \times 80 mm$ 的棒料，毛坯材料为碳素钢。其具体加工工艺过程见表 7-1。

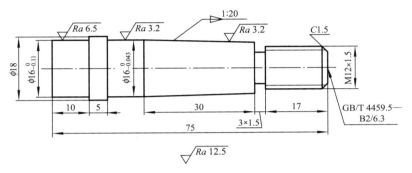

图 7.48　车削加工短轴零件图

表 7-1　短轴车削加工工艺

| 序号 | 加工内容 | 加工简图 | 加工说明 | 刀具、量具 |
| --- | --- | --- | --- | --- |
| 1 | 下料 $\phi 20 \times 80$，用三爪卡盘装夹工件，伸出长度约 90 | | 按照切断的操作方法切断下料 | 三爪卡盘、切断刀、游标卡尺 |
| 2 | (1) 用三爪卡盘装夹工件，伸出长度 10～20；<br>(2) 车端面；<br>(3) 钻中心孔 | | 车端面时，刀尖应对准中心，用 45°弯头车刀由外缘向中心进给车端面；钻中心孔至孔口尺寸 $\phi 6.3$ | 三爪卡盘、45°弯头车刀、中心钻、游标卡尺 |
| 3 | (1) 工件掉头，用三爪卡盘装夹工件，伸出长度为 30～40；<br>(2) 车端面，保证总长 75；<br>(3) 车外圆 $\phi 18 \times 25$；<br>(4) 车外圆 $\phi 16_{-0.11}^{0} \times 10$ | | 按照加工顺序车完各表面后，在离端面 15mm 处，用刀尖刻线痕，以便于切退刀槽 | 三爪卡盘、45°弯头车刀、右偏刀、游标卡尺 |
| 4 | (1) 工件再掉头，夹住外圆 $\phi 16_{-0.11}^{0}$，用顶尖顶住工件另一端；<br>(2) 粗车外圆至 $\phi 16.5 \times 60$；<br>(3) 粗车 $\phi 12.5 \times 20$ | | 粗车时，可选取较大的背吃刀量和进给量。粗加工开始时，应先试切 | 三爪卡盘、活顶尖、45°弯头车刀、游标卡尺 |

(续)

| 序号 | 加工内容 | 加工简图 | 加工说明 | 刀具、量具 |
|---|---|---|---|---|
| 5 | (1) 精车外圆 $\phi16_{-0.043}^{0} \times 60$；<br>(2) 精车外圆 $\phi12_{-0.268}^{-0.032} \times 20$ | 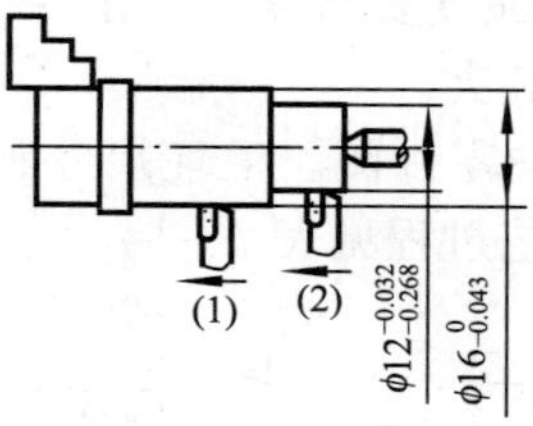 | 夹紧工件时不要用力过大，以免损伤已加工表面 | 右偏刀、千分尺 |
| 6 | (1) 车圆锥面 | 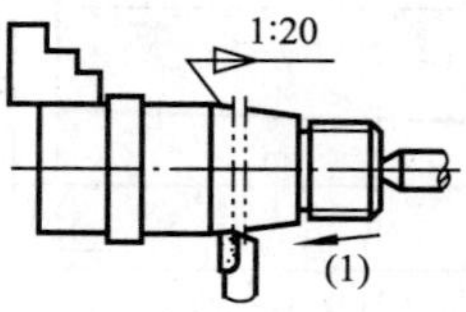 | 计算或查表得到圆锥角($2°51'51''$)，使小滑板转动锥角的一半，然后拧紧螺母 | 右偏刀 |
| 7 | (1) 切槽 $3 \times 1.5$；<br>(2) 倒角 $1.5 \times 45°$；<br>(3) 车螺纹 $M12 \times 1.5$ | 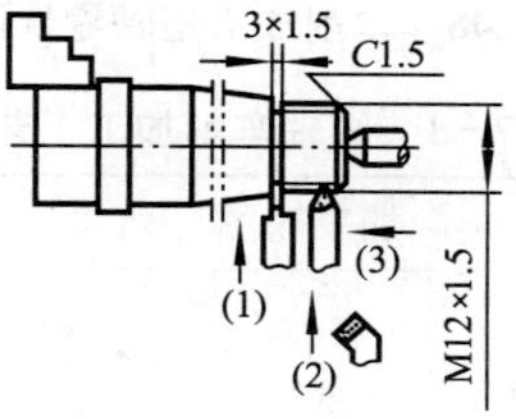 | 切槽时，采用主切削刃尺寸与槽宽相等的切槽刀一次车出；车螺纹一般采用开反车退刀 | 切槽刀、45°弯头车刀、螺纹车刀、游标卡尺 |
| 8 | 去毛刺 | (图略) | | 锉刀 |

## 7.7 其他车床

在生产上，除了常用的卧式车床之外，还有立式车床、落地车床、转塔车床、仪表车床、自动和半自动车床等各种类型，以满足不同形状、不同尺寸和不同批量零件的加工需要。但随着数控车床和车削中心的不断发展，通过机械和液压控制的、能自动完成多个工序加工的转塔车床、自动和半自动车床，除了在生产线上应用外，将被逐渐淘汰。这里仅介绍立式车床和落地车床。

### 7.7.1 立式车床

主轴垂直布置，工作台（或卡盘）在水平面内旋转的车床称为立式车床。立式车床与卧式车床在结构布局上的主要区别在于其主轴为垂直布置，并有一个直径很大的圆形工作台用于装夹工件，工作台台面处于水平位置。由于工作台及工件的重量由床身导轨或推力轴承承受，大大减轻了主轴及其轴承的载荷，因此，易于保证加工精度。立式车床分为单柱立式车床和双柱立式车床两种，可以加工内外圆柱面、圆锥面、端面等，适用于加工径向尺寸大、轴向尺寸较小及形状复杂的大型和重型零件,如各种机架、壳体等。

1. 单柱立式车床

如图 7.49 所示为单柱立式车床外形。工作台安装于底座上,通过工作台装夹工件,并带动工件绕垂直轴作旋转主运动,进给运动由垂直刀架和侧刀架的移动来实现。在工作台的后侧面有立柱,立柱上有横梁和一个侧刀架,都可以沿立柱导轨上、下运动。垂直刀架溜板可沿横梁左、右移动。溜板上有转台,可以将刀具倾斜一定角度,垂直刀架可作垂直方向或斜向进给。单柱立式车床的垂直刀架上通常带有五角形转塔刀架,可以安装五组刀具,横梁可根据工件的高度沿立柱导轨调整位置。单柱立式车床加工的工件直径一般小于 1600mm。

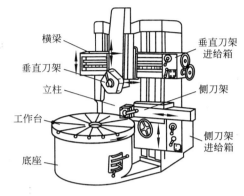

图 7.49 单柱立式车床

2. 双柱立式车床

如图 7.50 所示为双柱立式车床外形。双柱立式车床具有两个立柱,两个立柱与顶梁组成封闭形框架,具有较高的刚度。横梁上一般有两个垂直刀架(可以进行多刀加工),一个主要用于加工孔,一个主要用于加工端面。大型双柱立式车床在两个立柱上还各有一个侧刀架。机床的主运动为工作台的旋转运动;进给运动包括垂直刀架的垂直移动和水平移动,以及侧刀架的横向移动和上、下移动;辅助运动有横梁的上、下移动。双柱立式车床加工的工件直径一般大于 2000mm,甚至可达 8000~10000mm。

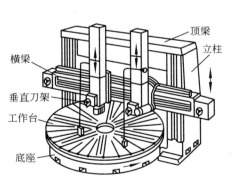

图 7.50 双柱立式车床

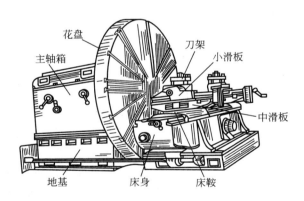

图 7.51 落地车床

### 7.7.2 落地车床

落地车床是主轴箱直接安装于地基上,主要用于车削大型工件端面的卧式车床,其外形如图 7.51 所示。落地车床与普通卧式车床的不同之处在于只有主轴箱、溜板和刀架,没有床身和尾座。落地车床有一个直径很大的花盘,为了避免花盘中心过高,机床的主轴箱直接安装于地基上。落地车床可以车削外圆、内外锥面、端面、切槽、切断、钻孔、镗孔、扩孔和铰孔等，尤其适合于加工直径大而长度短的大型圆盘类工件。

## 小　　结

车削加工是在车床上利用工件的旋转与刀具的连续运动来加工工件的切削加工方法。大部分具有回转表面的工件都可以用车削方法加工，如内外圆柱面、内外圆锥面、端面、沟槽、螺纹和回转成形面等。

按照工艺特点、布局形式和结构特性等的不同，车床可以分为卧式车床、立式车床、落地车床、转塔车床以及仿形车床等，其中大部分为卧式车床。卧式车床的传动包括主运动传动和进给运动传动。

车刀是最简单、最常用的切削刀具。用于不同切削加工方法的刀具种类很多，但其切削部分在几何特征上有共性。外圆车刀的切削部分可以看作各类刀具切削部分的基本形态，而其他各类刀具都是在这个基本形态上演变出各自特点的。

车削加工前，工件应正确装夹。装夹工件的主要要求是定位准确、夹紧牢固，以保证工件的加工质量和必要的生产效率。卧式车床上常用的工件装夹附件有三爪卡盘、四爪卡盘、顶尖、心轴、花盘、跟刀架和中心架等。

零件加工工艺是将毛坯或半成品加工成产品的方法和过程。在制定零件的加工工艺时，必须综合考虑，合理安排加工步骤。

## 复习思考题

**1. 判断题**

7-1　车削加工的切削能主要由工件而不是刀具提供。

7-2　车外圆时可以通过丝杠传动，实现纵向自动走刀。

7-3　粗车时，背吃刀量较大，为了减少切削力，车刀应取较大的前角。

7-4　车削加工时，刀具相对于工件的移动为主运动，工件的旋转为进给运动。

7-5　90°偏刀是指主偏角为90°的车刀。

7-6　丝杠和光杠的作用不同，丝杠和光杠可以同时使用。

7-7　车刀由刀体和刀柄两部分组成。

7-8　车圆锥角为60°的圆锥表面，应将小滑板转过60°。

7-9　在车床上车螺纹时，任何情况下都不得脱开开合螺母。

7-10　刃磨高速钢车刀应选用碳化硅砂轮，刃磨硬质合金车刀应选刚玉砂轮。

7-11　车削空心轴的外圆柱面时，只能用卡盘装夹，而不能用顶尖装夹。

7-12　在轴类工件上车槽时，应在精车之前进行，以免工件变形。

7-13　在车床上钻孔与在钻床上钻孔一样，钻头既作主运动又作进给运动。

7-14　车孔是利用内孔车刀对工件上已铸出、锻出或钻出的孔作进一步的扩径加工，可以进行粗加工、半精加工和精加工。

7-15 三爪卡盘适用于装夹方形、椭圆形、偏心及形状不规则的较大工件。

**2. 填空题**

7-16 卧式车床的主运动是_____，进给运动是_____。

7-17 在型号 C6132 中，C 为_____代号，61 为_____代号，32 为_____代号。该机床是_____车床，其床身上最大工件回转直径为_____。

7-18 按照工艺特点、布局形式和结构特性等的不同，车床可以分为_____、_____、_____、_____以及_____等，其中大部分为_____。

7-19 车削加工的尺寸精度可达_____，表面粗糙度 Ra 可达_____。

7-20 刀具静止参考系对切削刃同一选定点来说有_____、_____和_____。

7-21 车床中滑板手柄刻度盘的每格刻度值为 0.05mm，如果将直径 50.8mm 的工件车至 49.2mm，应将刻度盘转过_____格。

7-22 螺纹的旋向有_____和_____两种。顺时针旋转时旋入的螺纹为_____螺纹，逆时针旋转时旋入的螺纹为_____螺纹。螺纹旋向通过改变螺纹车刀的_____来实现。切削加工时，向左进给为_____，向右进给为_____。

7-23 车圆锥角为 α 的锥面可用不同的方法。宽刀法，车刀直线形主切削刃与工件中心线之间的夹角等于_____；小滑板转位法，使小滑板随转盘转过角度为_____；偏移尾座法，使工件的旋转轴线与机床主轴轴线的夹角等于_____；靠模法，调整锥度靠模板与工件中心线的夹角等于_____。

7-24 车削加工时的切削用量，即车削用量，包括_____、_____和_____。

7-25 立式车床与普通车床在结构布局上的最大区别在于_____。

**3. 简答题**

7-26 简述 C6132 卧式车床的主运动传动路线和进给运动传动路线。

7-27 简述卧式车床上常用的工件装夹附件的特点和应用范围。

7-28 简述车圆锥面的方法、适用范围，车刀安装要求及圆锥面的检测方法。

7-29 简述制定车削加工工艺的内容和步骤。

**4. 综合题**

7-30 制定如图 7.52 所示盘的车削加工工艺，按照表 7-2 的格式填写相应内容。

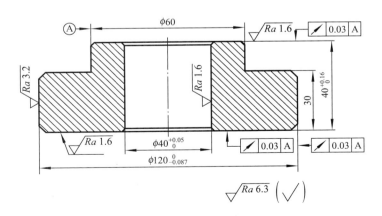

图 7.52 车削加工盘零件图

表 7-2  盘的车削加工工艺

| 序号 | 加工内容 | 加工简图 | 加工说明 | 刀具、量具 |
|---|---|---|---|---|
|  |  |  |  |  |
|  |  |  |  |  |
|  |  |  |  |  |
|  |  |  |  |  |
|  |  |  |  |  |
|  |  |  |  |  |
|  |  |  |  |  |

# 第 8 章 铣削加工

 本章教学要点

| 知识要点 | 掌握程度 | 相关知识 |
| --- | --- | --- |
| 铣削加工概述 | 熟悉铣削加工的切削运动与切削用量；了解铣削加工的典型加工范围和工艺特点 | 铣削运动与铣削用量；周边铣削与端面铣削；顺铣与逆铣 |
| 铣床 | 掌握万能升降台铣床的组成及作用；熟悉立式升降台铣床和龙门铣床的结构特点和应用 | 万能升降台铣床、立式升降台铣床和龙门铣床的结构 |
| 铣刀及其装夹 | 了解铣刀的种类及特点；熟悉铣刀的装夹方法 | 带孔铣刀与带柄铣刀；长刀杆装夹与短刀杆装夹；变锥套装夹与弹簧夹头装夹 |
| 铣床附件及工件装夹 | 熟悉常用铣床附件的名称、结构和用途；熟悉常用的工件装夹方法；重点掌握万能分度头的传动和分度原理 | 机用虎钳、回转工作台、分度头和万能铣头；机用虎钳装夹、回转工作台装夹、工作台装夹、分度头装夹和专用夹具装夹 |
| 铣削加工的基本操作 | 掌握平面、斜面、直角槽、T形槽、燕尾槽和齿形的铣削方法和基本操作；了解螺旋槽、成形面和曲面的铣削方法 | 铣平面；铣斜面；铣沟槽；铣成形面和曲面；铣齿形 |

## 8.1 概　　述

铣削加工是在铣床上利用刀具的旋转与工件的连续运动来加工工件的切削加工方法。铣削加工常用的设备是卧式升降台铣床、立式升降台铣床和龙门铣床等，主要适用于加工各种平面、沟槽和成形面等，还可以进行钻孔和镗孔。铣削的典型加工范围如图 8.1 所示。

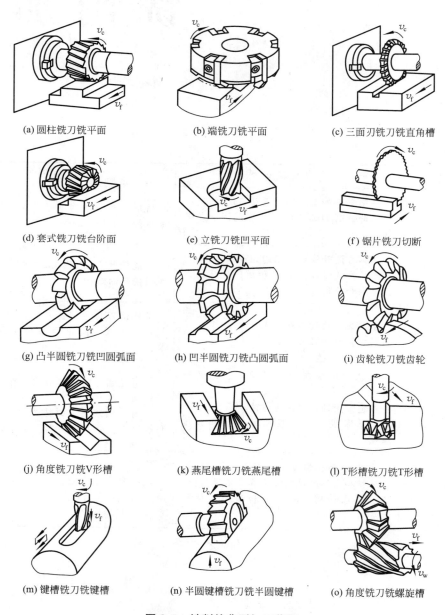

(a) 圆柱铣刀铣平面　　(b) 端铣刀铣平面　　(c) 三面刃铣刀铣直角槽

(d) 套式铣刀铣台阶面　　(e) 立铣刀铣凹平面　　(f) 锯片铣刀切断

(g) 凸半圆铣刀铣凹圆弧面　　(h) 凹半圆铣刀铣凸圆弧面　　(i) 齿轮铣刀铣齿轮

(j) 角度铣刀铣V形槽　　(k) 燕尾槽铣刀铣燕尾槽　　(l) T形槽铣刀铣T形槽

(m) 键槽铣刀铣键槽　　(n) 半圆键槽铣刀铣半圆键槽　　(o) 角度铣刀铣螺旋槽

图 8.1　铣削的典型加工范围

## 8.1.1 铣削运动与铣削用量

**1. 铣削运动**

铣削时,铣刀的旋转为主运动,工件或(和)铣刀的移动为进给运动,如图8.2所示。

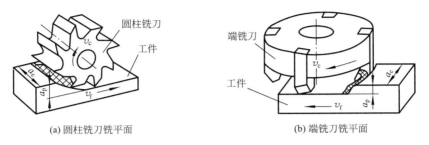

图 8.2 铣削运动与铣削用量

**2. 铣削用量**

1) 切削速度

切削速度 $v_c$ 是指铣刀齿刃上最大直径处的瞬时速度(m/s),其计算公式为

$$v_c = \frac{\pi D n}{60 \times 1000} \tag{8-1}$$

式中,$D$ 为铣刀齿刃上最大直径(mm);$n$ 为铣刀旋转转速(r/min)。

2) 进给量

由于铣刀为多齿刃刀具,因此,铣削进给量有如下三种表示方法:

(1) 进给速度 $v_f$。指刀具齿刃上选定点相对于工件进给运动的瞬时速度(mm/s),也可以表示为每分钟进给量(mm/min)。

(2) 进给量 $f$。指铣刀每转动一周,刀具在进给运动方向上相对于工件的位移量(mm/r)。

(3) 每齿进给量 $f_z$。指铣刀每转动一个齿刃时,刀具在进给运动方向上相对于工件的位移量(mm/齿)。

进给速度、进给量和每齿进给量三者之间的关系为

$$v_f = nf = nzf_z \tag{8-2}$$

式中,$z$ 为铣刀的齿刃数。

3) 背吃刀量与侧吃刀量

铣削时的背吃刀量,一般指平行于铣刀轴线方向上的切削层厚度(即铣削深度 $a_p$)。而侧吃刀量,一般指垂直于铣刀轴线方向上的切削层宽度(即铣削宽度 $a_e$)。

## 8.1.2 铣削方式

**1. 周边铣削与端面铣削**

周边铣削是用铣刀周边齿刃进行加工的铣削方式,如图8.1(a)所示。端面铣削是用铣刀端面齿刃进行加工的铣削方式,如图8.1(b)所示。用铣刀周边齿刃和端面齿刃同时进行加工的铣削方式称为周边—端面铣削,如图8.1(c)、(d)、(e)所示。

## 2. 逆铣与顺铣

逆铣是在铣刀与工件已加工面的切点处，铣刀旋转齿刃的运动方向与工件进给方向相反的铣削方式，如图 8.3(a)所示。顺铣是在铣刀与工件已加工面的切点处，铣刀旋转齿刃的运动方向与工件进给方向相同的铣削方式，如图 8.3(b)所示。

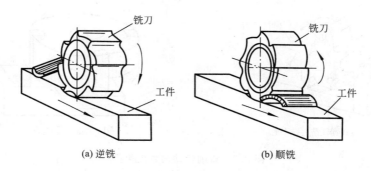

图 8.3 逆铣与顺铣

### 8.1.3 铣削加工的工艺特点

与其他切削加工方法相比，铣削加工具有以下特点：

(1) 生产效率高。由于铣刀是典型的多齿刀具，铣削时可以多个齿刃同时切削，利用镶装有硬质合金的刀具，可采用较大的切削用量，且切削运动连续，因此，生产效率高。

(2) 齿刃散热条件好。铣削时，铣刀的每个齿刃轮流参与切削，齿刃散热条件好。但切入、切出时切削热的变化及切削力的冲击，将加速刀具的磨损。

(3) 容易产生振动。由于铣刀齿刃的不断切入、切出，铣削力不断变化，容易使工艺系统产生振动，限制了铣削加工生产效率和加工质量的提高。铣削的加工精度一般可达 IT8~IT7，表面粗糙度可达 $Ra6.3 \sim 1.6 \mu m$。

(4) 应用范围广。铣床和铣刀的种类很多，铣削加工的应用范围很广。

## 8.2 铣 床

铣床类型很多，如卧式升降台铣床、立式升降台铣床、龙门铣床、平面铣床、仿形铣床和工具铣床等。其中，常用的是卧式升降台铣床、立式升降台铣床和龙门铣床。下面分别进行介绍。

### 8.2.1 万能升降台铣床

万能升降台铣床是卧式升降台铣床的一种，在铣削加工中应用最为广泛。铣床的主轴水平布置，与工作台平行。X6132 万能升降台铣床主要由床身、横梁、主轴、工作台、升降台和底座等部分组成，其外形如图 8.4 所示。在型号 X6132 中，X 为铣床类别代号（铣床类），61 为万能升降台铣床的组别和系列代号（万能升降台铣床组系列），32 为主参数代号,表示工作台台面宽度的 1/10,即工作台台面宽度为 320mm。

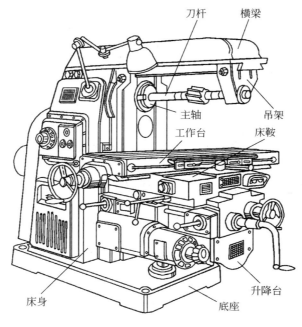

图 8.4 X6132 万能升降台铣床

(1) 床身。用于支承和连接各主要部件。顶面上有供横梁移动用的水平导轨,前臂有燕尾形的垂直导轨,供升降台上、下移动。电动机、主轴及主轴变速机构等安装于床身内部。

(2) 横梁。用于安装吊架,以便于支承铣刀刀杆外端,减少刀杆的弯曲和振动,从而提高刀杆的刚性。横梁可沿床身的水平导轨移动,以便于调整其伸出长度。

(3) 主轴。用于安装铣刀刀杆并带动铣刀旋转。主轴为空心轴,前端有锥度为 7∶24 的精密锥孔(与铣刀刀杆的锥柄相配合)。

(4) 工作台。用于安装夹具和工件,安装于转台的导轨上,由纵向丝杠带动作纵向移动,并带动台面上的工件作纵向进给。

(5) 床鞍。安装于升降台上面的水平导轨上,可带动工作台一起作横向进给。

(6) 转台。安装于工作台和床鞍之间,可将工作台在水平面内转动一定角度(正、反方向均为 0°~45°),以便于铣削螺旋槽。

(7) 升降台。使整个工作台沿床身的垂直导轨上、下移动,以便于调整工作台面至铣刀的距离,并带动台面上的工件作垂直进给。

(8) 底座。用于支承床身和升降台,并提供装切削液的空间。

## 8.2.2 立式升降台铣床

立式升降台铣床主要由床身、立铣头、主轴、工作台、升降台和底座等部分组成,其外形如图 8.5 所示。在型号 X5032 中,50 为立式升降台铣床的组别和系别代号,32 为主参数代号,表示工作台台面宽度的 1/10,即工作台台面宽度为 320mm。铣削时,铣刀安装于主轴上,由主轴带动作旋转主运动,工作台带动工件作纵向、横向和垂直进给运动。

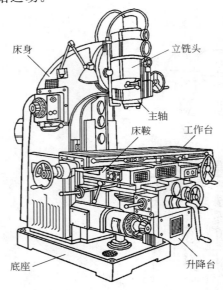

图 8.5　X5032 立式升降台铣床

立式升降台铣床与卧式升降台铣床的主要区别在于其主轴与工作台台面垂直，没有横梁、吊架和转台。根据加工的需要，有时可以将立式升降台铣床的立铣头（主轴头架）转动一定角度，以便于铣削斜面。在万能升降台铣床上，将横梁移至床身后面，安装上立铣头，可作为立式升降台铣床使用。

### 8.2.3　龙门铣床

龙门铣床是装有一个或多个铣头，横梁可垂直移动，工作台沿床身导轨纵向移动的龙门式铣床。龙门铣床属大型机床，一般用于加工卧式升降台铣床和立式升降台铣床所无法加工的大型或重型工件。龙门铣床可以同时用多个铣头对工件的多个表面进行加工，生产效率高，适用于成批大量生产类型。

X2010 龙门铣床主要由床身、立柱、横梁、铣头、工作台和进给箱等部分组成。其外形如图 8.6 所示。在型号 X2010 中，20 为龙门铣床的组别和系别代号，10 为主参数代号，表示工作台台面宽度的 1/100，即工作台台面宽度为 1000mm。

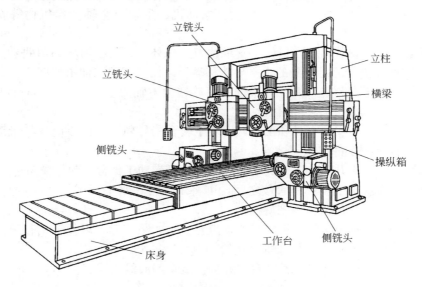

图 8.6　X2010 龙门铣床

铣削时，工作台带动工件作纵向进给运动，两个立铣头（垂直铣头）可沿横梁作横向进给运动，两个水平铣头（侧铣头）可沿立柱导轨作垂直进给运动，每个铣头都可以沿其轴向调整伸出长度，并可根据需要转动一定角度。

## 8.3 铣刀及其装夹

### 8.3.1 铣刀种类

铣刀是一种多齿刃刀具,其齿刃分布于圆柱铣刀的外圆柱表面或端铣刀的端面上。铣刀的种类很多,按照铣刀装夹方法的不同可分为带孔铣刀和带柄铣刀两大类。其中,带孔铣刀多用于卧式铣床上,带柄铣刀多用于立式铣床上。带柄铣刀又分为直柄和锥柄两种。

1. 带孔铣刀

常用的带孔铣刀有圆柱铣刀、圆盘铣刀、角度铣刀和成形铣刀等。

(1) 圆柱铣刀。其齿刃分布于外圆柱表面上,通常分为直齿和斜齿两种,如图 8.1(a)所示,主要适用于加工中、小型平面。与直齿圆柱铣刀相比,斜齿圆柱铣刀由于是各齿刃逐渐切入和切离工件,因此,冲击小,工作平稳,表面质量较好,但有轴向切削力产生。

(2) 圆盘铣刀。包括三面刃铣刀、锯片铣刀等。三面刃铣刀适用于加工不同宽度的直角沟槽及小平面、台阶面等,如图 8.1(c)所示。锯片铣刀适用于加工窄槽或切断,如图 8.1(f)所示。

(3) 角度铣刀。具有各种不同的角度,适用于加工各种角度的沟槽及斜面等,如图 8.1(j)、(o)所示。

(4) 成形铣刀。其齿刃呈凸圆弧、凹圆弧、齿形等,适用于加工与齿刃形状对应的成形面,如图 8.1(g)、(h)和(i)所示。

2. 带柄铣刀

常用的带柄铣刀有立铣刀、键槽铣刀、T 形槽铣刀、燕尾槽铣刀和镶齿端铣刀等。

(1) 立铣刀。适用于加工沟槽、小平面和台阶面等,如图 8.1(e)所示。直柄立铣刀的直径较小,一般小于 20mm;大直径锥柄立铣刀多为镶齿式。

(2) 键槽铣刀。专门用于加工封闭式键槽,如图 8.1(m)、(n)所示。

(3) T 形槽铣刀。专门用于加工 T 形槽,如图 8.1(l)所示。

(4) 燕尾槽铣刀。专门用于加工燕尾槽,如图 8.1(k)所示。

(5) 镶齿端铣刀。用于加工较大的平面,如图 8.1(b)所示。齿刃主要分布于刀体端面上,部分齿刃分布于刀体周边,齿刃上装有硬质合金刀片,可以进行高速铣削,以利于提高生产效率。

### 8.3.2 铣刀的装夹

1. 带孔铣刀的装夹

1) 圆柱铣刀等带孔铣刀的装夹

在卧式铣床上多使用长刀杆装夹带孔铣刀,如图 8.7 所示。刀杆的一端有 7∶24 锥度与铣床主轴孔配合,并用拉杆穿过主轴将刀杆拉紧,以保证刀杆与主轴锥孔紧密配合。常用的刀杆有 $\phi16$、$\phi22$、$\phi27$ 和 $\phi32$ 等几种规格,以对应铣刀刀孔的不同尺寸。

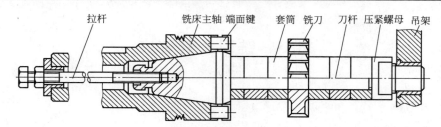

图 8.7 圆柱铣刀等带孔铣刀的装夹

用长刀杆装夹带孔铣刀时,应注意以下事项:

(1) 在不影响加工的条件下,应尽量使铣刀靠近铣床主轴或吊架,以保证铣刀有足够的刚度。
(2) 套筒的端面与铣刀的端面必须擦拭干净,以保证铣刀端面与刀杆轴线垂直。
(3) 拧紧刀杆的压紧螺母时,必须先装上吊架,以免刀杆受力弯曲。
(4) 斜齿圆柱铣刀所产生的轴向切削力应指向主轴轴承。

2) 带孔端面铣刀的装夹

带孔端面铣刀多使用短刀杆装夹,如图 8.8 所示。通过螺钉将铣刀装夹于刀杆上(由键传递扭矩),再将刀杆装入铣床主轴,并用拉杆拉紧。

2. 带柄铣刀的装夹

1) 锥柄铣刀的装夹

锥柄铣刀的装夹如图 8.9(a)所示。如果铣刀锥柄尺寸与主轴孔内锥面尺寸相同,则可将铣刀直接装入铣床主轴内并用拉杆拉紧;如果铣刀锥柄尺寸与主轴孔内锥面尺寸不同,则应根据铣刀锥柄的大小,选择合适的变锥套,将各配合表面擦拭干净,装入铣床主轴孔内,用拉杆将铣刀及变锥套一起拉紧于主轴上。

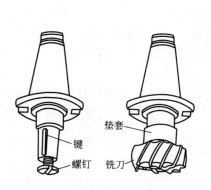

图 8.8 带孔端面铣刀的装夹

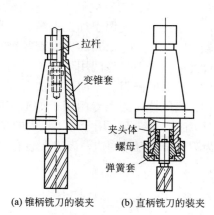

图 8.9 带柄铣刀的装夹

2) 直柄铣刀的装夹

直柄铣刀多用弹簧夹头进行装夹,如图 8.9(b)所示。将铣刀的直柄插入弹簧套的孔内,用螺母压迫弹簧套的端面,使其受压而孔径缩小,即可将铣刀夹紧。弹簧套上有三个开口,因此,受压时能收缩。弹簧套有多种孔径,以适应不同尺寸直柄铣刀的装夹。

## 8.4 铣床附件及工件装夹

### 8.4.1 铣床附件及其应用

铣床的主要附件有机用虎钳、回转工作台、分度头和万能铣头。其中，前三种附件用于工件装夹，万能铣头用于刀具装夹。

**1. 机用虎钳**

机用虎钳（简称为虎钳）是一种通用夹具，也是铣床常用的附件之一。如图8.10所示为带转台的机用虎钳的外形。机用虎钳主要由底座、钳身、固定钳口、活动钳口、钳口铁和螺杆等部分组成。底座下镶有定位键，安装时，将定位键放入工作台的T形槽内，即可在铣床上获得正确的位置。松开钳身上的压紧螺母，并扳转钳身，可使其沿底座转动一定角度。工作时，应先校正虎钳在工作台上的位置，保证固定钳口与工作台台面的垂直度和平行度。

机用虎钳安装简单，使用方便，适用于装夹尺寸较小、形状简单的支架、盘套类、板块和轴类工件。

**2. 回转工作台**

如图8.11所示为回转工作台的外形。回转工作台内部有蜗杆机构，手轮与蜗杆同轴连接，回转台与蜗轮连接。转动手轮，通过蜗杆传动，带动回转台转动。回转台周围标有0°～360°刻度，用于观察和确定回转台位置。回转工作台中央的定位孔可以安装心轴，以便于找正和确定工件的回转中心。当回转工作台底座上的槽和铣床工作台的T形槽对正后，即可用螺栓将回转工作台紧固于铣床工作台上。回转工作台有手动和机动两种方式。机动时，合上离合器手柄，由传动轴带动回转台转动。

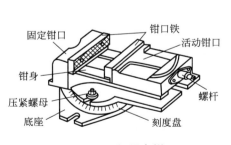

图 8.10 机用虎钳

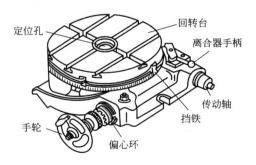

图 8.11 回转工作台

回转工作台适用于工件的分度工作和非整圆弧面的加工。分度时，在回转工作台上安装三爪卡盘（自定心），可以铣削四方、六方等工件；铣削圆弧槽时，工件装夹于回转工作台上，铣刀旋转，用手均匀缓慢地转动手轮，即可铣出圆弧槽。

**3. 分度头**

分度头是铣床的重要附件之一。根据GB/T 2554—2008《机械分度头》，一般用途、机床用机械分度头(简称为分度头)的类型分为万能型和半万能型。半万能型比万能型缺少差动分度挂轮连接部分。万能分度头的规格有 F11100、F11125、F11160、F112000 和 F11250 等。其中，F 表示机床附件分度盘的类代号，11 表示机床附件组系代号(万能分度头)，100、125 等为主参数，表示分度头中心高。

1) 万能分度头的功用

(1) 可以使工件实现绕自身的轴线转动一定角度及作任意圆周等分。

(2) 利用分度头主轴上的卡盘装夹工件，可以使工件轴线在相对于铣床工作台上倾 95°和下倾 5°以上的范围内调整所需角度，以便于加工各种位置的沟槽、平面等，如铣圆锥齿轮。

(3) 与机床工作台纵向进给运动配合，通过交换齿轮(挂轮)能使工件连续转动，可以加工螺旋沟槽和斜齿轮等。

利用分度头可以在铣床上完成齿轮、多边形和花键等铣削工作。

2) 万能分度头的结构

如图 8.12 所示为万能分度头的外形。万能分度头主要由底座、回转体、主轴和分度盘等部分组成。

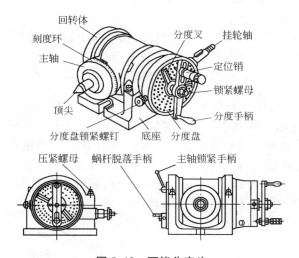

图 8.12　万能分度头

主轴安装于回转体内，回转体由两侧的轴颈支承于底座上，并可绕其轴线转动，使主轴(工件)轴线相对于铣床工作台上倾 95°和下倾 5°以上的范围内调整所需角度。调整时，先松开底座上靠近主轴后端的两个紧固螺母，用撬棒插入主轴孔内扳动回转体，调整后再拧紧紧固螺母。

底座底面槽内镶有两个定位键，可与铣床工作台上的 T 形槽相配合，以便于精确定位。

分度头主轴为空心轴，两端均为莫氏锥孔(3 号、4 号或 5 号，取决于分度头规格，如 F11250 为 5 号莫氏锥孔)。前锥孔用于安装带有拨盘的顶尖；后锥孔可安装心轴，作为差动分度或作直线移距分度时安装交换挂轮用。主轴前端的短圆锥用于安装卡盘或拨盘，前端的刻度环可在分度手柄转动时随主轴一起旋转，刻度环上标有 0°~360°刻度，用于直接分度。

分度盘套装于分度手柄轴上，盘上正面和反面有若干圆周均布孔数不同的定位孔圈，作为分度计算和实现分度的依据，分度盘用于配合分度手柄完成不是整数的分度。定位销可在分度手柄的长槽内沿分度盘径向调整位置，以便于定位销插入选择孔数的定位孔圈内。松开分度盘锁紧螺钉，可使分度手柄随分度盘一起作微量转动调整，或完成差动分度和螺旋面加工。分度叉用于防止分度差错和方便分度，其开合角度大小根据计算的孔距数进行调整。挂轮轴用于在分度头与铣床工作台纵向丝杠之间安装交换齿轮，以便于进行差动分度和螺旋面加工。蜗杆脱落手柄用于脱开蜗杆蜗轮的啮合，以便于进行直接分度。主轴锁紧手柄用于分度后锁紧主轴，使铣削力直接作用于蜗杆蜗轮上，减少铣削时的振动，保持分度头的分度精度。

不同型号的分度头均配有一块或二块分度盘，例如，带二块分度盘的 F11250 型万能分度头的孔圈的孔数为

第一块正面：24、25、28、30、34、37；反面：38、39、41、42、43

第二块正面：46、47、49、52、53、54；反面：57、58、59、62、66

万能分度头一般均配有尾座、顶尖、拨叉、分度盘、法兰盘、三爪卡盘和 T 形槽螺栓等附件，以保证其基本使用功能。

3）分度方法

如图 8.13(a)所示为 F11250 万能分度头的传动系统。分度时，从分度盘定位孔内拔出定位销，转动分度手柄，通过传动比为 1∶1 的直齿轮及 1∶40 的蜗杆传动，使主轴带动工件转动。此外，在分度头内还有一对传动比为 1∶1 的螺旋齿轮，铣床工作台纵向丝杠的运动可以经交换齿轮带动挂轮轴转动，再通过该螺旋齿轮传动使分度手柄所在轴转动，从而使主轴带动工件转动。

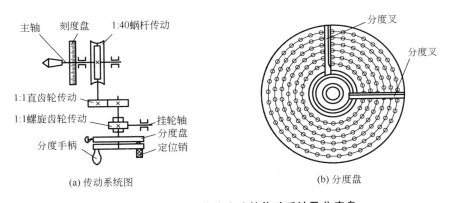

图 8.13　F11250 万能分度头的传动系统及分度盘

利用分度头可进行直接分度、简单分度、角度分度、差动分度和直线移距分度等，下面仅介绍简单分度法。

由万能分度头传动系统可知，分度手柄每转动 1 周，则主轴转动 1/40 周。如果要将工件的圆周等分为 $Z$ 份，则每次分度工件应转动 $\frac{1}{Z}$ 周。假设每次分度时手柄的转数为 $n$，则手柄转数 $n$ 与工件等分数 $Z$ 之间的关系如下

$$1:40 = \frac{1}{Z}:n$$

则

$$n = \frac{40}{Z} \tag{8-3}$$

例如，铣削齿数 $z=19$ 的直齿圆柱齿轮，则其等分数 $Z=19$，$n=\dfrac{40}{19}$，即每铣完一个齿，分度手柄需要转动 $\left(\dfrac{40}{19}=2+\dfrac{2}{19}=2+\dfrac{4}{38}\right)$ 周进行分度，即每一次分度时，分度手柄应转动 $\left(2+\dfrac{2}{19}\right)$ 周。而 $\dfrac{2}{19}$ 周是通过分度盘来控制的，此时，分度手柄转动 2 周后，再沿第一块分度盘反面孔数为 38 的孔圈附加转动 4 个孔距。

为了确保手柄转动的孔距数可靠，可调整分度盘上分度叉之间的夹角，使之正好等于需附加转过的孔距数，这样可以准确无误地依次分度。用简单分度法分度时，应用分度盘锁紧螺钉将分度盘紧固。

4. 万能铣头

在卧式铣床上装上万能铣头，不仅能完成各种立铣的工作，而且还可以根据铣削的需要，将铣头主轴偏转成任意角度。万能铣头的底座用四个螺栓紧固于铣床的垂直导轨上，铣床主轴的运动通过铣头内的两对锥齿轮传至铣头主轴上，如图 8.14（a）所示。铣头壳体可绕铣床主轴轴线偏转任意角度，如图 8.14(b) 所示。而铣头的主轴壳体还可在铣头壳体上偏转任意角度，如图 8.14（c）所示。因此，铣头主轴可以在空间偏转成所需要的任意角度。

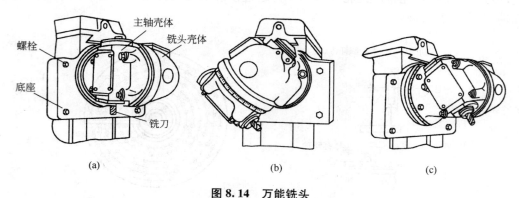

图 8.14　万能铣头

### 8.4.2　工件装夹

铣削加工前，工件应正确装夹。卧式升降台铣床上工件装夹的方法主要有机用虎钳装夹、回转工作台装夹、工作台装夹、分度头装夹和专用夹具装夹等。

1. 机用虎钳装夹

先将机用虎钳紧固于铣床工作台上，并校正虎钳在工作台上的位置，再将工件装夹于机用虎钳上。这种方法与刨床上用机用虎钳装夹工件的方法相同，有关的注意事项见本书 9.4.1 节。装夹时，应注意将铣削力方向指向固定钳口方向，如图 8.15 所示。

2. 回转工作台装夹

先将回转工作台紧固于铣床工作台上，再将工件装夹于回转工作台上。工件在回转工作台上的装夹有直接装夹、通过心轴装夹和通过三爪卡盘装夹等几种方式。

（1）直接装夹。通过压板和螺栓等直接将工件装夹于回转工作台上，并注意找正工件。如图 8.16 所示为通过回转工作台直接装夹工件铣削圆弧槽。

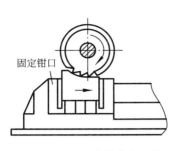

图 8.15　机用虎钳装夹工件

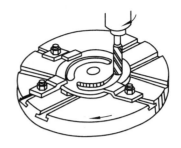

图 8.16　回转工作台装夹工件

（2）通过心轴装夹。通过回转工作台中央的孔安装心轴，用以找正和确定工件的回转中心，再由心轴装夹工件。心轴的种类很多，应根据工件的形状、尺寸、质量要求和生产类型的不同进行选择或设计。

（3）通过三爪卡盘装夹。通过回转工作台中央的孔安装三爪卡盘，再由三爪卡盘装夹工件。这种方法与车床上用三爪卡盘装夹工件的方法相同，有关内容见本书 7.4.1 节。

3. 工作台装夹

当工件尺寸较大或不便于用机用虎钳装夹工件时，可直接利用铣床工作台装夹工件。利用工作台来装夹工件的方法很多，常用的几种方法如图 8.17 所示。

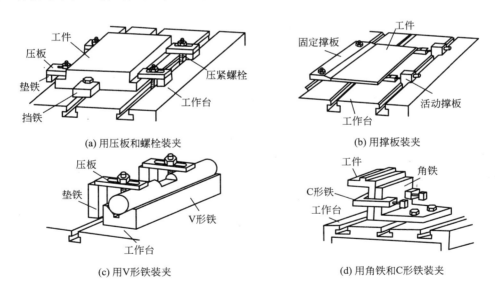

图 8.17　在工作台上装夹工件的几种方法

利用工作台来装夹工件时，应注意以下事项：

（1）装夹时，应将工件底面与工作台面贴合。如果工件底面不平，应用铜皮、铁皮或楔铁等将工件垫实。

（2）在工件夹紧前后，都应检查工件的安装位置是否正确。如果工件夹紧后产生了变形或位置移动,应松开工件重新夹紧。

（3）工件的夹紧位置和夹紧力要适当,以免工件因夹紧力过大而导致变形或位置移动。

（4）用压板和螺栓装夹工件时,应正确使用各种压板,有关内容见本书9.4.2节。

4. 分度头装夹

分度头主要用于装夹需要进行分度的工件,利用分度头可以铣削多边形、花键、齿轮和螺旋面等。用分度头装夹工件十分灵活,既可与尾座顶尖一起装夹轴类工件,如图8.18(a)、(b)、(c)所示,也可先将工件套装于心轴上,再将心轴装夹于分度头主轴锥孔内,或用分度头卡盘装夹工件,并根据需要将分度头主轴倾斜一定角度,如图8.18(d)、(e)所示。

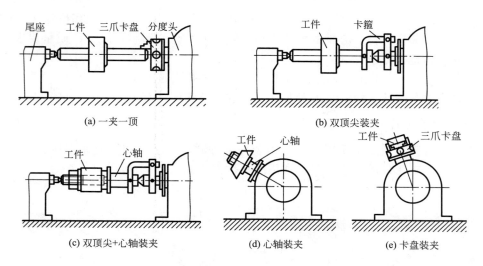

图 8.18 分度头装夹工件

5. 专用夹具装夹

当生产批量较大时,可采用专用夹具或组合夹具装夹工件,这样既能提高生产效率,又能保证产品质量。

## 8.5 铣削加工的基本操作及工艺过程示例

### 8.5.1 铣削加工的基本操作

铣削加工的应用范围很广,选择不同的铣刀和工件装夹方法,可以实现平面、斜面、沟槽、成形面和曲面以及齿形表面等的加工。

1. 铣平面

铣平面可用周边铣削或端面铣削两种方式。由于端面铣削方式具有刀具刚性好、切削平稳(同时参与切削的齿刃数较多)、加工表面粗糙度值较小以及生产效率高(可以镶装硬质合金刀片进行高速切削)等优点,因此,一般应优先采用端面铣削方式。

周边铣削有逆铣和顺铣两种方式。逆铣与顺铣相比,顺铣有利于高速铣削,可以提高工件表面的加工质量,并有助于工件夹持稳固,但其只能应用于可消除工作台进给丝杠与螺母之间间隙的铣床上,对没有硬皮的工件进行加工,而在一般情况下都采用逆铣方式。

1) 用圆柱铣刀铣平面

圆柱铣刀一般适用于卧式升降台铣床上铣平面,有直齿和螺旋齿两种。由于直齿切削不如螺旋齿切削平稳,因此,螺旋齿圆柱铣刀应用较多。

周边铣削时,铣刀的宽度应大于所铣平面的宽度,螺旋齿圆柱铣刀的螺旋线方向应使铣削时所产生的轴向力将铣刀推向主轴轴承方向。

在万能升降台铣床上,铣平面的一般操作过程如下:

(1) 根据工件待加工表面尺寸选择和装夹铣刀。

(2) 根据工件大小和形状确定工件装夹方法并装夹工件。

(3) 开车使铣刀旋转,升高工作台,将铣刀与工件待加工表面稍微接触,记录下刻度盘读数,如图8.19(a)所示。

(4) 纵向退出工件台(工件),如图8.19(b)所示。

(5) 利用刻度盘调整背吃刀量(侧吃刀量),将工作台升高至规定位置,如图8.19(c)所示。

(6) 转动纵向进给手轮使工作台作纵向进给,当工件被稍微切入后,改为自动进给(一般采用逆铣方式),如图8.19(d)所示。

(7) 铣完一遍(即一次走刀)后,停车,降下工作台,如图8.19(e)所示。

(8) 纵向退回工作台,测量工件尺寸,并观察表面粗糙度,重复铣削至规定要求,如图8.19(f)所示。

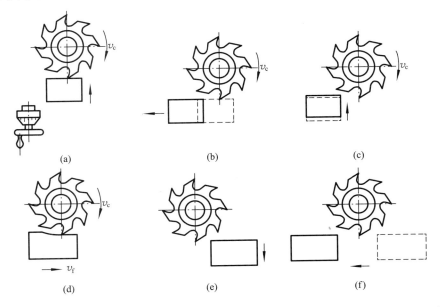

图 8.19　铣平面的基本操作

2) 用端铣刀铣平面

端铣刀一般适用于立式铣床上铣平面，有时也用于卧式铣床上铣侧面，如图 8.1(b) 所示。

与用圆柱铣刀铣平面相比，用端铣刀铣平面（端面铣削）具有以下特点：

(1) 切削厚度变化较小，同时参与切削的齿刃数较多，切削过程比较平稳。

(2) 端铣刀的主切削刃担负主要的切削工作，副切削刃有修光作用，加工表面质量好。

(3) 端铣刀齿刃易于镶装硬质合金刀片，且其刀杆比圆柱铣刀的刀杆短，刚性较好，能减少加工中的振动，有利于提高铣削用量，可以采用高速铣削。

因此，用端铣刀铣平面生产效率高，加工表面质量好，在铣削平面中广泛采用。

2. 铣斜面

铣斜面的方法主要有倾斜刀轴法、倾斜工件法和角度铣刀法等三种，加工时，应视具体情况选用。

(1) 倾斜刀轴法铣斜面。如图 8.20 所示，利用万能铣头改变刀轴空间位置，转动铣头使刀具相对于工件倾斜一个角度来铣斜面。

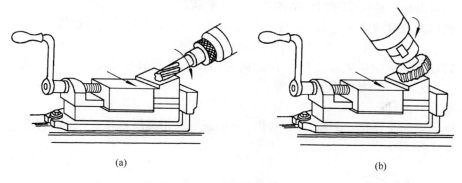

图 8.20 倾斜刀轴法铣斜面

(2) 倾斜工件法铣斜面。先将工件倾斜适当的角度，使待加工斜面处于水平位置，然后采用铣平面的方法来铣斜面。可以采用多种方法装夹工件，如图 8.21 所示。

(3) 角度铣刀法铣斜面。在有角度相符的角度铣刀时，可以直接用来铣斜面，如图 8.22 所示。

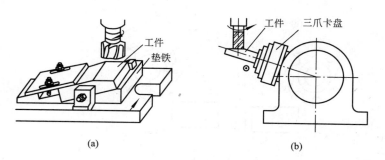

图 8.21 倾斜工件法铣斜面

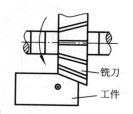

图 8.22 角度铣刀法铣斜面

3. 铣沟槽

在铣床上利用不同的铣刀可以加工出键槽、直角槽、T 形槽、V 形槽、燕尾槽和螺旋槽等各种沟槽。下面仅介绍键槽、T 形槽和燕尾槽、螺旋槽的加工。

1) 铣键槽

常见的键槽有开口键槽、封闭键槽和花键槽等三种。

(1) 铣开口键槽。一般用三面刃铣刀在卧式升降台铣床上加工，如图 8.23 所示，其基本操作如下：

① 选择和装夹铣刀。三面刃铣刀的宽度应根据键槽的宽度选择，铣刀必须正确装夹，不得左右摆动，否则，铣出的槽宽将不准确。

② 装夹工件。轴类工件一般用虎钳装夹。为使铣出的键槽平行于轴的中心线，虎钳钳口(固定钳口)必须与工作台纵向进给方向平行；装夹工件时，应将轴端伸出钳口外，以便于对刀和检测键槽尺寸。

③ 对刀。铣削时，三面刃铣刀的中心平面应与轴的中心线对准，铣刀对准后必须将铣床床鞍紧固。

④ 调整铣床和加工。调整方法与铣平面时相同，先试切检测槽宽，然后铣出键槽全长。铣削较深的键槽时，应分几次走刀切削。

(2) 铣封闭键槽。一般用键槽铣刀在立式升降台铣床上加工，如图 8.24 所示。铣削时，键槽铣刀一次轴向进给不能过大，切削时应逐层切下。如果用普通立铣刀加工，由于普通立铣刀端面中心处无切削刃，不能轴向进刀，因此，必须预先在键槽的一端钻一个落刀孔，才能用立铣刀铣键槽。对于直径为 3~20mm 的直柄立铣刀，可用弹簧夹头装夹；对于直径为 10~50mm 的锥柄铣刀，可用变锥套装入机床主轴孔内。

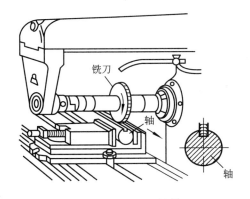
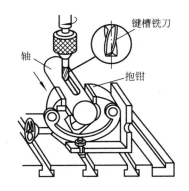

图 8.23 铣开口键槽　　图 8.24 铣封闭键槽

(3) 铣花键槽。在单件小批量生产时，花键槽(外花键)一般用成形铣刀在卧式升降台铣床上加工；在大批大量生产时，一般用花键滚刀在专用的花键铣床上加工。

2) 铣 T 形槽和燕尾槽

铣 T 形槽或燕尾槽时，应先用立铣刀或三面刃铣刀铣出直角槽，然后用 T 形槽铣刀或燕尾槽铣刀铣削成形，如图 8.25 和图 8.26 所示。

3) 铣螺旋槽

铣螺旋槽一般在卧式升降台铣床上进行，其加工原理与在卧式车床上车螺纹相似。

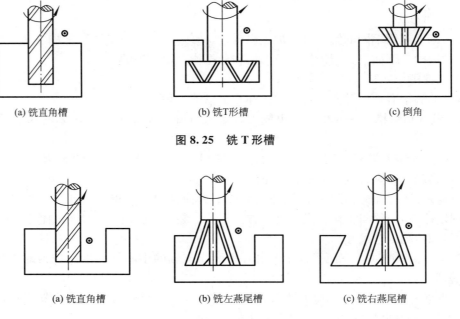

(a) 铣直角槽　(b) 铣T形槽　(c) 倒角

**图 8.25　铣 T 形槽**

(a) 铣直角槽　(b) 铣左燕尾槽　(c) 铣右燕尾槽

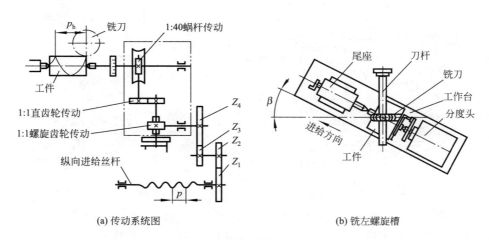

**图 8.26　铣燕尾槽**

铣削时，工件装夹于分度头与尾座之间，刀具旋转为主运动，工件一方面随工作台作纵向直线进给运动，同时，工件又由分度头带动作旋转进给运动。根据螺旋线形成原理，要铣出一定导程的螺旋槽，必须保证当工件随工作台纵向移动一个导程时，分度头带动工件刚好转动一周。这种运动关系是通过工作台纵向进给丝杠与分度头之间的交换齿轮(挂轮)来实现的，如图 8.27(a)所示。

(a) 传动系统图　(b) 铣左螺旋槽

**图 8.27　铣螺旋槽**

交换齿轮 $Z_1$、$Z_2$、$Z_3$、$Z_4$ 的传动比 $i$ 应满足

$$i=\frac{z_1 z_3}{z_3 z_4}=\frac{40p}{p_h} \tag{8-4}$$

式中，$z_1$、$z_2$、$z_3$、$z_4$ 分别为交换齿轮 $Z_1$、$Z_2$、$Z_3$、$Z_4$ 的齿数；$p$ 为工作台纵向丝杠螺

距(mm)；$p_h$ 为工件螺旋槽导程(mm)。

为了获得规定的螺旋槽截面形状，即螺旋槽的法向截面形状与铣刀的截面形状一致，必须由纵向工作台带动工件在水平面内绕转台转动一个角度，使螺旋槽的槽向与铣刀旋转平面一致。工作台转动的角度等于工件的螺旋角，转动的方向由螺旋槽的旋向决定。铣左螺旋槽时，工作台应按照顺时针方向转动(见图 8.27(b))；铣右螺旋槽时，工作台应按照逆时针方向转动。

4. 铣成形面和曲面

1) 铣成形面

铣成形面一般用成形铣刀在卧式升降台铣床上加工，如图 8.1(g)和(h)所示。成形铣刀的形状应与成形面的形状吻合。

2) 铣曲面

铣曲面一般用立铣刀在立式升降台铣床上加工，其方法有以下三种：

(1) 按划线铣曲面。对于质量要求不高的曲面，可以在工件上划线，按照划线痕迹，由操作者手动移动工作台进行。

(2) 回转工作台铣曲面。对于圆弧曲面，可以将工件装夹于回转工作台上的回转台中心，转动回转工作台手轮进行铣削加工，一般采用逆铣方式，如图 8.16 所示。

(3) 靠模法铣曲面。对于大批大量生产，可用靠模法铣曲面。靠模安装于工件的上方，将铣床工作台的纵向(或横向)进给丝杠副拆卸掉，铣削时，依靠弹簧或重锤的恒定压力，迫使立铣刀上端圆柱部分始终与靠模接触，从而铣削出与靠模形状相同的曲面。

5. 铣齿形

齿形加工的方法很多，按照齿形(一般为渐开线齿形)成形原理，可以分为成形法和展成法两大类。在铣床上铣齿形是属于成形法加工，与铣成形面的加工方法相同，即用与被切齿形(如齿轮齿槽)形状相符的成形铣刀加工，如图 8.1(i)所示。所用铣刀为模数铣刀，用于卧式铣床的是盘状(模数)铣刀，用于立式铣床的是指状(模数)铣刀，如图 10.35 所示。铣齿形的基本操作如下：

(1) 选择并装夹铣刀。选择盘状模数铣刀时，除模数与被切齿形的模数相同外，还应根据被切齿形齿数选用相应刀号的铣刀。

(2) 装夹并校正工件。采用双顶尖+心轴的方式装夹工件，如图 8.18 所示。

(3) 调整铣床和加工。调整方法与铣平面时相同。当一个齿形(齿槽)铣好后，利用分度头进行一次分度，再铣下一个齿形，直至铣完每一个齿形。铣齿深(即齿高)为工作台的升高量 $H$($H=2.25m$，$m$ 为模数，mm)。

## 8.5.2 铣削加工的工艺过程示例

如图 8.28 所示为铣削加工 V 形块零件图。毛坯材料为 45 钢，毛坯类型为锻件，毛坯尺寸为 66mm×55mm×90mm，生产数量为 10 件。为了保证各加工表面之间的相互垂直和平行，必须以先加工的平面为基准，再加工其他各个表面。由于生产批量小，因此，应尽量采用通用夹具(如机用虎钳)装夹工件。其具体加工工艺过程见表 8-1。

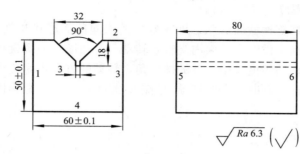

图 8.28 铣削加工 V 形块零件图

表 8-1 V 形块铣削加工工艺

| 序号 | 加工内容 | 加工简图 | 加工说明 | 刀具 |
|---|---|---|---|---|
| 1 | 以平面 1 为基准，铣平面 2 至尺寸 52 | | 采用机用虎钳装夹工件，按照铣平面的操作步骤铣削平面 2 | 圆柱铣刀 |
| 2 | 以平面 2 为基准，铣平面 3 至尺寸 62 | | 将平面 2 紧贴固定钳口，在平面 4 和活动钳口间垫上一圆棒，夹紧工件，按照铣平面的操作步骤铣削平面 3 | 圆柱铣刀 |
| 3 | 以平面 2 为基准，铣平面 1 至尺寸 60 | | 将平面 2 紧贴固定钳口，在平面 4 和活动钳口间垫上一圆棒，夹紧工件，铣削平面 1 | 圆柱铣刀 |
| 4 | 以平面 3 为基准，铣平面 4 至尺寸 50 | | 将平面 2 放置于平行垫铁上，平面 3 紧贴固定钳口，夹紧工件，铣削平面 4，平面 1 与活动钳口之间无需垫圆棒 | 圆柱铣刀 |

(续)

| 序号 | 加工内容 | 加工简图 | 加工说明 | 刀具 |
|---|---|---|---|---|
| 5 | 铣平面 5、6，使 5、6 两平面之间尺寸至 80 | 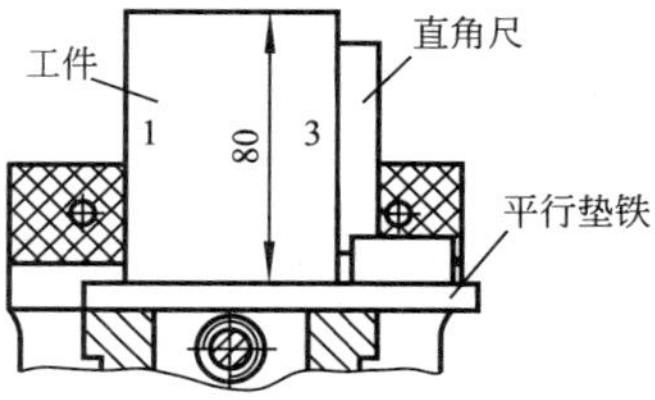 | 将平面 2 紧贴固定钳口，用直角尺校平面 1 或平面 3 的垂直，铣平面 5、6 | 圆柱铣刀 |
| 6 | 铣直槽，槽宽 3，深 18 | 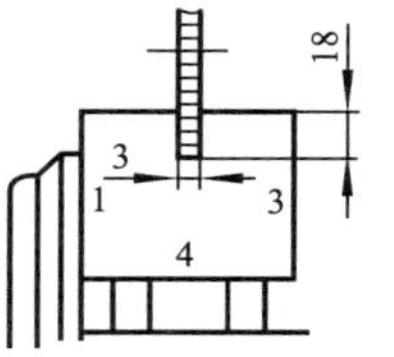 | 将平面 4 放置于平行垫铁上，平面 1 紧贴固定钳口，夹紧工件，按照划线找正铣直槽 | 锯片铣刀 |
| 7 | 铣 V 形槽至尺寸 32 | 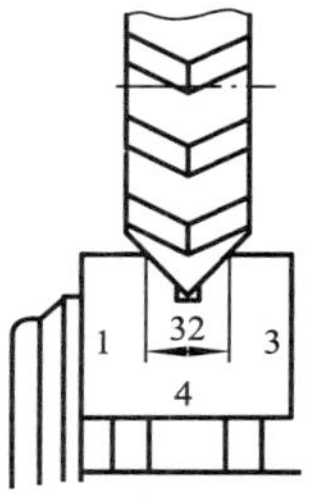 | 将平面 4 放置于平行垫铁上，平面 1 紧贴固定钳口，夹紧工件，按照划线找正铣 V 形槽 | 角度铣刀 |

## 小　　结

　　铣削加工是在铣床上利用刀具的旋转与工件的连续运动来加工工件的切削加工方法，铣削加工的主要设备是卧式升降台铣床和立式升降台铣床。
　　铣刀是一种多齿刃刀具，其齿刃分布于圆柱铣刀的外圆柱表面或端铣刀的端面上。用铣刀周边齿刃进行的铣削方式称为周边铣削，用铣刀端面齿刃进行的铣削方式称为端面铣削。周边铣削一般有逆铣与顺铣两种方式，在一般情况下都采用逆铣方式。
　　铣床的主要附件有机用虎钳、回转工作台、分度头和万能铣头。其中，前三种附件用于工件装夹，万能铣头用于刀具装夹。用分度头装夹工件十分灵活，可以利用分度头进行直接分度、简单分度、角度分度、差动分度和直线移距分度等。
　　铣削的加工范围很广，选择不同的铣刀和工件装夹方法，可以实现平面、斜面、沟槽、成形面和曲面以及齿形表面等的加工。

## 复习思考题

**1. 判断题**

8-1　铣刀是典型的多齿刃刀具，铣削时可以多个齿刃同时切削，每个齿刃连续参与切削，切削运动连续，因此，生产效率高。

8-2 卧式升降台铣床主轴的中心线与工作台面垂直。

8-3 回转工作台一般用于工件的分度工作和非整圆弧面的加工。

8-4 如果万能分度头的分度手柄转动1周，其主轴转动1/40周。

8-5 万能分度头的分度盘正反两面有许多孔数相同的孔圈。

8-6 在卧式铣床上装上万能铣头，不仅能完成各种立铣的工作，而且还可以根据铣削的需要，将铣头主轴偏转成任意角度。

8-7 周边铣削一般有逆铣和顺铣两种方式，在一般情况下都采用顺铣方式。

8-8 封闭键槽一般用键槽铣刀在卧式升降台铣床上加工。

8-9 要铣出一定导程的螺旋槽，必须保证当工件随工作台纵向移动和分度头带动工件的转动之间具有严格的运动关系。

8-10 在铣床上铣齿形是属于成形法加工，与铣成形面的加工方法相同，用与被切齿形形状相符的成形铣刀加工。

**2. 填空题**

8-11 铣削加工最常用的设备是_____、_____和_____等。

8-12 铣削方式主要有_____和_____，其中后者又分为_____和_____两种。

8-13 铣削齿数 $z=21$ 的直齿圆柱齿轮，每铣完一个齿，万能分度头的分度手柄需要转动_____整圈后，再沿孔数为_____的孔圈附加转动_____个孔距。

8-14 卧式升降台铣床上工件装夹的方法有_____、_____、_____、分度头装夹和专用夹具装夹等。

8-15 铣斜面的方法主要有_____、_____和_____等三种，加工时视实际情况选用。

**3. 简答题**

8-16 铣削加工的特点主要有哪一些？

8-17 逆铣与顺铣的区别是什么？实际应用情况怎样？

8-18 铣床附件主要有哪一些？其主要名称和用途是什么？

8-19 万能分度头的传动和分度原理是什么？

**4. 综合题**

8-20 铣削下列表面时，应选择的机床和刀具是什么？

(1) 铣削尺寸为 200mm×100mm 的水平面。

机床：_____；刀具：_____。

(2) 铣削六方螺钉的六个小侧面。

机床：_____；刀具：_____。

(3) 铣削轴上开口平键槽。

机床：_____；刀具：_____。

(4) 铣削 T 形槽。

机床：_____；刀具：_____。

(5) 铣削 V 形槽。

机床：_____；刀具：_____。

# 第 9 章 刨削加工

本章教学要点

| 知识要点 | 掌握程度 | 相关知识 |
| --- | --- | --- |
| 刨削加工概述 | 熟悉刨削加工的切削运动与切削用量；了解刨削加工典型加工范围和工艺特点 | 刨削运动与刨削用量；刨削加工的工艺特点 |
| 牛头刨床 | 了解牛头刨床的组成及各组成部分的作用；熟悉牛头刨床的传动；掌握牛头刨床的调整方法 | 牛头刨床的结构；牛头刨床的传动与调整 |
| 刨刀及其装夹 | 了解刨刀种类及特点；了解刨刀的装夹方法 | 刨刀的种类及应用；刨刀的装夹 |
| 工件装夹 | 熟悉常用的工件装夹方法 | 机用虎钳装夹；工作台装夹 |
| 刨削加工的基本操作 | 掌握水平面的刨削方法及基本操作；了解垂直面和斜面、沟槽和成形面的刨削方法 | 刨水平面；刨垂直面和斜面；刨T形槽；刨燕尾槽和V形槽；刨成形面 |
| 其他刨床 | 了解其他刨床的结构和应用 | 龙门刨床；插床 |

## 9.1 概　　述

刨削加工是在刨床上利用刨刀（或工件）的往复直线运动与工件（或刨刀）的间歇运动来加工工件的切削加工方法。刨削加工最常用的设备是牛头刨床，主要适用于加工平面（水平面、垂直面和斜面）、沟槽（直角槽、T形槽、V形槽和燕尾槽等）和直线形成形面等。刨削的典型加工范围如图9.1所示。

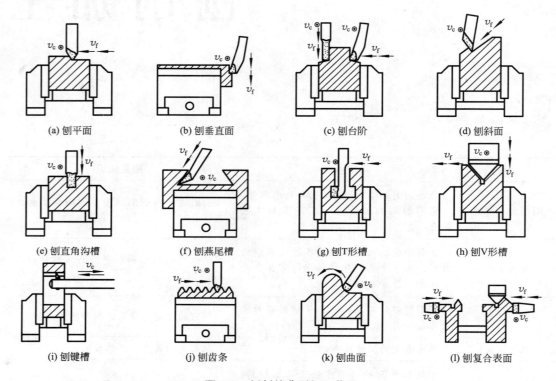

图 9.1　刨削的典型加工范围

### 9.1.1　刨削运动与刨削用量

1. 刨削运动

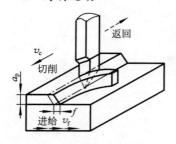

图 9.2　刨削运动与刨削用量

在牛头刨床上加工水平面时，刨刀的往复直线运动为主运动；刨刀每次返回后，工作台（或工件）的横向间歇水平移动为进给运动，如图9.2所示。

2. 刨削用量

1) 刨削速度

刨削速度 $v_c$ 是指刨刀与工件之间在切削时的相对运动速度（平均速度，m/s），其计算公式为

$$v_c = \frac{nL(1+m)}{60 \times 1000} \tag{9-1}$$

式中，$n$ 为刨刀每分钟往复行程次数；$L$ 为行程长度（mm）；$m$ 为工作行程与返回行程运动速度的比值。

为了提高生产效率，刨刀的返回行程速度应大于工作行程速度，即 $m<1$。

2) 进给量

进给量 $f$ 是指刨刀每往复一次，工件移动的距离。B6065 牛头刨床进给量的计算公式为

$$f = \frac{z}{3} \tag{9-2}$$

式中，$f$ 为进给量（mm/行程）；$z$ 为滑枕每往复一次，棘轮被拨过的齿数。

3) 背吃刀量

背吃刀量 $a_p$ 是指工件已加工表面与待加工表面之间的垂直距离（mm）。

## 9.1.2 刨削加工的工艺特点

与其他切削加工相比，刨削加工具有以下特点：

(1) 生产效率较低。刨削属于断续加工，刨刀返回时不切削，增加了辅助时间。为了减少刨刀与工件之间的冲击和回程时的惯性力，刨削速度较低。此外，牛头刨床只能用一把刀具切削。因此，其生产效率比铣削加工低。但在刨削狭长平面或在龙门刨床上装夹多件工件和采用多刀刨削时，能获得较高的生产效率。

(2) 加工精度较低。由于刨削运动是断续进行的，有冲击和振动，运动速度不均匀，其加工精度比车削加工低，一般可达 IT9～IT8，表面粗糙度可达 $Ra6.3\sim1.6\mu m$。

(3) 应用范围较广。由于刨床结构简单，工件装夹和机床调整方便，刨刀制造及刃磨简单、经济，生产准备时间短、加工费用低，适应性广。

因此，刨削加工主要适用于单件小批量生产类型，以及产品试制、装配和维修工作。

# 9.2 牛 头 刨 床

牛头刨床是应用最为广泛的刨削加工设备，主要适用于加工中、小型工件，一般刨削长度不超过 1000mm。下面以 B6065 牛头刨床为例进行介绍。在型号 B6065 中，B 为刨床类别代号（刨床类），60 为牛头刨床的组别和系列代号（牛头刨床组系别），65 为主参数代号，表示最大刨削长度的 1/10，即最大刨削长度为 650mm。

## 9.2.1 牛头刨床的组成

B6065 牛头刨床主要由床身、滑枕、刀架和工作台等部分组成，其外形如图 9.3 所示。

(1) 床身。床身安装于底座上，用于支承和连接各主要部件。床身顶面的水平导轨供滑枕带动刀架作往复直线运动，侧面垂直导轨供横梁带动工作台升降，传动机构安装于床身内部。

(2) 滑枕。其前端装有刀架，并用于带动刀架沿床身水平导轨作往复直线运动。

(3) 刀架。用于夹持刨刀，其结构如图 9.4 所示，主要由刀夹、抬刀板、刀座、滑板和转盘等组成。转动手柄，滑板带着刨刀沿转盘上的导轨上、下移动，以便于调整背吃

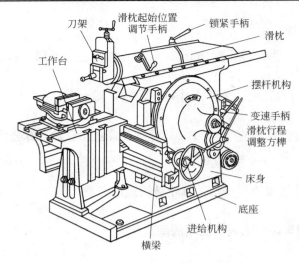
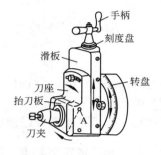

图 9.3　B6065 牛头刨床　　　　　　　图 9.4　刀架结构

刀量，也可在加工垂直面时作进给运动；松开转盘上的紧固螺母，将转盘转动一定角度，可使刀架作斜向进给，以便于加工斜面。刀座安装于滑板上。抬刀板可绕刀座上的轴 A 自由上抬，使刨刀在返回时离开工件已加工表面，减少与工件之间的摩擦。

（4）横梁与工作台。横梁安装于床身前部垂直导轨上，可上、下移动。工作台用于安装工件，可随横梁作上下调整，也可沿横梁导轨作水平移动或间歇进给。

## 9.2.2　牛头刨床的传动

**1. 牛头刨床的传动路线**

B6065 牛头刨床的传动系统如图 9.5 所示。其传动结构式为

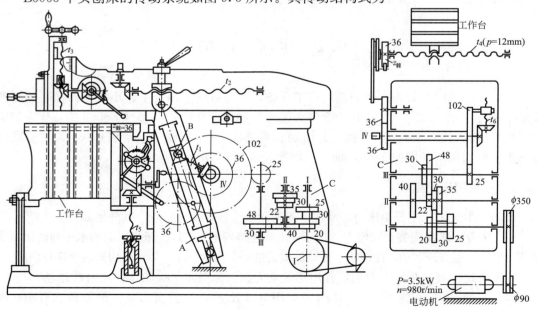

图 9.5　B6065 牛头刨床的传动系统图

$$电动机(980\text{r/min}) - \frac{\phi 90}{\phi 350} - \text{I} - \begin{bmatrix} \frac{20}{40} \\ \frac{30}{30} \\ \frac{25}{35} \end{bmatrix} - \text{II} - \begin{bmatrix} \frac{40}{30} \\ \frac{22}{48} \end{bmatrix} - \text{III} - \frac{25}{102} -$$

$$\begin{bmatrix} 滑块-摆杆-滑枕或刨刀（主运动） \\ \text{IV} - \frac{36}{36} - 连杆-棘爪架 - \frac{棘爪}{棘轮} - 横向丝杆-工作台（横向间歇进给运动） \end{bmatrix}$$

**2. 牛头刨床的传动机构**

1) 齿轮变速机构

齿轮变速机构的作用是将电动机的旋转运动以不同的速度比传至摆杆齿轮，实现滑枕的往复直线主运动，以及通过相关机构传动，实现工作台的横向间歇进给运动。

2) 摆动导杆机构

摆动导杆机构的作用是将摆杆齿轮的旋转运动转变为滑枕的往复直线运动，其结构如图9.6所示。摆杆齿轮（齿数为102）转动，使偏心滑块沿摆杆的导向槽运动，带动摆杆左右摆动，从而带动滑枕作往复直线运动。摆杆齿轮每转动一周，滑枕往复运动一次。由于摆杆齿轮转动一周时，对应于工作行程的转角为α，对应于返回行程的转角为β，且α＞β，即工作行程时间大于返回行程时间，而工作行程与返回行程的运行距离相等，这样，返回行程的平均速度就大于工作行程的平均速度，该机构的这种运动特点称为"急回"特性。

3) 棘轮机构

棘轮机构的作用是使工作台作横向间歇自动进给，其结构如图9.7所示。棘爪架空套于横向丝杆轴上，棘轮用键与丝杆轴相连接。齿轮1带动齿轮2转动时，偏心销通过连杆使棘爪架左右摆动。由于齿轮1固定于摆动导杆机构的摆杆齿轮轴上，且齿轮1与齿轮2齿数相等，因此，摆杆齿轮每转动一周（即滑枕每往复一次），棘爪架左右摆动一次，棘爪则拨动棘轮转动一定角度，棘轮再通过丝杆螺母传动，实现工作台的横向间歇自动进给。棘爪返回时，由于其后面为一斜面，只能由棘轮齿顶滑过，不能拨动棘轮转动，因此，工作台不进给。

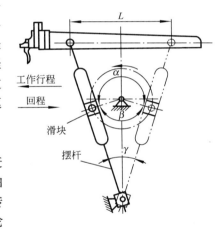

**图9.6 摆动导杆机构**

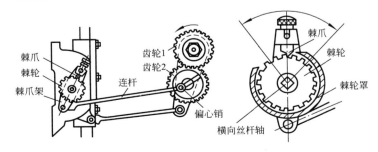

**图9.7 棘轮机构**

### 9.2.3 牛头刨床的调整

**1. 滑枕运动速度的调整**

根据 B6065 牛头刨床的传动系统图（见图 9.5），扳动变速手柄以改变图中轴Ⅰ和轴Ⅲ上滑移齿轮的位置，可以使牛头刨床滑枕获得 6 种不同的运动速度。滑枕运动速度的调整操作应停车后进行，以免损坏齿轮。

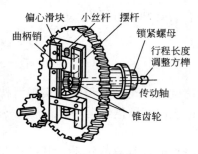

图 9.8 滑枕行程长度的调整

**2. 滑枕行程长度的调整**

根据摆动导杆机构的工作原理，改变滑块的偏心距，即可改变滑枕行程长度，偏心距越大，行程越长。如图 9.8 所示，松开锁紧螺母，转动行程长度调整方榫，方榫所在小轴经锥齿轮和丝杆螺母传动，使偏心滑块在摆杆的导槽内移动，从而改变滑块与摆杆齿轮轴心之间的距离，即滑块的偏心距。调整好后，拧紧锁紧螺母。

**3. 滑枕起始位置的调整**

应根据工件在工作台上的安装位置调整滑枕起始位置。如图 9.3 和图 9.4 所示，调整时，先将摆动导杆机构的摆杆停留至最右位置，松开锁紧手柄，再用扳手转动滑枕起始位置调节手柄，经一对锥齿轮副传动使丝杆旋转，从而将滑枕移动至合适的位置，最后拧紧锁紧手柄。

**4. 工作台横向进给的调整**

工作台的横向进给运动既要满足间歇运动的要求，又要与滑枕的工作行程协调一致，即在刨刀返回行程将结束时，工作台连同工件一起横向移动一个进给量。牛头刨床的横向自动进给是由棘轮机构实现的。

（1）横向进给方向的调整。如图 9.7 所示，由于棘爪具有方向性，当棘爪逆时针方向摆动时，其上的垂直面拨动棘轮转动若干齿，使横梁丝杆转动相应角度，工作台横向移动一个进给量；当棘爪顺时针方向摆动时（即返回时），由于其后面为一斜面，只能由棘轮齿顶滑过，不能拨动棘轮转动，工作台不进给。因此，工作台的横向自动进给运动是间歇的。如果将棘爪提起后转动 180°，可实现工作台反向进给；如果将棘爪提起后转动 90°，棘轮便与棘爪脱离接触，可实现手动进给。

（2）横向进给量的调整。工作台横向进给量可通过改变棘轮罩的位置，从而改变棘爪每次拨过棘轮的有效齿数来调整。棘爪拨过棘轮的齿数较多时，进给量大；反之则小。此外，也可以通过改变图 9.7 中偏心销与齿轮 2 的轴心之间的距离，即偏心销的偏心距来调整，偏心距越小，棘爪架摆动的角度就越小，棘爪拨过的棘轮齿数就越少，进给量越小；反之，则进给量越大。

## 9.3 刨刀及其装夹

### 9.3.1 刨刀的结构特点

刨刀的结构和几何参数与车刀相似，但由于刨削运动是断续进行的，刨刀切入工件时受到较大的冲击力。因此，刨刀的横截面积一般比车刀大 1.25～1.5 倍，刨刀的前角 $\gamma_o$ 一般比车刀小 $5°～10°$，刨刀的刃倾角 $\lambda_s$ 取较大的负值（$-10°～-20°$），以增加刀尖强度。

当刨削用量较大时，刨刀一般制成弯头，如图 9.9(a) 所示，弯头刨刀在受到较大切削力作用时，刀杆弯曲变形绕 O 点抬离工件，而不至于损坏刀尖及已加工表面；直头刨刀（见图 9.9(b)）受力变形后易扎入工件，因此，仅适用于加工刨削用量较小的工件。

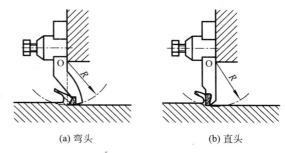

(a) 弯头　　(b) 直头

图 9.9　弯头刨刀与直头刨刀

### 9.3.2　刨刀的种类及其应用

刨刀的种类很多，常用的有平面刨刀、偏刀、角度偏刀、切刀、弯切刀和圆头刨刀等几种，如图 9.10 所示。其中，平面刨刀用于刨削水平面，偏刀用于刨削垂直面或斜面，角度偏刀用于刨削燕尾槽和相互成一定角度的表面，切刀用于刨削沟槽或切断工件，弯切刀用于刨削 T 形槽或侧面槽，圆头刨刀（图中未画出）用于加工直线型成形表面。

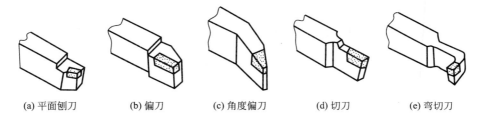

(a) 平面刨刀　　(b) 偏刀　　(c) 角度偏刀　　(d) 切刀　　(e) 弯切刀

图 9.10　常用刨刀的种类

### 9.3.3　刨刀的装夹

先将转盘对准零线，以便于准确控制刨削深度，如图 9.11 所示。刀架下端应与转盘底面基本相对，以增加刀架的刚度。直刨刀的伸出长度一般为刀杆厚度 $H$ 的 1.5～2 倍，如图 9.12 所示。装夹刨刀时，应使刀尖离开工件表面，以免损坏刀具和工件已加工表面。

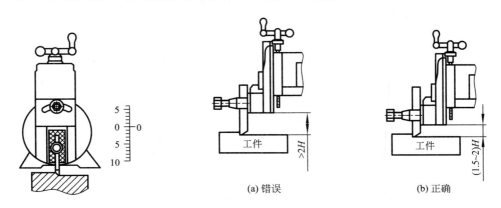

图 9.11　刨刀装夹时转盘对准零线　　　　(a) 错误　　(b) 正确

图 9.12　刨刀的装夹

## 9.4 工件装夹

刨削加工前,应正确装夹工件。牛头刨床上工件装夹的方法主要有机用虎钳装夹、工作台装夹及专用夹具装夹等,应根据工件的形状、尺寸、质量要求和生产类型等来选择工件装夹方法。

### 9.4.1 机用虎钳装夹

机床用平口虎钳是一种通用夹具,使用方便灵活,适用于装夹形状简单、尺寸较小的工件。装夹工件前,先将虎钳钳口找正并紧固于刨床工作台上,然后装夹工件。用机用虎钳装夹工件时,应注意以下事项:

(1) 工件的被加工面必须高于虎钳钳口,否则,应用垫铁垫高。
(2) 为了保护虎钳钳口不受损伤,夹持毛坯件时,一般应在钳口加上厚的铜垫片。
(3) 用垫铁装夹工件时,应用木锤或铜锤轻轻敲击工件的上表面,使工件与垫铁紧紧贴合。夹紧后应用手抽动垫铁,如果有松动,说明工件与垫铁贴合不紧,刨削时工件可能会移动,应松开虎钳钳口重新夹紧,如图 9.13 所示。
(4) 装夹刚性较差的工件(如框形工件)时,为了防止工件变形,应将工件的薄弱部分做出支撑或垫实,如图 9.14 所示。
(5) 如果工件按照划线加工,可用划线盘和内卡钳来校正工件,如图 9.15 所示。

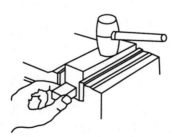

图 9.13 机用虎钳装夹

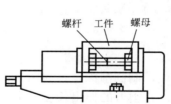

图 9.14 框形工件的装夹

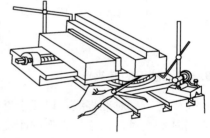

图 9.15 划线盘和内卡钳校正工件

### 9.4.2 工作台装夹

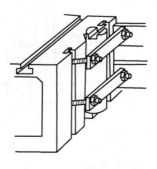

图 9.16 用工作台侧面装夹工件

当工件尺寸较大或不便于用机用虎钳装夹工件时,可直接利用牛头刨床工作台装夹工件。这种方法与铣床上用工作台装夹工件的方法相同,有关内容见本书 8.4.2。牛头刨床除了可以用工作台台面装夹工件以外,还可用工作台侧面装夹工件,如图 9.16 所示。

用工作台装夹工件时,应正确使用压板和螺栓,如图 9.17 所示。

### 9.4.3 专用夹具装夹

专用夹具是根据工件某一工序的具体要求设计的,

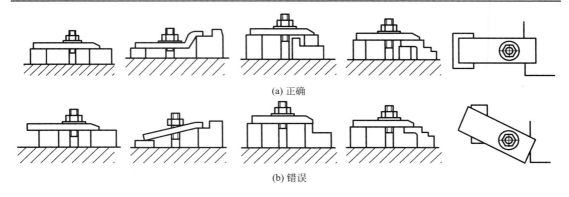

图 9.17 压板的正确使用

可以迅速而准确地装夹工件。这种方法一般适用于批量生产。

## 9.5 刨削加工的基本操作及工艺过程示例

在牛头刨床上，选择不同的刨刀和工件装夹方法，可以实现水平面、垂直面和斜面、T形槽、燕尾槽、V形槽和直线形成形面等的加工。

### 9.5.1 刨削加工的基本操作

1. 刨水平面

刨水平面(见图 9.1(a))时，刀架和刀座均处于中间位置。刨水平面的一般操作过程如下：

(1) 根据工件待加工表面形状和尺寸，选择和装夹刨刀。一般粗刨用平面刨刀；精刨用圆头刨刀。

(2) 根据工件的形状、尺寸和生产批量，合理选择装夹方法，并正确装夹工件。

(3) 将工作台调整至使刨刀刀尖略高于工件待加工表面的位置，调整机床滑枕行程长度、起始位置及每分钟的往复次数。

(4) 转动工作台横向进给手柄，将工作台移至刨刀下面，开车，摇动刀架手柄，使刨刀刀尖与工件待加工表面轻微接触。转动工作台横向进给手柄，将工件移至一侧距离刀尖 3～5mm 处，然后停车。

(5) 转动棘轮罩和棘爪，调整好工作台的横向进给量和进给方向。

(6) 转动刀架手柄，调整好背吃刀量。如果背吃刀量较大，应分几次刨削。

(7) 开车，刨削工件至 1～1.5mm 宽时立即停车，用钢直尺或游标卡尺测量背吃刀量是否正确，确认无误后，开车将整个平面刨完。

在牛头刨床上加工工件的刨削用量一般是切削速度 $v_c$ 为 0.2～0.5m/s，进给量 $f$ 为 0.33～1mm/行程，背吃刀量 $a_p$ 为 0.5～2mm。当工件表面质量要求较高时，粗刨后还应进行精刨。精刨的进给量和背吃刀量应比粗刨小，切削速度可高一些。为了获得良好的表面质量，在刨刀返回时，可用手抬起刀座上的抬刀板，使刀尖不与工件摩擦。刨削时，一般无需加注切削液。

2. 刨垂直面和斜面

刨垂直面时，应用直角尺或按照划线找正来装夹工件，以保证加工面与工作台面垂直，并与刨削方向平行。工件的待加工表面应伸出工作台面或对准T形槽，如图9.18(a)所示。

如图9.18(b)所示，刨垂直面或台阶面时，应采用偏刀，刀架转盘的刻线应准确对准零线，以便于刨刀能沿垂直方向移动。刀座上端应偏离加工面一个合适的角度（一般为10°~15°），以便于返回行程时减少刨刀与工件的摩擦，以免划伤已加工表面。

一般用正夹斜刨的方法刨斜面，即通过倾斜刀架进行刨削，刀架转盘转动的角度应等于工件斜面与铅垂线之间的夹角，从而使滑板的手动进给方向与斜面平行，如图9.19所示，其他操作与刨水平面相同。在牛头刨床上刨斜面，只能手动进给。

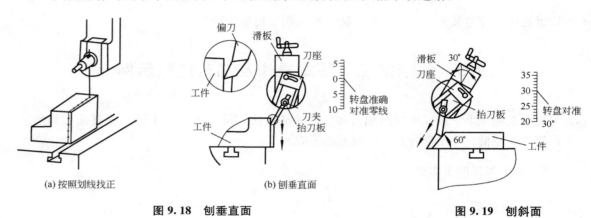

图 9.18 刨垂直面　　　　　图 9.19 刨斜面

3. 刨T形槽

刨T形槽时，应先划出T形槽的加工线，如图9.20所示，接着用切槽刀刨出直槽，然后再用左弯切刀和右弯切刀刨出凹槽，最后用45°刨刀倒角，如图9.21所示。

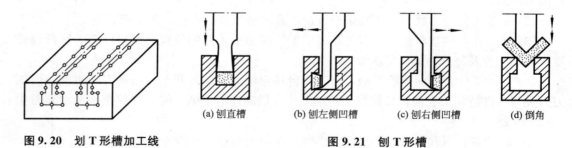

图 9.20 划T形槽加工线　　　　　图 9.21 刨T形槽

4. 刨燕尾槽和V形槽

刨燕尾槽是刨直槽与刨内斜面的综合，但需要用左、右偏刀。刨燕尾槽的过程如图9.22所示。

刨V形槽也是刨直槽与刨内斜面的综合，可以不用左、右偏刀，如图9.1(h)所示。

5. 刨成形面

直线形成形面可在牛头刨床上加工，有以下两种刨削方法：

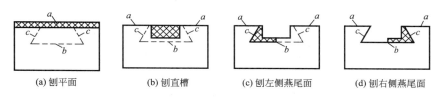

(a) 刨平面　　　　(b) 刨直槽　　　(c) 刨左侧燕尾面　　(d) 刨右侧燕尾面

图 9.22　刨燕尾槽

（1）划线后手动进给刨削。其刨削过程复杂且生产效率低，对操作者的技术水平要求较高，加工质量不高，主要适用于单件生产精度不高的工件。

（2）用成形刨刀刨削。成形刨刀的切削刃形状与被刨成形面相适应，操作简单，质量稳定，适用于加工形状简单、批量较大的工件。

### 9.5.2　刨削加工的工艺过程示例

如图 9.23 所示为钳工用錾口榔头毛坯刨削加工零件图。毛坯材料为 45 钢，毛坯类型为锻件，生产数量为 10 件。为了保证各加工表面之间的垂直和平行，必须以先加工的平面为基准，再加工其他各表面。由于生产批量小，因此，应尽量采用通用夹具。用机用虎钳装夹工件时，精加工 1～4 面的步骤应按照 1、2、4、3 的顺序进行，其具体加工工艺过程见表 9-1。

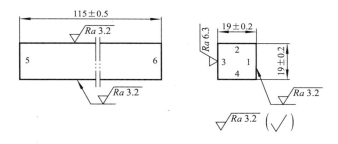

图 9.23　刨削加工錾口榔头毛坯零件图

表 9-1　錾口榔头毛坯刨削加工工艺

| 序号 | 加工内容 | 加工简图 | 操作要点 | 刀具 |
|---|---|---|---|---|
| 1 | 刨基准平面 1 至尺寸 20 | | 采用机用虎钳装夹工件，按照刨水平面的操作步骤刨削平面 1，平行垫铁厚度应适中 | 平面刨刀 |
| 2 | 以平面 1 为基准，紧贴固定钳口，刨平面 2 至尺寸 20 | | 在平面 3 与活动钳口之间垫上一圆棒，将工件夹紧，按照刨水平面的操作步骤刨削平面 2 | 平面刨刀 |

（续）

| 序号 | 加工内容 | 加工简图 | 操作要点 | 刀具 |
|---|---|---|---|---|
| 3 | 以平面1为基准，紧贴固定钳口，并使平面2紧贴平行垫铁，刨平面4至尺寸19±0.2，使平面4与平面1互相垂直 | 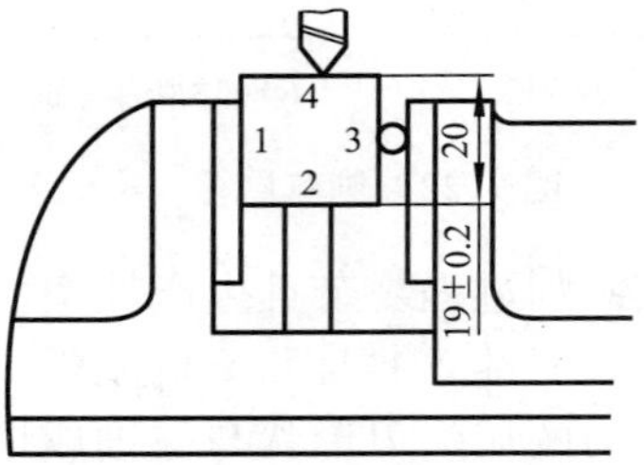 | 在平面3与活动钳口之间垫上一圆棒，将工件夹紧，按照刨水平面的操作步骤刨削平面4 | 平面刨刀 |
| 4 | 以平面1为基准，紧贴平行垫铁，刨平面3至尺寸19±0.2，使平面3与平面1互相平行 | 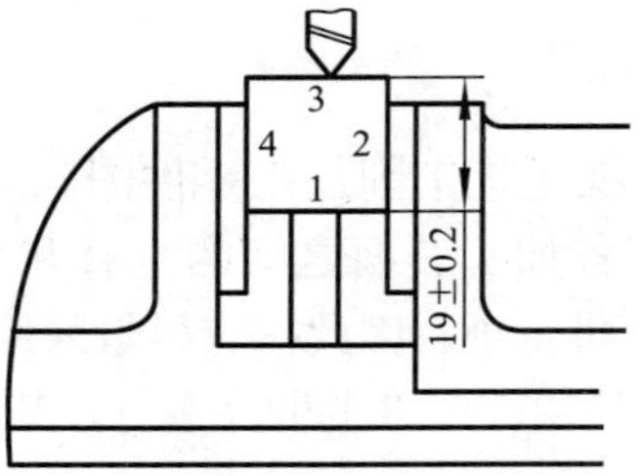 | 按照刨水平面的操作步骤刨削平面4，平面2与活动钳口之间无需垫圆棒 | 平面刨刀 |
| 5 | 将固定钳口调整至与刀具行程方向相垂直，将工件紧贴于平口虎钳导轨面，刨平面5至尺寸116.5 | 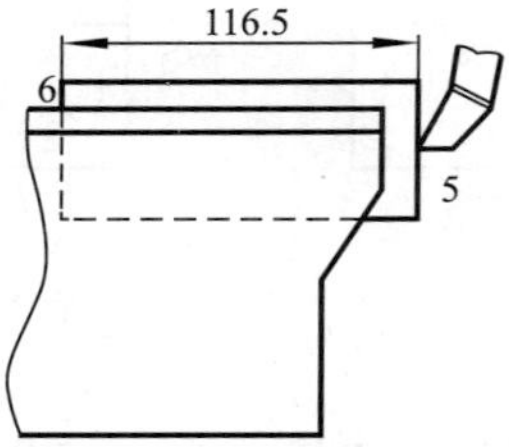 | 按照刨垂直面的操作步骤刨削平面5 | 偏刀 |
| 6 | 按照序号5同样的方法刨削平面6至尺寸115±0.5 | 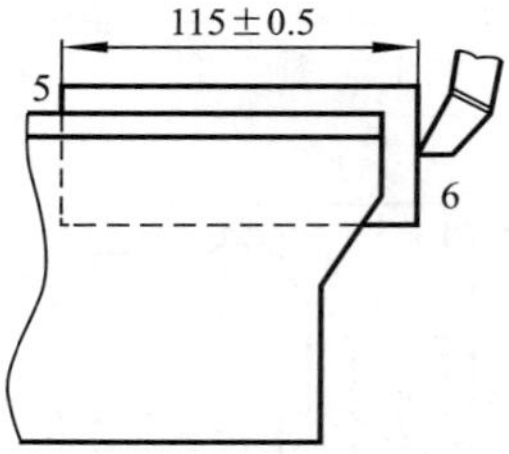 | 按照刨垂直面的操作步骤刨削平面6 | 偏刀 |

## 9.6 其他刨床

牛头刨床主要适用于加工中、小型工件的平面、沟槽和直线形成形面，对于大型工件上的这些表面，需要使用龙门刨床进行加工；对于单件小批量生产中工件上的直线形内表面（如键槽、方孔等）则需要使用插床进行加工。

## 9.6.1 龙门刨床

如图 9.24 所示为 B2010A 龙门刨床外形，因其有一个"龙门"式框架结构而得名。在型号 B2010A 中，20 为龙门刨床的组别和系别代号，10 为主参数代号，表示最大刨削宽度的 1/100，即最大刨削宽度为 1000mm。龙门刨床与牛头刨床的主要区别在于其主运动为工作台（工件）的往复直线运动，进给运动为刀架（刀具）的移动。两个垂直刀架可在横梁上作横向进给运动，以便于刨削水平面；两个侧刀架可沿立柱作垂直进给运动，以便于刨削垂直面；各个刀架均可转动一定角度，以便于刨削斜面。横梁可沿立柱导轨升降，以适应不同高度的工件。

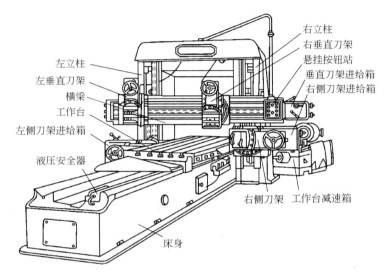

图 9.24 B2010A 龙门刨床

龙门刨床的刚性好，功率大，适用于大型工件的加工或者多工件同时加工。

## 9.6.2 插床

插床也称为立式牛头刨床，如图 9.25 所示为 B5020 插床外形。在型号 B5020 中，50 为插床的组别和系别代号，20 为主参数代号，表示最大插削长度的 1/10，即最大插削长度为 200mm。插刀装夹于滑枕下部的刀架上，其在垂直方向上所作的往复直线运动为主运动。工件装夹于工作台上，可作纵向、横向和圆周间歇进给运动。

插床主要适用于单件小批量生产中零件内表面的加工，如多边形孔、花键、孔内键槽等。插床的滑枕也可以转动一定角度，以便于加工斜面和锥孔。由于插床的工作台有圆周间歇进给机构，并可进行分度，因此，有些难以在刨床或其他机床上加工的工件，如

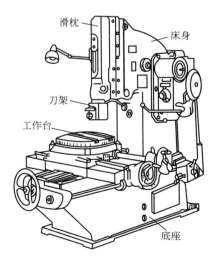

图 9.25 B5020 插床

较大尺寸的内外齿轮、具有内外特殊形状表面的工件都经常在插床上加工。

## 小　　结

> 　　刨削是水平面、垂直面、斜面、直槽、T 形槽、V 形槽和燕尾槽及直线形成形面等表面常用的加工方法。
> 　　牛头刨床是最常用的刨削加工设备，其主运动为滑枕的往复直线运动，进给运动为工作台的横向间歇运动。牛头刨床的传动机构包括齿轮变速机构、摆动导杆机构和棘轮机构等，可以分别实现滑枕运动速度、行程长度和工作台横向进给等的调整。摆动导杆机构具有"急回"特性，从而使得滑枕返回行程的平均速度大于工作行程的平均速度。
> 　　刨削加工时，应根据被加工工件的形状、尺寸和生产批量等确定工件装夹方法和刨削加工基本操作。

## 复习思考题

**1. 判断题**

9-1　刨削加工是一种高效率、中等精度的机械加工方法。

9-2　牛头刨床只能加工平面，不能加工曲面。

9-3　由于牛头刨床滑枕工作行程与返回行程长度一样，因此，刨刀的工作行程速度与返回行程速度相等。

9-4　在牛头刨床上刨垂直面时，刨刀的垂直进给可以由刀架手轮进行，也可以由工作台的上升来进行。

9-5　在牛头刨床上刨垂直面和斜面时，刀架转盘位置必须对准零线。

9-6　刨刀常制成弯头，其目的是为了增大刀杆强度。

9-7　加工塑性材料时刨刀的前角应比加工脆性材料时的前角大。

9-8　刨削加工一般不使用切削液，因为刨削是断续切削，而且切削速度又较低。

9-9　刨削 4 个面要求相互垂直的矩形工件时，可任意选择刨削顺序。

9-10　龙门刨床加工时，与牛头刨床一样，刨刀的运动是主运动。

**2. 填空题**

9-11　实习所用牛头刨床通过＿＿＿＿＿机构将电机的旋转运动转变为滑枕的直线往复运动。通过＿＿＿＿＿机构实现工作台的间歇进给运动。

9-12　牛头刨床可以加工的表面有＿＿＿＿＿、＿＿＿＿＿、＿＿＿＿＿、＿＿＿＿＿、＿＿＿＿＿和＿＿＿＿＿等。

9-13　牛头刨床通常采用＿＿＿＿＿、＿＿＿＿＿、＿＿＿＿＿装夹工件。龙门刨床通常采用＿＿＿＿＿装夹工件。

9-14　刨刀刀杆的横截面积一般比车刀大＿＿＿＿＿倍。刨刀的前角 $\gamma_o$ 一般比车刀小＿＿＿＿＿。为了增加刀尖强度，刃倾角 $\gamma_s$ 取较大的负值，一般为＿＿＿＿＿。

9-15 插床的主运动是_____,进给运动有三种,即_____、_____和_____,插床主要用于加工工件的_____,如_____、_____、_____和_____等。

**3. 简答题**

9-16 简述牛头刨床的调整的主要内容,如何调整?

9-17 为什么在一般情况下刨削加工效率比铣削低?加工细长平面应选择哪种机床进行加工?

**4. 综合题**

9-18 制定如图 9.26 所示 V 形铁的刨削加工工艺,按照表 9-2 的格式填写相应内容,刨削斜面时,应说明刀架转动方向及角度。

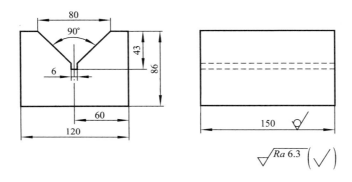

图 9.26 V 形铁零件图

表 9-2 V 形铁刨削加工工艺

| 序号 | 加工内容 | 加工简图 | 操作要点 | 刀具、量具 |
|---|---|---|---|---|
|  |  |  |  |  |
|  |  |  |  |  |
|  |  |  |  |  |
|  |  |  |  |  |
|  |  |  |  |  |
|  |  |  |  |  |
|  |  |  |  |  |
|  |  |  |  |  |

# 第 10 章 其他切削加工方法

本章教学要点

| 知识要点 | 掌握程度 | 相关知识 |
| --- | --- | --- |
| 钻削加工 | 了解钻削加工的典型加工范围；<br>熟悉钻削加工所用的机床、刀具及操作过程 | 钻床与钻头；钻头及工件的装夹；钻削加工的操作方法 |
| 磨削加工 | 了解磨床类型和结构；<br>熟悉砂轮特性以及各种磨削方式所需磨削运动 | 磨床与砂轮；砂轮及工件的装夹；磨削方式 |
| 齿形加工 | 熟悉各种齿形加工的成形原理及不同齿形加工方法具有的特点；<br>了解各种齿形精加工方法的成形原理和应用范围 | 成形法与展成法齿形加工；滚齿与插齿；剃齿、珩齿、磨齿 |
| 拉削加工 | 了解拉削加工的工艺特点、拉削方式和典型加工范围 | 拉床与拉刀；拉削方式；<br>机床运动；机械传动；<br>拉削加工的工艺特点及典型加工范围 |

## 10.1 钻削加工

钻削加工是利用刀具对工件的实体部位进行孔加工的方法(也包括对已有孔进行扩孔、铰孔、锪孔及攻螺纹等二次加工),主要在钻床上进行。钻削适用于加工外形复杂、没有对称回转轴线、直径不大及质量要求不高的孔,如连杆、盖板、箱体和机架等工件上的单孔或孔系,也可以通过钻孔—扩孔—铰孔的复合工艺加工质量要求较高的孔,或利用夹具加工有一定相互位置精度要求的孔系。钻削的典型加工范围如图 10.1 所示。

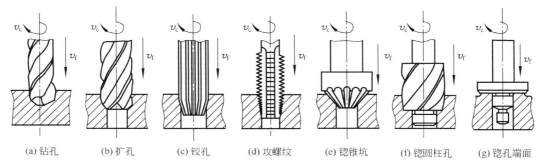

(a) 钻孔　(b) 扩孔　(c) 铰孔　(d) 攻螺纹　(e) 锪锥坑　(f) 锪圆柱孔　(g) 锪孔端面

**图 10.1　钻削的典型加工范围**

钻孔的加工精度可达 IT13~IT10,表面粗糙度可达 $Ra12.5$~$6.3\mu m$;扩孔的加工精度可达 IT10~IT9,表面粗糙度可达 $Ra6.3$~$3.2\mu m$;铰孔的加工精度可达 IT7~IT6,表面粗糙度可达 $Ra1.6$~$0.4\mu m$。

### 10.1.1　钻床

钻床是应用最为广泛的孔加工机床。在钻床上进行孔加工时,一般工件固定不动,刀具的旋转运动为主运动,刀具沿其轴线方向作进给运动;钻削时,背吃刀量 $a_p$ 的数值等于钻头工作部分的半径,即 $a_p=D/2$,$D$ 为钻头工作部分直径(mm),进给量 $f$ 为钻头每旋转一周所对应的轴向进给量(mm/r),如图 10.2 所示。

常用的钻床有台式钻床、立式钻床和摇臂钻床等几种类型。

1. 台式钻床

台式钻床(简称为台钻)是放置于钳工工作台上使用的小型钻床,由底座、工作台、立柱和主轴箱等部分组成,其外形如图 10.3 所示。通过手动转动进给手柄实现主轴的轴向进给。可以通过改变三角带在带轮(塔轮)上的位置来调节主轴转速,调节时,应揭开带罩。主轴下端有锥孔,用于装夹钻头或钻夹头。台式钻床主要适用于加工小型工件上直径小于 15mm 的各种小孔(最小加工孔径小于 1mm)。由于,加工孔径很小,因此,台钻主轴的转速一般较高。

2. 立式钻床

立式钻床(简称为立钻)是放置于工作地地面上使用的中型钻床,由底座、工作台、立

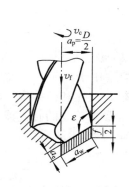
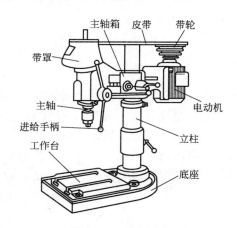

图 10.2 钻削运动与钻削要素　　　　图 10.3 台式钻床

柱、主轴箱和进给箱等部分组成，其外形如图 10.4 所示。电动机的动力经主轴箱传递至主轴，使主轴带动钻头以不同的速度转动。同时，也将动力传递至进给箱，并通过进给箱中的传动机构，使主轴随着主轴套筒按照需要的进给量作轴向进给，即自动进给。主轴的轴向进给也可以通过转动进给手柄手动完成。进给箱和工作台可沿立柱导轨上、下移动，以适应不同高度工件的加工。立式钻床主轴只能上、下移动，靠移动工件来对准钻孔中心，因此，立式钻床主要适用于加工中、小型工件。

3. 摇臂钻床

如图 10.5 所示为摇臂钻床的外形，其主轴箱可沿摇臂导轨的横向调整位置，摇臂可沿外立柱的圆柱面上下调整位置，摇臂及外立柱可绕内立柱转动至不同的位置。

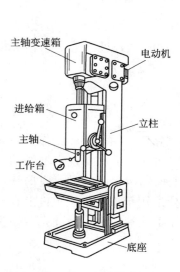
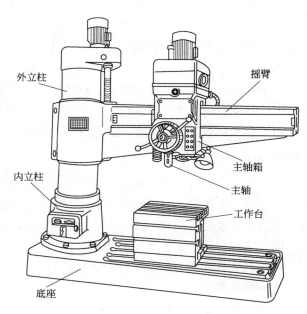

图 10.4 立式钻床　　　　图 10.5 摇臂钻床

由于摇臂钻床结构上的这些特点，工作时，刀具装夹于主轴内，可以很方便地调整刀具，以便于对准被加工孔中心，而工件无需移动位置。因此，摇臂钻床适用于单件小批量或成批生产中加工大型和中型工件、复杂工件及多孔工件。

台式钻床、立式钻床和摇臂钻床的规格都是以能加工的最大孔径来表示的，例如，常用立式钻床的规格有 25mm、30mm、40mm 和 50mm 等几种。

### 10.1.2 钻削加工刀具及钻床上所用的附件

1. 钻削加工刀具

在钻床上能够完成钻孔、扩孔、铰孔、锪孔和攻螺纹等操作，相对应的刀具包括钻头、扩孔钻、铰刀、锪钻和丝锥等。

1) 麻花钻

钻孔刀具主要有麻花钻、中心钻、深孔钻及扁钻等。其中，麻花钻的应用最为广泛。

麻花钻由工作部分、颈部和尾部（柄部）组成，如图 10.6 所示。尾部为钻头的夹持部分，用于传递扭矩和轴向力，有直柄和锥柄两种形式。直柄传递的扭矩较小，一般用于直径小于 12mm 的钻头；锥柄传递的扭矩较大，一般用于直径大于 12mm 的钻头；锥柄扁尾部分既可以传递扭矩，也可以避免钻头在主轴孔或钻套内转动，需要时还可通过扁尾将钻头由主轴孔或钻套内敲出。

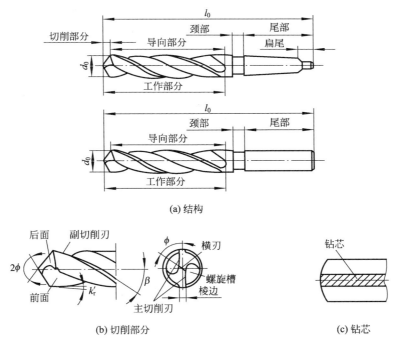

图 10.6 麻花钻

为了改善麻花钻的切削性能、提高生产效率和延长钻头的刀具耐用度，可以通过改变麻花钻切削部分的形状和刀具几何角度，来克服其结构上的某些缺点。这种钻头俗称为群钻，又称为多刃尖钻头（Multifork Drill），具有"三尖七刃锐当先，月牙弧槽分两边，一

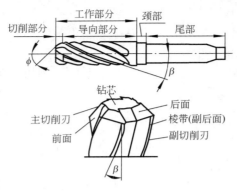

图 10.7 扩孔钻

侧外刃开屑槽,横刃磨低窄又尖"的特点。

2) 扩孔钻

扩孔钻是用于对已有孔进行进一步加工,以利于提高孔加工质量的刀具,其结构如图 10.7 所示,形状与麻花钻相似,不同之处在于:扩孔钻的齿刃数较多,一般为 3~4 个,导向性好,切削平稳;容屑槽较浅,刀体的强度和刚度较好;主切削刃由外缘延续至中心,没有横刃,切削性能良好。

由于扩孔钻切削平稳,可适当校正原孔轴线的偏斜,获得较高的加工精度和表面质量,因此,扩孔可作为质量要求不高的孔的最终加工方法或作为铰孔等精加工之前的预加工方法。在质量要求不高的单件小批量生产中,可用麻花钻代替扩孔钻进行加工。

3) 铰刀

铰刀是铰削加工的刀具,其结构如图 10.8 所示。铰刀有手用和机用两种,手用铰刀为直柄,配以铰杠用手工进行铰削;机用铰刀多为锥柄。

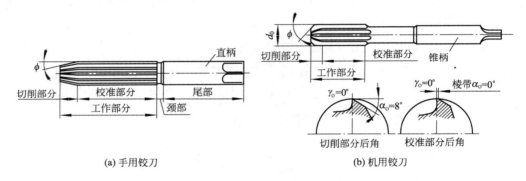

(a) 手用铰刀  (b) 机用铰刀

图 10.8 铰刀

铰刀由工作部分、颈部和尾部组成。工作部分又分为切削部分和校准部分。切削部分为锥形,担任主要的切削工作。切削锥角 $2\phi$ 因加工材料不同而有不同的数值。机用铰刀加工钢材和其他塑性材料时,一般取 $\phi=15°$,加工铸铁等脆性材料时,取 $\phi=3°\sim15°$。对于手用铰刀,为了减小轴向力,减轻劳动强度,取 $\phi=30'\sim1°15'$。校准部分每个齿刃上(一般 6~12 个齿刃,多为偶数齿)都有一个后角 $\alpha_o=0$ 棱带,起校准孔径和修光孔壁的作用。为了减少棱带与孔壁的摩擦,棱带不宜过宽,一般为 0.1~0.4mm。为了防止产生喇叭口和孔径扩大等缺陷,在校准部分后端可制成倒锥形。

4) 锪钻

锪钻主要用于对工件上已有的孔口形面进行加工。常见的孔口形面有锥形孔口形面、圆柱形孔口形面和孔口端面,对应的锪钻为锥形锪钻、圆柱形埋头锪钻和端面锪钻,如图 10.1(e)、(f) 和(g)所示。锥形锪钻有 6~12 个齿刃,其顶角有 60°、75°、90°和 120°等四种,其中,顶角为 90°的应用最为广泛;圆柱形埋头锪钻前端有导柱,与孔配合定心,其端刃为主切削刃,圆周上的刃为副切削刃;端面锪钻前端也有导柱定心,其端刃为主切削刃。

2. 钻床上所用的附件

1) 钻夹头

直柄钻头一般用钻夹头装夹,如图 10.9 所示。钻夹头的夹头体上端有一锥孔,以便于与夹头柄(锥柄)相配合,夹头柄制成莫氏锥度,以便于插入钻床的主轴锥孔内。钻夹头上的三个自动定心夹爪用于夹紧钻头的直柄,当带有小锥齿轮的紧固扳手(也称为钥匙)带动夹头套上的大锥齿轮转动时,与夹头套相配合的、具有内螺纹的螺纹环也同时旋转(此螺纹环与三个自动定心夹爪上的外螺纹相配),使得三个夹爪可以同时伸出或缩进,即可夹紧或松开钻头直柄,并实现夹紧的自动定心。

2) 过渡套筒

锥柄钻头可以直接插入钻床主轴的锥孔内。当钻头的锥柄尺寸较小时,应使用变锥套(即过渡套筒),如图 10.10 所示。变锥套上端接近扁尾处有长方通孔,以便于拆卸钻头时打入楔铁。变锥套有 1~5 号五种规格,分别对应于不同的莫氏锥度,应根据钻头锥柄尺寸及钻床主轴孔的锥度合理选择。必要时,还可用两个以上的变锥套作过渡连接。

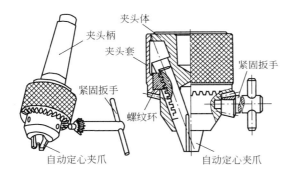

图 10.9 钻夹头

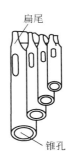

图 10.10 变锥套

### 10.1.3 钻削加工刀具及工件的装夹

1. 刀具的装夹

直柄钻头一般使用钻夹头装夹,如图 10.9 所示。装夹时,先将钻头直柄插入三个自动定心卡爪之间,转动紧固扳手轻轻地夹紧钻头,开车检查钻头是否摆动,如果摆动,则需停车校正,最后用力拧紧。

锥柄钻头直接装夹于钻床主轴的锥孔内。当钻头的锥柄尺寸较小时,应使用变锥套。使用变锥套的装夹方法如图 10.11 所示。

2. 工件的装夹

钻床上常用于装夹工件的夹具有手虎钳、机用虎钳、V 形铁和压板等。薄壁小件用手虎钳夹持;圆柱形工件用 V 形铁和弓架夹持;中、小型平整工件用机用虎钳夹持;大型工件用压板和螺栓直接压于钻床工作台上,如图 10.12 所示。

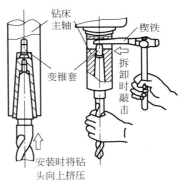

图 10.11 锥柄钻头的装夹

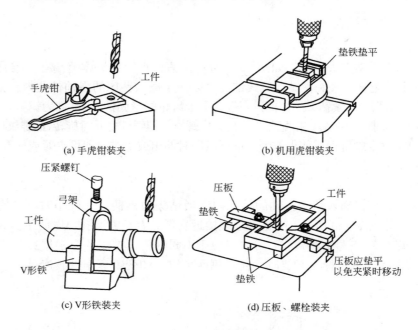

图 10.12 工件的装夹

## 10.1.4 钻削加工的操作方法

### 1. 钻孔的操作过程

钻孔前,应熟悉工件图纸,按照图纸要求确定所采用的钻床以及刀具和工件的装夹方法,并检查钻床各部分是否工作正常。在工作台没有中心孔的钻床上钻孔时,装夹工件应注意加上垫铁,以便于钻头钻通工件后仍有足够的空间,以免损伤工作台面。钻孔的一般操作过程如下:

(1) 工件划线定心。钻孔前,应先打出样冲眼,使起钻时不易偏离中心。当加工孔径大于 20mm 或孔距尺寸精度要求较高的孔时,还需划出检查圆。

(2) 工件装夹。根据工件图纸要求确定装夹方法,装夹应稳固,并保证孔中心线与钻床工作台垂直。

(3) 选择钻头。根据被加工孔的孔径选择相对应的钻头,并检查其两条主切削刃是否锋利和对称。

(4) 选用切削用量。根据被加工孔的孔径大小、工件材料等确定钻削速度和进给量。

(5) 选用切削液。钻削钢件时,多使用机油和乳化液;钻削铝件时,多使用乳化液和煤油;钻削铸铁件时,多使用煤油。

(6) 起钻。开始钻孔时,将钻头缓慢地接触工件,可先试钻一浅窝,检查钻孔中心(浅窝)与所划检查圆是否有偏斜。如偏斜较小,用样冲冲大孔中心来纠正;如偏斜较大,用錾子在偏斜相反方向錾几条槽来纠正。

(7) 钻孔。钻头钻入工件后,进给速度应均匀;钻头即将钻穿时,最好使用手动进给,用力应小,以免钻头折断。

## 2. 钻孔操作的注意事项

钻孔操作时，应注意以下事项：

（1）孔径超过 30mm 时，应分两次钻成，先钻一小孔，小孔直径应大于大钻头的横刃宽度，以利于减小轴向力。

（2）工件材料较硬或钻孔较深时，应在钻孔过程中，不断将钻头抽出孔外，以便于排除切屑，防止钻头过热，避免切屑堵塞于孔内，卡断钻头。钻削韧性材料时，应加注切削液。

（3）应避免在斜面上钻孔。因两切削刃有严重的偏切削现象，会导致偏斜、滑移而钻不进工件。在斜面上钻孔前，必须先用中心钻钻出定心坑，或用立铣刀铣出一个平面，再钻孔。

（4）钻孔时，操作者的身体不得离主轴太近，以免头发或衣服被钻头卷入。不得戴手套或手中拿棉纱等物进行操作。

（5）切屑应用毛刷清理，不得用手抹或用嘴吹。

## 3. 钻孔的质量分析

钻孔时，产生的质量问题及其原因如下：

（1）孔径扩大。产生的原因为两条主切削刃长度、切削角度不相等；钻头轴线与钻床主轴轴线不重合。

（2）孔壁粗糙。产生的原因为钻头已磨损或后角过大；进给量过大；断屑不良，排屑不畅；切削液选择不当。

（3）轴线歪斜。产生的原因为钻头轴线与加工面不垂直；钻头刃磨不当，钻削时轴线歪斜；进给量过大；钻头弯曲。

（4）轴线偏移。产生的原因为工件划线不正确；钻头轴线未对准孔的轴线；工件未夹紧；钻头横刃太长，定心不准。

（5）钻头折断。产生的原因为孔将被钻穿时，未及时减小进给量；切屑堵塞未及时排出；钻头磨损严重仍继续切削；钻头轴线歪斜，钻头弯曲。

（6）钻头磨损加剧。产生的原因为切削用量过大；钻头刃磨不当，后角过大；工件有硬质点；未加注切削液。

## 4. 其他孔加工方法

### 1）扩孔

扩孔可作为质量要求不高的孔的最终加工方法或作为铰孔等精加工前的预加工方法。常用的扩孔方法有用麻花钻扩孔和用扩孔钻扩孔。

（1）用麻花钻扩孔。当孔径较大时，可先用小钻头（直径为孔径的 0.5～0.7 倍）预钻孔，然后再用与工件孔径尺寸相对应的大钻头扩孔。此时，由于大钻头的横刃不参与切削工作，可使轴向力减小，同时，主切削刃靠近麻花钻棱边外缘处的前角较大，切削轻快，切削力小，钻头比较容易钻入工件，因此，能够较大幅度地提高生产效率。

（2）用扩孔钻扩孔。由于用扩孔钻扩孔时的加工余量小（0.5～4mm），背吃刀量小，扩孔钻的导向作用好、刚性好，不易产生变形和颤动，因此，扩孔的加工质量优于钻孔。

2) 铰孔

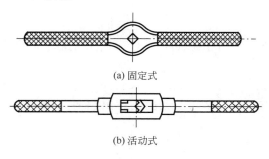

图 10.13 铰杠

手铰时，先将手用铰刀垂直插入工件孔内，用铰杠的方孔套于铰刀的方头上，双手均施力，轻压铰杠并按照顺时针方向转动进行铰孔。铰杠有固定式和活动式两种，如图10.13所示。对于活动式铰杠，转动其活动手柄可以调节夹持孔的大小，以便于夹持不同尺寸规格的铰刀。在机床上铰孔时，机用铰刀的装夹方法与钻头的装夹方法相同。铰削时，应采用较低的切削速度。

铰孔操作时，应注意以下事项：

(1) 合理选择切削用量。铰削余量应选择合适。铰削余量过大会使孔的表面粗糙度值增大，铰刀易于磨损，刀具耐用度降低，同时，使铰削次数增加，生产效率降低；铰削余量过小，不能纠正上一道工序留下的加工误差，无法达到铰孔的质量要求。一般粗铰时的加工余量为 0.15～0.5mm，精铰时的加工余量为 0.05～0.25mm。切削速度和进给量也应合理选择，否则，也将会影响孔的加工质量、刀具耐用度和生产效率。

(2) 铰削过程中，铰刀绝对不能反转，否则，切屑会嵌于铰刀与孔壁之间，划伤孔壁或使切削刃崩裂。

(3) 手铰时，双手应均匀用力，应经常变换铰刀的停留位置，以利于消除铰刀在同一处停留产生的刻痕；机铰时，应在铰刀退出孔后再停车，否则，孔壁会留下拉毛痕迹。铰通孔时，铰刀的校准部分不得全部露出孔外，以免将孔的下端划伤。

(4) 铰削钢件时，应经常清除切削刃外缘处的切屑，并加注切削液进行润滑和冷却，以利于提高被加工孔的表面质量。

3) 锪孔

锪孔主要用于对工件上已有的孔口形面进行加工。锪孔操作时，应注意以下事项：

(1) 锪钻的刀杆和刀片装夹应牢固，工件夹持应稳定。

(2) 锪钢件时，应在切削表面和导柱处加注切削液。

(3) 锪孔切削速度一般为钻孔的 1/3～1/2，进给量为钻孔的 2～3 倍。

(4) 手动进给压力应均匀，且不宜过大。

### 10.1.5 镗削加工

对于直径较大的孔、内成形表面或孔内环形凹槽等，前面介绍的方法无法进行加工，需要采用镗削加工才能完成。镗孔的加工精度可达 IT7，表面粗糙度可达 $Ra2.5\sim1.25\mu m$，有时加工精度甚至可达 IT6，表面粗糙度可达 $Ra0.63\mu m$。

镗床有卧式镗床、立式镗床、坐标镗床和金刚镗床等多种类型，常用于加工直径较大、精度较高的孔，尤其适用于孔的中心距相互位置精度、孔的中心至基面的尺寸和相互位置精度均有严格要求的孔系(如变速箱的轴承孔)等的加工。下面以卧式镗床为例进行介绍。

1. 镗床的结构及运动

卧式镗床由床身、前立柱、主轴箱、工作台和后立柱等部分组成，其外形如图 10.14

所示。前立柱安装于床身的右端，在其垂直导轨上安装有可沿该垂直导轨上、下移动的主轴箱。主轴箱的后部固定有后尾筒，其内部安装有主轴的轴向进给机构。刀具可以装夹于主轴前端锥孔内，或装夹于平旋盘及径向刀具溜板上。镗削时，主轴既可作旋转主运动，也可作轴向进给运动；平旋盘只作旋转主运动；安装于平旋盘导轨上的径向刀具溜板，除了随平放盘一起旋转之外，还可作径向进给运动。安装于后立柱垂直导轨上的后支承架用于支承长度较长镗杆的悬伸端，以增加镗杆的刚性。后支承架可沿后立柱上的垂直导轨与主轴箱同步升降，以保持后支承架的支承孔与镗杆在同一轴线上。根据镗杆长度，后立柱可沿床身水平导轨移动，以便于调整位置。工作台安装于上滑座上，并可在上滑座的环形导轨上绕垂直轴线转动位置，以便于在一次安装中完成对工件上相互平行或成一定角度的孔或平面的加工。上滑座可沿下滑座的顶面导轨作横向移动。下滑座连同工作台一起可在床身的水平导轨上作纵向移动。

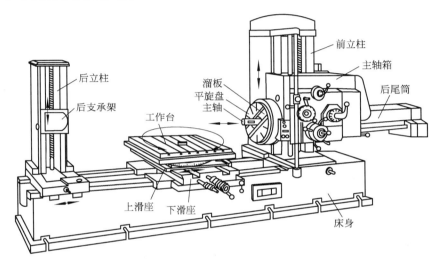

图 10.14  卧式镗床

在卧式镗床上镗孔，其坐标位置由垂直移动主轴箱和横向移动工作台来确定。机床上有测量主轴箱（主轴）和工作台（工件）位移量的测量装置，以便于实现刀具与工件的精确定位。

2. 镗刀

镗刀是在车床、镗床、自动机床以及组合机床上使用的孔加工刀具。镗刀种类很多，按照切削刃数量可分为单刃镗刀和双刃镗刀。

（1）单刃镗刀实际上是一把内圆车刀，如图 10.15 所示。用单刃镗刀镗孔时，孔的尺寸由操作者保证。由于同时参与切削的切削刃少，切削效率较低，同时，对操作者的技术水平要求高。在镗刀刀杆上可以设置调整螺钉，以调节镗刀刀头的伸出长度，从而调节镗孔半径 $R$。

（2）双刃镗刀有固定式和浮动式两种。如图 10.16 所示为装配式浮动镗刀。镗孔时，浮动镗刀装入镗杆刀体的方孔内，无需夹紧，通过作用于两对称切削刃上的切削力来自动平衡其切削位置，可自动补偿由刀具安装误差、机床主轴偏差造成的加工误差，获得较高的加工精度。刀片安装于刀体内，其伸出尺寸由调节螺钉和斜面垫板调整，刀片由夹紧螺钉夹紧。

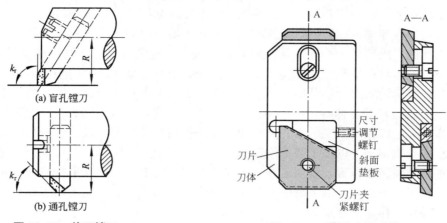

图 10.15　单刃镗刀　　　　　图 10.16　装配式浮动镗刀

3. 镗削的典型加工范围

卧式镗床的工艺范围很广，可以进行同轴孔系、垂直孔系、平行孔系的加工，以及钻孔、扩孔、铰孔、车螺纹和铣端面等其他加工。

1) 同轴孔系的镗削

镗削短同轴孔系时，将较短的镗杆插入主轴锥孔内，镗杆带动镗刀作旋转主运动，主轴带动镗杆或工作台以带动工件作轴向进给运动，如图 10.17(a) 所示。镗削轴向距离较大的同轴孔时，用主轴锥孔和后支承架支承镗杆进行加工，镗杆带动镗刀作旋转主运动，工作台带动工件作轴向进给运动，如图 10.17(b) 所示。此外，还可以用回转工作台法镗削同轴孔系，先镗削工件一端的孔后，将工作台转动 180°，再镗削另一端的孔，如图 10.17(c) 所示。由于镗床回转工作台的定位精度较高，因此，工件两端孔的同轴度要求可以得到保证。

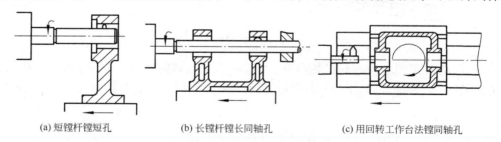

图 10.17　同轴孔系的镗削方法

2) 垂直孔系的镗削

镗削垂直孔系时，可以先镗削工件的一个孔或一组孔，然后将工作台转动 90°，再镗削工件的另一个孔或一组孔，利用回转工作台的定位精度来保证垂直孔系的垂直度要求。

3) 平行孔系的镗削

镗削平行孔系时，应按照划线找正加工，即先在工件上划出孔位线，使孔中心线与主轴轴线重合，然后进行镗削。镗削一个孔后，调整工作台，再按照划线镗削另一个孔。在成批、大量生产中，使用镗模或钻模加工，更容易保证加工质量和提高生产效率。

4) 其他加工内容

在镗床上也可完成钻孔、扩孔、铰孔、车螺纹和铣平面等其他加工，如图 10.18 所示。

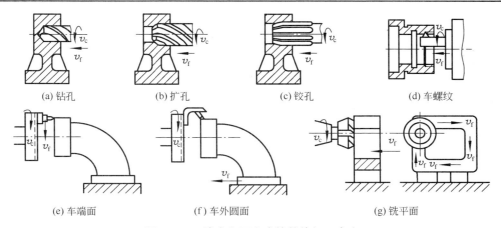

(a) 钻孔　　(b) 扩孔　　(c) 铰孔　　(d) 车螺纹

(e) 车端面　　(f) 车外圆面　　(g) 铣平面

图 10.18　镗床上可完成的其他加工内容

由于卧式铣镗床结构复杂，价格较贵，主要适用于单件小批量生产和工装设备制造车间及修理车间。在大批大量生产中，加工箱体类零件宜采用组合机床和专用机床。组合机床和专用机床，可使用多刀同时加工，且自动化程度高，其生产效率高于卧式镗床。

## 10.2　磨削加工

在磨床上利用磨具对工件进行切削加工的方法称为磨削。磨削是工件精加工的主要方法之一，其加工精度可达 IT6～IT5，表面粗糙度可达 $Ra0.8$～$0.1\mu m$，高精度磨削时，加工精度可小于 IT5，表面粗糙度可小于 $Ra0.05\mu m$。

磨削时，可以采用砂轮、砂带和油石等作为磨具，最常用的磨具是由磨料和结合剂制成的砂轮。磨削加工的应用广泛，选择不同类型的磨床可分别磨削外圆、内圆、平面、沟槽、成形面（如齿形表面和螺纹等）以及刃磨各种刀具。此外，磨削还可用于工件毛坯的预加工和清理等粗加工工作。磨削的典型加工范围如图 10.19 所示。

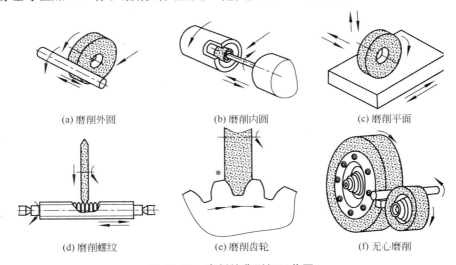

(a) 磨削外圆　　(b) 磨削内圆　　(c) 磨削平面

(d) 磨削螺纹　　(e) 磨削齿轮　　(f) 无心磨削

图 10.19　磨削的典型加工范围

### 10.2.1 磨床

磨床按照用途不同可以分为外圆磨床、内圆磨床、平面磨床、无心磨床、工具磨床及其他专用磨床等多种类型，应用最为广泛的是外圆磨床和平面磨床。

#### 1. 外圆磨床

外圆磨床分为万能外圆磨床和普通外圆磨床。

M1432A 型万能外圆磨床主要由床身、砂轮架、头架、尾座、工作台和内圆磨头等部分组成，其外形如图 10.20 所示。在型号 M1432A 中，M 为磨床的类别代号，14 为磨床的组别和系列代号（外圆磨床组，万能外圆磨床系），32 为主参数代号，表示最大磨削直径的 1/10，即最大磨削直径为 320mm，A 表示重大改进顺序号，即经过第一次重大改进。

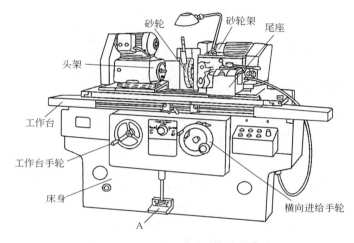

**图 10.20　M1432A 型万能外圆磨床**

（1）床身。床身用于支承和连接各主要部件，上部安装有工作台和滑鞍，内部安装有液压传动系统。床身上的轴向导轨用于工作台的移动，径向导轨用于砂轮架（装在滑鞍上）的移动。

（2）砂轮架。砂轮架用于装夹砂轮，由单独的电动机驱动，通过皮带传动使砂轮高速旋转。砂轮架可随滑鞍在床身后部的导轨上作相对于机床床身的径向运动，其运动方式有自动间歇进给、手动进给、快速趋近工件和退出。在磨削短圆锥面时，砂轮架可绕滑鞍上的定心圆柱转动一定角度（±30°）。

（3）头架。头架上安装有主轴，主轴端部可以安装顶尖、拨盘或卡盘，以便于装夹工件。主轴由单独的电动机通过皮带传动变速机构，使工件获得不同的转动速度。头架可在水平面内沿逆时针方向转动一定角度（0°～90°）。

（4）尾座。尾座的套筒内安装有顶尖，用于支承工件的另一端。尾座在工作台上的位置，可根据工件长度的不同进行调整。尾座可在工作台上纵向移动。尾座套筒可以由手动或液动退回，以便于装卸工件。液动退回通过脚踩脚踏板 A 来实现。

（5）工作台。工作台的台面上安装有头架和尾座，由液压传动，沿床身的轴向导轨作平行于砂轮轴线方向上的往复直线运动，以实现工件的轴向进给。在工作台前侧面的 T 形槽内，安装有两个行程挡块，以便于操纵工作台实现自动换向。工作台的运动也可手动实现。工作台分上、下两层,上层可在水平面内绕下层的心轴偏转一个不大的角度(±8°),用于磨削长圆锥面。

（6）内圆磨头。内圆磨头用于磨削内圆,在其主轴上可装夹内圆磨削砂轮,由另一个电动机驱动。内圆磨头绕其支架翻转,使用时翻下,不用时翻向砂轮架上方。

万能外圆磨床主要适用于磨削内外圆柱面、圆锥面和轴、孔的台阶端面。

普通外圆磨床与万能外圆磨床的主要区别在于没有内圆磨头,头架和砂轮架不能在水平面内转动一定角度,其余结构与万能外圆磨床基本相同。在普通外圆磨床上,可以磨削工件的外圆柱面及锥度不大的外圆锥面。

2. 内圆磨床

内圆磨床主要适用于磨削内圆,某些内圆磨床还附有磨削端面的磨头。内圆磨床的主要类型有普通内圆磨床、行星式内圆磨床、无心内圆磨床和专门用途的内圆磨床等。

M2110普通内圆磨床主要由床身、工作台、头架、砂轮架和砂轮修整器等部分组成,其外形如图10.21所示。在型号M2110中,21为内圆磨床的组别和系列代号,10为主参数代号,表示最大磨削直径的1/10,即最大磨削直径为100mm。在磨削锥孔时,头架可以在水平面内按照逆时针方向转动一定角度(0°～90°)。内圆磨床的磨削运动与外圆磨床相同。

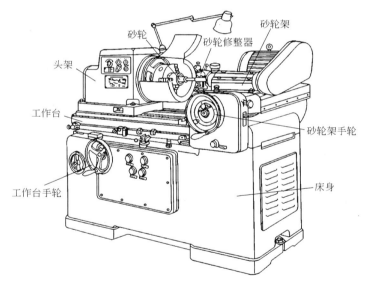

图10.21　M2110内圆磨床

3. 平面磨床

平面磨床主要适用于磨削工件上的平面,其主轴有水平布置和竖直布置两种,工作台有矩形和圆形两种,相应地平面磨床分为卧轴矩台平面磨床、立轴矩台平面磨床、卧轴圆台平面磨床和立轴圆台平面磨床等四种类型。应用较为广泛的是卧轴矩台平面磨床和立轴圆台平面磨床。

M7120A型平面磨床由床身、工作台、立柱、砂轮架和砂轮修整器等部分组成,其外形如图10.22所示。在型号M7120A中,71为卧轴矩台平面磨床的组别和系列代号,20

为主参数代号，表示工作台台面宽度的 1/10，即工作台台面宽度为 200mm。磨平面时，工作台由液压传动作往复直线运动，也可以用手轮操作。工作台上安装有电磁吸盘或其他夹具，以便于装夹工件。

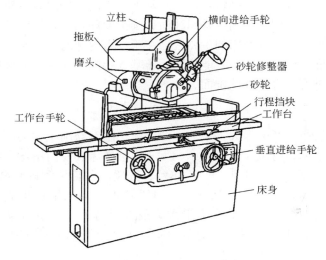

图 10.22　M7120A 平面磨床

## 10.2.2　砂轮

砂轮是一种具有很多气孔(空隙)、并用磨粒进行切削加工的特殊刀具，一般用结合剂将磨粒粘结在一起，经压坯、干燥、焙烧及车整而制成。砂轮由磨粒、结合剂和气孔组成，如图 10.23 所示，磨粒为砂轮的切削刃，起切削作用；结合剂使各磨粒位置固定，起支承和粘接磨粒的作用；气孔有助于排出切屑。磨粒有一定的刃端半径 $\rho$，多数磨粒在粒端负前角下切削（$\gamma_f$ 为侧前角）。砂轮的高速旋转使其外缘表面锋利的磨粒高速切入工件表面被切削层材料，从而切下粉末状切屑，因此，磨削加工过程实质上是一个多刀、多刃、高速切削的过程。

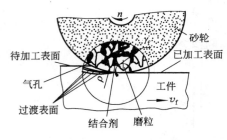

图 10.23　砂轮的组成

1. 砂轮特性

砂轮的特性包括磨料、粒度、硬度、组织号和结合剂等。

根据 GB/T 2476—94《普通磨料代号》，普通磨料有刚玉(氧化铝)和碳化物两种系别。砂轮常用的磨料包括棕刚玉、白刚玉、单晶刚玉、微晶刚玉、铬刚玉、锆刚玉、黑刚玉、黑碳化硅、绿碳化硅、立方碳化硅和碳化硼等，其代号分别为 A、WA、SA、MA、PA、ZA、BA、C、GC、SC 和 BC 等。碳化硅磨料比刚玉磨料坚硬，但抗弯强度比刚玉磨料差很多，因此，磨削铸铁等硬脆材料时，应选用碳化硅磨料的砂轮；磨削碳钢等强度较高的材料时，应选用刚玉磨料的砂轮。

磨料粒度表示磨料颗粒的尺寸大小。根据 GB 2481.1—1998《固结磨具用磨料　粒度组成的检测和标记　第 1 部分：粗磨粒 F4～F220》和 GB 2481.2—1998《固结磨具

用磨料　粒度组成的检测和标记　第2部分：微粉F230～F1200》，磨料粒度按颗粒尺寸由大到小分为37个号，分别为F4、F5、F6、F7、F8、F10、F12、……、F180、F220、F230、……、F1000、和F1200。其中F4～F220共26个粒度号属于粗磨粒，用筛分法检测粗磨粒粒度号大小，并用棕刚玉标准砂对筛分值进行校正；F230～F1200共11个粒度号属于微粉，用沉降法(沉降管法或光电沉降仪法)检测微粉粒度号大小。粒度号数越大，颗粒尺寸越小。磨料粒度直接影响磨削效率和磨削质量。粗磨时，磨削用量大，应选用颗粒较粗的砂轮；精磨时，为了减小工件已加工表面的表面粗糙度值以及保持砂轮轮廓精度，应选用颗粒较细的砂轮；磨削硬度较低及韧性较大的材料时，为了避免砂轮堵塞，应选用颗粒较粗的砂轮。

砂轮结合剂的作用是将磨粒粘合起来，使其具有一定的强度、硬度、气孔、耐腐蚀和防潮湿等性能。根据GB/T 2484—2006《固结磨具　一般要求》和GB/T 2485—2008《固结磨具　技术条件》，普通砂轮的结合剂包括陶瓷结合剂、橡胶结合剂、增强橡胶结合剂、树脂或其他热固性有机结合剂、纤维增强树脂结合剂、菱苦土结合剂和塑料结合剂7种类型，代号分别为V、R、RF、B、BF、Mg和PL。其中，陶瓷结合剂的适用范围最广，可以制成除了薄片砂轮以外的各种砂轮；菱苦土结合剂由氧化镁和氯化镁两种材料组成，主要用于细粒度磨料砂轮对工件进行精细磨削加工。

砂轮硬度是指砂轮上的磨粒受力后自砂轮表层脱落的难易程度，它表示了磨粒与结合剂的粘结牢固程度。硬度高的砂轮其磨粒难以由砂轮表层脱落。普通砂轮的硬度按照从软到硬分为A、B、C、D、E、F、G、H、J、K、L、M、N、P、Q、R、S、T和Y共19级，采用喷砂硬度机或洛氏硬度计检测。该检测方法适用于粒度号为F36～F1200陶瓷结合剂和树脂结合剂砂轮硬度的检测。工件材料硬度越硬，选用的砂轮越软。粗磨时，应选用软砂轮；精磨时，应选用硬砂轮。砂轮硬度与工件材料硬度概念不同，后者指工件材料抵抗比它更硬的物体压入其中的能力。

砂轮的组织按照磨粒率的不同来划分。磨粒率是指磨粒在磨具中占有的体积百分数。砂轮组织号按照磨粒率从大到小的顺序为0、1、2、3、……、14。砂轮的组织表示了砂轮结构的紧密或疏松程度，组织号越大，砂轮结构越疏松。粗磨时，应选用结构较疏松的砂轮；精磨时，应选用结构较紧密的砂轮。一般选用的砂轮的组织号为7～9。

2. 砂轮形状和尺寸

通用砂轮的形状代号和尺寸标记见表10-1的规定(只列出了其中一部分)。平形砂轮的圆周可以有各种型面，其中一些型面是标准化的，并由紧跟砂轮型号数字后面的字母来表示，圆周型面代号有B、C、D、……、N、P和Q等15种，一般U为3.2mm，除非订货单另有规定。▼表示砂轮磨削面的符号。

表10-1　通用砂轮的尺寸和表征

| 代号 | 名称 | 横截面图 | 形状尺寸标记 | 主要用途 |
| --- | --- | --- | --- | --- |
| 1 | 平形砂轮 |  | 1—圆周型面<br>—$D \times T \times H$ | 磨削外圆、内圆、无心磨削和刃磨刀具等 |

(续)

| 代号 | 名称 | 横截面图 | 形状尺寸标记 | 主要用途 |
|---|---|---|---|---|
| 2 | 筒形砂轮 | 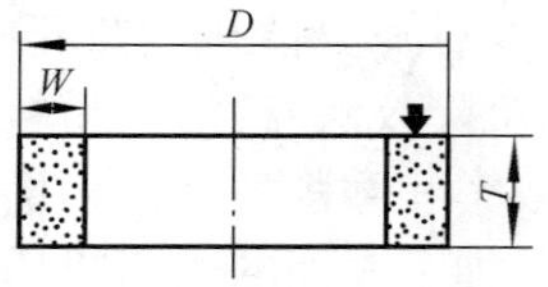 | $2-D \times T \times W$ | 磨削端面 |
| 3 | 单斜边砂轮 | 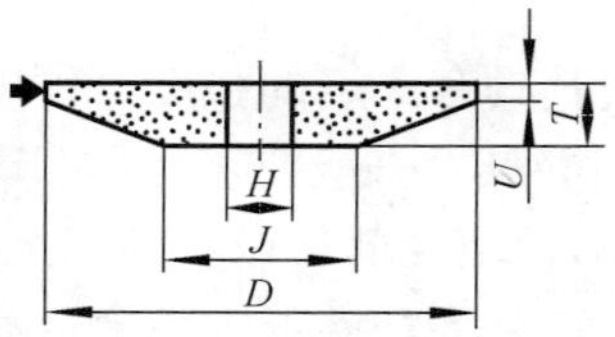 | $3-D/J \times T \times H$ | 磨削齿轮 |
| 4 | 双斜边砂轮 | 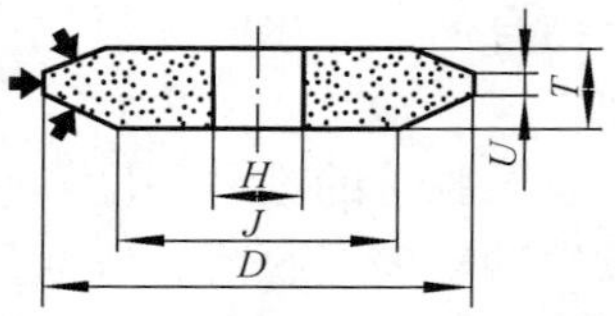 | $4-D \times T \times H$ | 磨削齿轮、螺纹 |
| 5 | 单面凹砂轮 | 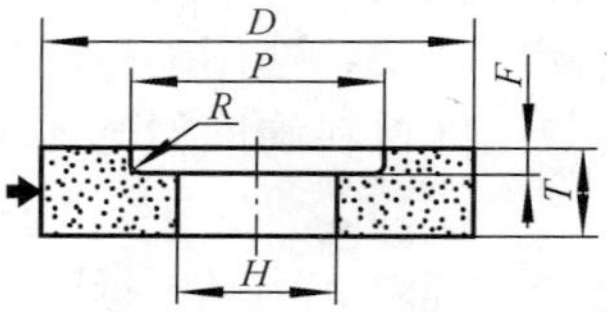 | 5—圆周型面 $D \times T \times H - P \times F$ | 磨削外圆、平面和内圆等 |
| 6 | 杯形砂轮 | 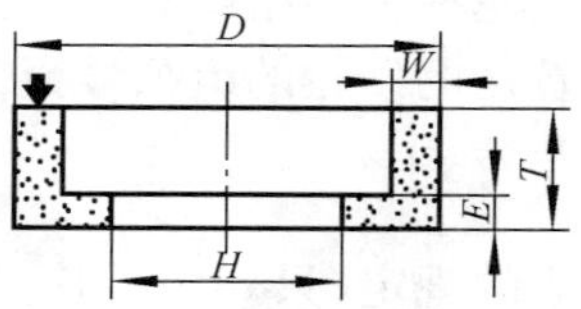 | $6-D \times T \times H - W \times E$ | 利用端面刃磨刀具，圆周磨削平面和内圆等 |
| 7 | 双面凹一号砂轮 | 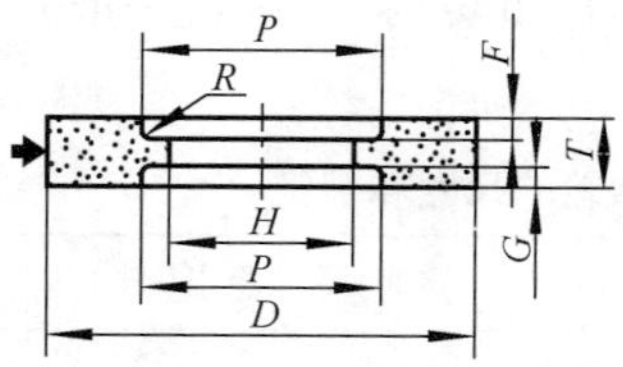 | 7—圆周型面 $D \times T \times H - P \times F/G$ | 磨削外圆、无心磨削和刃磨刀具等 |

3. 砂轮的标记

砂轮的特性代号一般标注于砂轮的端面上，用于表示砂轮的磨料、粒度、结合剂、硬度、组织以及形状尺寸和最高工作速度。例如，外径为 300mm、厚度为 50mm、孔径为 76.2mm、棕刚玉、粒度号为 F60、硬度为 L、5 号组织、陶瓷结合剂、最高工作速度为 35m/s 的平形砂轮的标记为

砂轮 GB/T 4127 1N—300×50×76.2—51 A/F60 L5 V36—35m/s

其中，N 为圆周型面代号，51 为磨料牌号，36 为结合剂牌号。

## 10.2.3 砂轮和工件的装夹

**1. 砂轮的装夹**

砂轮因在高速下工作，安装前必须经过外观检查，不得有裂纹，并需要进行平衡试验。

一般大尺寸砂轮用带有台阶的法兰盘装夹；中等尺寸砂轮用法兰盘直接装夹于主轴上；小尺寸砂轮用螺母紧固于主轴上；更小尺寸砂轮可直接粘固于主轴上。

砂轮工作一段时间以后，磨料逐渐被磨钝，砂轮工作表面的空隙被堵塞，这时需要对砂轮进行修整，去除已磨钝的磨粒，以利于恢复砂轮的切削性能和形状精度。常用的修整工具为金刚石刀，修整时，应加注大量的水溶性切削液（主要起冷却作用），以免金刚石因温度剧升而破裂。

直径大于 125mm 的砂轮均应进行静平衡试验。试验时，将用法兰盘装夹于心轴上砂轮放置于平衡架导轨的刀口上，如果砂轮不平衡，较重的部分总是静止于平衡架轨道刀口的下面，此时，移动法兰盘端面环槽内的平衡块进行平衡，直至砂轮在刀口上任意位置都可以静止。

**2. 工件的装夹**

1) 外圆磨削的工件装夹

(1) 顶尖装夹。轴类零件常用顶尖装夹。装夹时，工件支承于两顶尖之间，如图 10.24 所示，与车削加工中所采用的方法基本相同。但磨床所用的顶尖都是固定顶尖（死顶尖），可以避免由于顶尖转动带来的误差，有利于提高加工精度，后顶尖靠弹簧推力压紧工件，这样可以自动控制松紧程度。

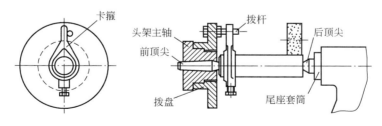

图 10.24 顶尖装夹

磨削前，工件的中心孔均应进行修研，以利于提高其几何形状精度和减小表面粗糙度值。修研的方法是用四棱硬质合金顶尖（见图 10.25）在车床或钻床上进行挤研，研亮即可。当中心孔较大、修研精度要求较高时，必须选用油石顶尖或铸铁顶尖作为前顶尖，普通顶尖作为后顶尖。修研时，头架旋转，工件不旋转（用手握住）。修研好一端再修研另一端，如图 10.26 所示。

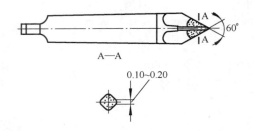
图 10.25　四棱硬质合金顶尖

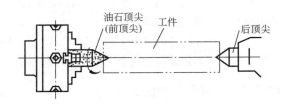
图 10.26　用油石顶尖修研中心孔

(2) 卡盘装夹。卡盘有三爪卡盘、四爪卡盘和花盘等三种，与车削加工中所采用的方法基本相同。无中心孔的圆柱形工件大多采用三爪卡盘装夹，不对称工件采用四爪卡盘装夹，形状不规则的工件采用花盘装夹。

(3) 心轴装夹。盘套类空心工件一般以内圆作为定位基准磨削外圆，采用心轴装夹。常用的心轴种类与车削加工中所使用的相同。心轴必须与卡箍、拨盘等传动装置配合使用，装夹方法与顶尖装夹相同。

2) 内圆磨削的工件装夹

内圆磨削时，工件一般以外圆和端面作为定位基准，常采用三爪卡盘、四爪卡盘、花盘及弯板等夹具装夹工件。其中，最常用的是用四爪卡盘通过找正的方法装夹工件。

3) 平面磨削的工件装夹

平面磨削时，一般以一个平面为基准磨削另一个平面。如果两个平面都需要磨削且要求平行时，则应互为基准，反复磨削。

磨削中、小型工件的平面时，常采用电磁吸盘工作台夹持(吸附)工件。电磁吸盘工作台的工作原理如图 10.27 所示。在钢制吸盘体的中部凸起芯体 A 上缠绕有线圈，钢制盖板被绝缘层分隔成一些小块。当线圈中通过直流电时，芯体 A 被磁化，磁力线由芯体 A 经过盖板→工件→盖板→吸盘体→芯体 A 而闭合(图中虚线表示)，将工件吸附住。绝磁层由铅、铜或巴氏合金等非磁性材料制成，其作用是使绝大部分磁力线能够通过工件再返回到吸盘体，而不能直接通过盖板返回，以保证工件被牢固地吸附于工作台上。

当磨削键、垫圈和薄壁套等小尺寸薄壁工件时，由于工件与工作台接触面积小，吸力较弱，容易被磨削力弹出去而造成安全事故。因此，装夹此类工件时，必须在工件四周或左、右两端用挡铁围住，以免工件移动，如图 10.28 所示。

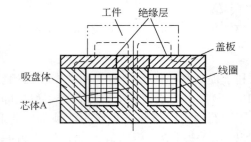
图 10.27　电磁吸盘工作台的工作原理

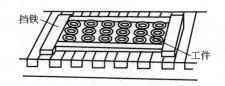
图 10.28　用挡铁围住工件

### 10.2.4 磨削方式

**1. 外圆磨削**

1) 磨削运动与磨削用量

在外圆磨床上磨削外圆时,砂轮的旋转运动为主运动;工件绕其轴线的旋转运动为圆周进给运动;工作台在平行于砂轮轴线方向上的往复直线运动为轴向进给运动;砂轮在与其轴线的垂直方向上切入工件的运动为径向进给运动,如图 10.19(a)所示。径向进给运动在磨削过程轴向进给运动行程中一般不进给,而是在行程终了时周期性地进给。

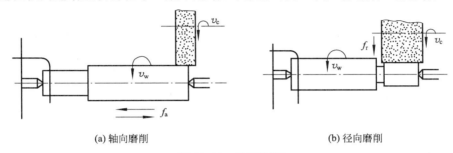

(a) 轴向磨削      (b) 径向磨削

图 10.29 外圆磨削

外圆磨削时,其磨削用量选择如下:

(1) 切削速度 $v_c$。与主运动有关的磨削用量包括切削速度 $v_c$ 和砂轮圆周速度 $v_s$。切削速度是指在磨削加工表面选定点处砂轮的切向速度(m/s);砂轮圆周速度是指在砂轮圆周上最大直径处砂轮的切向速度(m/s)。外圆磨削时,$v_s=(30\sim50)$m/s。

(2) 工件圆周速度 $v_w$。是指工件圆周上选定点相对于工作台的瞬时速度(mm/s)。外圆磨削时,$v_w=(216\sim433)$mm/s,粗磨时,应取大值,精磨时,应取小值。

(3) 工作台轴向进给量 $f_a$。是指工件每转动一周,工作台沿轴向进给方向相对于床身的位移量(mm/r)。

(4) 工作台(砂轮)径向进给量 $f_r$。是指工件每转动一周,工作台(砂轮)沿径向进给方向相对于床身的位移量(mm/r)。

2) 磨削方式

外圆磨削有轴向磨削、径向磨削和切向磨削等三种磨削方式。轴向磨削时,机床工作台主进给运动方向应平行于砂轮轴线;径向磨削时,在磨削基点处工作台主进给运动方向应沿砂轮径向;切向磨削时,在磨削基点处工作台主进给运动方向应平行于砂轮圆周速度方向。其中,以轴向磨削方式应用最为广泛。

(1) 轴向磨削。如图 10.29(a)所示,磨削时,工件回转(圆周进给),并与工作台一起做往复直线运动(轴向进给),当每一纵向行程或往复行程终了时,砂轮作径向进给,径向进给量很小。当工件加工到接近最终尺寸时(留有 0.005~0.01mm 余量),进行几次无径向进给的轴向磨削,直至火花消失。轴向磨削的特点是可用同一砂轮磨削长度不同的各种工件,且加工质量好,但磨削效率低。目前,在生产中应用较广,尤其是在单件小批量生产中以及精磨时,多采用这种磨削方式。

(2) 径向磨削。如图 10.29(b)所示,磨削时,工件无轴向进给运动,砂轮以缓慢的速度连续地或断续地向工件作径向进给运动,直至磨去全部余量。径向磨削的特点是磨削效率高，但加工精度较低，表面粗糙度值较大。在大批大量生产中，尤其是加工一些短外圆表面及两侧有台阶的轴颈时，多采用这种磨削方式。

2. 内圆磨削

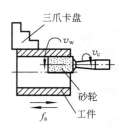

图 10.30　内圆磨削

内圆磨削的方法与外圆磨削基本相同，也有轴向磨削、径向磨削和切向磨削等磨削方式，但砂轮的旋转方向与外圆磨削时相反。轴向磨削时的磨削运动与磨削用量如图 10.30 所示。

与外圆磨削相比，内圆磨削具有以下特点：

（1）磨削效率较低。由于砂轮直径受工件内圆孔径的限制，一般较小，同时，砂轮轴直径较小，悬伸长度较大，刚性很差，磨削用量不高，因此，磨削效率较低。（2）加工质量较低。由于砂轮直径较小，砂轮圆周速度较低，而且冷却排屑条件不好，因此，工件加工精度较低，表面粗糙度值较大。因此，内圆磨削时，为了提高生产效率和加工精度，砂轮和砂轮轴应尽量选用较大直径，砂轮轴悬伸长度应尽量小。

成批生产中常用铰孔、大批大量生产中常用拉孔作为孔的精加工方法。由于内圆磨削时不需成套刀具，在单件小批量生产中应用较多，尤其是对于淬硬工件，内圆磨削仍是孔精加工的主要方法。

3. 平面磨削

按照磨削时砂轮工作表面的不同，平面磨削有周边磨削和端面磨削两种磨削方式，如图 10.31 所示。其中，周边磨削是利用砂轮圆周进行磨削；端面磨削是利用砂轮端面进行磨削，该端面与砂轮的轴线垂直或轻微斜交很小角度。

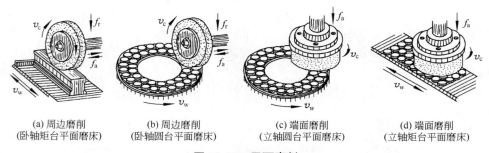

(a) 周边磨削　　　　(b) 周边磨削　　　　(c) 端面磨削　　　　(d) 端面磨削
(卧轴矩台平面磨床)　(卧轴圆台平面磨床)　(立轴圆台平面磨床)　(立轴矩台平面磨床)

图 10.31　平面磨削

（1）周边磨削。砂轮与工件实际磨削接触面小，排屑和冷却条件好，磨削热传入工件的比例较小，尤其是磨削易翘曲变形的薄片工件时，能获得较高的加工精度及表面质量，但砂轮轴悬伸长度较大，刚性差，不宜采用较大的磨削用量，磨削效率较低，一般适用于精磨。

（2）端面磨削。砂轮轴悬伸长度较小，而且主要承受轴向力，刚性好，磨削时可以采用较大的磨削用量，同时，砂轮与工件实际磨削接触面大，磨削效率高。但排屑和冷却条件差，磨削热传入工件的比例较大，加工精度及表面质量比周边磨削差，一般适用于粗磨。

### 10.2.5　其他磨削加工方法

1. 无心磨削

无心磨削一般在无心磨床上进行，主要适用于磨削工件的外圆。磨削时，工件不用顶尖定心和支承，而是放置于磨削轮与导轮之间，由其下方的托板支承，并由导轮带动旋转。无心外圆磨床有贯穿磨削(轴向磨削)和径向磨削两种方式。贯穿磨削时，导轮轴线与磨削轮轴线调整成斜交 1°～4°，工件一边旋转一边自动作轴向进给运动，如图 10.32 所示。贯穿磨削只能用于磨削外圆。径向磨削时，必须将导轮轴线与磨削轮轴线调整成斜交很小角度(约 30′)，工件受到的微小轴向力使其靠住挡块，得到可靠的轴向定位，磨削轮相对于工件作连续径向进给运动。径向磨削可加工回转形台阶面和成形面等。无心外圆磨削的加工精度可达 IT6～IT5，表面粗糙度可达 $Ra0.8$～$0.2\mu m$。

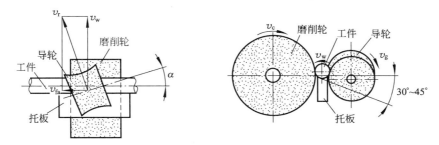

图 10.32　无心外圆磨削

无心磨削也可用于磨削内圆。磨削时，工件外圆由滚轮和支承块定心，并由偏心电磁吸力环带动工件旋转，砂轮伸入孔内进行磨削，此时，外圆作为定位基准，可保证内圆与外圆同心。无心内圆磨削一般适用于在轴承环专用磨床上磨削轴承环内沟道。

2. 砂带磨削

砂带磨削是一种古老而又新兴的磨削加工方法，很早以前人们就用砂纸抛光工件。随着现代工业的完善，砂带磨削的加工工艺和技术也得到不断改进和完善。砂带磨削的应用已遍及各个行业，远远超出了原来只适用于粗加工和抛光的范围。

砂带磨床由砂带、张紧轮、接触轮、支承轮或支承板(工作台)等部分组成，如图 10.33 所示。砂带安装于接触轮与张紧轮上，由其旋转运动实现主运动；工件放置于传送带上，并由传送带送至支承板上方磨削区，实现进给运动，经过砂带磨削区即完成加工任务。砂带磨床与一般磨床的主要区别在于是用砂带代替砂轮作为切削工具进行加工的。砂带磨削的加工精度可达 IT6～IT5，表面粗糙度可达 $Ra0.4$～$0.1\mu m$。

砂带是用粘结剂将一层磨料均匀地粘结于柔软的基体上而制成的。每一颗磨粒在高压静电场的作用下直立于基体上，并均匀地间隔排列，如图 10.34 所示。制造砂带的磨料多

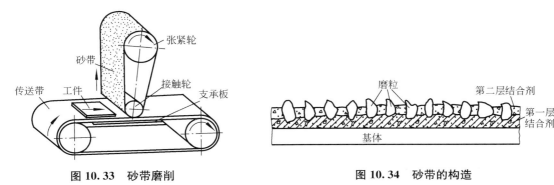

图 10.33　砂带磨削　　　　　　　　　　图 10.34　砂带的构造

为刚玉、碳化硅，也可采用金刚石及立方氮化硼等超高硬度磨料；基体材料为布或纸；粘结剂为动物胶或合成树脂胶。

## 10.3 齿形加工

齿轮齿形加工方法有无屑加工和切削加工两种。前者（如热轧、冷轧、精密锻造、精密铸造、冲压及粉末冶金等）具有生产效率高、材料消耗少和成本低等特点，但由于受工件材料塑性和加工质量不高的限制，其应用有很大的局限性。因此，对于加工精度和表面质量要求较高的齿轮齿形，目前，仍主要由切削加工方法获得。

### 10.3.1 概述

按照齿轮齿形（一般为渐开线齿形）成形原理的不同，齿轮齿形切削加工方法可以分为成形法和展成法两大类。

1. 成形法

成形法是利用与被加工齿轮齿槽形状相符的成形刀具切出齿形的方法，如铣齿、拉齿和成形法磨齿等。如图 10.35(a)和(b)所示分别为用盘状模数铣刀和指状模数铣刀加工直齿圆柱齿轮。当铣完一个齿槽后，齿坯应退回原位，通过分度装置使齿坯转动一定角度$\left(\dfrac{360°}{z}，z\text{为被加工齿轮齿数}\right)$，再铣削下一个齿槽，这样依次加工，直至铣削完所有齿槽。由于采用单齿分度，因此，生产效率低。实际生产中，通常用一把铣刀加工模数相同而齿数不同的齿轮，成形铣刀的形状与被加工齿轮理论齿形不完全相符，同时存在着成形铣刀齿形误差、分度误差和齿坯安装误差等多种误差，因此，加工精度较低，一般大于IT10。但成形法齿形加工方法简单，无需专用机床，一般适用于单件小批量生产和修理、装配等工作。

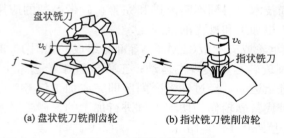

(a) 盘状铣刀铣削齿轮　　(b) 指状铣刀铣削齿轮

图 10.35　成形法铣削齿形

2. 展成法

展成法是根据齿轮啮合原理，利用齿轮刀具与被加工齿轮的相互啮合运动切出齿形的方法，如滚齿、插齿、剃齿和展成法磨齿等。与成形法相比，展成法齿形加工的优点是用同一把刀具可以加工模数相同而齿数不同的齿轮，加工精度和生产效率高。在齿形加工中，展成法应用最为广泛。

### 10.3.2 滚齿与插齿

1. 滚齿

滚齿是利用齿轮滚刀在滚齿机上进行齿形加工的方法。其齿形加工过程相当于一对斜齿轮副啮合滚动过程,将其中一个齿轮的齿数减少到一个或几个,轮齿的螺旋角很大,就变成了蜗杆,再将蜗杆开槽并铲背,就制成了齿轮滚刀。当滚齿机使滚刀和工件(齿坯)严格地按照一对斜齿圆柱齿轮的速比关系运动时,滚刀便在工件上连续不断地切出齿形表面,如图 10.36 所示。齿轮滚刀的旋转运动和工件的旋转运动组成复合的展成运动。

滚齿可以加工直齿圆柱齿轮和斜齿圆柱齿轮,也可以加工蜗轮及花键轴等;其他许多零件,如棘轮和链轮等,均可以由专用滚刀进行加工。滚齿精度一般可达 IT8~IT7,表面粗糙度可达 $Ra3.2 \sim 1.6 \mu m$。

2. 插齿

插齿是用插齿刀在插齿机上进行齿形加工的方法。如图 10.37 所示为插齿原理及加工时所需的运动。插齿刀的上、下往复运动为主运动;插齿刀的旋转运动和工件的旋转运动组成复合的展成运动;为了使插齿刀逐渐切至齿全深,避免打刀,插齿刀需具有径向进给运动;为了避免插齿刀回程时与工件表面摩擦,需要工作台(带动工件)的让刀运动。

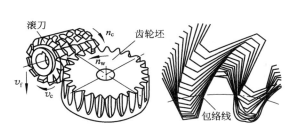

图 10.36　滚齿原理

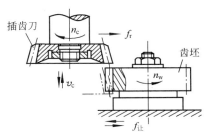

图 10.37　插齿原理

插齿主要适用于加工直齿圆柱齿轮,尤其是内齿轮、多联齿轮,也可用于加工斜齿轮、人字齿轮、齿条、齿扇及特殊齿形的轮齿。一般插齿精度可达 IT8~IT7,表面粗糙度可达 $Ra3.2 \sim 1.6 \mu m$。

### 10.3.3　剃齿、珩齿、磨齿

铣齿、滚齿和插齿只能获得一般精度的齿面,对于精度超过 IT7 或需淬硬的齿面,在铣齿、滚齿和插齿等预加工或热处理后还需要进行精加工。常用的齿形精加工方法有剃齿、珩齿和磨齿等。

1. 剃齿

剃齿是利用剃齿刀对齿轮或蜗轮未淬硬齿面(≤35HRC)进行齿形精加工的方法。剃齿刀与被剃齿轮相当于一对空间交叉轴斜齿轮啮合,其展成运动由剃齿刀齿面与被剃齿轮齿面的共轭关系形成,作无间隙自由啮合转动,在啮合点沿斜齿轮螺旋线切线方向产生相对滑移而进行切削加工。剃齿对齿距、齿向和齿形误差具有显著的校正能力,其加工精度主要取决于刀具,只要剃齿刀制造精度高,刃磨质量好,剃齿精度可达 IT7~IT6,表面粗糙度可达 $Ra0.8 \sim 0.2 \mu m$。

剃齿主要适用于加工中等模数、未淬硬齿面的直齿圆柱齿轮和斜齿圆柱齿轮,也可用于加工小锥度齿轮和鼓形齿齿轮。由于剃齿的生产效率极高，因此，广泛适用于大批大量生产中齿轮的精加工。

2. 珩齿

珩齿是利用珩磨轮对齿轮或蜗轮淬硬齿面（>35HRC）进行齿形精加工的方法。珩齿的加工原理与剃齿完全相同。珩磨轮由金刚砂和环氧树脂经浇注或热压而成，具有很高的齿形精度。金刚砂磨料的硬度极高，珩齿时珩磨轮的高速旋转能切除硬齿面上的薄层加工余量。珩齿过程具有磨、剃和抛光等几种精加工的综合作用。但是，由于加工余量很小（$\leqslant 0.08\mu m$），因此，珩齿对齿面齿形精度改善不大，主要用于降低热处理后的齿面表面粗糙度值。珩齿的表面粗糙度可达 $Ra0.8\sim 0.2\mu m$。

3. 磨齿

磨齿是利用砂轮对齿轮淬硬齿面进行齿形精加工的方法。按照成形原理和所需运动的不同，可分为成形法磨齿和展成法磨齿两类。

(1) 成形法磨齿时，砂轮齿廓与工件齿槽轮廓形状相同，加工精度取决于砂轮截面形状和分度精度，一般适用于磨削大模数齿轮。

(2) 展成法磨齿有连续磨削和单齿分度磨削两种。连续磨削的砂轮为蜗杆形砂轮（相当于滚刀）；加工时，砂轮高速旋转并与工件作展成运动，磨出渐开线。单齿分度磨削的砂轮可以是碟形砂轮、大平面砂轮和锥形砂轮等三种，应将砂轮的工作面修磨成锥面以构成假想齿条的齿面；加工时，砂轮的高速旋转为主运动，同时，沿工件轴向作往复进给运动；砂轮与工件之间由机床传动链保证具有严格的齿轮齿条啮合关系，当磨削完一个齿槽后，由机床分度装置自动分度，再磨削下一个齿槽，这样依次加工，直至磨完所有齿面。

磨齿精度可达 IT6~IT4，表面粗糙度可达 $Ra0.8\sim 0.2\mu m$。

磨齿是加工精度最高、生产效率最低的齿形精加工方法。只有在齿轮精度要求特别高，尤其是在淬火后齿形变形较大需要修整时才采用磨齿法加工。

# 10.4 拉 削 加 工

在拉床上利用拉刀来加工工件的切削加工方法称为拉削。拉削加工可以认为是刨削加工的进一步发展，利用多齿拉刀逐齿依次从工件上切除很薄的金属层，使工件获得较高的加工精度和较小的表面粗糙度值。一般拉削孔加工精度可达 IT8~IT6，表面粗糙度可达 $Ra0.8\sim 0.4\mu m$。加工时，如果将刀具所受拉力改为推力，则称为推削，所用刀具称为推刀。

## 10.4.1 拉削加工的工艺特点

(1) 生产效率高。由于拉刀是多齿刃刀具，加工时同时参与切削的齿刃数较多，同时参与切削的切削刃较长，拉刀在一次工作行程中能够完成粗加工、半精加工和精加工，大大缩短了基本工艺时间和辅助时间，因此，拉削加工具有很高的生产效率。如图 10.38 和图 10.39 所示分别为平面拉削和内圆拉削示意图。

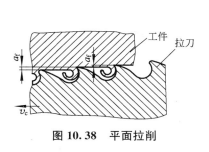
图 10.38　平面拉削

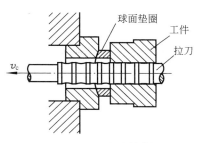
图 10.39　内圆拉削

(2) 加工精度高、表面粗糙度值小。内圆拉刀的结构如图 10.40 所示，由头部、颈部、过渡锥部、前导部、切削部、校准部、后导部和尾部等部分组成。其中，切削部由粗切齿、过渡齿和精切齿组成，承担全部切削工作，其齿刃之间具有一定的齿升量 $a_f$，其中，粗切齿的齿升量相等，其切除的余量占总拉削余量的 80% 左右；过渡齿的齿升量按照粗切齿的齿升量递减至精切齿的齿升量，为了减小切屑宽度，便于容屑，在齿刃顶端一般都开设有分屑槽。校准部是拉刀最后几个无齿升量和分屑槽的齿刃，起修光表面、校准尺寸的作用，并可作为切削部精切齿的后备齿刃。校准部的切削量很小，仅切除工件材料的弹性恢复量。此外，拉削加工时的切削速度 $v_c$ 很低，一般采用液压传动，切削过程平稳，无积屑瘤。因此，拉削加工可以获得很高的加工精度和很低的表面粗糙度值。

图 10.40　内圆拉刀的结构

(3) 拉床结构简单，易于操作。工件的被加工表面由拉刀的切削刃加工出来，拉削加工的主运动是拉刀的直线运动，进给运动由拉刀齿刃之间的齿升量实现，该齿升量同时也是各齿刃切削加工的背吃刀量。

(4) 拉刀成本高。由于拉刀为定尺寸刀具，具有复杂的结构和外形，其加工精度和表面质量要求较高，制造成本很高。并且一把拉刀只适用于加工一种尺寸规格的型孔或表面，因此，拉削加工主要适用于成批、大量生产。

(5) 拉刀的刀具耐用度高。由于拉削速度较低(<18m/min)，齿升量较小，在每次拉削过程中，每个齿刃只切削一次，实际切削时间短，刀具磨损缓慢，具有很高的刀具耐用度值。同时，拉刀磨钝后可以多次刃磨，因此拉刀的使用寿命长。

(6) 内圆拉削时，由于以被加工内圆自身作为定位基准，不能纠正内圆的位置误差。

(7) 拉削不能加工盲孔、锥孔、深孔、阶梯孔及有障碍的外表面。

## 10.4.2　拉削方式

拉削方式是指拉削过程中加工余量在各齿刃上的分配方式，它决定了每个齿刃切除的金属层的截面形状。拉削方式主要分为分层式拉削、分块式拉削、综合式拉削三种。拉削方式对拉刀结构形状、刀具耐用度、拉削表面质量和生产效率等具有很大的影响。

(1) 分层式拉削。拉刀的切削刃形状与被加工表面相同,由其一层层地切除加工余量,最后由拉刀切削部的最后一个齿刃和校准部齿刃切出工件的最终尺寸和表面。这种拉削方式可以获得较高的加工质量,但拉刀长度较长,生产效率较低。

(2) 分块式拉削。将加工余量分为若干层,每层金属不是由一个齿刃切除,而是由几个齿刃分段切除,每个齿刃切除该层金属中相互间隔的几块金属。切屑窄而厚,在相同拉削余量下所需齿刃总数较分层式拉削少,因此,拉刀长度大大缩短,生产效率也大大提高。这种方式也可以用来加工带有硬皮的铸件和锻件。但是分块式拉削的拉刀结构复杂,加工质量比分层式拉削差。

(3) 综合式拉削。集中了分层式拉削与分块式拉削的优点,拉刀切削部的粗切齿及过渡齿制成轮切式结构,分块拉削;精切齿采用分层式结构,分层拉削,最终完成对工件表面的加工。这种拉削方式既可缩短拉刀的长度,提高生产效率,又可获得较好的加工质量。

### 10.4.3 拉削的典型加工范围

虽然拉刀为定尺寸刀具,每把拉刀只适用于加工一种尺寸规格的型孔或表面,但不同的拉刀可以加工不同尺寸规格型孔和不同外形表面。拉削的工艺范围十分广泛,适用于加工各种通孔、平面和直线型成形表面,如圆孔、三角孔、方孔、六角孔、多边孔、键槽孔、内外花键、内外齿轮和燕尾槽等。拉削的典型加工范围如图10.41所示。

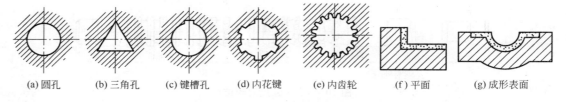

(a) 圆孔　(b) 三角孔　(c) 键槽孔　(d) 内花键　(e) 内齿轮　(f) 平面　(g) 成形表面

图 10.41　拉削的典型加工范围

## 小　结

钻削加工是利用刀具对工件的实体部位进行孔加工的方法,主要在钻床上进行。常用的钻床有台式钻床、立式钻床和摇臂钻床等几种类型。在钻床上能够完成钻孔、扩孔、铰孔、锪孔和攻螺纹等操作,相对应的刀具包括钻头、扩孔钻、铰刀、锪钻和丝锥等。

磨削加工是在磨床上利用磨具对工件进行切削加工的方法,磨削加工过程实际是一个多刀、多刃、高速切削的过程。磨削时,可以采用砂轮、砂带和油石等作为磨具,最常用的磨具是用磨料和结合剂制成的砂轮。砂轮的特性由磨料、粒度、硬度、组织号和结合剂等表示。按照磨削时工作台主进给运动方向与砂轮之间的关系,外圆磨削有轴向磨削、径向磨削和切向磨削等三种磨削方式;按照磨削时砂轮工作表面的不同,平面磨削有周边磨削和端面磨削两种磨削方式,磨床相应地则提供各种磨削方式所需的磨削运动。

按照齿形成形原理，齿形加工方法可以分为成形法和展成法两大类，其中，展成法根据齿轮啮合原理利用齿轮刀具与被加工齿轮的相互啮合运动切出齿形，可以用同一把刀具加工相同模数任意齿数的齿轮，具有加工精度和生产效率高的特点，在齿形加工中应用最为广泛。

拉削加工利用多齿刃拉刀逐齿依次从工件上切除很薄的金属层，能获得较高的加工精度和较小的表面粗糙度值，一般适用于加工各种通孔、平面和直线形成形表面。拉削加工的主运动是拉刀的直线运动，进给运动由拉刀齿刃之间的齿升量实现。

# 复习思考题

**1. 判断题**

10-1 为了改善麻花钻的切削性能，提高生产效率和延长钻头的刀具耐用度，可以通过改变麻花钻切削部分的形状和刀具几何角度，来克服其结构上的某些缺点。

10-2 应避免在斜面上钻孔，因两切削刃有严重的偏切削现象，会导致偏斜、滑移而钻不进工件。

10-3 钻孔中产生孔径扩大的可能原因是钻头轴线与加工面不垂直。

10-4 铰孔时铰刀每转动1周应反转1/4周，以便于断屑。

10-5 砂轮硬度指砂轮上的磨粒受力后自砂轮表层脱落的难易程度，它表示了磨粒与结合剂粘结的牢固程度。硬度高的砂轮其磨粒难以由砂轮表层脱落。

10-6 为了提高加工精度，外圆磨床上使用的顶尖都是死顶尖。

10-7 径向磨削时，在磨削基点处工作台主进给运动方应平行于砂轮圆周速度方向。

10-8 无心外圆磨削时，工件不用顶尖定心和支承，而是放置于砂轮与导轮之间，由其下方的托板支承，并由砂轮带动旋转。

10-9 展成法齿形加工可以用同一把刀具加工模数相同而齿数不同的齿轮，加工精度和生产效率高。

10-10 成形法磨齿时，砂轮齿廓与工件齿槽轮廓形状相同，加工精度取决于砂轮截面形状和分度精度。

10-11 滚齿主要适用于加工直齿圆柱齿轮，尤其是内齿轮和多联齿轮。

10-12 珩齿是利用成形法原理进行切削加工的方法，珩齿过程具有磨、剃和抛光等几种精加工的综合作用。

10-13 拉削加工时，拉刀切削部承担全部切削工作，其中，粗切齿切除的余量占总拉削余量的80%左右。

10-14 拉削加工的主运动是拉刀的直线运动，进给运动由拉刀齿刃之间的齿升量实现，该齿升量同时也是各齿刃切削加工的背吃刀量。

10-15 分块式拉削的拉刀结构复杂，与分层式拉削比较，其拉刀长度较长，加工表面质量较差。

**2. 填空题**

10-16 麻花钻由_____、_____和尾部组成，其中，尾部为夹持部分，有_____和

_____两种形式。

10-17 钻削加工时，_____钻头一般使用钻夹头装夹，_____钻头直接装夹于钻床主轴锥孔内。

10-18 对于直径较大的孔、内成形表面或孔内环形凹槽等，需要采用_____的加工方法才能完成。

10-19 M1432A 万能外圆磨床的工作台分上、下两层，上层可在水平面内绕下层的心轴转动一个不大的角度(±8°)，以便于磨削_____。

10-20 磨料粒度表示磨料颗粒的尺寸大小，磨料粒度号数越大，磨粒的颗粒尺寸越小，如粒度号为 F180 的磨料颗粒尺寸_____粒度号为 F220 的磨料颗粒尺寸。

10-21 按照磨削时砂轮工作表面的不同，平面磨削有_____和_____两种磨削方式。其中，_____是利用砂轮圆周进行磨削，_____是利用砂轮端面进行磨削。

10-22 按照齿形成形原理的不同，齿轮齿形加工方法可以分为_____和_____两大类。

10-23 滚齿是利用齿轮滚刀在滚齿机上进行齿形加工的方法。齿轮滚刀的旋转运动和工件的旋转运动组成复合的_____。

10-24 拉削加工时的切削速度很低，一般采用_____传动，切削过程平稳。

10-25 拉削的工艺范围十分广泛，常用于加工各种_____、_____和_____。

**3. 简答题**

10-26 简述钻孔时产生的质量问题及其原因。

10-27 简述外圆磨削轴向磨削方式所需运动，并以 M1432A 万能外圆磨床为例说明这些运动是如何实现的。

10-28 简述滚齿齿形的加工原理。

10-29 简述拉削加工的工艺特点。

**4. 综合题**

10-30 磨削如图 10.42 所示工件的 $\phi 30h7$ 外圆，试确定以下问题。

(1) 磨床类型：_____。

(2) 工件的装夹方法：_____。

(3) 画出本工序的工艺简图，要求表示出砂轮、工件的装夹方法和磨削运动。

(4) 台阶面 A 能否与 $\phi 30h7$ 外圆在一次装夹中磨削，为什么？

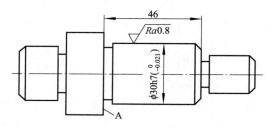

图 10.42 磨削零件图

# 第 11 章 现代制造技术基础

 本章教学要点

| 知识要点 | 掌握程度 | 相关知识 |
| --- | --- | --- |
| 现代制造技术概述 | 了解现代制造技术的概念；<br>了解现代制造技术与传统制造技术的区别 | 制造技术；现代制造技术与传统制造技术 |
| 数控加工基础知识 | 了解数控加工的工艺特点；<br>了解数控机床的组成和工作过程；<br>熟悉数控编程基础知识 | 数控机床的组成和工作过程；数控编程概念及方法；数控机床坐标系 |
| 数控车床编程 | 熟悉数控车床编程指令；<br>掌握数控车床编程方法 | 数控车床的类型、特点及应用；数控车床的编程特点、程序格式和常用指令 |
| 数控铣床编程 | 熟悉数控铣床编程指令；<br>掌握数控铣床编程方法 | 数控铣床的类型、特点及应用；数控铣床的编程特点、程序格式和常用指令 |
| CAD/CAM | 了解 CAD/CAM 的概念；<br>了解 CAD/CAM 的系统组成、主要任务；<br>了解 CAD/CAM 的常用软件 | CAD/CAM 的定义、系统组成、主要任务、常用软件及应用 |
| CIMS | 了解 CIMS 的概念和特征；<br>了解 CIMS 的组成和应用 | CIMS 的特征、组成及应用 |
| 特种加工 | 了解特种加工的概念、特点、特种加工的工艺方法和特种加工机床的分类；<br>熟悉数控电火花线切割加工原理和编程方法；<br>了解电火花成形、激光加工和超声加工的加工原理和应用 | 电火花线切割加工；电火花成形加工；激光加工；超声加工 |

制造技术是将各种原材料、半成品加工成为产品的加工工艺及装备技术。随着社会需求的增加和科学技术的发展，制造技术的内涵也在不断地变化和扩大。由铸造、锻压、焊接、热处理和切削加工技术等传统制造技术，发展到以产品精确化、极端化和人文化，制造过程绿色化、快速化、节约化和高效化，制造方法数字化、自动化、集成化、网络化和智能化等为主要特征的现代制造技术。现代制造技术是传统制造技术与信息技术、管理科学与有关科学技术交融的结果，其应用缩短了产品设计开发周期，极大地降低了生产成本，明显地提高了企业效益和生产效率。现在，各工业化国家都视现代制造技术为发展生产最主要的竞争手段，制定了一系列振兴计划，并将现代制造技术列为国家关键技术和优先发展领域。因此，现代制造技术已经成为带动制造业发展的重要推动力。

## 11.1 概　　述

现代制造技术是指传统制造技术不断吸收机械、电子、信息、材料、能源及现代管理等方面的成果，并将其综合应用于产品设计、加工、检测、管理、销售、使用、服务甚至回收等机械制造全过程中，以实现优质、高效、低耗、清洁、灵活生产，提高对动态多变的产品市场的适应能力和竞争能力的制造技术的总称。现代制造技术与传统制造技术的主要区别在于：

（1）传统制造技术是将原材料、半成品加工成产品的加工工艺和装配技术，它以力学和切削理论等为基础，学科专业单一，界限分明；现代制造技术是传统制造技术与信息技术、管理科学和有关科学技术交融而形成的制造技术，各专业学科不断交叉，相互融合，彼此之间的界限已逐渐淡化甚至消失。

（2）传统制造技术仅限于加工制造过程的工艺方法；现代制造技术涉及到加工之前的构思和设计，加工中的加工、检测、装配和包装等，以及加工之后的营销、服务与使用，甚至管理、回收和再制造，可以控制生产过程的物质流、信息流和能量流。

（3）传统制造技术的主要着眼点在于实现生产的优质、高效和低成本；现代制造技术的主要着眼点在于实现优质、高效、低耗、清洁、灵活生产，并取得理想的技术经济效果。

（4）现代制造技术比传统制造技术更加重视工程技术与系统管理的结合，更加重视制造过程的组织和管理，更加重视效益化与人性化一体、制造与服务一体，从而产生了一系列技术与管理相结合的新的生产方式。

现代制造技术可以分为现代设计技术、现代加工技术、自动化技术和现代管理技术等多个领域，横跨多个学科，并组成为一个有机整体。下面主要介绍数控加工、计算机辅助设计与制造、计算机集成制造和特种加工等现代加工技术。

## 11.2 数 控 加 工

数控机床是按照加工要求预先编制程序，并通过控制系统发出数字信息对工件进行加工的机床。具有数控特性的各类机床均可称为相对应的数控机床，如数控车床、数控铣床和数控钻床等。数控加工即是在数控机床上完成工件的部分或全部工艺内容，使之获得所要求的加工精度和表面质量。数控加工技术综合了计算机、自动控制、信息处理、电气传动、测量和机械制造等多个学科领域的最新成果。

与普通机床加工相比，数控加工具有以下特点：

（1）适应性强、灵活性好。数控机床由于采用程序控制，当加工对象改变时，只需改变数控程序，即可实现对新工件的自动化加工，因此，数控加工对零件的适应性强、灵活性好，可以加工出各种形状复杂的零件，如图11.1所示。

图11.1 数控加工零件示例

（2）加工精度高、质量稳定。数控机床按照预先编制的程序自动加工，无需人工干预，避免了操作者人为产生的误差或失误。同时，数控机床具有很高的刚度和精度，而且精度保持性好，有利于加工质量的稳定。

（3）生产效率高。数控机床的进给运动和多数主运动均采用无级调速，调速范围大，可以选择合理的切削速度和进给速度；良好的结构刚性使数控机床可以进行大切削用量的强力切削，有效节省了切削加工的基本时间；数控机床移动部件的快速移动与定位采用了加、减速控制策略，具有很高的空行程速度，同时，数控机床具有的在线检测、自动换刀、自动交换工作台和自动装卸工件等功能可以最大限度地减少切削加工的辅助时间。数控加工一般零件，生产效率可以提高3~4倍，复杂零件可以提高十几甚至几十倍。

（4）劳动强度低、劳动条件好。数控机床的操作者一般只需操作键盘、装卸工件、安装刀具、关键工序的中间测量，无需进行繁杂的重复性手工操作，劳动强度大大降低。此外，数控机床一般都具有较好的安全防护、自动排屑、自动冷却和自动润滑装置，劳动条件得到大大改善。

（5）有利于现代化生产管理。数控加工可以精确计算零件的加工时间和加工费用，有利于生产过程的科学管理。

### 11.2.1 数控加工基础知识

#### 1. 数控机床的组成和工作过程

数控机床一般由数控系统和机床本体两部分组成，如图11.2所示。

数控系统是使用数值数据来进行控制的控制系统，在运行过程中，不断地输入数值数据，从而实现机床加工过程的自动控制。数控系统能逻辑地处理输入至系统中的数控加工程序，控制机床的运动并加工出符合图纸要求的零件。目前，广泛采用以硬件与软件相结合的计算机数控（Computer Numerical Control，CNC）系统，CNC系统主要由输入输出装置、计算机数控装置、可编程序控制器（Programmable Logic Controller，PLC）、主轴伺服驱动装置、进给伺服驱动装置及检测装置等部分组成。计算机数控装置是数控系统的核

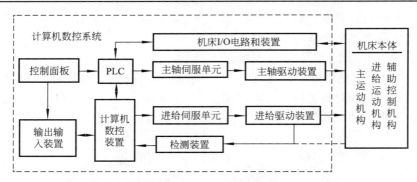

图 11.2 数控机床的组成

心,在其内部控制软件的作用下,通过输入装置读入数控加工程序、控制参数和补偿数据,按照输入信息的要求完成数值计算、逻辑判断和输入输出控制等功能;伺服驱动装置是计算机数控装置与机床本体之间的联系环节,用于将数控装置微弱的指令信号调解、转换、放大后驱动机床执行机构运动,使工作台精确定位或使刀具与工件按照规定的轨迹作相对运动,最后加工出符合图纸要求的零件;检测装置用于检测机床执行机构实际的位置、速度和方向等信号,反馈给数控装置,与数控装置发出的指令信号进行比较,如果有差值,即发出运动控制信号控制机床的运动,以减小或消除该差值;PLC 用于实现一些开关量的控制,如主轴的启动与停止、刀具交换和工作台的夹紧与松开等。

机床本体主要由床身、立柱、工作台、导轨等基础件和刀库、刀架等配套件组成,通过传动机构实现机床的主运动、进给运动和辅助运动。由于数控机床是高精度、高效率和高自动化的机床,其加工过程按照预先编制的程序自动控制,无法像普通机床那样进行人为的调整与补偿,为了保证数控机床的高精度、高效率和良好的快速响应特性,数控机床本体几乎在任何方面均要求比普通机床设计得更为完善,制造得更为精密。

在数控机床上加工零件时,应首先根据零件图纸要求进行工艺分析(如确定合理的加工方案、加工路线、装夹方式、工艺参数等)和数学处理(如根据加工路线、图纸上的几何尺寸,计算刀具中心运动轨迹,获得刀位数据),再按照数控机床编程手册的有关规定编写零件数控加工程序,然后通过数控系统的输入装置将加工程序输入至数控装置,在数控系统控制软件的控制下,经处理和运算发出相应的控制指令,通过伺服驱动装置控制机床本体按照预定的轨迹运动,从而完成对零件的切削加工。数控机床加工零件的过程如图 11.3 所示。

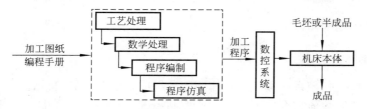

图 11.3 数控机床的工作过程

数控机床的品种规格很多,分类方法各异。按照数控系统的功能水平,可分为经济型数控机床、普及型数控机床和高级型数控机床等三种;按照运动控制方式可分为定位控制数控机床、直线运动控制数控机床和轮廓控制数控机床等三种;按照伺服驱动控制方式可分为开环控制数控机床、闭环控制数控机床和半闭环控制数控机床等三种;按照工艺方法可分为金属切削类数控机床、金属成型类数控机床和特种加工数控机床等三种。

2. 数控编程基础

数控编程是数控机床使用中最重要的一环，对于产品质量的控制有着十分重要的影响。

在数控编程之前，首先应对零件图纸规定的技术要求、几何尺寸及形状、加工内容及精度和加工工艺等进行分析，确定合适的数控加工工艺，然后进行必要的数学处理。在工艺分析和数学处理的基础上，按照数控机床编程手册的有关规定编写数控加工程序，经验证后输入至数控系统，从而控制机床的加工过程。这种由分析零件图纸开始，至获得数控机床所需的数控加工程序的全过程称为数控编程。数控编程的主要内容包括零件图纸分析、工艺处理、数学处理、程序编制、制备控制介质、程序校验和零件试切等。

1) 数控编程方法

数控编程方法主要分为手工编程和自动编程两大类。手工编程由人工完成数控编程的全部工作，包括零件图纸分析、工艺处理、数学处理和程序编制等，适用于加工内容比较少、形状比较简单的零件；自动编程由计算机完成数控编程的大部分或全部工作，如数学处理、仿真加工、程序校验等，适用于加工内容较多、形状比较复杂的零件。

自动编程主要有数控语言编程和图形交互式编程两种方法。数控语言编程是数控机床早期采用的自动编程方法，它用数控语言来表达图形和加工过程，缺乏几何直观性，缺少对零件形状、刀具运动轨迹的直观图形显示和刀具轨迹验证手段，难以与计算机辅助设计(Computer Aided Design，CAD)、计算机辅助工艺过程设计(Computer Aided Process Planning，CAPP)有效集成。图形交互式编程是目前最常用的数控编程方法，它是基于某一 CAD/CAM(Computer Aided Manufacturing，计算机辅助制造)软件，由人机交互完成加工图形定义、工艺参数设定、刀具轨迹验证和数控加工程序自动生成等工作。目前，常用的图形交互式编程软件有 CATIA、UG、Pro/E 和 MasterCAM 等。

2) 数控机床坐标系

(1) 坐标和运动方向的命名。根据 JB/T 3051—1999《数控机床 坐标和运动方向的命名》规定，为了便于程序编制人员在不知道是刀具移近工件或者是工件移近刀具的情况下确定机床的加工操作，永远假定刀具相对于静止的工件坐标系统而运动，并规定机床的某一部件(坐标)运动的正方向为增大工件和刀具距离(即增大工件尺寸)的方向。

标准的坐标系统是一个右手直角笛卡儿坐标系统，如图 11.4 所示。大拇指指向 X 坐标的正方向，食指指向 Y 坐标的正方向，中指指向 Z 坐标的正方向，三个坐标轴相互垂直。坐标 A、B 和 C 相应地表示其轴线平行于 X、Y 和 Z 坐标的旋转运动，正向的 A、B 和 C 相应地表示在 X、Y 和 Z 坐标正方向上按照右旋螺纹前进的方向。

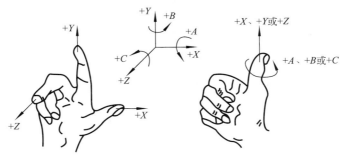

**图 11.4** 数控机床坐标和运动方向的命名

（2）坐标轴的确定。在确定数控机床坐标轴时，一般先确定 $Z$ 坐标，后确定其他坐标。

通常将传递切削动力的主轴轴线方向设定为 $Z$ 坐标方向。如果机床上有几个主轴，则选择一个垂直于工件装夹面的主轴作为主要的主轴。如主要的主轴始终平行于标准的三坐标系的一个坐标，则这个坐标就是 $Z$ 坐标。如果机床没有主轴（如牛头刨床），则 $Z$ 坐标垂直于工件装夹面。同时，规定 $Z$ 坐标正方向为增大工件和刀具距离的方向。

$X$ 坐标为水平的，且平行于工件的装夹面。在没有旋转的刀具或工件的机床上（如牛头刨床），$X$ 坐标平行于主要的切削方向，且以该方向为正方向。在工件旋转的机床上（如车床、磨床等），$X$ 坐标的方向为工件的径向，且平行于横滑座。在刀具旋转的机床上（如铣床、钻床、镗床等），如果 $Z$ 坐标为水平的，当由主要刀具主轴向工件看时，$+X$ 运动方向指向右方；如果 $Z$ 坐标为垂直的，对于单立柱机床，当由主要刀具主轴向立柱看时，$+X$ 运动的方向指向右方。

$Y$ 坐标的运动方向，根据 $X$ 和 $Z$ 坐标的运动方向，按照右手直角笛卡儿坐标系统确定。

如图 11.5 所示为数控车床和立式铣床的坐标系示例。图中带 "′" 的字母，如 $X'$，表示工件正向（考虑工件相对于刀具移动）的指令。

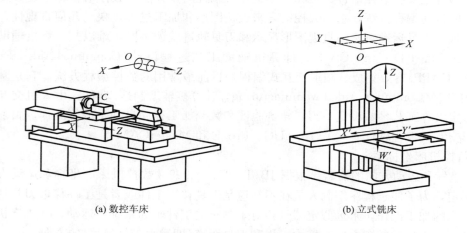

(a) 数控车床　　　　　　　　　　(b) 立式铣床

图 11.5　数控机床坐标系示例

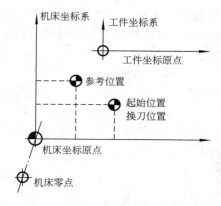

图 11.6　数控机床的坐标系和位置

（3）机床坐标系与工件坐标系。GB/T 8127—1997《工业自动化系统　机床数值控制　词汇》规定了数控机床的坐标系和位置，如图 11.6 所示。

机床零点是由机床制造者规定的机械原点。机床坐标系是定位于机床上、以机床零点为基准的笛卡儿坐标系，机床坐标系的原点称为机床坐标原点。工件坐标系是定位于工件上的笛卡儿坐标系，工件坐标系的原点称为工件坐标原点。

参考位置是机床启动用的、沿着坐标轴上的一个固定点，它可以用机床坐标原点作为参考基准。起始位置是用于更换刀具或交换托盘的坐标轴上的一个固定点,它可以用机床坐标原点作为参考基准。换刀位置是用于更换刀具的机床坐标轴上的一个点,该点可以固定,也可以沿坐标轴浮动。参考位置、起始位置和换刀位置都可以用机床坐标原点作为参考基准。

### 11.2.2 数控车床加工

**1. 数控车床概述**

数控车床按照主轴布置的不同可分为立式数控车床和卧式数控车床两大类。立式数控车床主要适用于回转直径较大的盘类零件加工,卧式数控车床主要适用于轴向尺寸较长或小型盘类零件的加工。卧式数控车床结构形式较多,加工功能强大,在生产中的应用较为广泛。

按照数控系统功能水平的不同,卧式数控车床可以进一步分为经济型数控车床、普通数控车床和车削加工中心。经济型数控车床一般采用步进电动机和单片机控制,成本较低,加工精度不高,适用于加工质量要求不高的回转体类零件;普通数控车床的数控系统功能强大,具有刀具半径补偿、固定循环等功能,自动化程度和加工精度较高,适用于加工一般回转类零件;车削加工中心在普通数控车床的基础上,增加了 $C$ 轴和铣削动力头,有的还配备有刀库和机械手,可实现 $X$、$Z$ 和 $C$ 等三个坐标联动,可加工零件圆周表面和端面等各种表面。

与普通车床相比,数控车床(指普通数控车床)虽然仍由主运动传动机构、进给运动传动机构、刀架和床身等部分组成,但功能和结构具有本质区别。数控车床分别由两台伺服电动机作为动力带动刀架作纵向及横向进给运动,而不是使用普通机床的挂轮、光杠等传动部件进行传动,传动链短、机构简单、传动精度高,而且刀架可以自动回转。数控车床的主运动传动机构也要比普通车床简单得多。

**2. 数控车床编程基础**

1) 数控车床坐标系

数控车床的机床坐标原点设置于主轴轴线与端面的交点处,如图 11.7 中的 $M$ 点即为机床坐标原点。主轴轴线方向为 $Z$ 坐标方向,$X$ 坐标方向为水平径向,且刀具远离工件的方向为正方向。

为了便于编程和简化数值计算,数控车床的工件坐标原点一般选在工件的回转中心与工件右端面或左端面(推荐选在右端面)的交点上,图 11.7 中的 $W$ 点即为工件坐标原点。

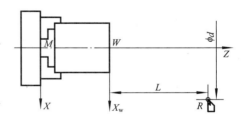

**图 11.7 数控车床的坐标系**

数控装置上电时并不知道机床坐标原点位置,为了在机床工作时正确地建立机床坐标系,通常在每个坐标轴的移动范围内设置一个机床参考点(测量起点),机床启动后,进行机动或手动返回参考点,以建立机床坐标系。机床参考点可以与机床坐标原点重合,也可以不重合,通过参数指定机床参考点至机床坐标原点的距离。例如,可以设置图 11.7 中的 $R$ 点作为机床参考点。

2) 准备功能

准备功能是使机床或控制系统建立加工功能方式的命令。由 $G$ 及其后的两位数字组成,G00~G99 共 100 种。华中数控 HNC-21/22T 数控系统(车床)的 G 代码功能见表 11-1。

表 11-1　准备功能 G 代码功能表(华中数控 HNC-21/22T)

| G 代码 | 分组 | 功　能 | G 代码 | 分组 | 功　能 |
|---|---|---|---|---|---|
| G00 | 01 | 点定位 | G56 | 11 | 选择工件坐标系 |
| G01▲ | | 直线插补 | G57 | | 选择工件坐标系 |
| G02 | | 顺时针方向圆弧插补 | G58 | | 选择工件坐标系 |
| G03 | | 逆时针方向圆弧插补 | G59 | | 选择工件坐标系 |
| G04 | 00 | 暂停 | G71 | 06 | 外径/内径车削复合循环 |
| G20 | 08 | 英寸输入 | G72 | | 端面车削复合循环 |
| G21▲ | | 毫米输入 | G73 | | 闭环车削复合循环 |
| G28 | 00 | 返回至参考点 | G76 | | 螺纹切削复合循环 |
| G29 | | 由参考点返回 | G80▲ | 01 | 外径/内径车削固定循环 |
| G32 | 01 | 螺纹切削 | G81 | | 端面车削固定循环 |
| G36▲ | 16 | 直径编程 | G82 | | 螺纹切削固定循环 |
| G37 | | 半径编程 | G90▲ | 13 | 绝对尺寸 |
| G40▲ | 09 | 刀具半径补偿注销 | G91 | | 增量尺寸 |
| G41 | | 刀具半径左补偿 | G92 | 00 | 工件坐标系设定 |
| G42 | | 刀具半径右补偿 | G94▲ | 14 | 每分钟进给 |
| G53 | 00 | 直接机床坐标系编程 | G95 | | 主轴每转进给 |
| G54▲ | 11 | 选择工件坐标系 | G96 | 16 | 恒线速度 |
| G55 | | 选择工件坐标系 | G97▲ | | 每分钟转数(主轴) |

注：(1) 00 组 G 代码是非模态的,其他组的 G 代码是模态的；(2) ▲标记者为缺省值。

G 代码按照功能类别分为模态代码和非模态代码,指定的模态 G 代码功能一直保持至出现同组其他任一代码时才失效,否则,继续保持有效。非模态 G 代码只在指定该 G 代码功能的程序段有效。

3) 辅助功能

辅助功能是控制机床辅助动作的命令,如主轴正转、反转及停止,切削液的开与关,程序结束等。由 M 及其后的两位数字组成,M00~M99 共 100 种。华中数控 HNC-21/22T 数控系统的 M 代码功能见表 11-2。

表 11-2　辅助功能 M 代码功能表(华中数控 HNC-21/22T)

| 代码 | 功　能 |
|---|---|
| M00 | 程序暂停。当执行到 M00 指令时,机床的进给停止,主轴停止转动。当需要继续执行后续程序时,重新按操作面板上的"循环启动"键。便于操作者进行刀具和工件的尺寸测量、工件调头和手动变速等操作 |
| M02 | 程序结束。一般放在主程序的最后一个程序段中,表示程序结束,当执行到 M02 指令时,机床的主轴、进给、切削液全部停止,加工结束。程序结束后,如果要重新执行该程序,需要重新调用该程序 |

(续)

| 代码 | 功 能 |
|---|---|
| M03 | 主轴正转 |
| M04 | 主轴反转 |
| M05 | 主轴停止。M03、M04 和 M05 可相互注销 |
| M07 | 切削液开 |
| M09 | 切削液关 |
| M30 | 程序结束。M30 和 M02 功能基本相同。不同的是：使用 M30 的程序结束后，如果要重新执行该程序，只需再次按操作面板上的"循环启动"键 |
| M98 | 调用子程序。将主程序转至子程序 |
| M99 | 返回主程序。使子程序返回到主程序 |

4) 其他功能

(1) 进给功能。指定刀具相对于工件的进给速度的命令，有两种指定方式，即代码法和直接指定法。现代数控机床一般采用直接指定方式，由 F 及其后的进给速度值组成，进给量的单位取决于用 G94 或 G95。G94 表示进给速度与主轴转速无关，为每分钟进给量(mm/min)；G95 表示进给速度与主轴转速有关，为主轴每转进给量(mm/r)。

(2) 主轴功能。指定主轴转速的命令，一般采用直接指定方式，由 S 及其后的主轴转速(r/min)值组成。对于恒线速度功能，需要用 G96 和 G97 指令配合 S 指令来指定主轴转速。例如，G96 S200 表示控制主轴转速，使切削刃上选定点的切削速度保持在 200m/min；G97 S500 表示注销 G96，即主轴不是恒线速度，主轴的转速为 500r/min。

(3) 刀具功能。用于选择刀具和刀具补偿。由 T 及其后的 4 位数字组成，前 2 位数字表示刀具号，后 2 位数字表示刀具补偿号。例如，T0102 表示选择 01 号刀具，执行 02 号刀具补偿。

3. 数控车床编程方法

1) 数控车床的编程特点

(1) 工件坐标原点一般选在工件的回转中心与工件右端面或左端面(推荐选在右端面)的交点上。

(2) 在零件的加工程序段中，根据图纸上标注的尺寸，可以按照绝对尺寸、增量尺寸或二者混合编程。增量尺寸编程时用 G91 指令，或者直接用代码 U 和 W 表示 X 坐标和 Z 坐标的增量尺寸。缺省值为绝对尺寸。

(3) 由于数控车床上加工的零件多为回转体零件，图纸尺寸和测量值都是直径值，故数控车床的编程有直径编程 G36 和半径编程 G37 两种方法。缺省值为直径编程，即直径方向按照绝对尺寸编程时以直径值表示，按照增量尺寸编程时，以径向实际位移量的两倍值表示。

(4) 由于车削加工常用的毛坯为棒料或锻件，加工余量较大。为了简化编程工作，可以充分利用数控车床具有的多种固定循环功能，进行多次循环切削。

2) 数控车床的程序格式

(1) 程序段格式。指一个程序段中指令字的排列顺序和表达方式。华中数控 HNC-21/22T 程序段的格式为：

N__ G__ X__ Z__ …… F__ S__ T__ M__;

其中，N__为程序段号；程序段中分号";"后或括号"()"内的内容为注释文字。

(2) 程序构成。一个完整的数控加工程序由若干个程序段组成，程序的开头为程序名，结束时必须有程序结束指令。例如：

O0001
N0010 G92 X100 Z10
N0020 T0100
N0030 G00 X16 Z2 M03
……
N0110 M30

其中，第一个程序段"O0001"为程序名，由地址码"O"或"％"及其后的 4 位数字组成，每个独立的程序都应有程序名，并作为识别、调用程序的标志。

(3) 主程序和子程序。数控加工程序可由主程序和子程序组成，子程序可以嵌套子程序。通过采用子程序，可以加快程序编制进度，简化和缩短数控程序，以便于程序的更改和调试。子程序的格式为：

O0100
……
M99

在子程序开头，必须规定子程序名，以作为调用入口地址。子程序结束用 M99 表示返回主程序。调用子程序的格式为：

M98 P__ L__

其中，P__指定调用的子程序名；L__指定重复调用次数。

3) 数控车床的常用指令

(1) 工件坐标系设定

① 设置刀具起始点（起刀点）的指令 G92

指令格式：G92 X__ Z__

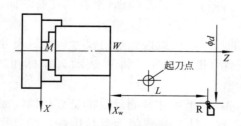

图 11.8 工件坐标系设定

用于设定工件坐标系，即起刀点在工件坐标系中的坐标值。代码 X 和 Z 后的参数值是起刀点相对于工件坐标原点 W 的坐标，如图 11.8 所示。该指令仅用于设定工件坐标系，并不使刀具产生运动。

② 设置工件坐标原点偏置的指令 G54～G59

指令格式：

G54/G55/G56/G57/G58/G59

通过设置工件坐标原点 W 在机床坐标系（机床坐标原点为 M）中的坐标值来建立工件坐标系，如图 11.8 所示。最多可设置 G54～G59 共 6 个工件坐标系。这 6 个预定的工件坐标原点在机床坐标系中的坐标值，即工件坐标原点偏置，通过数控系统 MDI（Manual

Data Input，手动数据输入)方式输入，由系统自动记忆。G54～G59 所在程序段中无需设置工件坐标原点偏置值。G54～G59 为模态指令，可相互注销。

(2) 绝对尺寸编程指令 G90 和增量尺寸编程指令 G91

① 绝对尺寸编程指令 G90

指令格式：G90

用 G90 编程时，程序段中的坐标尺寸为绝对值，即在工件坐标系中的坐标值。

② 增量尺寸编程指令 G91

指令格式：G91

用 G91 编程时，程序段中的坐标尺寸为增量值，即刀具运动的终点相对于前一位置的坐标增量。

G90 和 G91 为模态指令，可相互注销。

(3) 基本移动指令

① 点定位指令 G00

指令格式：G00 X(U)__ Z(W)__

指定刀具相对于工件以各坐标预先设定的、最快的进给速度运动至程序规定的位置。代码 X 和 Z 后的参数值为绝对尺寸编程时刀具移动的终点坐标值；代码 U 和 W 后的参数值为增量尺寸编程时刀具移动的终点相对于始点的坐标增量。

G00 指令中的移动速度由机床参数"快移进给速度"对各坐标分别设定，程序段中无需规定进给速度。在执行 G00 时，各坐标按照各自速度移动，不能保证各坐标同时到达终点，各坐标运动的合成轨迹不能保证为一条直线。

② 直线插补指令 G01

指令格式：G01 X(U)__ Z(W)__ F__

指定斜线或直线运动，刀具以各坐标联动的方式，按照 F 规定的合成进给速度沿直线移动至程序段指定的终点。X(U)和 Z(W)后参数值的含义与 G00 指令相同。

③ 圆弧插补指令 G02、G03

指令格式：G02/G03 X(U)__ Z(W)__ I__ K__ F__；或

G02/G03 X(U)__ Z(W)__ R__ F__

指定刀具由圆弧始点，沿圆弧移动至圆弧终点。G02 为顺时针方向圆弧插补，G03 为逆时针方向圆弧插补。顺时针与逆时针方向的判断方法如下：沿垂直圆弧所在平面的坐标轴的正方向向负方向看，刀具相对于工件运动的轨迹的弧线是顺时针方向为 G02，是逆时针方向为 G03，如图 11.9 所示。

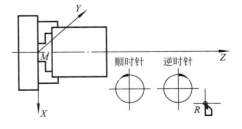

图 11.9 圆弧顺时针、逆时针方向的判断

代码 X 和 Z 后的参数值为绝对尺寸编程时圆弧的终点坐标值；代码 U 和 W 后的参数值为增量尺寸编程时圆弧的终点相对于始点的坐标增量；代码 I 和 K 后的参数值为圆弧的圆心相对于始点的坐标增量；代码 R 后的参数值为圆弧半径。在直径编程和半径编程时，代码 I 后的参数值均为半径值。

指令格式中规定了两种方式指定圆弧圆心位置，即指定圆弧圆心和圆弧半径。同时编入 R 与 I、K 时，R 有效。当圆弧圆心角小于 180°时，R 后的参数值为正，否则，参数值为负。

④ 返回至参考点指令 G28

指令格式：G28　X(U)__　Z(W)__

指定刀具由当前位置快速定位至中间点，然后再由中间点返回至参考点。一般用于刀具自动更换或者消除机械误差，在执行该指令前，应取消刀具半径补偿（参见刀具补偿指令）。代码 X 和 Z 后的参数值为绝对尺寸编程时中间点的坐标值；代码 U 和 W 后的参数值为增量尺寸编程时中间点相对于始点的坐标增量。

执行 G28 指令所在程序段不仅可以使刀具进行运动，而且数控系统记忆了中间点的坐标值，以供 G29 调用。

⑤ 由参考点返回指令 G29

指令格式：G29　X(U)__　Z(W)__

指定刀具由参考点快速定位至由 G28 指令指定的中间点，然后再由中间点移动至定位终点。代码 X 和 Z 后的参数值为绝对尺寸编程时定位终点的坐标值；代码 U 和 W 后的参数值为增量尺寸编程时定位终点相对于中间点的坐标增量。

G29 指令通常与 G28 指令配合使用，并紧跟于 G28 指令所在的程序段之后。

（4）暂停指令 G04

指令格式：G04　P__

指定刀具作短时间的无进给光整加工，以获得圆整而光滑的表面。可以用于车槽和车拐角的轨迹控制。代码 P 后的参数值为暂停时间(s)。在前一程序段的进给速度降至 0 之后才开始暂停动作；在执行 G04 所在程序段时，先执行暂停功能。

（5）螺纹切削指令 G32

指令格式：G32　X(U)__　Z(W)__　R__　E__　P__　F__

指定切削导程相等的圆柱螺纹、圆锥螺纹和端面螺纹。代码 X 和 Z 后的参数值为绝对尺寸编程时有效螺纹终点的坐标值；代码 U 和 W 后的参数值为增量尺寸编程时有效螺纹终点相对于螺纹切削始点的坐标增量；代码 R 和 E 后的参数值分别为螺纹切削的 Z 向和 X 向退尾量，以增量尺寸方式指定；代码 P 后的参数值为主轴基准脉冲距离螺纹切削始点的主轴转角，单线螺纹可以省略；代码 F 后的参数值为螺纹导程。

使用 R、E 可以不用退刀槽，根据螺纹标准，R 一般取 2 倍螺纹导程，E 取螺纹牙型高；R、E 可以省略，表示不用退刀槽。螺纹加工轨迹中应设置足够的升速进刀段 δ 和降速退刀段 δ'，以消除伺服滞后造成的螺距误差。螺纹切削各参数如图 11.10 所示。

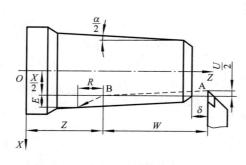

图 11.10　螺纹切削参数

（6）简单循环指令

为了简化编程工作，数控车床的数控系统中设置了不同形式的循环功能，包括简单循环和复合循环。华中数控 HNC - 21/22T 数控系统提供的常用简单循环指令包括外径/内径车削固定循环、端面车削固定循环和螺纹切削固定循环等三种。

① 外径/内径车削固定循环指令 G80

指令格式：G80　X(U)__　Z(W)__　I__　F__

指定圆柱面外径/内径车削和圆锥面外径/内径车削固定循环。代码 X 和 Z 后的参数值为绝对尺寸编程时圆柱面或圆锥面切削终点的坐标值；代码 U 和 W 后的参数值为增量尺寸编程时圆柱面或圆锥面切削终点相对于循环始点的坐标增量；代码 I 为圆锥面锥体切削始点与切削终点的半径差，圆柱面省略代码 I 及其后的参数值。切削循环过程如图 11.11 所示。

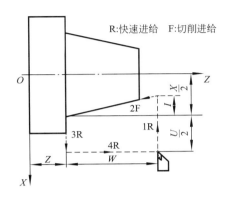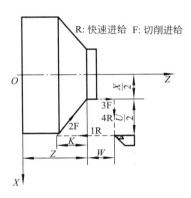

图 11.11　外径/内径车削固定循环参数　　　图 11.12　端面车削固定循环参数

② 端面车削固定循环指令 G81

指令格式：G81　X(U)__　Z(W)__　K__　F__

指定端平面车削和圆锥端面车削固定循环。代码 X 和 Z 后的参数值为绝对尺寸编程时端平面或圆锥端面切削终点的坐标值；代码 U 和 W 后的参数值为增量尺寸编程时端平面或圆锥端面切削终点相对于循环始点的坐标增量；代码 K 为圆锥端面切削始点与切削终点的 Z 向坐标增量，端平面省略代码 K 及其后的参数值。切削循环过程如图 11.12 所示。

③ 螺纹切削固定循环指令 G82

指令格式：G82　X(U)__　Z(W)__　I__　R__　E__　C__　P__　F__

指定螺纹切削固定循环。代码 U 和 W 后的参数值为增量尺寸编程时有效螺纹终点相对于循环始点的坐标增量；代码 I 后的参数值分别为螺纹切削始点与有效螺纹终点的半径差；代码 C 后的参数值为螺纹线数，单线螺纹为 0 或 1；代码 P 后的参数值为多线螺纹相邻螺纹切削始点对应的主轴转角，单线螺纹为 0。其余代码含义与 G32 相同。

(7) 复合循环指令

运用复合循环指令，只需要指定精车加工路线和粗车的背吃刀量，系统便会自动计算出粗车加工路线和走刀次数，可以大大地简化编程工作。华中数控 HNC-21/22T 数控系统提供的复合循环指令包括外径/内径车削复合循环 G71、端面车削复合循环 G72、闭环车削复合循环 G73 和螺纹切削复合循环 G74 等四种。

(8) 刀具补偿指令

刀具补偿包括刀具位置补偿和刀尖半径补偿两种。

数控编程时，假设自动回转刀架上各刀具转动至工作位置时，其刀尖位置是一致的。但是由于不同刀具几何形状和装夹方法的不同，其刀尖位置实际上是不一致的，在工件坐标系中的坐标也不同，因此，需要进行刀具位置补偿。刀具位置补偿功能由程序中指定的代码 T 来实现。代码 T 后的四位数字中，前两位数字表示刀具号，后两位数字表示刀具补偿号。刀具补偿号实际上是刀具补偿寄存器的地址号，该地址中存放刀具位置补偿值，包括刀具磨损补偿量。

数控编程时，一般针对刀具上的某一点（刀位点），按照工件轮廓尺寸编制。车刀的刀位点一般假设为理想状态下的假想刀尖，但是实际的车刀刀尖不是一个理想点，而是一段圆弧，因此，以理想刀尖编程可能会导致实际切削过程中的过切或欠切误差。通过刀尖半径补偿功能可以减小或消除这种误差。刀尖半径补偿有左补偿和右补偿两种。

指令格式：G41/G42/G40　G00/G01　X(U)__　Z(W)__

G41 为刀尖半径左补偿，G42 为刀尖半径右补偿，G40 为取消刀尖半径补偿。左补偿与右补偿的判断方法如下：沿着垂直于补偿所在平面的坐标轴的正方向向负方向看，刀具沿其运动方向在工件表面的左侧，称为刀尖半径左补偿；刀具在工件表面的右侧，称为刀尖半径右补偿，如图 11.13 所示。

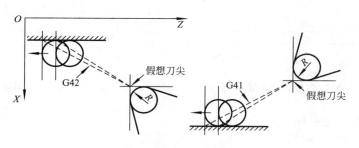

图 11.13　刀尖半径补偿

G41/G41 不带参数，其补偿号由代码 T 指定，刀尖半径补偿号与刀具位置补偿号相对应。刀尖半径补偿的建立与取消只能用 G00 或 G01 指令，不能用 G02 和 G03 指令。

刀具位置补偿和刀尖半径补偿值通过操作面板设定。

4. 数控车床编程示例

如图 11.14 所示为数控车削加工的机床手柄零件图，毛坯为 $\phi22$mm 的棒料，材料为 45 钢。

1）工艺分析

根据图纸要求，工件以 $\phi22$mm 圆柱面定位，以三爪卡盘夹持 $\phi22$mm 圆柱面。加工时，自右向左进行外轮廓面加工；粗加工的背吃刀量为 2mm，进给速度为 100mm/min；精加工的背吃刀量为 0.25mm，进给速度为 150mm/min。

精加工工艺路线如下：R3mm 圆弧→R29mm 圆弧→R45mm 圆弧→$\phi10$mm 外圆→$Ra3.2\mu$m 台阶面。按照精加工工艺路线走粗加工轮廓。

2）数学处理

工件坐标原点设置在工件右端面，建立如图 11.14 所示的工件坐标系，起刀点在工件坐标系中的坐标为(50，10)。通过计算可以得到：R3mm 圆弧和 R29mm 圆弧切点坐标为(4.616，－1.083)，R29mm 圆弧和 R45mm 圆弧切点坐标为(13.846，－30.390)。

粗加工路线以(20.5，0)为切削始点，精加工路线以(0，0)为切削始点。

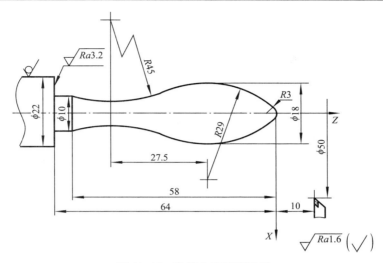

图 11.14 数控车床编程示例

3) 程序编制

数控加工程序如下：

O0014
N0010 G92 X50 Z10
N0020 T0100
N0030 M03 S600
N0040 G00 X25 Z2
N0050 G01 Z0.5 F100
N0060 X0
N0070 X23
N0080 Z0
N0090 M98 P0022 L0011
N0100 G00 X50 Z10
N0110 P05
N0120 S1000
N0130 G00 X25 Z0
N0140 G01 X2.5 F150
N0150 M98 P0022

N0160 G00 X50 Z10
N0170 M05
N0180 M30
O0022
N0010 G01 U-2.5
N0020 G03 U4.616 W-1.083 R3
N0030 G03 U9.230 W-29.307 R29
N0040 G02 U-3.846 W-27.610 R45
N0050 G01 W-6
N0060 G00 U12.5
N0070 W64
N0080 U-22
N0090 F100
N0100 M99

## 11.2.3 数控铣床加工

### 1. 数控铣床概述

数控铣床是实际生产中最常用和最主要的数控加工设备之一，在制造业中具有举足轻重的地位。数控铣床具有多坐标联动的功能，除了能完成普通铣床所能铣削的各种零件表面外，还能完成普通铣床不能铣削的、需要 2～5 坐标联动加工的各种平面轮廓、立体轮廓和曲面。

数控铣床分为立式数控铣床和卧式数控铣床两大类。立式数控铣床主轴竖直布置，主要适用于加工盘类、套类和板类零件，一次装夹后，可以实现零件表面的铣削、钻削、镗削和攻螺纹等多种工序的加工。卧式数控铣床主轴水平布置，一般带有回转工件台，以便于加工零件的不同侧面，主要适用于加工箱体类零件。

在数控铣床的基础上，再配备上刀库和自动换刀装置，则构成铣削加工中心。刀库能存放几十把甚至更多的刀具，由数控加工程序控制换刀装置自动调用与更换刀具。这样，加工中心就能集中地、自动地完成多种工序加工，避免人为操作误差，减少工件装夹、测量和机床的调整时间及工件周转、搬运和存放时间，大大提高了生产效率和加工质量。

2. 数控铣床编程基础

1) 数控铣床坐标系

立式数控铣床的坐标系如图 11.5(b)所示。机床某一坐标的正方向（假设刀具相对于静止的工件运动）为指向增大工件尺寸的方向。通常在数控铣床的各坐标移动范围内设置机床参考点，机床启动后，进行机动或手动返回参考点，以建立机床坐标系。

2) 准备功能

华中数控 HNC-21/22M 数控系统（铣床）的 G 代码功能见表 11-3。

表 11-3 准备功能 G 代码功能表（华中数控 HNC-21/22M）

| G 代码 | 分组 | 功　能 | G 代码 | 分组 | 功　能 |
|---|---|---|---|---|---|
| G00 | 01 | 点定位 | G40▲ | 09 | 刀具半径补偿注销 |
| G01▲ | | 直线插补 | G41 | | 刀具半径左补偿 |
| G02 | | 顺时针方向圆弧插补 | G42 | | 刀具半径右补偿 |
| G03 | | 逆时针方向圆弧插补 | G43 | 10 | 刀具长度正向补偿 |
| G04 | 00 | 暂停 | G44 | | 刀具长度负向补偿 |
| G07 | 16 | 虚轴指定 | G49▲ | | 刀具长度补偿注销 |
| G09 | 00 | 准停校验 | G50▲ | 04 | 缩放关 |
| G17▲ | 02 | XY 平面选择 | G51 | | 缩放开 |
| G18 | | ZX 平面选择 | G52 | 00 | 局部坐标系编程 |
| G19 | | YZ 平面选择 | G53 | | 直接机床坐标系编程 |
| G20 | 08 | 英寸输入 | G54▲ | 11 | 选择工件坐标系 |
| G21▲ | | 毫米输入 | G55 | | 选择工件坐标系 |
| G22 | | 脉冲当量 | G56 | | 选择工件坐标系 |
| G24 | 03 | 镜像开 | G57 | | 选择工件坐标系 |
| G25 | | 镜像关 | G58 | | 选择工件坐标系 |
| G28 | 00 | 返回到参考点 | G59 | | 选择工件坐标系 |
| G29 | | 由参考点返回 | G60 | 00 | 单方向定位 |

(续)

| G 代码 | 分组 | 功　能 | G 代码 | 分组 | 功　能 |
| --- | --- | --- | --- | --- | --- |
| G61▲ | 12 | 精确停止校验方式 | G85 | 06 | 镗孔循环 |
| G64 | | 连续方式 | G86 | | 镗孔循环 |
| G68 | 05 | 旋转变换 | G87 | | 反镗循环 |
| G69▲ | | 旋转注销 | G88 | | 镗孔循环 |
| G73 | 06 | 深孔钻循环 | G89 | | 镗孔循环 |
| G74 | | 反攻丝循环 | G90▲ | 13 | 绝对尺寸 |
| G76 | | 精镗循环 | G91 | | 增量尺寸 |
| G80▲ | | 固定循环注销 | G92 | 00 | 工件坐标系设定 |
| G81 | | 中心钻循环 | G94▲ | 14 | 每分钟进给 |
| G82 | | 锪孔循环 | G95 | | 主轴每转进给 |
| G83 | | 深孔钻循环 | G98▲ | 15 | 固定循环返回到起始点 |
| G84 | | 攻丝循环 | G99 | | 固定循环返回到 R 点 |

注：(1) 00 组 G 代码是非模态的，其他组的 G 代码是模态的；(2) ▲标记者为缺省值。

3) 辅助功能

华中数控 HNC-21/22M 数控系统除了具有表 11-2 中 HNC-21/22T 数控系统的辅助功能 M 代码之外，还包括：

换刀指令 M06，用于在加工中心上调用一把刀具。当执行该指令，刀具将自动地装夹于主轴上。

切削液开指令 M07、M08，指定打开切削液管道。

4) 其他功能

进给功能和主轴功能的指定与数控车床相同。

刀具功能由 T 及其后的两位数字组成，表示刀具号。例如，T01 表示选择 01 号刀具。在加工中心上执行 T 指令时，刀库转动选择所需的刀具，然后等待，直至 M06 指令时，自动完成换刀。

在加工中心上执行 M06 T01，表示 01 号刀具将被装夹于机床主轴上。

3. 数控铣床编程方法

1) 数控铣床的编程特点

(1) 工件坐标原点的设定应遵循一定的原则。为了简化数控编程时的数学处理，如坐标计算，工件坐标原点应选在零件图的设计基准上；为了提高零件的加工精度，工件坐标原点应尽量选在精度较高的表面；为了便于编程工作，对于几何元素对称的零件，工件坐标原点应选在对称中心线上；对于一般零件，工件坐标原点应选在工件外轮廓的某一角上；Z 坐标方向的零点一般应选在工件上表面。

(2) 数控铣床具有多种插补方式，编程时可以合理选择这些功能，以利于提高加工精度和效率。如华中数控 HNC-21/22M 数控系统除了直线和圆弧两种插补方式外，还具有螺旋线插补和正弦线插补等方式。

（3）简化编程功能。华中数控 HNC-21/22M 具有镜像、缩放和旋转编程功能，结合子程序调用，可以实现对被加工几何元素的镜像、缩放和旋转加工。

（4）宏指令编程功能。华中数控 HNC-21/22M 具有强有力的、类似于高级语言的宏指令编程功能，用户可以使用变量进行算术运算、逻辑运算和函数的混合运算，通过循环语句、分支语句和子程序调用语句等编制各种复杂的数控加工程序，减少甚至免除手工编程时的数值计算精简数控程序。

2）数控铣床的程序格式

数控铣床的程序格式与数控车床相同。

3）数控铣床的常用指令

（1）工件坐标系设定

① 设置刀具起始点（起刀点）的指令 G92

指令格式：G92　X__　Y__　Z__

用于设定工件坐标系，即起刀点在工件坐标系中的坐标值。

② 设置工件坐标原点偏置的指令 G54～G59

指令格式：G54/G55/G56/G57/G58/G59

用于设置工件坐标原点在机床坐标系中的坐标值以建立工件坐标系。设定方法与数控车床相同。

③ 局部坐标系编程指令 G52

指令格式：G52　X__　Y__　Z__

指定在所在的工件坐标系（G92、G54～G59）内形成子坐标系，即局部坐标系。代码 X、Y 和 Z 后的参数值是局部坐标系原点在当前工件坐标系中的坐标值。含有 G52 指令的程序段中绝对尺寸编程方式的指令值是在该局部坐标系中的坐标值。设定局部坐标系后工件坐标系和机床坐标系保持不变。

④ 直接机床坐标系编程指令 G53

指令格式：G53

指定机床坐标系编程。在含有 G53 的程序段中绝对尺寸编程时的指令值是在机床坐标系中的坐标值。

（2）绝对尺寸编程指令 G90 和增量尺寸编程指令 G91

指令格式和功能与数控车床相同。

（3）平面选择指令

指令格式：G17/G18/G19

指定进行圆弧插补和刀具半径补偿的平面。G17 指定选择 $XY$ 平面，G18 指定选择 $ZX$ 平面，G19 指定选择 $YZ$ 平面。基本移动指令与平面选择无关。

（4）基本移动指令

① 点定位指令 G00

指令格式：G00　X__　Y__　Z__

指定刀具相对于工件以各坐标预先设定的、最快的进给速度运动至程序规定的位置。

② 直线插补指令 G01

指令格式：G01　X__　Y__　Z__　F__

指定斜线或直线运动，刀具以各坐标联动的方式，按照 F 规定的合成进给速度沿直线移动至程序段指定的终点。

③ 圆弧插补指令 G02、G03

指令格式：G17 G02/G03 X__Y__I__J__F__；或 G17 G02/G03 X__Y__R__F__；
　　　　　G18 G02/G03 X__Z__I__K__F__；或 G18 G02/G03 X__Z__R__F__；
　　　　　G19 G02/G03 Y__Z__J__K__F__；或 G19 G02/G03 Y__Z__R__F__；

指定刀具由圆弧始点，在给定平面内沿圆弧移动至圆弧终点。G02 为顺时针方向圆弧插补，G03 为逆时针方向圆弧插补。代码 X、Y 和 Z 后的参数值为绝对尺寸编程时圆弧的终点坐标值；代码 I、J 和 K 后的参数值为圆弧的圆心相对于始点的坐标增量；代码 R 后的参数值为圆弧半径。其他参数设定与数控车床相同。

④ 返回至参考点指令 G28

指令格式：G28　X__　Y__　Z__

指定刀具由当前位置快速定位至中间点，然后再由中间点返回至参考点。

⑤ 由参考点返回指令 G29

指令格式：G29　X__　Y__　Z__

指定刀具由参考点快速定位至由 G28 指令指定的中间点，然后再由中间点移动至定位终点。

（5）暂停指令 G04

指令格式和功能与数控车床相同。

（6）刀具补偿指令

① 刀具半径补偿指令 G41/G42、G40

在数控铣床上进行轮廓加工时，由于刀具半径的存在，刀具中心轨迹与零件轮廓不重合。如果数控系统不具有刀具半径补偿功能，则只能按照刀具中心轨迹编程，即编程时给出刀具中心运动轨迹，其计算相当复杂，尤其是当刀具磨损、重磨或换新刀而使刀具直径变化时，必须重新计算刀具中心轨迹，修改程序，这样既繁琐，又不易保证加工精度。现代数控系统都具有刀具半径补偿功能，数控编程时无需按照刀具中心轨迹编程，而直接按照零件轮廓编程。

刀具半径补偿指令包括刀具半径左补偿 G41、刀具半径右补偿 G42 和刀具半径补偿注销 G40。沿着刀具运动方向看，刀具在工件表面的左侧，则为刀具半径左补偿 G41；刀具在工件表面的右侧，则为刀具半径右补偿 G42，如图 11.15 所示。

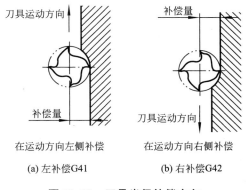

(a) 左补偿 G41　　(b) 右补偿 G42

**图 11.15　刀具半径补偿方向**

指令格式：G17　G41/G42　G00/G01　X__　Y__　D__
　　　　　G17　G40　G00/G01　X__　Y__

G17 指定在 XY 平面内补偿。代码 X 和 Y 后的参数值为刀具半径补偿或注销时的终点坐标值；代码 D 后的两位参数值为刀具半径补偿号，在对应补偿号的寄存器中存有刀具半径补偿值。

在 ZX 平面内(G18)和 YZ 平面内(G19)的补偿原则相同。

② 刀具长度补偿指令 G43/G44、G49

由于刀具磨损、重磨或中途换刀等使其轴向尺寸(实际深度)没有达到或超出要求深度,刀具需作 Z 坐标方向的长度补偿,补偿量是要求深度与实际深度的差值,如图 11.16 所示。

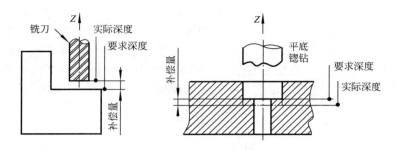

图 11.16 刀具长度补偿方向

刀具长度补偿指令包括刀具长度正向补偿 G43、刀具长度负向补偿 G44 和刀具长度补偿注销 G49。正向补偿 G43 表示刀具实际移动值为程序给定值与补偿值之和;负向补偿 G44 表示刀具实际移动值为程序给定值与补偿值之差。刀具长度补偿只能在 Z 坐标方向进行。

指令格式:G43/G44　G00/G01　X__　Y__　Z__　H__
　　　　　G49　　　G00/G01　X__　Y__　Z__

代码 H 后的两位参数值为刀具长度补偿号,在对应补偿号的寄存器中存有刀具长度补偿值。

(7) 孔加工固定循环指令

在加工中心上,固定循环主要是针对孔加工设计的。华中数控 HNC-21/22M 数控系统具有的孔加工固定循环功能包括 G73、G74、G76 和 G80~G89,见表 11-4,其中,G80 为孔加工固定循环注销。孔加工固定循环指令一般由 6 个动作组成,如图 11.17 所示,图中虚线表示快速进给,实线表示切削进给。

表 11-4　孔加工固定循环指令表(华中数控 HNC-21/22M)

| G 指令 | 孔加工动作 | 孔底动作 | 返回动作 | 用途 |
| --- | --- | --- | --- | --- |
| G73 | 间歇进给 | — | 快速进给 | 深孔钻循环 |
| G74 | 切削进给 | 主轴正转 | 切削进给 | 反攻丝循环 |
| G76 | 切削进给 | 主轴准停 | 快速进给 | 精镗循环 |
| G81 | 切削进给 | — | 快速进给 | 中心钻循环 |
| G82 | 切削进给 | 暂停 | 快速进给 | 锪孔循环 |
| G83 | 间歇进给 | — | 快速进给 | 深孔钻循环 |
| G84 | 切削进给 | 主轴反转 | 切削进给 | 攻丝循环 |
| G85 | 切削进给 | — | 切削进给 | 镗孔循环 |

（续）

| G指令 | 孔加工动作 | 孔底动作 | 返回动作 | 用途 |
|---|---|---|---|---|
| G86 | 切削进给 | 主轴停止 | 切削进给 | 镗孔循环 |
| G87 | 切削进给 | 主轴停止 | 手动或快速 | 反镗循环 |
| G88 | 切削进给 | 暂停、主轴停止 | 手动或快速 | 镗孔循环 |
| G89 | 切削进给 | 暂停 | 切削进给 | 镗孔循环 |

动作1——X和Y坐标定位至初始点。

动作2——快速进给至R点。

动作3——孔加工。

动作4——在孔底的动作，包括暂停、主轴准停等。

动作5——返回至R点。

动作6——返回至初始点。

初始点是为了安全下刀而规定的点，初始点至工件上表面的距离可以任意设定于一个安全的高度上；R点是刀具下刀时由快速进给转换为切削进给的转换起点，与工件表面的距离一般取2~5mm。

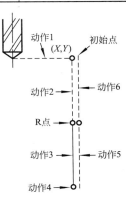

图11.17 孔加工固定循环的动作

指令格式：

G90/G91 G98/G99 G__ X__ Y__ Z__ R__ Q__ P__ I__ J__ F__ L__
G80

G__指定孔加工固定循环功能，G80指定孔加工固定循环注销。G90/G91指定绝对尺寸编程或增量尺寸编程。G98指定返回至初始点所在平面，G99指定返回至R点所在平面。代码X和Y后的参数值为孔位置坐标值；代码Z后的参数值为孔底坐标值；代码R后的参数值为R点所在平面的Z坐标值；代码Q后的参数值为每次进给深度，只有G73和G83指令需指定；代码P后的参数值为刀具在孔底的暂停时间（s）；代码I和J后的参数值分别为刀具在X坐标和Y坐标刀尖反方向的位移增量，只有G76和G87指令需指定；代码F后的参数值为切削进给速度；代码L后的参数值为固定循环的次数。G00~G03也可以注销孔加工固定循环。

**4. 数控铣床编程示例**

如图11.18所示为数控铣削加工的凸轮零件图，毛坯已加工，$\phi$30H7孔和两端面已加工，材料为20Cr。

1) 工艺分析

根据图纸要求，工件以孔$\phi$30H7和一个端面作为定位面，在端面上用螺母和垫圈压紧。由于孔$\phi$30H7是设计和定位基准，应将对刀点（起刀点）选在$\phi$30H7孔中心线上距离工件上表面50mm处，以便于确定刀具与工件的相对位置。

加工工艺路线如下：凸轮轮廓铣削加工（选用$\phi$20mm立铣刀T01），通过改变刀具半径补偿量来进行粗加工和精加工；钻、扩、铰4-$\phi$13H7孔（$\phi$3mm中心钻T02、$\phi$11mm钻头T03、$\phi$12.85mm扩孔钻T04、$\phi$13H7铰刀T05）。

2) 数学处理

工件坐标原点设置于工件上表面，建立如图 11.18 所示的工件坐标系，起刀点在工件坐标系中的坐标为(0，0，50)。通过计算可以得到各段圆弧连接点在 $XY$ 平面上坐标：A($-$63.8，0)；B($-$9.962，$-$63.017)；C($-$5.596，$-$63.746)；D(63.999，$-$0.269)；E(63.728，0.03)；F(44.805，19.387)；G(14.786，59.181)；H($-$55.618，25.054)；I($-$62.897，10.697)。

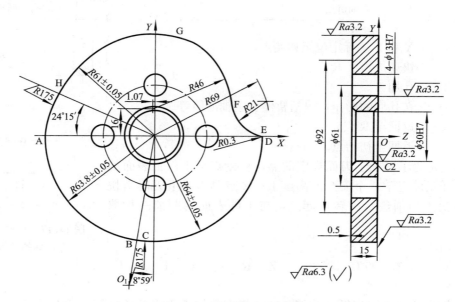

图 11.18 数控铣床编程示例

3) 程序编制

数控加工程序如下：

O0017
N0010 G92 X0 Y0 Z50
N0020 M06 T01
N0030 G90 G00 Z10
N0040 X-73.8 Y20
N0050 S800 M03
N0060 G43 Z-16 H01 M08
N0070 G42 G01 X-63.8 Y10 F60 D01
N0080 X-63.8 Y0
N0090 G03 X-9.962 Y-63.017 R63.8
N0100 G02 X-5.596 Y-63.746 R175
N0110 G03 X63.999 Y-0.269 R64
N0120 X63.728 Y0.03 R0.3
N0130 G02 X44.805 Y19.387 R21
N0140 G03 X14.786 Y59.181 R46
N0150 X-55.617 Y25.054 R61
N0160 G02 X-62.897 Y10.697 R175
N0170 G03 X-63.8 Y0 R63.8
N0180 G01 X-63.8 Y-10
N0190 G01 G40 X-73.8 Y-20 M09
N0200 G00 G49 Z10 M05
N0210 M06 T02
N0220 G00 X0 Y31.5
N0230 S1000 M03
N0240 G43 Z4 H02 M08
N0250 G98 G90 G81 Z-5 R2 F50
N0260 M98 P0033
N0270 G80 G00 G49 Z10 M05 M09
N0280 M06 T03

N0290 G00 X0 Y31.5
N0300 S600 M03
N0310 G43 Z4 H03 M08
N0320 G99 G81 Z-18 R2 F60
N0330 M98 P0033
N0340 G80 G00 G49 Z10 M05 M09
N0350 M06 T04
N0360 G00 X0 Y31.5
N0370 S500 M03
N0380 G43 Z4 H04
N0390 G99 G81 Z-18 R2 F40
N0400 M98 P0033
N0410 G80 G00 G49 Z10 M05
N0420 G00 X0 Y0 Z50
N0430 M30
O0033；子程序
N0010 X-31.5 Y0
N0020 X0 Y-31.5
N0030 X31.5 Y0
N0040 M99

## 11.3 CAD/CAM

CAD/CAM 技术是随着电子技术、计算机技术、自动控制技术和信息技术等的发展而形成的现代设计、制造技术，广泛应用于机械、电子、航空、航天、汽车、轻工及建筑等领域。CAD/CAM 的应用水平已成为衡量一个国家技术发展水平及工业现代化水平的重要标志。

### 11.3.1 CAD/CAM 的定义

CAD/CAM 是计算机辅助设计和计算机辅助制造的简称，它以计算机作为主要技术手段，帮助人们处理各种信息，进行产品的设计与制造。CAD/CAM 技术能够将传统的设计与制造彼此相对独立的工作作为一个整体来考虑，实现信息处理的高度一体化。CAD/CAM 的定义范畴如图 11.19 所示。

计算机辅助设计是指工程技术人员使用计算机系统辅助完成产品的设计、绘图、分析、优化和修改等工作，并达到提高产品设计质量、缩短产品开发周期、降低产品制造成本的目的。

计算机辅助制造是指计算机在产品制造方面有关应用的总称，有广义和狭义两种定义。广义 CAM 一般指利用计算机辅助完成由生产准备至产品制造整个过程的活动，包括工艺过程设计、工装和设备设计、数控加工程序编制、生产作业计划、生产控制和质量控制等。例如，如图 11.20 所示为机械产品广义 CAM 的定义范畴。狭义 CAM 通常仅指数控加工程序编制(自动编程)，包括刀具选择、刀具路径规划、刀具轨迹生成和编辑、仿真加工以及数控加工程序生成和传输等。

CAD/CAM 系统集成是 CIMS(Computer Integrated Manufacturing System，计算机集成制造系统)的基础。CAD/CAM 系统的集成有信息集成、过程集成和功能集成三个层次。目前的 CAD/CAM 系统大多停留于信息集成基础上。因此，一般的 CAD/CAM 系统集成是将 CAD、CAE(Computer Aided Engineering，计算机辅助工程)、CAPP 和 CAM 等各种功能软件有机地结合起来，用统一的执行机制来控制和组织各种功能软件信息的提取、转换、共享和处理，以保证系统内的信息畅通和系统的协调运行。

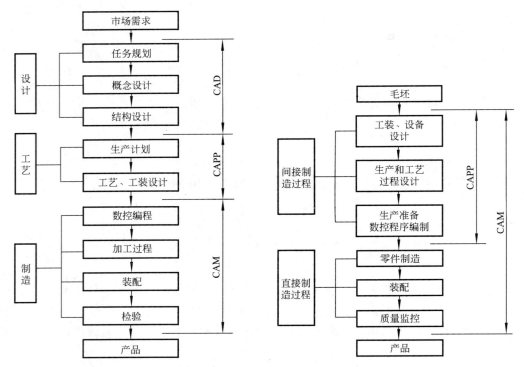

图 11.19　CAD/CAM 的定义范畴　　　　图 11.20　机械产品广义 CAM 的定义范畴

### 11.3.2　CAD/CAM 系统的组成

CAD/CAM 系统由硬件和软件两部分组成，如图 11.21 所示。

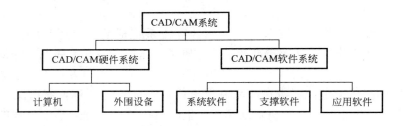

图 11.21　CAD/CAM 的系统组成

1) 硬件组成

CAD/CAM 硬件系统主要指计算机及各种外围设备，如打印机、绘图机和数控机床等。

2) 软件组成

CAD/CAM 软件系统一般包括系统软件、支撑软件和应用软件。

系统软件是计算机的公共底层管理软件，即系统开发平台，是用户与计算机之间的连接纽带。它面向所有用户，主要负责管理硬件资源和各种软件资源，主要由管理和操作程序、维护程序和用户服务程序等三部分组成。

支撑软件建立于系统软件之上，是实现 CAD/CAM 各种功能的应用基础软件，是

CAD/CAM系统专业性应用软件的开发平台，为用户提供工作或开发环境。支撑软件是各类应用软件的基础。CAD/CAM支撑软件一般包含以下几类：绘图软件，如AutoCAD软件；几何建模软件，如Pro/E、UG软件；计算机辅助工程分析软件，如ANSYS软件；优化软件，如OPB软件。

不同专业领域具有不同内容和功能的应用软件，如飞行器设计包括总体方案、质量计算、空气动力学计算、载荷分析、结构分析、应力计算、动力颤振分析和疲劳断裂等。

### 11.3.3 CAD/CAM的主要任务

CAD/CAM需要对产品设计、制造全过程的信息进行处理，包括设计、制造过程中的数值计算、设计分析、绘图、工程数据库管理、工艺设计、加工仿真等。因此，CAD/CAM系统必须完成以下主要任务：

（1）几何建模。它提供有关产品设计的各种信息，描述基本几何实体及实体之间的关系。利用CAD/CAM系统的几何造型功能，用户不仅可以构造各种零件的几何模型，还能够随时观察和修改。几何建模是CAD/CAM的核心功能，是后续任务的基础。

（2）计算分析。在设计中要进行各种计算和分析，如运动学和动力学分析、有限元分析以及最优化设计分析。在CAD/CAM系统构造了产品的几何模型之后，能够根据产品几何形状，通过计算机计算出产品的体积、质量、重心位置等几何特性和物理特性，对产品进行深入准确的分析，并且在计算分析之后，可以通过多种方式表达计算分析结果。

（3）工程绘图。一般设计结果是通过工程图的形式表达的，CAD/CAM中的某些中间结果也可以通过图形化方式表达。CAD/CAM系统应具备由三维图形向二维图形转换的功能，以及处理二维图形的功能，如基本图元生成、尺寸标注等。

（4）计算机辅助工艺过程设计。设计的目的是制造，而工艺过程设计是为产品的加工制造提供指导性文件。CAPP是CAD与CAM的中间环节。CAPP系统能根据建模后生成的产品信息及制造要求，自动确定产品的加工方法、加工步骤、加工设备和加工参数。

（5）自动编程。CAD/CAM系统具有数控加工程序自动生成功能，包括刀具选择、刀具路径规划、刀具轨迹生成和编辑、仿真加工以及数控加工程序生成和传输等。

（6）工程数据管理。由于CAD/CAM系统中工程数据量大、种类多，如几何图形数据、产品定义数据和生产控制数据等，因此，CAD/CAM系统应能提供有效的管理手段，支持工程设计与制造全过程的信息流动与交换。

### 11.3.4 CAD/CAM的软件

目前，使用较多的CAD/CAM软件主要有UG、Pro/E、SolidWorks、MasterCAM和CAXA等。

1）UG软件

UG(Unigraphics)软件是美国EDS公司的产品，它集CAD/CAE/CAM为一体，是当今世界最先进的计算机辅助设计、分析和制造软件之一，广泛应用于航空航天、汽车、造船、通用机械和电子等工业领域。目前已发布了UG NX 6.0版本。它将优越的参数化和变量化技术与传统的实体、线框和表面功能结合在一起，具有建模的灵活性（支持参数化和非参数化建模）、直观的工程绘图、高级装配、集成的数字分析和功能强大的数控加工等特点。UG的CAM模块提供了产生精确刀具路径的方法，允许用户通过观察刀具运动来图形化编辑刀具轨迹,其后置处理程序支持多种数控机床。

2) Pro/E 软件

Pro/E(Pro/Engineer)软件是全世界最普及的三维 CAD/CAM 系统,广泛应用于电子、机械、模具、工业设计和玩具等民用行业。目前已发布了 Pro/E Wildfire 5.0 版。它集零件设计、产品组合、模具开发、数控加工、钣金件设计、铸造件设计、造型设计、逆向工程、自动测量、机构仿真、应力分析、产品数据库管理等功能于一体,具有最佳刀具轨迹控制和智能化刀具轨迹创建功能,支持高速加工和多轴加工,带有多种图形文件接口。

3) SolidWorks 软件

SolidWorks 软件是 SolidWorks 公司开发的基于 Windows 的 CAD/CAE/PDM(Product Data Managemant,产品数据管理)集成系统。目前已发布了 SolidWorks 2010 产品系列。SolidWorks 软件是世界上第一个基于 Windows 开发的三维 CAD 系统,该软件采用自顶向下的设计方法,可动态模拟装配过程,它采用基于特征的实体建模,其先进的特征树结构使操作更加简便和直观。SolidWorks 软件与大多数的 CAM 软件都有良好的接口。

4) MasterCAM 软件

MasterCAM 软件是美国 CNC Software 公司开发的基于 PC 平台的 CAD/CAM 软件。目前已发布了 MasterCAM X10 版。MasterCAM 软件提供了设计零件外形所需的理想环境,其强大稳定的造型功能可设计出复杂的曲线、曲面零件;具有较强的曲面粗加工和精加工功能,曲面精加工有多种选择方式,可以满足复杂零件的曲面加工要求,同时具备多轴加工功能。据国际 CAD/CAM 领域的权威调查数据显示,此软件的装机量居世界第一。

5) CAXA 软件

CAXA 软件是北京数码大方科技有限公司(CAXA)开发的、拥有完全自主知识产权的、系列化的 CAD/CAPP/CAM/DNC(Direct Numerical Control,直接数字控制)/PDM/MPM(Manufacturing Process Management,制造过程管理)软件。CAXA 软件覆盖了设计、工艺、制造和管理等四大领域,产品广泛应用于装备制造、电子电器、汽车及零部件、国防军工、工程建设和教育等各个行业。CAXA 制造工程师是面向 2~5 轴数控铣床与加工中心、具有良好工艺性能的铣削/钻削数控加工编程软件,为国产 CAM 软件在国内 CAM 市场中占据了一席之地。

## 11.3.5 CAD/CAM 的应用

CAD/CAM 技术的应用带来了巨大的社会效益和经济效益。目前,CAD/CAM 技术广泛应用于机械、电子、航空、航天、汽车、轻工及建筑等领域。例如,电子电器行业利用 CAD/CAM 技术进行电路设计和印制电路板的生产;建筑行业利用 CAD 技术可节省方案设计时间约 90%,投标时间 30%,重复绘制作业费 90%;轻纺服装行业利用 CAD 技术进行花纹图案与色彩设计、排料放样等;电影电视行业利用 CAD 技术进行动画片及特技镜头的制作。

CAD/CAM 技术虽然现在已逐渐趋于成熟,但还远远没有达到完美的程度,新技术的产生和发展,使 CAD/CAM 技术发展更加活跃,在今后一段时间内,将朝着集成化(Integration)、智能化(Intelligence)和网络化(Internet)方向发展。

## 11.4 CIMS

随着科学技术的飞速发展,制造技术的不断进步,社会对产品多样化需求的日益加强,产品的更新换代加速,品种多样,中、小批量生产的比重明显增加,制造业朝着更高层次的柔性制造系统(Flexible Manufacturing System,FMS)和计算机集成制造系统(CIMS)的方向发展。

计算机集成制造系统的概念是1973年首先由美国Joseph Harrington博士提出,并在20世纪80年代得到发展与成熟的一种现代制造企业模式。CIMS在"自动化孤岛"(专门用途的自动化子系统)技术的基础上,对全部制造过程进行统一设计,将制造企业的全部生产经营活动,通过数据驱动形成一个有机整体,以获得一个高效益、高柔性和智能化的大系统。

### 11.4.1 CIMS 的特征

CIMS目前还没有确切的定义,但有几点是公认的:CIMS将制造企业的全部生产经营活动,即从市场分析、产品设计、生产规划、制造、质量保证、经营管理至产品售后服务等,通过数据驱动形成一个有机整体,使企业内各种活动相互协调;CIMS不是各种自动化系统的简单叠加,而是通过计算机网络、数据管理技术实现各单元技术的集成;CIMS能有效地实现柔性生产。因此,CIMS具有数据驱动、集成和柔性等三大特征。

计算机集成制造系统是高技术的集成,包括系统工程、管理科学、计算机技术和机械制造技术。CIMS将企业中的人、技术和组织集成起来,将企业在生产产品的各个环节的高新技术集成起来,发挥总体优化作用,达到降低成本、提高质量、缩短交货周期、增强企业创新竞争能力等目的,从而提高企业对市场的应变能力和竞争力。

### 11.4.2 CIMS 的组成

从功能的角度考虑,一般认为CIMS由管理信息系统、技术信息系统、制造自动化系统和质量保证系统四个功能子系统,以及计算机网络和数据库两个支撑子系统组成,如图11.22所示。图11.23表示了各子系统之间的关系。

1) 管理信息系统(MIS)

MIS是将制造企业生产经营过程等进行管理的计算机应用系统,它是CIMS中的神经中枢。MIS应具有的基本功能包括:预测、经营决策、各级生产计划、生产技术准备、销售、供应、财务、成本、设备、工具和人力资源等各项管理。

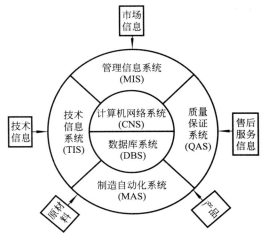

图 11.22  CIMS 的组成

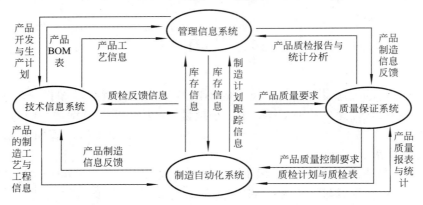

图 11.23　CIMS 各子系统之间的关系

2）技术信息系统（TIS）

TIS 为企业的技术部门提供所需要的技术信息，支持产品开发，为生产做技术准备。包括产品的任务规划、概念设计、结构设计、工艺过程设计、数控编程、加工和质量管理等工作的技术信息，即 CAD、CAPP 和 CAM 等三部分工作技术信息。

3）制造自动化系统（MAS）

MAS 对工件或产品进行加工，直接完成零件或产品的各种加工和装配，它是企业信息流、物料流和决策流交汇的枢纽，主要由数控机床、FMC（Flexible Manufacturing Cell，柔性制造单元）和 FMS 等部分组成。

4）质量保证系统（QAS）

QAS 负责采集、存储、评价和控制在设计和制造过程中产生的、与质量有关的数据，形成一系列的控制环，以便于有效地控制质量。

5）数据库系统（DBS）

上述四个功能子系统的信息数据都要在一个结构合理的数据库系统里进行存储和调用，以便于各系统之间信息的交换和共享。

6）计算机网络系统（CNS）

CNS 是 CIMS 的主要信息集成工具，采用国际标准和工业规定的网络协议将 CIMS 各功能子系统联系起来，达到资源共享、分布处理和实时控制的目的。

### 11.4.3　CIMS 的应用

我国 CIMS 的研究、开发和应用，走过了一条与国外相比更有创新性的发展道路。作为国家 863 计划（国家高技术研究发展计划）的一个主题，CIMS 从 1986 年立项，1987 年开始实施至今，已经在我国的机械、电子、航空、航天、船舶、轻工、纺织、石油、化工和冶金等主要制造行业中的 200 多家企业中示范应用，并且绝大多数企业都取得了明显的经济效益和社会效益。我国对 CIMS 技术内涵的丰富和发展，得到了国际同行的承认。1994 年清华大学获得美国制造工程师学会 SME（Society of Manufacturing Engineers）的"大学领先奖"（一般每年在世界只评一名），1995 年北京第一机床厂获 SME 的"工业领先奖"，1999 年华中理工大学（现华中科技大学）获得 SME 的"大学领先奖"，使我国在 CIMS 领域占有了一席之地。

通过 CIMS 的实施，增强了企业的竞争能力，促进了我国 CIMS 技术及产业的发展；

攻克了一批达到或接近世界先进水平，并对经济和社会发展有重要影响的关键技术；信息集成、过程集成技术和企业间集成技术等取得了突破性重要进展；对行业和地区的制造企业的信息化、现代化起了重要的牵引导向作用。

## 11.5 特种加工

现代生产发展对许多工业产品提出了高强度、高速度、耐高温、耐低温或耐高压等性能要求，从而对机械制造业提出了许多新问题。如高强度合金钢、耐热钢、硬质合金等难加工材料的加工；陶瓷、玻璃、人造金刚石、硅片等非金属材料的加工；高精度、表面粗糙度值极小的表面加工；复杂型面、薄壁、小孔、窄缝等特殊结构零件的加工等。传统的切削加工方法由于受其加工工艺特点的局限，不仅生产效率低、制造成本高，而且很难达到产品的技术要求，甚至无法加工。特种加工正是在这种背景下产生和迅速发展起来的，并在现代制造技术中发挥着越来越重要的作用。

### 11.5.1 概述

根据 GB/T 14896.1—1994《特种加工机床 术语 基本术语》，特种加工是指将电、磁、声、光、化学等能量或其组合施加在工件的被加工部位上，从而使材料被去除、变形、改变性能或被镀覆的非传统加工方法。

1) 特种加工的特点

与传统的切削加工相比，特种加工具有以下特点：

(1) 加工主要不是依靠机械能，而是主要利用其他能量去除金属材料。

(2) 工件材料硬度与强度不受限制，工具材料硬度可以低于工件材料硬度。

(3) 加工过程中工具与工件之间不存在显著的机械切削力。

2) 特种加工工艺方法分类

根据 JB/T 5992.6—1992《机械制造工艺方法分类与代码 特种加工》，按照工艺特点的不同，特种加工可以分为电物理加工、电化学加工、化学加工、复合加工和其他等五类；按照加工能源类型的不同，在工艺特点划分的基础上可以划分特种加工小类；按照加工目的的不同，小类还可以进一步细分。常见的特种加工方法见表 11-5。

表 11-5 常见的特种加工方法分类

| 特种加工方法小类 | 小类细分 | 加工原理 |
| --- | --- | --- |
| 电火花加工 | 电火花线切割<br>电火花穿孔<br>电火花成形<br>电火花刻印 | 利用浸在工作液中的两极间脉冲放电时产生的电蚀作用蚀除导电材料的特种加工方法 |
| 激光加工 | 激光切割<br>激光穿孔 | 利用能量密度很高的激光束使工件材料熔化、蒸发和汽化而予以去除的高能束加工方法 |
| 超声加工 | 超声切割<br>超声穿孔<br>超声成形 | 利用超声振动的工具在有磨料的液体介质中或干磨料中产生的磨料的冲击、抛磨、液压冲击及由之产生的气蚀作用以去除材料，以及利用超声振动使工件相互结合的特种加工方法 |

(续)

| 特种加工方法小类 | 小类细分 | 加工原理 |
|---|---|---|
| 电解加工 | 电解穿孔<br>电解成形<br>电解刻印<br>电解去毛刺 | 利用金属在电解液中产生阳极溶解的原理去除工件材料的特种加工方法 |
| 化学加工 | 化学成形<br>化学铣削<br>化学蚀刻<br>化学去重 | 利用酸、碱或盐的溶液对工件材料的腐蚀溶解作用，以获得所需形状、尺寸或表面状态的工件的特种加工方法 |

3) 特种加工机床分类

根据 JB/T 7445.1—2005《特种加工机床 类种划分》，按照工作原理及加工能源的不同，特种加工机床可以划分为 14 个小类，如电火花加工机床小类、电解加工机床小类、超声加工机床小类、快速成型机床小类等。

在同一小类机床中，按照加工工艺及主要应用范围的不同，可将其细分为若干不同的组，如电火花加工机床小类可以分为电火花小孔加工机床、电弧加工机床、电火花成形机床、电火花线切割机床等组。

在同一组机床中，按照加工方式和应用领域的不同，可将其细分为若干不同的系列，如电火花线切割机床有单向走丝电火花线切割机和往复走丝电火花线切割机两个系列。

在同一系列机床中，按照通用特性的不同，可将其细分为若干不同的品种，如数控电火花成形机与非数控电火花成形机就是不同的品种。

在同一品种机床中，按照主参数和第二主参数的不同，还可将其细分为不同的规格。

JB/T 7445.2—1998《特种加工机床 型号编制方法》规定了各种特种加工机床的型号编制方法，例如，DK7725 电火花线切割机床，在型号 DK7725 中，D 为机床类别代号（电加工机床类），K 为通用特性代号（数控），77 为机床的组别和型别代号（往复走丝电火花线切割机），25 为主参数代号，表示产品 $r$ 轴行程的 1/10，即工作台横向行程为 250mm。

## 11.5.2 数控电火花线切割

电火花线切割是电火花加工的一个分支，是利用线状电极（即电极丝，如钼丝、铜丝）靠火花放电来对工件进行加工的方法。线切割加工中工件与电极丝的相对运动采用数字控制。

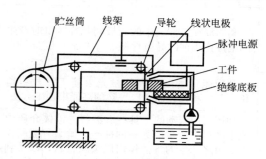

**图 11.24 电火花线切割加工原理**

数控电火花线切割机床一般分为往复走丝型和单向走丝型两大类。前者电极丝作高速往复运动，走丝速度为 (8~10)m/s；后者电极丝作低速单向运动，走丝速度一般低于 0.25m/s。电火花线切割的加工精度可达到 IT7~IT6，表面粗糙度可达 $Ra1.6\mu m$ 或更小。

1. 加工原理及工艺特点

电火花线切割是通过线状电极与工件之

间的脉冲放电进行加工的。往复走丝型电火花线切割的加工原理如图11.24所示。加工时，线状电极穿过工件（与工件待加工表面之间存在一放电间隙），经导轮由贮丝筒带动作高速往复运动，工件通过绝缘底板安装于工作台上，工作台在水平面内沿 $X$、$Y$ 坐标方向（分别为工作台的纵向和横向移动方向）各自按照数控程序要求运动而合成任意平面曲线。脉冲电源对线状电极和工件施加脉冲电压，线状电极接脉冲电源负极，工件接脉冲电源正极。当来一个电脉冲时，将线状电极与工件之间的介质击穿，产生一次火花放电，在放电通道的中心温度瞬时可达 10000℃ 以上的高温，使工件金属熔化，甚至汽化，高温也使线状电极和工件之间的工作液部分汽化，这些汽化后的工作液和金属蒸气瞬间迅速热膨胀，具有爆炸特性。这种热膨胀和局部微爆炸，将熔化和汽化了的金属材料抛出，从而实现对工件材料的蚀除加工。

电火花线切割加工无需制造成形电极，用简单的线状电极即可对工件进行加工，适合于加工各种高硬度、高强度、高韧性和高脆性的导电材料，如淬火钢、硬质合金等；线状电极直径很小（$\phi 0.15 \sim \phi 0.25 \text{mm}$），适合于加工微细异型孔、窄缝和复杂形状的直纹面；切削力很小，可对刚度较低的材料和零件进行精密加工和精细加工；生产效率较低，适用于单件小批量生产，可大大缩短新产品研发试制周期。

2. 机床结构

以数控电火花线切割机床 DK7725 为例，该机床主要由机床本体、脉冲电源和数控装置等三部分组成。机床本体是数控电火花线切割加工机床的机械部分，由床身、工作台及电极丝驱动装置等部分组成。床身主要用于支承和连接工作台、运丝机构等主要部件，内部安装有机床电器和工作液循环系统。工作台用于装夹工件，并带动工件在工作台水平面内作 $X$、$Y$ 两个坐标方向运动。电极丝走丝机构一般由驱动电机、贮丝筒和线架等部分组成。脉冲电源为电火花线切割机床提供加工所需能量，将 50Hz 交流电转换为高频脉冲电压。数控装置以 PC 或单片机为核心，配备相关的硬件和软件，以便于精确控制电极丝相对于工件的运动。

3. 工艺参数

电火花线切割的工艺参数是指线切割加工过程中的加工条件，包括脉冲宽度、脉冲间隙、脉冲频率、峰值电流等电参数，以及进给速度和走丝速度等机械参数。脉冲宽度是指脉冲电流的持续时间，脉冲间隙是指两相邻脉冲之间的时间，峰值电流是指放电电流的最大值。生产中应综合考虑各参数对加工的影响，选择合理的工艺参数。

4. 编程方法

数控电火花线切割机床编程采用 3B、4B 或 G 代码（ISO 标准）等不同格式，往复走丝型机床一般采用 B 代码格式，单向走丝型机床一般采用 G 代码格式。目前市场上大多数自动编程软件既可以输出 B 代码，又可以输出 G 代码。G 代码功能与数控车床和数控铣床的 G 指令相似，下面不再作详细介绍。3B 制程序为无间隙补偿程序，4B 制程序为有间隙补偿程序。3B 制程序较为简单，应用最为广泛。

1) 3B 代码程序段格式

3B 代码程序段格式为：

N＿ BX BY BJ GX/GY Z

其中，N 为程序段号；B 为分隔符，将 X、Y、J 等数据分隔开；X、Y 为坐标数值，X、Y 均为无符号数($\mu m$)；J 为计数长度($\mu m$)；GX/GY 为计数方向；Z 为加工指令。

2）编程说明

（1）坐标值 X、Y 的确定。坐标系原点随程序段不同而改变，加工直线时，以直线起点为坐标系原点，X、Y 为终点坐标值，由于它代表了直线的斜率，因此，可以约去最大公约数，当终点坐标位于坐标轴上（X 轴或 Y 轴）时，取 X、Y 均为 0；加工圆弧时，以圆弧圆心为坐标系原点，X、Y 为圆弧起点坐标值。

（2）计数方向 GX/GY 的确定。不管是加工直线，还是加工圆弧，计数方向均按照终点位置确定：加工直线时，取其终点靠近的坐标轴；加工圆弧时，取其终点不靠近的坐标轴。当终点位于各象限角平分线（45°线）上时，取计数方向为 GX 或 GY 均可。

（3）计数长度 J 的确定。计数长度 J 为被加工直线或圆弧在计数方向坐标轴上投影的绝对值总和。

（4）加工指令 Z 的确定。加工指令有直线加工指令 L、顺时针圆弧加工指令 SR 和逆时针圆弧加工指令 NR 等几种。按照直线走向和终点所在象限的不同，直线加工指令有 L1、L2、L3 和 L4 等四种；按照圆弧起点所在的象限和圆弧走向，顺时针圆弧加工指令有 SR1、SR2、SR3 和 SR4 等四种，逆时针圆弧加工指令有 NR1、NR2、NR3 和 NR4 等四种，如图 11.25 所示。

图 11.25 加工指令的确定

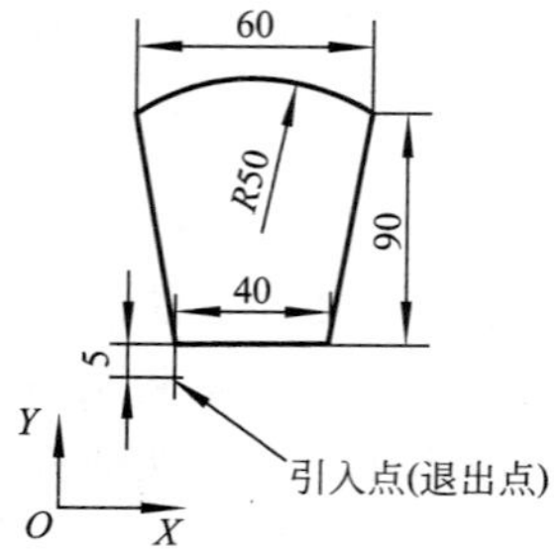

3）数控电火花线切割机床编程示例

在一薄板上加工出如图 11.26 所示零件，引入点与退出点为同一点，位于薄板轮廓外部。

数控加工程序如下：
N1 B0 B0 B5000 GY L2
N2 B0 B0 B40000 GX L1
N3 B10000 B90000 B90000 GY L1
N4 B30000 B40000 B60000 GX NR1
N5 B10000 B90000 B90000 GY L4
N6 B0 B0 B5000 GY L4
N7 END

图 11.26 数控电火花线切割机床编程示例

加工时，指定由 N1 程序段开始运行程序，一直运行至含有 END 的程序段时结束。

### 11.5.3 电火花成形加工

1. 加工原理

电火花成形加工原理如图 11.27 所示。加工时，将成形工具电极装夹于电火花成形机床主轴上，工件装夹于工作台上，工具电极和工件电极分别接脉冲电源两极，其间充满工作液。

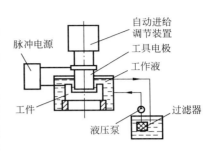

图 11.27 电火花成形加工原理

由于两极微观表面凹凸不平，当脉冲电压加到工具电极和工件上时，某一相对间隙最小处或绝缘强度最低处的工作液将最先被电离为负电子和正离子而被击穿，形成放电通道，电流随即剧增，在该局部位置产生火花放电，瞬时高温使电极表面局部金属迅速融化甚至汽化。同时，由于脉冲放电时间极短，金属熔化和汽化的速度极高，具有爆炸特性，熔化和汽化了的金属微粒被迅速抛离电极表面，从而放电后在电极表面产生一个极小的电蚀凹坑。随着工具电极由自动进给调节装置驱动不断进给，工件电极的表面就不断地被蚀除，从而达到电火花成形加工的目的。

2. 特点及应用

电火花成形利用成形工具电极与工件之间形成脉冲放电并逐步沉入工件内进行加工，除了要求导电之外，对工件材料几乎没有任何限制，可以用硬度低的工具电极（如纯铜和石墨）加工高熔点、高硬度、高强度、高脆性、高塑性或高纯度等导电材料。它具有以柔克刚的特点，工具电极制造容易；脉冲放电的能量密度高，不受工件热处理状况影响；脉冲放电持续时间极短，放电时产生的热量扩散范围小，对工件材料性能影响范围小；脉冲电源输出脉冲参数可任意调节，可以在同一台机床上实现粗加工、半精加工和精加工。

### 11.5.4 激光加工

1. 加工原理

激光是一种频率相同、相位相同（即具有严格的相位关系）的高强度平行单色光。光束的发射角通常不超过 0.1°，理论上可以聚焦至直径与光波波长尺寸相近的焦点上，焦点处的温度可达 10000℃。

激光加工原理如图 11.28 所示，加工系统一般由激光器、光路系统和机床本体等部分组成。激光器是整个激光加工系统的核心，主要作用是产生激光。激光器输出的激光束经过光路系统的传输和处理，以满足不同的加工要求，光路系统包括光束直线传输信道、光束的折射部分、聚焦或散射系统等。某些激光加工工艺，如切割、焊接、打孔、切削等，要求将激光束聚焦，以获得极高的能量密度；另一些激光加工

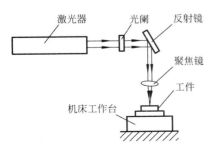

图 11.28 激光加工原理

工艺,如热处理、涂覆等,则要求在一特定形状的光斑内能量均匀分布,以获得大而均匀的加工面。加工机床是承载加工工件并使工件与激光束作相对运动而进行加工的机器,加工精度在很大程度上取决于加工机床的精度和激光束运动时可调节的精度。光束运动的调节和加工机床的运动轨迹均由数控系统控制。

2. 特点及应用

与传统的机械加工相比,激光加工速度快,热影响区小,加工变形和残余应力很小,适用于高熔点、高硬度、高脆性材料和复合材料(如耐热合金、陶瓷、石英、金刚石和橡胶等)的加工;激光加工属于非接触式加工,无明显机械切削力和工具损耗,对精细加工非常有利;激光加工的应用范围很广泛,除了可进行穿孔、划片、成形、切割和刻印等加工之外,还可以进行焊接、表面处理和微细加工等。

### 11.5.5 超声加工

1. 加工原理

超声加工是利用工具作高频振动,通过磨料对工件进行加工的。超声加工的原理如图11.29所示,加工系统一般由超声发生器、超声振动系统和机床本体等部分组成。加工时,超声发生器发出高频(>16000Hz)的交变电流供给换能器。换能器由镍和镍铝合金等材料制成,这些材料在磁场作用下稍微缩短,而当磁场去除后又恢复原状,因此,换能器在交变磁场(有交变电流励磁)作用下产生相应的高频振动(即超声振动)。变幅杆将换能器高频振动的振幅增大至 0.05~0.1mm,并使工具高频振动,增幅作用是利用超声振动在一定条件下能产生共振的特点来实现的。工具端面的超声振动迫使磨料悬浮液中的磨料以很大的速度和加速度不断撞击和抛磨工件表面,使工件表面材料粉碎成很小的微粒;与此同时,磨料悬浮液受工具超声振动作用,产生高频、交变的液压冲击波和空化作用,促使磨料悬浮液进入被加工材料的微裂缝,从而加剧了工件材料的机械破坏作用。随着工具不断进给,工件表面就不断地被去除(工具形状复映于工件上),从而达到超声加工的目的。

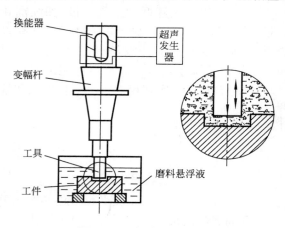

图 11.29 超声加工原理

2. 特点及应用

超声加工是磨料在超声振动作用下,机械撞击、抛磨和空化作用等综合作用的结果。越脆硬的材料,遭撞击后的破坏性越大,越适宜于超声加工,尤其是各种脆硬非金属材料,如玻璃、石英、陶瓷和金刚石等。加工导电的金属材料,如淬火钢、硬质合金等,由于其韧性较大,加工效率较低。超声加工时的切削力很小,热影响区小,加工变形和残余应力很小,表面质量好,而且还可以加工薄壁、窄缝和低刚度零件。

## 小  结

> 现代制造技术是传统制造技术与信息技术、管理科学与有关科学技术交融的结果，有现代设计技术、现代加工技术、自动化技术和现代管理技术等多个领域。
> 
> 数控机床是按照加工要求预先编制程序，并通过控制系统发出数字信息对工件进行加工的机床，一般由数控系统和机床本体两部分组成。数控机床的品种规格很多，分类方法各异，其中，应用较为广泛的是数控车床、数控铣床和加工中心。数控加工即是在数控机床上完成工件的部分或全部工艺内容，使之获得所要求的加工精度和表面质量。数控编程是数控机床使用中最重要的一环，对于产品质量的控制有着十分重要的影响，其主要内容包括零件图纸分析、工艺处理、数学处理、程序编制、制备控制介质、程序校验和零件试切等。数控编程方法主要分为手工编程和自动编程两大类。
> 
> 特种加工是将电、磁、声、光和化学等能量或其组合直接施加在工件的被加工部位上，从而使材料被去除、变形或改变性能等的非传统加工方法。常用的特种加工方法有电火花加工、激光加工、超声加工、电解加工和化学加工等几种类型。

## 复习思考题

**1. 判断题**

11-1  制造技术是指将各种原材料、半成品加工成产品的加工工艺及装备技术。

11-2  数控机床由于采用程序控制，当加工对象改变时，只需改变数控程序，便可以实现对新工件的自动化加工，数控机床适合大批大量生产。

11-3  机床零点是由机床制造者规定的机械原点，它与机床坐标原点重合。

11-4  非模态G代码只在指定该G代码功能的程序段有效。

11-5  设置刀具起始点（起刀点）的指令G92使刀具产生一定的运动。

11-6  在执行G00时，各坐标按照各自速度移动，不能保证各坐标同时到达终点，各坐标运动的合成轨迹不能保证是一条直线。

11-7  在铣削加工中心上，固定循环主要是针对孔加工设计的。

11-8  CAD/CAM系统的集成有信息集成、过程集成和功能集成三个层次。目前的CAD/CAM系统大多停留在过程集成水平。

11-9  CIMS具有数据驱动、集成和柔性等三大特征。

11-10  特种加工是指将电、磁、声、光、化学等能量或其组合施加在工件的被加工部位上，从而使材料被去除、变形、改变性能或被镀覆的非传统加工方法。

**2. 填空题**

11-11  现代制造技术是传统制造技术与_____、_____与有关科学技术交融的结果。

11-12  数控车床刀具位置补偿和刀尖半径补偿值通过_____设定。

11-13  在数控铣床的基础上，再配以_____和_____，则构成铣削加工中心。

11-14  从功能的角度考虑，一般认为CIMS由管理信息系统、技术信息系统、_____

和质量保证系统等四个功能子系统，以及_____和数据库等两个支撑子系统组成。

11-15　数控电火花线切割机床通常分为往复走丝型和单向走丝型两类，其中，_____电极丝的运动速度较高。

### 3. 简答题

11-16　现代制造技术与传统制造技术的区别是什么？

11-17　简述数控编程的步骤。

11-18　CAD/CAM 的主要任务是什么？

11-19　CIMS 系统的组成及各部分的功能是什么？

11-20　简述特种加工的分类。

### 4. 编程题

11-21　编制如图 11.30 所示零件的数控加工程序，不要求切断。加工所用刀具为 1 号外圆刀、2 号切槽刀（宽度为 4mm）。毛坯直径为 $\phi25mm$ 的棒料。

11-22　编制如图 11.31 所示零件的数控加工程序，起刀点位置为(0，0，50)，工件坐标系原点在工件上表面处。刀具直径为 $\phi8mm$ 的立铣刀，精铣。

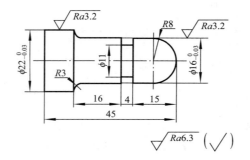

图 11.30　题 11-21 图

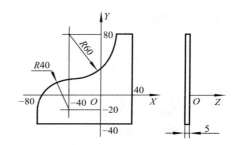

图 11.31　题 11-22 图

11-23　试设计一个数控电火花线切割的零件，采用 3B 制格式编程并加工，零件尺寸不超过 40mm×40mm。

# 参 考 文 献

[1] 张力真,徐允长. 金属工艺学实习教材 [M]. 3版. 北京:高等教育出版社,2001.
[2] 刘胜青,陈金水. 工程训练 [M]. 北京:高等教育出版社,2005.
[3] 全燕鸣,费修莹. 金工实训 [M]. 北京:机械工业出版社,2001.
[4] 柳秉毅. 金工实习(上册) [M]. 北京:机械工业出版社,2002.
[5] 黄明宇,徐钟林. 金工实习(下册) [M]. 北京:机械工业出版社,2002.
[6] 严绍华,张学政. 金属工艺学实习 [M]. 2版. 北京:清华大学出版社,2006.
[7] 夏德荣,贺锡生. 金工实习 [M]. 南京:东南大学出版社,2001.
[8] 萧泽新,欧笛声. 金工实习教材 [M]. 广州:华南理工大学出版社,2004.
[9] 周伯伟. 金工实习 [M]. 南京:南京大学出版社,2006.
[10] 程伟炯. 金工实习练习和思考题 [M]. 南京:东南大学出版社,1997.
[11] 孔庆华. 金属工艺学实习 [M]. 上海:同济大学出版社,2005.
[12] 陈君若. 制造技术工程实训 [M]. 北京:机械工业出版社,2003.
[13] 徐鸿本,沈其文. 金工实习 [M]. 2版. 武汉:华中科技大学出版社,2005.
[14] 邓文英,郭晓鹏. 金属工艺学(上册) [M]. 5版. 北京:高等教育出版社,2008.
[15] 邓文英,宋力宏. 金属工艺学(下册) [M]. 5版. 北京:高等教育出版社,2008.
[16] 林江. 机械制造基础 [M]. 北京:机械工业出版社,2008.
[17] 郭永环,姜银方. 金工实习 [M]. 北京:北京大学出版社,2006.
[18] 侯书林,朱海. 机械制造基础(上册) [M]. 北京:北京大学出版社,2006.
[19] 侯书林,朱海. 机械制造基础(下册) [M]. 北京:北京大学出版社,2006.
[20] 夏广岚,冯凭. 金属切削机床 [M]. 北京:北京大学出版社,2008.
[21] 周世权. 工程实践(机械及近机械类) [M]. 武汉:华中科技大学出版社,2003.
[22] 沈其文. 材料成型工艺基础 [M]. 武汉:华中理工大学出版社,1999.
[23] 何红媛. 材料成形技术基础 [M]. 修订版. 南京:东南大学出版社,2004.
[24] 朱张校. 工程材料 [M]. 3版. 北京:清华大学出版社,2004.
[25] 王纪安. 工程材料与材料成形工艺 [M]. 北京:高等教育出版社,2000.
[26] 李华. 机械制造技术 [M]. 北京:高等教育出版社,2000.
[27] 姚泽坤. 锻造工艺学与模具设计 [M]. 西安:西北工业大学出版社,1998.
[28] 李英龙,李体彬. 有色金属锻造与冲压技术 [M]. 北京:化学工业出版社,2008.
[29] 王先逵. 机械制造工艺学 [M]. 2版. 北京:机械工业出版社,2005.
[30] 陈日曜. 金属切削原理 [M]. 2版. 北京:机械工业出版社,1996.
[31] 徐凤英,张增学. 车工 [M]. 广州:广东科技出版社,2004.
[32] 朱怀琪,张正菁. 铣工 [M]. 北京:化学工业出版社,2004.
[33] 高顶. 金工实习 [M]. 北京:中国矿业大学出版社,1997.
[34] 廖念钊,占莹奋,莫雨松. 互换性与技术测量 [M]. 5版. 北京:中国计量出版社,2008.
[35] 何铭新,钱可强. 机械制图 [M]. 5版. 北京:高等教育出版社,2004.
[36] 濮良贵,纪名刚. 机械设计 [M]. 8版. 北京:高等教育出版社,2006.
[37] 杨叔子,吴波,李斌. 再论先进制造技术及其发展趋势 [J]. 机械工程学报,2006,42(1):1-5.
[38] 陈蔚芳,王宏涛. 机床数控技术及应用 [M]. 北京:科学出版社,2008.
[39] 宁汝新,赵汝嘉. CAD/CAM技术 [M]. 2版. 北京:机械工业出版社,2005.

[40] 王润孝. 先进制造技术导论 [M]. 北京：科学出版社，2004.
[41] GB/T 14957—1994 熔化焊用钢丝
[42] GB/T 5117—1995 碳钢焊条
[43] GB/T 6477—2008 金属切削机床　术语.
[44] GB/T 15375—2008 金属切削机床型号编制方法.
[45] GB/T 12204—1990 金属切削　基本术语.
[46] GB/T 18376.1—2008 硬质合金牌号　第1部分：切削工具用硬质合金牌号.
[47] GB 4460—1984 机构运动简图符号.
[48] GB/T 1800.2—1998 极限与配合　基础　第2部分：公差、偏差和配合的基本规定.
[49] GB/T 1182—2008 产品几何技术规范(GPS)几何公差　形状、方向、位置和跳动公差标注.
[50] GB/T 1031—1995 表面粗糙度　参数及其数值.
[51] GB/T 131—2006 产品几何技术规范(GPS)技术产品文件中表面结构的表示法.
[52] GB/T 5806—2003 钢锉通用技术条件.
[53] QB/T 2569.1—2002 钢锉　钳工锉.
[54] JB/T 9168.13—1998 切削加工通用工艺守则　钳工.
[55] JB/T 9168.2—1998 切削加工通用工艺守则　车削.
[56] GB/T 15754—1995 技术制图　圆锥的尺寸和公差注法.
[57] GB/T 157—2001 产品几何量技术规范(GPS)圆锥的锥度与锥角系列.
[58] GB/T 14791—1993 螺纹术语.
[59] GB/T 192—2003 普通螺纹基本牙型.
[60] JB/T 2326—2005 机床附件　型号编制方法.
[61] GB/T 2476—94 普通磨料代号.
[62] GB 2481.1—1998 固结磨具用磨料　粒度组成的检测和标记　第1部分：粗磨粒 F4～F220.
[63] GB 2481.2—1998 固结磨具用磨料　粒度组成的检测和标记　第2部分：微粉 F230～F1200.
[64] GB/T 2484—2006 固结磨具　一般要求.
[65] GB/T 2485—2008 固结磨具　技术条件.
[66] JB/T 8832—2001 机床数控系统　通用技术条件.
[67] GB/T 8129—1997 工业自动化系统　机床数值控制　词汇.
[68] JB/T 3051—1999 数控机床　坐标和运动方向的命名.
[69] GB/T 14896.1—1994 特种加工机床　术语　基本术语.
[70] JB/T 7445.1—2005 特种加工机床　类种划分.
[71] JB/T 7445.2—1998 特种加工机床　型号编制方法.